基 本 単 位

長　さ	メートル	m	熱力学温度	ケルビン	K
質　量	キログラム	kg	物 質 量	モ　ル	mol
時　間	秒	s	物 質 量	モ　ル	mol
電　流	アンペア	A	光　度	カンデラ	cd

SI 接 頭 語

10^{24}	ヨ　タ	Y	10^{3}	キ　ロ	k	10^{-9}	ナ　ノ	n
10^{21}	ゼ　タ	Z	10^{2}	ヘクト	h	10^{-12}	ピ　コ	p
10^{18}	エクサ	E	10^{1}	デ　カ	da	10^{-15}	フェムト	f
10^{15}	ペ　タ	P	10^{-1}	デ　シ	d	10^{-18}	ア　ト	a
10^{12}	テ　ラ	T	10^{-2}	センチ	c	10^{-21}	ゼプト	z
10^{9}	ギ　ガ	G	10^{-3}	ミ　リ	m	10^{-24}	ヨクト	y
10^{6}	メ　ガ	M	10^{-6}	マイクロ	μ			

ネルギ	仕 事 率
J	W
erg	erg/s
gf·m	kgf·m/s

〔算例： 1 N ＝ 1/9.806 65 kgf 〕

量	SI		SI 以 外		
	単 位 の 名 称	記　号	単 位 の 名 称	記　号	SI単位からの換算率
ネルギ，熱仕事およびエンタルピ	ジュール（ニュートンメートル）	J（N·m）	エ ル グ	erg	10^{7}
			カロリ（国際）	cal$_{IT}$	1/4.186 8
			重量キログラムメートル	kgf·m	1/9.806 65
			キロワット時	kW·h	$1/(3.6\times10^{6})$
			仏馬力時	PS·h	$\approx 3.776\,72\times10^{-7}$
			電子ボルト	eV	$\approx 6.241\,46\times10^{18}$
力，仕事率，および放東	ワット（ジュール毎秒）	W（J/s）	重量キログラムメートル毎秒	kgf·m/s	1/9.806 65
			キロカロリ毎時	kcal/h	1/1.163
			仏 馬 力	PS	$\approx 1/735.498\,8$
度，粘性係	パスカル秒	Pa·s	ポ ア ズ	P	10
			重量キログラム秒毎平方メートル	kgf·s/m²	1/9.806 65
度，動粘係数	平方メートル毎秒	m²/s	ストークス	St	10^{4}
度，温度差	ケルビン	K	セルシウス度，度	℃	〔注(1)参照〕
流，起磁力	アンペア	A			
荷，電気量	クーロン	C	（アンペア秒）	（A·s）	1
圧，起電力	ボルト	V	（ワット毎アンペア）	（W/A）	1
界の強さ	ボルト毎メートル	V/m			
電容量	ファラド	F	（クーロン毎ボルト）	（C/V）	1
界の強さ	アンペア毎メートル	A/m	エルステッド	Oe	$4\pi/10^{3}$
束密度	テスラ	T	ガ ウ ス	Gs	10^{4}
			ガ ン マ	γ	10^{9}
束	ウェーバ	Wb	マクスウェル	Mx	10^{8}
気抵抗	オーム	Ω	（ボルト毎アンペア）	（V/A）	1
ダクタンス	ジーメンス	S	（アンペア毎ボルト）	（A/V）	1
ダクタンス	ヘンリー	H	ウェーバ毎アンペア	（Wb/A）	1
束	ルーメン	lm	（カンデラステラジアン）	（cd·sr）	1
度	カンデラ毎平方メートル	cd/m²	スチルブ	sb	10^{-4}
度	ルクス	lx	フ ォ ト	ph	10^{-4}
能	ベクレル	Bq	キュリー	Ci	$1/(3.7\times10^{10})$
寸線量	クーロン毎キログラム	C/kg	レントゲン	R	$1/(2.58\times10^{-4})$
収線量	グレイ	Gy	ラ ド	rd	10^{2}

(1) T K から θ ℃への温度の換算は，$\theta = T - 273.15$ とするが，温度差の場合には $\Delta T = \Delta\theta$ である．ただし，ΔT および $\Delta\theta$ はそれぞれケルビンおよびセルシウス度で測った温度差を表す．

(2) 丸括弧内に記した単位の名称および記号は，その上あるいは左に記した単位の定義を表す．

JSME テキストシリーズ

演習
Problems in

材料力学

Mechanics of Materials

日本機械学会

序

　「JSME テキストシリーズ」は，大学学部学生のための機械工学への入門から必須科目の修得までに焦点を当て，機械工学の標準的内容をもち，かつ技術者認定制度に対応する教科書の発行を目的に企画されました．

　日本機械学会が直接編集する直営出版の形での教科書の発行は，1988 年の出版事業部会の規程改正により出版が可能になってからも，機械工学の各分野を横断した体系的なものとしての出版には至りませんでした．これは多数の類書が存在することや，本会発行のものとしては機械工学便覧，機械実用便覧などが機械系学科において教科書・副読本として代用されていることが原因であったと思われます．しかし，社会のグローバル化にともなう技術者認証システムの重要性が指摘され，そのための国際標準への対応，あるいは大学学部生への専門教育への動機付けの必要性など，学部教育を取り巻く環境の急速な変化に対応して各大学における教育内容の改革が実施され，そのための教科書が求められるようになってきました．

　そのような背景の下に，本シリーズは以下の事項を考慮して企画されました．
① 日本機械学会として大学における機械工学教育の標準を示すための教科書とする．
② 機械工学教育のための導入部から機械工学における必須科目まで連続的に学べるように配慮し，大学学部学生の基礎学力の向上に資する．
③ 国際標準の技術者教育認定制度〔日本技術者教育認定機構(JABEE)〕，技術者認証制度〔米国の工学基礎能力検定試験(FE)，技術士一次試験など〕への対応を考慮するとともに，技術英語を各テキストに導入する．

　さらに，編集・執筆にあたっては，
① 比較的多くの執筆者の合議制による企画・執筆の採用，
② 各分野の総力を結集した，可能な限り良質で低価格の出版，
③ ページの片側への図・表の配置および 2 色刷りの採用による見やすさの向上，
④ アメリカの FE 試験（工学基礎能力検定試験(Fundamentals of Engineering Examination)）問題集を参考に英語による問題を採用，
⑤ 分野別のテキストとともに内容理解を深めるための演習書の出版，
により，上記事項を実現するようにしました．

　本出版分科会として特に注意したことは，編集・校正には万全を尽くし，学会ならではの良質の出版物になるように心がけたことです．具体的には，各分野別出版分科会および執筆者グループを全て集団体制とし，複数人による合議・チェックを実施し，さらにその分野における経験豊富な総合校閲者による最終チェックを行っています．

　本シリーズの発行は，関係者一同の献身的な努力によって実現されました．　出版を検討いただいた出版

事業部会・編修理事の方々，出版分科会を構成されました委員の方々，分野別の出版の企画・進行および最終版下作成にあたられた分野別出版分科会委員の方々，とりわけ教科書としての性格上短時間で詳細な形式に合わせた原稿の作成までご協力をお願いいただきました執筆者の方々に改めて深甚なる謝意を表します．また，熱心に出版業務を担当された本会出版グループの関係者各位にお礼申し上げます．

　本シリーズが機械系学生の基礎学力向上に役立ち，また多くの大学での講義に採用され技術者教育に貢献できれば，関係者一同の喜びとするところであります．

2002 年 6 月

日本機械学会

JSME テキストシリーズ出版分科会

主　査　宇　高　義　郎

「演習 材料力学」刊行にあたって

　技術には危険が伴います．特に材料力学は，機械や構造物が破壊されずに，安全に運用するための基礎となる学問です．材料力学の知識なしに，機械や構造物を設計することが出来たとしても，作られた物の性能がおそろしく悪いか，たちどころに壊れてしまうかのどちらかでしょう．材料力学の知識は，工作機械，ビル，自動車，ロボット，航空機等の簡単に思いつくもののみならず，人工骨やコンタクトレンズといった生体関連，CPU や LSI といった電子素子に至るまで，人類が使っているありとあらゆる物の設計に寄与しています．

　このことから，材料力学は機械系の学生や技術者にとって必須科目となっています．テキストシリーズ「材料力学」では材料力学の理論について学びました．しかし，実際の機械や構造物を設計するためには，現実の問題を材料力学の理論を用いて解析し，応力が大きい危ない箇所を発見したり，変形の様子を見たりする必要があります．そのためには，多くの問題を材料力学の理論に適用し，解析する経験が必要です．本書「演習 材料力学」は，テキストシリーズ「材料力学」に引き続き，実際の問題を解決する素養を身につけるために編修しました．多くの例題ときめ細かい解答例により，現実の問題を材料力学を用いて解析する手法を学ぶ事が出来ます．また，各章の練習問題の詳細な解答例を巻末に置きました．練習問題を解いて，間違った部分や分からなかった所を，巻末の解答例を参照することにより解決することが出来ます．なるべく多くの問題を自ら解き，将来に向けて現実の問題を解析することが出来る素養を身につける事を望みます．

　本書の執筆中，あいついで材料力学の発展に多大な寄与をなされた村先生と中原先生がなくなられました．中原先生がお書きになられました「材料力学（養賢堂, 1965）」は，初刊から 40 年以上たった今でも，この本で材料力学を学んだ設計者の座右の書として活用されていると聞きます．本書で学んだ，生きた材料力学の知識は，必ずや機械や構造物の設計を行う手助けになります．安全と性能という相容れないものを，材料力学の知識を用いて解決することが出来ます．安全で性能の良いものを作る事は，CO_2 を減らし，地球環境を改善することに繋がります．また，コンピューターを用いた構造解析結果の妥当性を検証するためには，材料力学の知識は無くてはならないものです．本書がみなさんの座右の書として，将来活用されることを望みます．

　本書の英名は，Mechanics of Materials としました．材料力学の英語表記として，Strength of Materials が過去日本においては多く使われていましたが，最近の欧米のテキスト等を調べると，Mechanics of Materials を使うことも多く，また，日本語名の材料力学という表記にも一致します．

　最後に，本書の刊行のために献身的にご協力いただいた多くの方々に感謝申し上げます．

2010 年 10 月

JSME テキストシリーズ出版分科会

演習 材料力学

主査 辻 知章

──────── 演習 材料力学 執筆者・出版分科会委員 ────────

執筆者・委員	辻 知章	（中央大学）	第1章，編集
執筆者	芦田 文博	（島根大学）	第2章，第3章
	古川 俊雄	（琉球大学）	第4章
	上田 整	（大阪工業大学）	第5章
	小畑 良洋	（鳥取大学大学院）	第6章
	石原 正行	（大阪府立大学）	第7章，第8章
	河村 隆介	（宮崎大学）	第9章，第10章
	横関 智弘	（東京大学大学院）	第11章
委員	原 利昭	（新潟大学）	編集
委員	水口 義久	（山梨大学）	編集
総合校閲者	渋谷 寿一	（日本文理大学）	

目　次

ギリシャ文字一覧

大文字	小文字	読み	英語表記
A	α	アルファ	alpha
B	β	ベータ	beta
Γ	γ	ガンマ	gamma
Δ	δ	デルタ	delta
E	ε	イプシロン	epsilon
Z	ζ	ズィータ	zeta
H	η	イータ	eta
Θ	θ	シータ	theta
I	ι	イオタ	iota
K	κ	カッパ	kapa
Λ	λ	ラムダ	lamda
M	μ	ミュー	mu
N	ν	ニュー	nu
Ξ	ξ	グザイ	xi
O	o	オミクロン	omicron
Π	π	パイ	pi
P	ρ	ロー	rho
Σ	σ	シグマ	sigma
T	τ	タウ	tau
Y	υ	ウプシロン	upsilon
Φ	ϕ, φ	ファイ	phi
X	χ	カイ	chi
Ψ	ψ	プサイ	psi
Ω	ω	オメガ	omega

数学公式

二次方程式 $ax^2 + bx + c = 0$ の解　　$x = \dfrac{-b \pm \sqrt{b^2 - 4ac}}{2a}$

三角関数の加法定理　　$\sin(\alpha + \beta) = \sin\alpha\cos\beta + \cos\alpha\sin\beta$,　$\sin(\alpha - \beta) = \sin\alpha\cos\beta - \cos\alpha\sin\beta$

$\cos(\alpha + \beta) = \cos\alpha\cos\beta - \sin\alpha\sin\beta$,　$\cos(\alpha - \beta) = \cos\alpha\cos\beta + \sin\alpha\sin\beta$

三角関数の2倍角の公式　　$\sin 2\alpha = 2\sin\alpha\cos\alpha$,　$\cos 2\alpha = \cos^2\alpha - \sin^2\alpha$

三角関数の2倍角の公式の変形　　$\sin^2\alpha = \dfrac{1 - \cos 2\alpha}{2}$,　$\cos^2\alpha = \dfrac{1 + \cos 2\alpha}{2}$

$a\sin\theta + b\cos\theta$ の変形　　$a\sin\theta + b\cos\theta = \sqrt{a^2 + b^2}\sin(\theta + \alpha)$,　ただし $\cos\alpha = \dfrac{a}{\sqrt{a^2 + b^2}}$, $\sin\alpha = \dfrac{b}{\sqrt{a^2 + b^2}}$

テイラー展開　　$f(a + \Delta x) = f(a) + f'(a)\Delta x + ... = \displaystyle\sum_{n=0}^{\infty} \dfrac{f^{(n)}(a)}{n!}\Delta x^n$

重要な定義式や数式

2章　応力とひずみ

垂直応力　　$\sigma_{avg} = \dfrac{Q}{A} = \dfrac{P}{A}$ 　　(2.1)

垂直ひずみ　　$\varepsilon = \dfrac{l_1 - l}{l} = \dfrac{\lambda}{l}$ 　　(2.2)

ポアソン比　　$\nu = -\dfrac{\varepsilon'}{\varepsilon}$ 　　(2.4)

せん断応力　　$\tau_{ave} = \dfrac{F}{A}$ 　　(2.5)

せん断ひずみ　　$\gamma \cong \tan(\gamma) = \tan\left(\dfrac{\pi}{2} - \phi\right) = \dfrac{\Delta\delta}{\Delta z}$ 　　(2.6)

フックの法則（引張）　　$\sigma = E\varepsilon$ 　　(2.16)

フックの法則（せん断）　　$\tau = G\gamma$ 　　(2.17)

許容応力　　$\sigma_a = \dfrac{\sigma_S}{S}$ 　　(2.31)

3章　引張と圧縮

棒の伸び　　$\lambda = \varepsilon l = \dfrac{Pl}{AE}$ 　　(3.1)

4章　軸のねじり

ねじりのせん断応力　　$\tau = \dfrac{Tr}{I_p}$ 　　(4.5)

ねじれ角　　$\phi = \dfrac{Tl}{GI_p}$, $\theta = \dfrac{\phi}{l}$, $\theta = \dfrac{T}{GI_p}$ 　　(4.6)

断面二次曲モーメント（円形）　$I_p = \dfrac{\pi d^4}{32}$ 　　(4.9)

5章　はりの曲げ

はりの曲げ応力　　$\sigma = \dfrac{M}{I}y$ 　　(5.19)

断面二次モーメント　　$I = \displaystyle\int_A y^2 dA$ 　　(5.20)

はりのたわみ曲線の微分方程式　　$\dfrac{d^2 y}{dx^2} = -\dfrac{M}{EI}$ 　　(5.60)

7章　柱の座屈

座屈荷重　　$P_c = L\dfrac{\pi^2 EI}{l^2} = \dfrac{\pi^2 EI}{l_0^2}$ 　　(7.4)

8章　複雑な応力

主応力　$\left.\begin{matrix}\sigma_1 \\ \sigma_2\end{matrix}\right\} = \dfrac{1}{2}(\sigma_x + \sigma_y) \pm \dfrac{1}{2}\sqrt{(\sigma_x - \sigma_y)^2 + 4\tau_{xy}^2}$ 　　(8.19)

主せん断応力

$\tau_1 = \pm\dfrac{1}{2}\sqrt{(\sigma_x - \sigma_y)^2 + 4\tau_{xy}^2} = \pm\dfrac{1}{2}(\sigma_1 - \sigma_2)$ 　　(8.22)

弾性係数間の関係　　$E = 2G(1 + \nu)$ 　　(8.59)

9章　エネルギー原理

単位体積あたりの弾性ひずみエネルギー（引張）

$\overline{U}_P = \dfrac{\sigma\varepsilon}{2} = \dfrac{E\varepsilon^2}{2} = \dfrac{\sigma^2}{2E}$ 　　(9.10)

単位体積あたりの弾性ひずみエネルギー（せん断）

$\overline{U}_s = \dfrac{\tau\gamma}{2} = \dfrac{G\gamma^2}{2} = \dfrac{\tau^2}{2G}$ 　　(9.13)

引張によるひずみエネルギー　　$U_P = \dfrac{1}{2}P\lambda$ 　　(9.8)

ねじりによるひずみエネルギー　$U_t = \dfrac{T\phi}{2}$ 　　(9.16)

曲げによるひずみエネルギー　$U_b = \displaystyle\int_0^l \dfrac{M^2}{2EI}dx$ 　　(9.17)

カスチリアノの定理　　$\lambda_k = \dfrac{\partial U}{\partial P_k}$ $(k = 1, 2, ... N)$ 　　(9.47)

$\theta_k = \dfrac{\partial U}{\partial M_k}$ $(k = 1, 2, ... N)$ 　　(9.48)

主な工業材料の機械的性質 (常温)

材料	縦弾性係数 E [GPa]	横弾性係数 G [GPa]	ポアソン比 ν	降伏応力 σ_Y [MPa]	引張強さ σ_B [MPa]	密度 ρ[kg/m³]	線膨張係数 α [1/K]
低炭素鋼[*1]	206	79	0.30	195 以上	330〜430	7.86×10^3	11.2×10^{-6}
中炭素鋼[*2]	205	82	0.25	275 以上	490〜610	7.84×10^3	11.2×10^{-6}
高炭素鋼[*3]	199	80	0.24	834 以上	1079 以上	7.82×10^3	$9.6〜10.9 \times 10^{-6}$
高張力鋼(HT80)	203	73	0.39	834	865		
ステンレス鋼[*4]	197	73.7	0.34	284	578	8.03×10^3	17.3×10^{-6}
ねずみ鋳鉄	74〜128	28〜39			147〜343	$7〜7.3 \times 10^3$	$9.2〜11.8 \times 10^{-6}$
球状黒鉛鋳鉄	161	78	0.03	377〜549	350〜1076	7.1×10^3	10×10^{-6}
インコネル600	214	75.9	0.41	206〜304	270〜895	8.41×10^3	13.3×10^{-6}
無酸素銅[*5]	117			231.4	270.7	8.92×10^3	17.3×10^{-6}
7/3 黄銅-H	110	41.4	0.33	395.2	471.7	8.53×10^3	19.9×10^{-6}
ニッケル(NNC)	204	81	0.26	10〜21	41〜55	8.89×10^3	13×10^{-6}
アルミニウム[*6]	69	27	0.28	152	167	2.71×10^3	23.6×10^{-6}
ジュラルミン[*7]	69			275	427	2.79×10^3	23.4×10^{-6}
超ジュラルミン[*8]	74	29	0.28	324	422	2.77×10^3	23.2×10^{-6}
チタン	106	44.5				4.57×10^3	8.2×10^{-6}
チタン合金	109	42.5	0.28	1100	1170	4.43×10^3	8.4×10^{-6}
ガラス繊維(S)	87.3				2430	2.43×10^3	
炭素繊維[*9]	392.3				2060	1.8×10^3	
塩化ビニール(硬)	2.4〜4.2				41〜52	$1.3〜1.5 \times 10^3$	
エポキシ樹脂	2.4				27〜89	$1.1〜1.4 \times 10^3$	$45〜65 \times 10^{-6}$
ヒノキ[*10]	8.8				71	0.4×10^3	
コンクリート[*11]	20				2, 30	2.2×10^3	
けい石レンガ[*12]					25〜34	$2.0〜2.8 \times 10^3$	
アルミナ[*12]	260〜400		0.23〜0.24		$2〜4 \times 10^3$	$2〜4 \times 10^3$	$6.5〜8 \times 10^{-6}$

*1　(0.2%C 以下) JIS No.G3101　種別：一般構造用圧延鋼材　記号：SS330
*2　(0.25〜0.45%C 以下) JIS No.G3101　種別：一般構造用圧延鋼材　記号：SS490
*3　(0.6%C 以上) JIS No.G4801　種別：ばね鋼鋼材 3 種　記号：SUP3
*4　オーステナイト系ステンレス鋼 (SUS304)
*5　無酸素銅 (C1020-1/2H)
*6　アルミニウム (A1100-H18)
*7　ジュラルミン (A2017-T4)
*8　超ジュラルミン (A2024-T4)
*9　炭素繊維　トレカ M-40 直径 0.8μm
*10　曲げヤング率，曲げ強さ
*11　引張強さ (2MPa) と圧縮強さ (30MPa)
*12　圧縮強さ
注) 材料の機械的性質は作製過程や環境により変化する．従って，ここに上げた物性値を使用する際には十分な注意が必要である．

第 1 章

材料力学を学ぶとは？

How to Learn Mechanics of Materials?

1・1 材料力学の目的（purpose of mechanics of materials）

材料力学 (mechanics of materials, strength of materials)：機械や構造物あるいは、その材料の応力、強度、変形などを理論と実験の両面から明らかにする学問。材料力学の最終目的は、人間が使用するあらゆるものの破壊を未然に防ぎ、安全に効率よく運用できるようにすることである。

図 1.1 に示すように、自動車、超高層ビル、化学プラント、橋梁、巨大な船舶および超音速の航空機などのように、多くの機械や構造物から IC, LSI, CPU 等の IT 技術を支えるコンピュータの心臓部の設計にも材料力学は使われている。また、バイオメカニックスに代表されるように、生体の挙動を理解したり、人工骨の設計にも材料力学の知識は欠かすことができない。

図 1.2 に、機械工学系分野における学問の構成を示す。機械工学における基礎的な学問は、数学、物理、化学である。特に、数学、物理の知識なくして材料力学を理解することはできない。これらの基礎をしっかり修得し、土台を固めることが材料力学を正しく理解するための近道である。基礎を修得後、材料力学、機械力学、熱力学、流体力学等の機械工学の基礎専門分野に関する学問を学ぶ。これらの基礎専門の学問を修めた後に、初めてロボットや自動車、ビル... の設計等に繋がっていく様々な学問にたどりつくことができるのである。ふもとでは山の頂上は霞んで見えず、まわりに何があるのかを見渡すことは困難であるが、基礎知識を明確に理解し、頂上を目指して一歩一歩着実に登っていくことが大切である。

1・2 本書の使い方（how to use this book）

安全で性能が良いものを作るためには、正確で間違い無い指標を用いなければならない。そのためには、材料力学の知識を理解するだけでは不十分である。実際の機械や構造物を設計する段階で、「各々の部材に何を使えば良いのか？厚さ等の形状はどうすれば良いのか？」という問いに対する答えを、材料力学の知識を用いて、正確に間違い無く導き出すことが必要である。それには、材料力学に関する問題を多く解いた経験が必要である。さらに本演習書では、材料力学の知識を用いて実用の問題を解き、実際に破壊するときの荷重や形状の変化量を導き出したり、安全に運用するために必要な形状を導き出したりするための問題を多く取り入れてある。

本演習書の各章および節は、テキストシリーズ「材料力学」と同一としてある。各節の冒頭に重要な語句の簡単な説明を示し、そして、公式とその簡単な

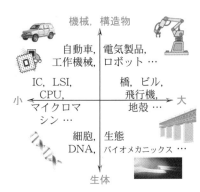

図 1.1 材料力学が使われているもの

注）本書の英語名称は mechanics of materials を用いているが、strength of materials を用いる場合も多い。

地球環境に役立つ材料力学：材料力学で学んだ知識を用いて作られた安全で効率の良い機械は CO_2 が削減でき、地球環境の改善に無くてはならないものである。例えば、風車の支柱やプロペラに用いられている材料の厚さを大きく取れば安全にはなるが、重量が増して性能が低下する。この相容れない問題は材料力学の知識を用いなければ解決できない。性能と安全の問題は航空機の設計にも現れる。

巨大風車　　　　小型風車
（提供：ゼファー株式会社）

国産の次世代旅客機 MRJ
（提供：三菱航空機株式会社）

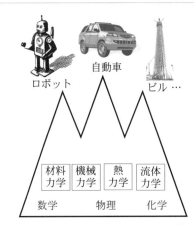

図 1.2 機械工学における学問の構成

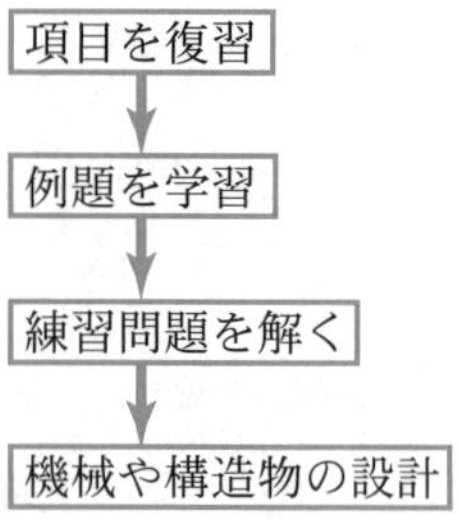

解説がのせてあるので，本演習書だけで問題を解くことも可能である．ついで，例題を使って，実際の問題の解き方を詳細に解説してある．例題を十分理解すれば，問題の解き方を習得することが出来る．最後に，章末の練習問題を自力で解くことで，テキストシリーズ「材料力学」で学んだ知識を，機械や構造物を設計する現場において使える知識へ昇華することができる．また，巻末に練習問題の詳細な解答例がのせてあるので，自力で解いた問題をチェックし，誤りの訂正やより違った解法を学ぶことが出来る（図1.3）．

1・3　材料力学を学ぶために必要な基礎知識
　　　　（fundamental knowledge to learn this book）

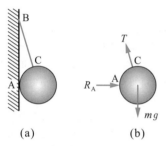

図1.3　本書の使い方

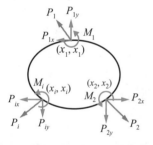

図1.4　壁に拘束された球

フリーボディーダイアグラム (free body diagram, FBD)：拘束を取り去った物体（自由物体 (free body)）に拘束から加わる力やモーメントを示した図

拘束力 (force of constraint)：物体を支えたり，固定されたりしている点において，外部から物体に加わる力やモーメント

引張試験 (tensile test)：材料の両端をつかんで引き伸ばす試験

伸び (elongation) [m]：物体が伸びたときの長さの変化量

力 (force) [N]：物体を変形させたり運動させる作用のもととなるもの

荷重 (load) [N]：物体に外部から加えられる力

圧力 (pressure) [Pa]：物体の表面に加わる単位面積あたりの力

重ね合わせ (superposition)：単純な変形の足し合わせで複雑な変形状態を表すこと

せん断 (shearing)：物体内部の面の両側の表面にそって同じ大きさで反対向きの力が加わって物体内部にずれが生じること

変形 (deformation)：物体の形状が変化すること

拘束力とフリーボディーダイアグラム
　　　（force of constraint and free body diagram）（図1.4）

　現実の問題では，図1.4(a)のように，球は壁とひもにより拘束され，静止している．フリーボディダイアグラムとは，拘束のかわりに，それらの拘束から球が受ける力やモーメントを矢印で表した図である（図1.4(b)）．

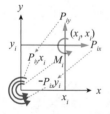

図1.5　力とモーメントの釣合い

力とモーメントの釣合い（equilibrium of force and moment）

　x方向とy方向の力の釣合い式（図1.5参照）

$$\sum_{i=1}^{n} P_{ix} = 0 \tag{1.1}$$

$$\sum_{i=1}^{n} P_{iy} = 0 \tag{1.2}$$

原点$(0,0)$を回転軸としたときのモーメントの釣合い式（図1.6参照）

$$\sum_{i=1}^{n}\left\{ P_{iy} \cdot x_i + (-P_{ix} \cdot y_i) + M_i \right\} = 0 \tag{1.3}$$

図1.6　モーメントの釣合い
（原点回りの合モーメント＝0）

注）力やモーメントの釣合いを考えるとき，釣り合う力やモーメントを探すのではなく，力の合計やモーメントの合計が零，すなわち，合力や合モーメントが零と考えた方が考え安い．このとき，力やモーメントの向きと正負に注意する．

力の正の向き（positive direction of force）

図 1.7に示すように，点 A に働く力 F を矢印で表した場合，この矢印の方向が正の向きである．矢印により F の正の向きを決め，F の正負を含めた大きさとして力を考える．例えば，$F = -10\text{kN}$ の場合は，図 1.7(b)のように，F の正方向とは逆，すなわち F の負方向に 10kN の力が加わっている．

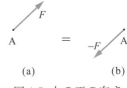

(a)　　　　　(b)

図 1.7　力の正の向き

【例題 1.1】　図 1.8 にある物の以下の部分のフリーボディーダイアグラムを描け．
(a) 指に輪ゴムを引っ掛け，指を広げたときの輪ゴム．
(b) 先端に人が載ったときの飛び込み板．
(c) クレーンのはり．

【解答】　図 1.8 のように描くことができる．

(a) 輪ゴム

(b) 飛び込み板

(c) クレーン

図 1.8　色々な FBD

【例題 1.2】　クレーンで質量 W の重りをつり下げた．クレーンアームが，水平と θ 傾いたときに，クレーンアームに加わる力の釣合式とモーメントの釣合式を求め，クレーンアームを支えるロープの張力 T を求めよ．ただし，クレーンアームの長さを l，質量を m とし，アームの中央に重心があると考える．また，アームをささえるロープとアームの角度を α とする．

【解答】　図1.9 のように，クレーン先端は重りにより鉛直下向きの荷重 Wg とロープによる荷重 T を受ける．さらに重心に重力による荷重 mg を受ける．また，回転自由に土台に取り付けられた一端に土台から受ける荷重を鉛直と水平方向成分に分けそれぞれを R_v と R_h，ロープの張力を T と置く．水平と垂直方向の力の釣合式と点Bにおけるモーメントの釣合式は次のようになる．

$$\text{水平：} -T\cos(\theta - \alpha) + R_h = 0 \tag{1.4}$$

$$\text{垂直：} T\sin(\theta - \alpha) + Wg + mg - R_v = 0 \tag{1.5}$$

$$\text{点 B 回りのモーメント：} R_h l\sin\theta - R_v l\cos\theta + mg\frac{l}{2}\cos\theta = 0 \tag{1.6}$$

これらの式より，ロープの張力 T は次のようになる．

$$T = \left(W + \frac{1}{2}m\right)g\frac{\cos\theta}{\sin\alpha} \tag{1.7}$$

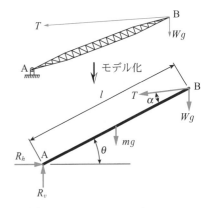

図 1.9　クレーンアームの FBD

引張試験（tensile test）

引張試験とは，材料の両端をつかんで引きちぎる試験のことである．材料力学に関する試験としては最も基本的で，なおかつ，重要な試験である．図 1.10 は万能試験装置の写真である．上下のチャックに試験片の各々の端をはさむようにして取り付ける．上部のチャックは油圧やモータにより上下するようになっている．また，荷重を測定する装置が取り付けてあり，試験片に加わる荷重を測定することができる．この試験により，材料に加えられた伸びと荷重を測定することができる．

(a) 全体　　(b) チャック部

図 1.10　引張試験機

Table 1.1　The elongation λ and the load P

rod 1		rod 2		rod 3		rod 4	
l=50mm		l=100mm		l=50mm		l=100mm	
d=5mm		d=5mm		d=10mm		d=10mm	
λ [mm]	P [N]	λ [mm]	P [N]	λ [mm]	P [N]	λ [mm]	P [N]
0.1	143	0.1	75	0.1	484	0.1	248
0.2	252	0.2	129	0.2	970	0.2	486
0.3	370	0.3	202	0.3	1438	0.3	729
0.4	490	0.4	253	0.4	1913	0.4	958
0.5	618	0.5	312	0.5	2368	0.5	1198

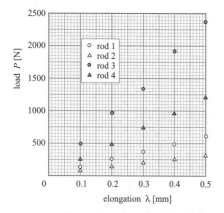

(a) load - elongation diagram

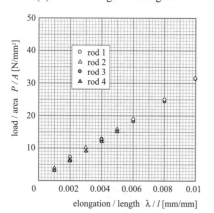

(b) P/A - λ/l diagram

Fig. 1.11

断面と断面積：棒等の部材を切断したとき出来る面を断面と呼び，その面積を断面積と呼ぶ．下図の試験片では，鉛直方向に荷重を加えた場合，鉛直方向に垂直な面で破断すると考えれば，断面積 A は

$$A = b \times t$$

となる．

断面

伸びと荷重の関係（relationship between elongation and load）

　　伸び　→　単位長さあたりの伸び（伸び／評点距離）＝ ひずみ（strain）

　　力　　→　単位面積あたりの力（荷重／断面積）＝ 応力（stress）

とすると，ひずみと応力の関係は，試験片の形状によらず，１本の直線に一致する．この比例定数を縦弾性係数（modulus of longitudinal elasticity）またはヤング率（Young's modulus）と呼ぶ．

力と圧力（force and pressure）

　　力（force）と圧力（pressure）はどちらも外部から物体に作用する．力や圧力が物体に作用することにより物体は変形し，破壊する場合もある．力の単位は N（ニュートン）で表される．一方，圧力の単位は Pa（パスカル）である．力 [N] も材料力学を学ぶにあたり大切な概念であるが，圧力 [Pa] は材料力学において最も重要な概念である『応力』と同じ定義であり，圧力について正確に理解しておくことは，後に学ぶ応力を理解するために欠くことができない．

【Example 1.3】　The pulling tests are performed for four rods with different length l and diameter d by using the pulling test machine as shown in Fig. 1.10. The values of the elongation λ and the load P for the each rod are listed in Table 1.1. (a) Draw the load and elongation diagrams. (b) Draw P/A and λ/l diagrams, where A denotes the cross sectional area of a rod.

【Solution】　Each diagram is illustrated in Fig. 1.11. From Fig. 1.11(a), there are linear relationships between the loads and the elongations. From Fig. 1.11(b), the linear relationships between P/A and λ/l have the same linearity.

【例題 1.4】　図1.12(a) のように，円柱にロープを取り付け，水深 x まで水中に沈めた．円柱を静止させるのに必要なロープの張力 T と水深 x の関係を求めよ．ただし，円柱，水の密度を ρ_c と ρ_w $(\rho_c > \rho_w)$，円柱の高さを h，断面積を A とする．

【解答】　円柱の上下に水があり，円柱は水圧による力を受ける．円柱が上面と下面において水から受ける力 P_1 と P_2 は以下のようになる．

$$P_1 = Ax\rho_w g , \quad P_2 = A(x+h)\rho_w g \tag{1.8}$$

これらの他に，円柱は，図1.12(b)の FBD のように，重力 $Ah\rho_c g$ とロープからの張力 T を受ける．したがって，円柱に加わる鉛直方向の力の釣合い式は，

$$-T + P_1 + Ah\rho_c g - P_2 = 0 \tag{1.9}$$

式(1.9), (1.8)より，ロープの張力 T は次のように表される．

$$T = P_1 - P_2 + Ah\rho_c g = Ah(\rho_c - \rho_w)g \tag{1.10}$$

重ね合わせの考え方（idea of superposition）

　　図1.13 に示すように，重さの違う重り m_A と m_B をばねに載せる場合を考える．各々の重りをバネに載せた時の変形量を λ_A と λ_B とすれば，m_A と m_B を一緒にばねに載せた時の変形量 λ は，

$$\lambda = \lambda_A + \lambda_B \tag{1.11}$$

となり，各々の重りを載せた時の変形量 λ_A と λ_B を加え合わせる事により求めることができる．このような解析手法を重ね合わせ（superposition）と呼ぶ．

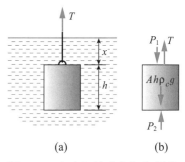

図 1.12　水中に沈められた円柱

【Example 1.5】 The deformation of the spring as shown in Fig. 1.13(c) can be obtained by superposing the deformations in Figs 1.13(a) and (b). On the other hand, the elastic energy of the spring in Fig. 1.13(c) cannot be obtained by the superposition. Explain the reason.

【Solution】 The elastic energy for each case in Fig.1.13(a) to (c) can be given by using the spring constant k [N/m] of the spring as follows.

$$\text{(a)} \ \ U_a = \frac{1}{2}k\lambda_A{}^2, \text{(b)} \ \ U_b = \frac{1}{2}k\lambda_B{}^2, \text{(c)} \ \ U_c = \frac{1}{2}k\lambda^2 \tag{1.12}$$

The load and the deformation relationship in each case are as follows.

$$\text{(a)} \ \ m_A g = k\lambda_A, \text{(b)} \ \ m_B g = k\lambda_B, \text{(c)} \ \ (m_A + m_B)g = k\lambda \tag{1.13}$$

By substituting the deformations in Eqs. (1.13) into Eqs. (1.12), the elastic energy can be given by the loads as follows.

$$\text{(a)} \ \ U_a = \frac{1}{2}\frac{g^2}{k}m_A{}^2, \text{(b)} \ \ U_b = \frac{1}{2}\frac{g^2}{k}m_B{}^2, \text{(c)} \ \ U_c = \frac{1}{2}\frac{g^2}{k}(m_A + m_B)^2 \tag{1.14}$$

The energy of the case (c) is

$$U_c = \frac{1}{2}\frac{g^2}{k}m_A{}^2 + \frac{1}{2}\frac{g^2}{k}m_B{}^2 + \frac{g^2}{k}m_A m_B = U_a + U_b + \frac{g^2}{k}m_A m_B \tag{1.15}$$

This energy is grater than the sum of the energy (a) and (b). Therefore, elastic energy of a spring cannot be obtained by superposition.

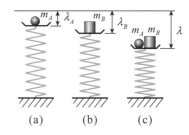

Fig. 1.13　Masses put on a spring.

せん断の考え方（idea of shearing）

せん断（shearing）は破壊した状態を想像すると理解しやすい．図 1.14(a)は重ね継手に荷重を加えた問題である．中央のリベットが荷重により破壊した状態を図 1.14(b)に示してある．リベットには，図 1.14(c)に示すように，破断面を境に，上側に右方向，下側に左方向の力が加わっている．この力のことをせん断力（shearing force）と呼ぶ．

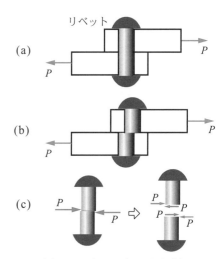

図 1.14　リベットのせん断

【例題 1.6】 図1.15(a)のように，木の平板に穴を開け，ボルトを通し，引張試験機を用いて荷重を加えた．破断した試験片を図1.15(b)に示す．このように破断した理由を考察せよ．

【解答】穴には，図1.16(a)に示すような荷重がボルトにより加えられている．従って，破線で示される領域を境に，中央部は上へ，左右の部分は下へ荷重が加わる．つまり，破線の部分には上下にずらす方向の力，すなわちせん断力が加わる．このせん断力により，図 1.15(b)に示すように，中央の部分が抜けるように破壊が生じたと考えられる．

(a) 穴に通したボルトによる引張

(b) 破断した試験片

図 1.15　ボルトによるせん断破壊

微少量の扱い方（how to treat small amount）

変形量を求める場合，種々の要素からの合計として求めることが多くある．

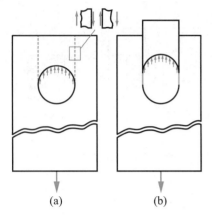

図 1.16　せん断よる破壊

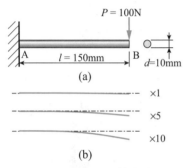

図 1.17　変形図の拡大表示

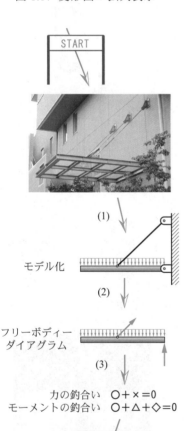

図 1.18　力学の問題の解き方

そういった場合，微小な量まで含めて厳密に計算を進めると式が煩雑になる．さらに，求めたい値に対して重要なパラメーターが見えにくくなってしまう．そのため，式変形の過程で微少量（small amount）を無視することが多く行われる．

変形図の表示上の注意（notation about deformation chart）

　材料力学では，考えている物体の大きさに比べて，小さい変形（deformation）を主に取り扱う．しかし，微小な変形量を実際の寸法と同じ縮尺で表示したのでは，変形しているかどうかを確かめることが難しい．従って，図 1.17(b)に示すように，テキスト内の図の変形図は，多くの場合，かなりの高倍率で拡大して表示してある．

間違いやすい述語や紛らわしい表現（confusing word and expression）

　内径，外径：いずれも直径を表す．内径は円筒等の内側の直径，外径は外側の直径．

　円柱，中実円柱：断面が円形の柱や棒を意味する．

　円筒，中空円筒：円形の断面の筒で，軸を中心として円形の穴が開いた円柱を意味する．

　丸棒：細長い円柱．

　丸軸：形状としては，円柱あるいは円筒を意味する．本書においては，4 章でのみこの表現を用いている．

力学に関する問題の解き方（図 1.18）

(1) 問題をよく読む（既知の条件，未知の条件）

　　形状や荷重等の条件の中で，与えられているもの，ないもの，問われているものの区別をはっきりとつける．現実の問題の場合，材料力学の知識で解けるように問題を簡略化（モデル化）する必要がある．

(2) 絵を描く（問題の図，フリーボディーダイアグラム）

　　問題を図で表し，与えられている条件と問われている値等を記号で書き加える．そして，部分だけ抜き出した絵を描く．その絵に，力，モーメント，拘束条件等の問題で与えられている条件を書き加えていく．これがフリーボディーダイアグラムである．

(3) 力の釣合い（equilibrium of force），モーメントの釣合い（equilibrium of moment）

　　フリーボディダイアグラムを用いて，力の釣合いとモーメントの釣合い式を導く．これらの釣合い式より，問われている力やモーメント等が得られる．

悪い問題の解き方

　ア）公式にいきなり値（数値）を代入！

　イ）数字を代入してから式変形！

　ウ）単位を無視！

　エ）数学の規則を無視！

好ましい問題の解き方

　　ア）記号のままでの式変形！

　　イ）単位のチェック！

　　ウ）単純な問題へと変換して解の妥当性をチェック！

単位について（about unit）

　本テキスト内では，基本的に SI 単位系のみを使用しているから，紛らわしい単位換算は特に必要ない．しかし，質量，重量，荷重，力の関係は間違いやすいので注意しておく必要がある．力や荷重の単位は N（ニュートン）である，1N は，質量 1kg のものを加速度 $1m/s^2$ で動かす力として定義されている．従って，ニュートンの第2法則（運動の法則，力＝質量×加速度）より，

$$1N = 1kg \times 1m/s^2 = 1kg \cdot m/s^2 \tag{1.16}$$

となる．一方，あらゆる物体は重力加速度（gravitational acceleration）　$g = 9.81m/s^2$ で地球に向かって運動（落下）しようとするから，質量 1kg の重りを天井から吊るしたときに，天井に加わる荷重，すなわち力は，地球の重力により，

$$1kg \times g = 1kg \times 9.81m/s^2 = 9.81kg \cdot m/s^2 = 9.81N \tag{1.17}$$

となる．

電卓による計算の注意点（notes of calculation with calculator）

　(1) ラジアン（radian）と度（degree）：どちらのモードであるか？

　(2) 有効桁数：12 桁程度

　(3) 有効数字：3 桁程度．

　(4) **ENG** キー（エンジニアキー）：10^{3n} で桁取りする機能．

【例題 1.7】　棒はかりとは，図 1.20(a)のように，支点の左側の長さ a と右側の重りの質量を W と固定し，釣合いが取れる重りの位置 x を測定することにより，左側に載せた重りの重さを求めるものである．A 君が，$a = 50mm$, $W = 200g$ の秤に重りを載せ，釣り合わせを行った所，$x = 30cm$ で釣り合った．そこで，A 君は下記のような計算を行い，重りの質量 m を求めた．A 君の誤りの原因を検討し，正しく解答するために必要なアドバイスを考えよ．

A 君の計算：支点におけるモーメントの釣合いより，

$$50 \times m = 200 \times 30 \tag{1.18}$$

この式を整理すると，

$$50m = 6000 \tag{1.19}$$

この式を解いて

$$m = 120 \tag{1.20}$$

答え：120

【解答】　A 君の間違いは次のようである．

　(1) 式(1.18)において，単位を無視して数式に代入．

重力加速度 g：標準重力加速度の値は $9.80665m/s^2$．地球の自転による遠心力の影響で緯度や高度によって異なる．札幌 $9.805m/s^2$，東京 $9.798m/s^2$，大阪 $9.797m/s^2$，鹿児島 $9.792m/s^2$．本書では，重力加速度の値として $9.81m/s^2$ を用いている．

注）重力加速度を表す記号 g と，質量の単位 g（グラム）を混同しないように．

(a) そろばん

(b) 手回し計算機

(c) 電卓

(d) パソコン
図 1.19 計算機の変化

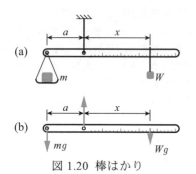

図 1.20　棒はかり

注）解答例のように解答することにより，単位や解の妥当性のチェックが全ての式において可能となり，誤りの位置を見つけるのも容易となる．

例1：式(1.22)が $m = xW$ となっていた場合．右辺と左辺の単位が合わないことから誤りと直ぐわかる．

例2：$x = a$ のときは，$m = W$ となることは，図 1.20(b)より明白である．式(1.22)で $x = a$ とすれば $m = W$ となっているので整合性がチェックできる．

例3：m が無限大のとき，W, a が一定なら x が無限大になる．式(1.22)より，m を無限大とすれば，x も無限大となることを確認することで，整合性チェックができる．

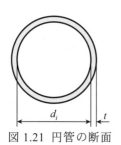

図 1.21　円管の断面

(2) 単位を付けずに答える．

これらのミスの原因としては，次のことが考えられる．

(1) いきなり数値を代入して式変形．

(2) 単位を無視して計算．

そこで，A 君へのアドバイスとしては，

(1) 数式（記号）を使って式を導くこと！

(2) 単位に気を配ること！

(3) 様々なチェックを行い数式の整合性をチェックすること！

(1) により，各項の単位をチェックすることが可能になり，数式の誤りが半減できる．また，a と x が等しい時には，$m = W$ となる等の簡単なチェックも直ぐに出来る．さらに，様々なチェックによりミスに気がついた時，数式を遡って誤りが発生した箇所を探す事が可能になる．A 君のように，数値をいきなり代入してしまうと，(2)と(3) のチェックをすることも出来ず，ミスが生じた箇所を遡って探すことも難しくなる．

数式を使った解答例：図1.20(b)の FBD を参考にすれば，支点におけるモーメントの釣合いより，次式が得られる．

$$mga = Wgx \tag{1.21}$$

上式を m について解くと，

$$m = \frac{x}{a}W \tag{1.22}$$

数値を代入すれば，m は以下のようになる．

$$m = \frac{x}{a}W = \frac{30\mathrm{cm}}{50\mathrm{mm}} \times 200\mathrm{g} = \frac{30 \times 10^{-2}\mathrm{m}}{50 \times 10^{-3}\mathrm{m}} \times 200 \times 10^{-3}\mathrm{kg} = 1.2\mathrm{kg} \tag{1.23}$$

答え：1.2kg

【例題 1.8】 図 1.21のような内径 d_i，厚さ t の円管の断面積 A を求めたい．$d_i \gg t$ のとき，微少量を省略し，簡便に算出する式を導出せよ．また，$d_i = 2.5\mathrm{m}$，$t = 3.1\mathrm{mm}$ のとき，導出した式で計算した場合の誤差[%]を求めよ．

【解答】　円管の断面積 A は，次式より得られる．

$$A = \frac{\pi}{4}(d_i + 2t)^2 - \frac{\pi}{4}d_i^2 = \pi t(d_i + t) \tag{1.24}$$

$d_i \gg t$ より，微小項を省略すれば，

$$A = \pi t(d_i + t) \cong \pi t d_i \tag{1.25}$$

となる．微小項を省略しない場合とした場合，各々について数値を代入して計算すると，

省略しない場合：$A = \pi \times 3.1 \times 10^{-3}\mathrm{m} \times (2.5\mathrm{m} + 3.1 \times 10^{-3}\mathrm{m})$
$= 0.024378\mathrm{m}^2$ $\tag{1.26}$

省略した場合：$A' \cong \pi t d_i = \pi \times 3.1 \times 10^{-3}\mathrm{m} \times 2.5\mathrm{m} = 0.024347\mathrm{m}^2$ $\tag{1.27}$

微小量を省略したときの誤差は，

$$error = \frac{A'-A}{A} \times 100 = -0.13\% \qquad (1.28)$$

となり，真の値に比べ，0.13%小さい．

【例題 1.9】 図1.22において，棒の曲がりにくさに関係するパラメーターを曲げ剛性と呼び，ヤング率 E と，断面二次モーメント I と呼ばれる量を用いて EI で求められる．直径 d の棒の場合，断面二次モーメント I は，$I = \frac{\pi d^4}{64}$ で与えられる．ここで，ヤング率 E の単位は，圧力と同じ [Pa] である．

(1) 断面二次モーメントの単位を求めよ．

(2) 曲げ剛性 EI の単位を求めよ．

(3) インチポンド系（アメリカでよく用いられる単位系）における曲げ剛性 EI の単位を求めよ．ただし，インチポンド系では，ヤング率 E の単位は [lb/in^2] である．

(4) $d = 0.2$ in, $E = 20 \times 10^6$ lb/in^2 のとき，曲げ剛性 EI を SI 単位系で求めよ．

図 1.22 棒（片持ちはり）の曲げ変形

表 1.2　単位換算表

インチポンド系	SI 単位系
1 in（インチ）	0.0254 m
1 ft（フィート）= 12 in	0.3048 m
1 lb（ポンド）	0.4536 kg

【解答】 (1) 単位の計算は，数式のかわりに単位を代入し演算を行えば求められる．直径 d の単位は [m] であるから，

$$I = \frac{\pi d^4}{64} = \frac{\pi \times [\mathrm{m}]^4}{64} \Rightarrow [\mathrm{m}^4]$$

より，曲げモーメント I の単位は，[m^4] である．

(2) 曲げ剛性 EI の単位は以下となる．

$$EI = [\mathrm{Pa}][\mathrm{m}^4] = \frac{\mathrm{N}}{\mathrm{m}^2} \times \mathrm{m}^4 = \mathrm{Nm}^2 \Rightarrow [\mathrm{Nm}^2]$$

(3) インチポンド系では，曲げ剛性 EI の単位は以下となる．

$$EI = [\frac{\mathrm{lb}}{\mathrm{in}^2}][\mathrm{in}^4] = \frac{\mathrm{lb}}{\mathrm{in}^2} \times \mathrm{in}^4 = \mathrm{lb} \cdot \mathrm{in}^2 \Rightarrow [\mathrm{lb} \cdot \mathrm{in}^2]$$

(4) 表 1.2 より 1 in は 0.0254 m，1 lb は 0.4535 kg であるから，

$$EI = E\frac{\pi d^4}{64} = 20 \times 10^6 [\frac{\mathrm{lb}}{\mathrm{in}^2}] \times \frac{\pi \times 0.2^4}{64}[\mathrm{in}^4]$$

$$= 20 \times 10^6 [\frac{0.4535 \mathrm{kgf}}{(0.0254\mathrm{m})^2}] \times \frac{\pi \times 0.2^4}{64}[(0.0254\mathrm{m})^4] = 0.460[\mathrm{kgf} \cdot \mathrm{m}^2]$$

$$= 0.460 \times 9.81[\mathrm{N} \cdot \mathrm{m}^2] = 4.51[\mathrm{N} \cdot \mathrm{m}^2]$$

となる．

剛性 (rigidity, stiffness)：物体に外力が加わり変形するとき，変形のしにくさの程度を表す．曲げ剛性，ねじり剛性などがある．また，機械や構造物全体の変形のしにくさを考える場合もあり，設計するときに重要なパラメーターのひとつである．材料固有の物性値である剛性率（2章）と異なり，考えている物体の形状や荷重を加える位置によって変化するので混同しないよう注意が必要である．

強度（強さ）と剛性：強度 (strength) とは，物体の破壊しにくさの程度を表す．剛性が高いと強度も大きいと考えがちだが，そうならない場合も多い．材料力学においては，全く異なる尺度である．

【例題 1.10】 図 1.23 に示すように，バランス Wii ボード（任天堂）には，4点に力を測定する素子（力センサー）が取り付けてある．バランス Wii ボードに乗った人の重心の位置を，それぞれの支柱に取り付けた力センサーにより求めたい．この問題について，以下の各々の問いに答えよ．ただし，前後のバランスは取れていて，両足の中心はボードの中心に一致している．バランス Wii ボードのセンサーの左右の間隔は $l = 450$mm とする．

図 1.23 バランス Wii ボード

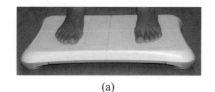

(a)

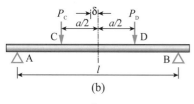

(b)

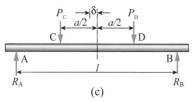

(c)

図 1.24　モデル化とフリーボディー
　　　　ダイアグラム

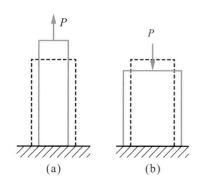

(a)　　　　　　　(b)

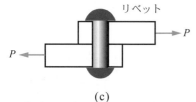

(c)

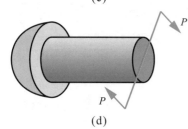

(d)

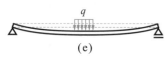

(e)

図 1.25　荷重の種類

> (1) この問題をモデル化せよ.
> (2) バランス Wii ボードのフリーボディダイアグラムを描け
> (3) 力センサーで測定される荷重と，両足の重心のずれの関係式を求めよ.
> (4) 足の間隔 20cm，左右の力センサーで測定された荷重が 300N と 200N で
> あった．重心のずれを求めよ.

【解答】　　(1) 図 1.24(a)のように足からボードは荷重を受け，ボードの4すみで床に接している．前後のバランスは取れているから，ボードを前面から見て，2次元の問題として取り扱うことにする．それぞれの足からの荷重を各々 P_C と P_D，足の間隔を a，中心からの重心のずれを δ とし，床からの支持を△印で表せば，図 1.24(b)のようにこの問題をモデル化することが出来る.

(2) ボードの支持部が床から受ける力を R_A と R_B とし，矢印を使って表せば，ボードのフリーボディーダイアグラムは図 1.24(c)のように描ける.

(3) ボードの支持部に取り付けられた力センサーにより，R_A と R_B が測定されたとする．ということは，δ を R_A と R_B を用いて表すことができれば，力センサーの測定値から重心のずれを測定することができる.

　　重心のずれ δ と両足からボードに加わる荷重 P_C と P_D の関係は以下となる.

$$P_C\left(\frac{a}{2}-\delta\right)=P_D\left(\frac{a}{2}+\delta\right) \ \Rightarrow \ \delta=\frac{a(P_C-P_D)}{2(P_C+P_D)} \tag{1.29}$$

　　ボードのフリーボディーダイアグラムより，力の釣合い式は，

$$R_A-P_C-P_D+R_B=0 \ \Rightarrow \ P_C+P_D=R_A+R_B \tag{1.30}$$

　　ボード中央を軸とするモーメントの釣合い式は，

$$R_A\frac{l}{2}-P_C\frac{a}{2}+P_D\frac{a}{2}-R_B\frac{l}{2}=0 \ \Rightarrow \ (P_C-P_D)a=(R_A-R_B)l \tag{1.31}$$

式(1.29)に式(1.30)と式(1.31)を用いれば，重心のずれ δ は，力センサーの測定値 R_A と R_B より次のように求められる.

$$\delta=\frac{l(R_A-R_B)}{2(R_A+R_B)} \tag{1.32}$$

(4) 式(1.32)において，$l=450\text{mm}$，$R_A=300\text{N}$，$R_B=200\text{N}$ を代入して，計算を実行すれば，重心のずれ δ は次のようになる.

$$\delta=\frac{450\text{mm}}{2}\frac{300\text{N}-200\text{N}}{300\text{N}+200\text{N}}=45\text{mm} \tag{1.33}$$

1・4　荷重の種類 （type of load）

　　工学の分野では，物体に作用する外力のことを荷重（load）といい，その作用形式により次のように分類する.

作用による分類 （classification by action）

　(a) 引張荷重 （tensile load）

　　　材料を荷重方向に伸ばすように作用する力（図 1.25(a)）

(b) 圧縮荷重（compressive load）

材料を荷重方向に縮めるように作用する力（図 1.25(b)）

(c) せん断荷重（shearing load）

材料をずらすように作用する互い違いの力．例えば，2 層平板のリベット継手において，リベットの断面に平行に作用する力（図 1.25(c)）

(d) ねじり荷重（torsional load）

棒の断面を軸のまわりでねじるように作用する荷重．偶力（force couple）を加えることに相当する（図 1.25(d)）

(e) 曲げ荷重（bending load）

はり（細長い棒）を曲げるように作用する荷重（図 1.25(e)）

分布様式による分類（classification by distribution state）

(a) 集中荷重（concentrated load）

1 点に集中して作用する荷重（図 1.25(a), (b)）

(b) 分布荷重（distributed load）

ある領域に分布して作用する荷重（図 1.25(e)）

図 1.25(e) に示すように荷重が一様に分布している場合は等分布荷重（uniformly distributed load）という

荷重速度による分類（classification by load speed）

(a) 静荷重（static load）

静止している一定の荷重，あるいは極めてゆっくりと変化する荷重

(b) 動荷重（dynamic load）

時間とともに変動する荷重．これには荷重が急激に作用する衝撃荷重（impact load）および周期的に変化する繰返し荷重（repeated load）がある

【Example 1.11】 Sketch loads from the photos in Fig. 1.26 and classify the type of the load.

【Solution】 Each load in Fig. 1.26 can be sketched as shown in Fig. 1.27. The classification of the type of the loads are listed in the following table.

	classification by action	classification by distribution state	classification by load speed
(a)	bending load	distributed load	static load
(b)	compressive load	concentrated load	impact load
(c)	shearing load	concentrated load	static load
(d)	torsional load	distributed load	static load

【例題 1.12】 図1.28(a)のように，本棚に載せた本により棚板が受ける荷重や変形を求める問題をモデル化し，FBD を描け．

【解答】 写真の本棚を，スケッチで簡単に描いてみると，図1.28(b) のようになる．棚板は 2 ヶ所で固定支持されていることから，図1.28(c)のようにモデル化して表す．さらに，本の荷重をほぼ一様と考えれば，本から板が受ける荷重は，等分布荷重としてモデル化できる．これを基に，棚板の FBD は，

(a) a wall of water tank subjected to a load

(b) a foot at landing subjected to a load

(c) a pin of a scissors subjected to a load

(d) a doorknob subjected to a load

Fig. 1.26　Many kinds of load.

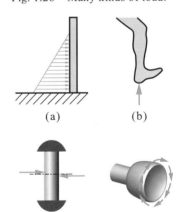

(a)　　　　　(b)

(c)　　　　　(d)

Fig. 1.27　The some modeled loads.

注）現実の問題を完全にモデル化し，荷重の種類に分類することは出来ない．例えば，完全に一点に荷重を加えることは現実問題としては不可能であり，分布荷重しかあり得ない．考えている形状に対して荷重が加わっている面積が小さければ，モデル化としては集中荷重と考え，問題を単純にすることにより，問題をより簡単に解くことが可能になる．

(a)
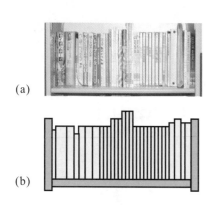

(b)

(c)

(d)

図 1.28　本の詰まった本棚の
モデル化と FBD

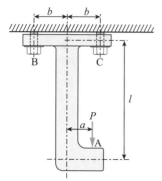

図 1.29　天井にぶら下がったフック

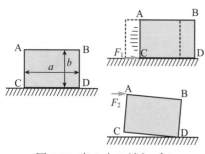

図 1.30　床の上の消しゴム

図 1.28(d)となる.

【練習問題】

【1.1】　図 1.29 のような L 字型のフックが天井に 2 本のボルトで支持されている. フックの点 A に垂直下向きに荷重が加わる. ボルト, フック, 天井, 各々の FBD を描き, 各々のボルトに加わる力を求めよ. ただし, 簡単のため, フックと天井の間にはわずかに間隔が開いているとする.

【1.2】　図 1.30 のように, 直方体の消しゴムが床に置かれている. 点 C に水平方向の力を加えていったところ, 荷重が F_1 となったとき, 消しゴムは滑り出した. 次に, 点 A に水平方向の力を加えていったところ, 荷重が F_2 を超えると, 消しゴムは点 D を頂点として回転し, 点 C が浮き上がった. 各々の場合の自由物体図（FBD）を描き, F_1 と F_2 を求めよ. ただし, 床と消しゴムとの間の静止摩擦係数を μ, 消しゴムの質量を m とする.

【1.3】　The mass m is put on the point C of the robot arm shown in Fig. 1.31. The arm is stable. Draw the free body diagrams for the base, the arm AB, and the arm BC, respectively. Obtain the expressions of the load and the moment which are applied at the joint A. The masses of the arms BC and AB are denoted as m_{BC} and m_{AB} respectively. The gravity acceleration is represented by g.

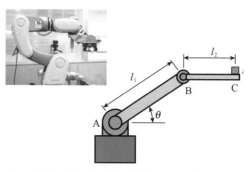

Fig. 1.31　The load applied to the robot arm.

【1.4】　図 1.32の写真に示す以下の各々の物体に加わる荷重の種類を考え, FBD を描け.

(a) 橋と橋脚に加わる荷重

(b) レンチでねじられるボルトに加わる荷重

(c) パンチにより穴を開けられる紙に加わる荷重

(d) たわんだ電柱の付け根に加わる荷重

(e) テーブルの足に加わる荷重

(f) クレーンのフックに加わる荷重

(g) 客車の車軸に加わる荷重

(a) 橋と橋脚

(b) レンチでねじられるボルト

(c) 穴開けパンチ

(e) テーブル

(f) クレーンのフック

(d) たわんだ電柱

(g) 客車の車軸

図 1.32　いろいろな機械や構造物

【1.5】 図 1.33のように，自転車のタイヤに内径 $d = 50$mm の空気入れで空気を入れるとき，ハンドルに $P = 200$N の垂直方向荷重が加えられていた．タイヤの内圧 p を求めよ．

図 1.33 空気入れ

【1.6】 図 1.34のように，輪ゴムに 50 円玉を一つぶら下げたとき長さが 78mm，二つぶら下げたとき長さが 80mm であった．以下の問いに答えよ．

(a) 50 円玉を三つぶら下げたときの長さ．

(b) 輪ゴムを 2 つ繋げ，50 円玉を三つぶら下げたときの長さ．

(c) 輪ゴム 2 つを重ね，50 円玉を三つぶら下げたときの長さ．

(d) 輪ゴムを 1 重，2 重，3 重に重ねそれぞれを連結し，50 円玉を三つぶら下げたときの長さ．

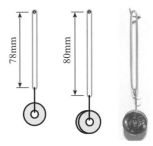

図 1.34 輪ゴムの伸び

【1.7】 When the mass $m_1 = 1.0$kg is suspended from the rubber band with the width $b = 5$mm, the thickness $h = 2$mm and the length $l = 50$mm, the length of the band stretched to $l_1 = 56.3$mm. Answer the following questions.

(a) Determine the length l_2, when the mass $m_2 = 1.5$kg is suspended.

(b) Determine the mass which stretches the rubber band to the length $l_3 = 55.5$ mm.

(c) Determine the length, when the mass $m = 1.0$kg is suspended to the rubber band with the width $b' = 8$mm, the thickness $h' = 3$mm and the length $l = 50$mm.

【1.8】 同じばねが 2 つある．このばね 1 つに 500g の重りを吊るしたところ 12mm 伸びた．(a) このばね 1 つのばね定数を求めよ．(b) このばね 2 つを直列

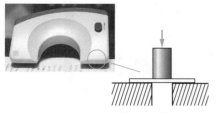

(a) パンチによる紙の穴開け

(b) 葉の穴開け

図 1.35　穴開け

Fig. 1.36　A cap of a bottle can.

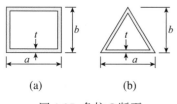

(a)　　　　　　(b)

図 1.37 角柱の断面

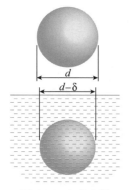

図 1.38 水中の球

に連結して出来るばねのばね定数を求めよ．(c) このばね 2 つを並列に連結して出来るばねのばね定数を求めよ．

【1.9】 図 1.35(a)の写真のような穴開け用のパンチは，図のように，円柱状の部材を紙に押しつけることにより紙に穴を開けている．(a) パンチにより紙はどのように切断されるかを図に示せ．(b) 紙の切断面に，切断される直前に加わっていた力を図に示せ．(c) 図 1.35(b)のように，柔らかい葉を丸めて筒状にした手にかぶせ，上から中心を指で押してくぼみを作る．この手の上の葉を，もう一方の手のひらで強くたたくと，パーンという痛快な破裂音がして，葉に図のように穴が開くことがある．この現象とパンチによる穴開けの類似点を述べよ．

【1.10】 A cap of a bottle can is shown in Fig. 1.36. This cap is detached by screwing the cap. Draw the figure how the load is applied in the neighborhood of connecting points and classify the load.

【1.11】 図 1.37 のような，高さ b，幅 a，厚さ t の長方形中空断面の面積と，底辺の長さ a，高さ b，厚さ t の二等辺三角形中空断面の面積を求めよ．ただし，$a \gg t, b \gg t$ として微少量を省略せよ．

【1.12】 (1) ある日の為替レートが，1 ドル= 100 円，1 ユーロ=120 円であった．1 ユーロを交換して得られるドルを求めよ．
(2) 棒の断面積が 100in^2 である．この面積を SI 単位に直せ．
(3) 1 気圧は，1013hPa（ヘクトパスカル）である．一方，ポンドインチ系では圧力を psi で表わし lb/in^2 である．1 気圧を psi に換算する式を導け．ただし，1in = 0.0254m，1lb = 0.4536kg，重力加速度 $g = 9.81$m/s^2 とする．

【1.13】 直径 d の球体を水中深く沈めたところ，図 1.38 のように，水圧により直径が δ 減少した．このとき，球の体積の減少 ΔV を求める数式を微小項を省略して導け．

第2章

応力とひずみ

Stress and Strain

2・1　応力とひずみの定義 (definitions of stress and strain)

応力 (stress) σ, τ [Pa]：単位面積あたりの内力

ひずみ (strain) ε, γ：単位長さあたりの伸びまたは変化した角度

垂直応力 (normal stress) σ [Pa]：横断面に垂直な方向の応力

垂直ひずみ (normal strain) ε：引張または圧縮変形によって生じるひずみ

縦ひずみ (longitudinal strain)：一方向に引張ったときの荷重方向の垂直ひずみ

横ひずみ (lateral strain)：一方向に引張ったときの荷重と直角方向の垂直ひずみ

ポアソン比 (Poisson's ratio) ν：縦ひずみに対する横ひずみの比

せん断応力 (shearing stress) τ [Pa]：横断面に平行な方向の応力

せん断ひずみ (shearing strain) γ：せん断変形によって生じるひずみ

（変形前後の角度変化としても定義できる）

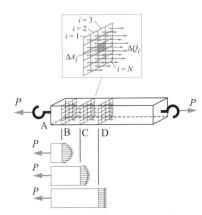

図 2.1　軸力を受ける真直棒

平均垂直応力 (average normal stress)

　図 2.1 において，棒の両端から十分離れた断面に垂直な応力の平均値を平均応力という．

$$\boxed{\sigma_{avg} = \frac{Q}{A} = \frac{P}{A} = \sigma}$$

Q：内力，　$Q = \sum_{i=1}^{N} \Delta Q_i$

A：棒の横断面積（cross-sectional area）

(2.1)

材料力学では，通常，この平均応力を垂直応力 σ として用いる．なお，この垂直応力を単に応力ということもある．

引張応力と圧縮応力

　図 2.2 のように，棒が伸びるような外力を引張荷重（tensile load），縮むような外力を圧縮荷重（compressive load）という．引張荷重を受けた場合は横断面に引張応力（tensile stress），圧縮荷重を受けた場合は横断面に圧縮応力（compressive stress）が生じる．圧縮荷重や圧縮応力に負の符号をつけて表すことにより，引張と圧縮を区別することもある．たとえば "10MPa" ならば引張応力，"–10MPa" ならば 10MPa の圧縮応力を意味する．符号をつけない場合は，"圧縮応力 10MPa" などと表す．

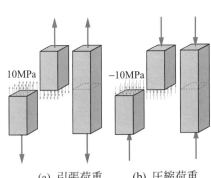

(a) 引張荷重　　　(b) 圧縮荷重

図 2.2　引張荷重と圧縮荷重

垂直ひずみ (normal strain)

　図 2.3 のように，長さ l の棒が引張られて長さ l_1 になったとき，断面に垂直方向のひずみを垂直ひずみという．

$$\boxed{\varepsilon = \frac{l_1 - l}{l} = \frac{\lambda}{l}}$$

$l_1 - l = \lambda$：伸び（elongation）

(2.2)

垂直ひずみを，単にひずみということもある．

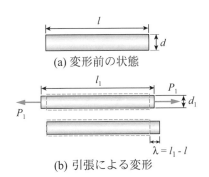

(a) 変形前の状態

(b) 引張による変形

(c) 圧縮による変形

図 2.3　引張と圧縮による変形

表2.1 ポアソン比（詳細は見開き）

材　料	ポアソン比
ステンレス鋼	0.34
軟　鋼	0.3
鋳　鉄	0.1～0.2
銅	0.34
アルミニウム合金	0.33
ゴム	0.46～0.49
セラミックス	0.28

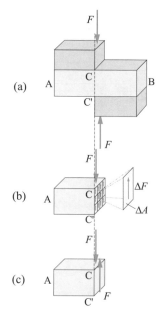

図 2.4 せん断力とせん断応力

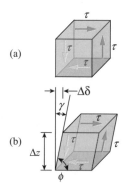

図 2.5 せん断変形とせん断ひずみ

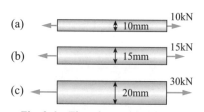

Fig. 2.6　Three bars with different diameters.

縦ひずみ（longitudinal strain）**と横ひずみ**（lateral strain）

　図 2.3(b)のように材料を引張ると通常の材料では荷重に垂直な方向に断面積が減少する．これとは逆に，図2.3(c)のように圧縮荷重が作用すると断面積は増大する．このとき荷重方向の垂直ひずみを縦ひずみと呼ぶ．一方，荷重に垂直な方向のひずみを横ひずみと呼び，ε' で表すと

$$\varepsilon' = \frac{d_1 - d}{d} \tag{2.3}$$

となる．縦ひずみに対する横ひずみの比はポアソン比（Poisson's ratio）と呼ばれ，記号 ν（ニュー）を用いて，

$$\nu = -\frac{\varepsilon'}{\varepsilon} \tag{2.4}$$

で与えられる．ポアソン比は材料の特性を表す物性値である．表2.1にいくつかの材料のポアソン比を示す．多くの材料のポアソン比は 0.25 ～ 0.35 である．

平均せん断応力（average shearing stress）

　図2.4 のように，断面に平行に作用する力をせん断力，せん断力を断面積で除した値を平均せん断応力という．

$$\tau_{avg} = \frac{F}{A} = \tau \tag{2.5}$$

材料力学では，通常，平均せん断応力をせん断応力 τ としている．

せん断ひずみ（shearing strain）

　図2.5 のように，せん断力によって生じるひずみはせん断ひずみと呼ばれ，γ で表わし，せん断変形による角度変化に対応している．

$$\gamma \cong \frac{\Delta\delta}{\Delta z} = \frac{\pi}{2} - \phi \tag{2.6}$$

【Example 2.1】　Calculate stresses in the three bars as shown in Fig. 2.6 and then select the safest one from among the three bars. In Fig. 2.6, (a) the rod having a diameter of 10 mm is subjected to a tensile force of 10 kN, (b) the rod having a diameter of 15 mm is subjected to a tensile force of 15 kN, and (c) the rod having a diameter of 20 mm is subjected to a tensile force of 30 kN, where the three bars are considered to be made of a same material.

【Solution】　Calculating the stresses in the three bars, we have

$$\text{(a)} \quad \sigma_a = \frac{10 \times 10^3 \text{N}}{\dfrac{\pi \times (10 \times 10^{-3}\text{m})^2}{4}} = 127 \times 10^6 \frac{\text{N}}{\text{m}^2} = 127\,\text{MPa}$$

$$\text{(b)} \quad \sigma_b = \frac{15 \times 10^3 \text{N}}{\dfrac{\pi \times (15 \times 10^{-3}\text{m})^2}{4}} = 84.9 \times 10^6 \frac{\text{N}}{\text{m}^2} = 84.9\,\text{MPa} \tag{2.7}$$

$$\text{(c)} \quad \sigma_c = \frac{30 \times 10^3 \text{N}}{\dfrac{\pi \times (20 \times 10^{-3}\text{m})^2}{4}} = 95.5 \times 10^6 \frac{\text{N}}{\text{m}^2} = 95.5\,\text{MPa}$$

From the above results, the case (b) is considered to be the safest, because the magnitude of the stress is the smallest.

【例題 2.2】 図 2.7 のように, (a) 長さ 1.5m の棒を引張ったときの伸びが 1mm, (b) 長さ 2m の棒を引張ったときの伸びが 1.5mm, (c) 長さ 2.5m の棒を引張ったときの伸びが 2mm であった. 棒の材料が同じ場合, どの場合が最も危険であると考えられるか. ひずみを求めて評価せよ.

【解答】 3本の棒についてそれぞれひずみを計算すると次のようになる.

(a) $\varepsilon_a = \dfrac{1 \times 10^{-3}\mathrm{m}}{1.5\mathrm{m}} = 0.667 \times 10^{-3}$ [m/m]

(b) $\varepsilon_b = \dfrac{1.5 \times 10^{-3}\mathrm{m}}{2\mathrm{m}} = 0.750 \times 10^{-3}$ [m/m] (2.8)

(c) $\varepsilon_c = \dfrac{2 \times 10^{-3}\mathrm{m}}{2.5\mathrm{m}} = 0.800 \times 10^{-3}$ [m/m]

従って, 単位長さあたりの伸び, すなわち, ひずみの値が最大となる(c)の場合が最も危険であると考えられる.

【Example 2.3】 Determine the diameter d_b of the bolt so that the magnitude of the shear stress in the bolt is an eighth of that of the tensile stress in the joint rod when the pin joint illustrated in Fig. 2.8 is subjected to the tensile force $P = 10$kN and the diameter of the joint rod is taken to be $d = 15$mm.

《Solution technique》

(1) Illustrate FBD of the bolt and joint.

(2) Represent the tensile stress σ and the shear stress τ using the applied force P.

(3) Determine the diameter d_b of the bolt utilizing the given conditions.

【Solution】 (1) Figure 2.9 illustrates FBD of the bolt and joint. Considering the equilibrium of forces and the symmetric condition with respect to the chain line, the forces acting on the contacting area between the bolt and joint are shown as in Fig. 2.9.

(2) The tensile stress in the joint rod is

$$\sigma = \frac{P}{A_d} = \frac{4P}{\pi d^2} \quad (2.9)$$

where A_d is the cross-sectional area of the rod. Letting the cross-sectional area of the bolt be A_b, the shear stress in the bolt is

$$\tau = \frac{P/2}{A_b} = \frac{2P}{\pi d_b{}^2} \quad (2.10)$$

(3) Since the magnitude of the shear stress in the bolt is an eighth of that of the tensile stress in the joint rod, the diameter of the bolt can be determined as

$$\frac{\tau}{\sigma} = \frac{1}{8} \Rightarrow \frac{\pi d^2}{4P}\frac{2P}{\pi d_b{}^2} = \frac{d^2}{2d_b{}^2} = \frac{1}{8} \Rightarrow d_b{}^2 = 4d^2 \Rightarrow d_b = 2d = 30\mathrm{mm} \quad (2.11)$$

注）棒の断面積も棒に作用する力も異なるとき, 棒の内力状態だけで安全かどうかを判断できない. そこで, 内力の大きさを断面積が 1m² の棒に換算して, 内力状態を簡単に比較できるように考えられた量が応力である.

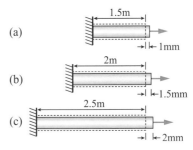

図 2.7 長さが異なる棒の引張り

注）棒の長さが異なり, 棒の伸びも異なる場合, 棒の伸縮状態から危険かどうかを簡単に比較できない. そこで, 伸縮量を長さが 1m の棒に換算して, 伸縮状態を簡単に比較できるように考えられた量がひずみである.

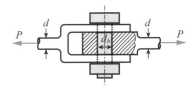

Fig. 2.8 A pin joint.

FBD（フリーボディーダイアグラム）：支持や固定等の拘束を荷重に置換え, 考えている物体に加わる力を図に表したものである. 詳細は 1 章に述べられている.

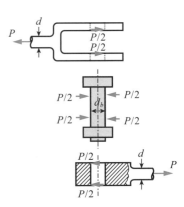

Fig. 2.9 FBD of the pin joint.

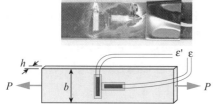

図 2.10 互いに垂直に貼られた 2 枚の
ひずみゲージ

表 2.2 荷重とひずみの測定結果

P [N]	ε[×10⁻⁶]	ε' [×10⁻⁶]
255.0	1940	−813
483.2	3840	−1500
684.6	5640	−2187
867.1	7293	−2807

表 2.3 荷重とポアソン比，応力，
応力 /ひずみ

P [N]	ν	σ[MPa]	$\dfrac{\sigma}{\varepsilon}$ [GPa]
255.0	0.419	6.38	3.29
483.2	0.391	12.08	3.15
684.6	0.388	17.12	3.03
867.1	0.385	21.68	2.97

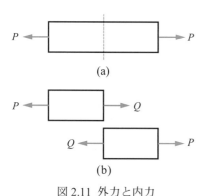

(a)

(b)

図 2.11 外力と内力

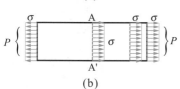

(a)

(b)

図 2.12 サン・ブナンの原理

【例題 2.4】　図 2.10 のように，平板にひずみゲージを引張方向に平行な方向と，垂直方向に 2 枚貼付け，引張荷重 P を加えてひずみの測定を行った．表 2.2 に加えた荷重 P と，荷重を加えた方向のひずみ ε と垂直方向のひずみ ε' の測定結果を示す．ただし，平板の幅は $b = 20$mm，厚さは $h = 2$mm であった．この平板のポアソン比，および断面の応力をひずみで除した σ / ε を有効数字 2 桁で求めよ．

【解答】ポアソン比 ν は，ポアソン比の定義式(2.4)より，

$$\nu = -\frac{\varepsilon'}{\varepsilon} \tag{2.12}$$

となる．断面の応力は，式(2.1)より以下のように得られる．

$$\sigma = \frac{P}{A} = \frac{P}{bh} \quad （A：断面積，\ A = bh） \tag{2.13}$$

表 2.2 に示された各々の荷重に対して，式(2.12)と(2.13)を用いて ν, σ, σ / ε を求めると，表 2.3 のようになる．これより，ν と σ / ε の平均値は，$\nu = 0.40$，$\sigma / \varepsilon = 3.1$GPa と得られる．各々の荷重に対して，$\sigma / \varepsilon$ はほぼ一定値となっている．これは応力がひずみに比例することを表わしている．この値を縦弾性係数と呼ぶ．

2・2　基本となる考え方（fundamental assumptions）

材料力学では，主に次のような仮定を設け，問題を簡略化して解析を行う．

(a) 材料は連続した固体であり，内部に欠陥や空洞がなく，どの部分も同じ性質を持つ均質体（homogeneous body）である．

(b) 材料はどの方向にも同じ性質を持つ等方体（isotropic body）である．なお，木材や竹などのように，力学的性質が方向によって異なる材料を異方性体（anisotropic body）という．

(c) 図 2.11(a)に示すように材料に外から力が作用すると，図 2.11(b)に示すように材料内部には外力に抵抗する力が発生する．このとき，外から作用する力 P を外力（external force），材料内部に発生する力 Q を内力（internal force）という．

(d) 外力による材料の変形は外力の大きさに比例し，外力を取り去ると変形はなくなる．材料の微小な変形において見られるこのような性質を弾性（elasticity）といい，材料力学では主として材料が弾性変形する場合を取り扱う．なお，外力を取り去っても材料が元の形に戻らない性質を塑性（plasticity）という．

(e) 外力による材料の弾性変形はその寸法に比べて極めて小さいため，変形後の外力の作用状態は変形前と変わらないものと考える．ただし，本書の図においては，説明をわかりやすくするために変形を誇張して描いている．

(f) 材料に作用する外力の合力と合モーメントが等しいかぎり，外力の作用点から十分離れた所（図 2.12(a), (b) の断面 A-A'）の変形および応力状態は，外力の作用形態によらず同じである．これをサン・ブナンの原理（Saint Venant's principle）という．

2・2　基本となる考え方

【Example 2.5】　Illustrate stress distributions on the cross sections AA of the plates when the plates are subjected to a concentrated load, a set of two concentrated loads, a set of three concentrated loads, or a uniformly distributed load as shown in Fig. 2.13.

【Solution】　Numerical results obtained from computer simulations are shown in Fig. 2.14, so the actual stress distributions on the cross sections AA are considered to be similar to the stress distributions illustrated in Fig. 2.14. The stress distribution on the cross section AA depends on a loading condition, but it is seen from the numerical results that the stresses on the cross sections BB apart from the loading points distribute uniformly, as shown in Fig. 2.14. Therefore, Saint Venant's principle is found to be applied to this case.

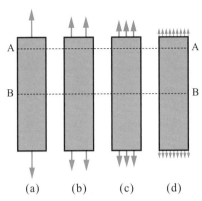

(a)　(b)　(c)　(d)

Fig. 2.13　Plates subjected to different external forces.

【例題 2.6】　せん断変形を考えるとき，図2.15 に示すような変形モデル，つまり長方形 ABCD がせん断力の作用によって平行四辺形 A'B'C'D' に変形する場合の例示が多い．このとき，変形の前後で高さ l は変化しておらず，AB の長さが A'B' と長くなっている．厳密に考えると奇妙であるが，せん断ひずみが小さいとき，つまり $\theta \ll 1$ のときはこのような変形モデルを考えて差し支えない．その理由を三角関数の近似式を用いて考えよ．

【解答】　$\theta \ll 1$ のとき．テーラー展開の第一項を用いれば，

$$\sin\theta = \theta - \frac{\theta^3}{3!} + \frac{\theta^5}{5!} \cdots \cong \theta, \quad \cos\theta = 1 - \frac{\theta^2}{2!} + \frac{\theta^4}{4!} \cdots \cong 1$$

$$\tan\theta = \theta + \frac{\theta^3}{3} + \frac{2\theta^5}{15} \cdots \cong \theta$$

(2.14)

従って，$\theta \ll 1$ のとき，$\cos\theta \cong 1$ または $\sin\theta \cong \tan\theta$ となり，AB = A'B' と近似できるので，図 2.15 のような変形モデルを考えてよい．表 2.4 に，θ と $\cos\theta$，$\sin\theta$，$\tan\theta$ との関係を示す．

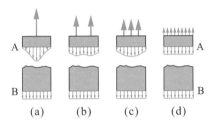

(a)　(b)　(c)　(d)

Fig. 2.14　Stress distributions on the cross sections AA and BB.

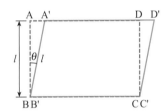

図 2.15　せん断変形モデル

2・3　応力－ひずみ線図 (stress-strain diagram)

（図 2.16の軟鋼製試験片の応力－ひずみ線図を図 2.17に示す）

公称応力 (nominal stress) σ, τ [Pa]：試験片のはじめの断面積で作用した力を除した応力

公称ひずみ (nominal strain) ε, γ [単位なし, mm/mm]：
　試験片のはじめの長さで長さの変化量を除したひずみ

応力－ひずみ線図 (stress-strain diagram)：
　横軸にひずみ，縦軸に応力をとって表したひずみと応力の関係図

縦弾性係数 (modulus of longitudinal elasticity)，ヤング率 (Young's modulus) E [Pa]：
　応力とひずみが比例関係にある領域の比例係数（表2.5）

比例限度 (proportional limit)：応力とひずみの比例関係が成り立つ領域における最大の応力（図2.17点 B）

弾性限度 (elastic limit)：弾性が保たれる領域における最大の応力（図2.17点 C）

降伏 (yielding)：応力がほとんど増加せずにひずみが急激に増大する現象

表 2.4　三角関数の値

θ [rad]	$\cos\theta$	$\sin\theta$	$\tan\theta$
0.001	1.0000	0.0010	0.0010
0.01	1.0000	0.0100	0.0100
0.1	0.9950	0.0998	0.1003
0.2	0.9800	0.1987	0.2027

注）金属は原子の位置がずれることにより変形する．このときは，図に示すように体積が変化しないまま，せん断による変形が起こる．このようなずれが生じると，加えた力を戻しても変形は元にもどらない．

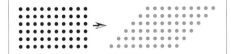

表 2.5　種々の材料の弾性係数 [GPa]

材　料	縦弾性係数	横弾性係数
低炭素鋼	206	79
中炭素鋼	205	82
高炭素鋼	199	80
高張力鋼(HT80)	203	73
ステンレス鋼	197	73.7
ねずみ鋳鉄	74〜128	28〜39
球状黒鉛鋳鉄	161	78
インコネル 600	214	75.9
無酸素銅	117	
7/3 黄銅-H	110	41.4
ニッケル(NNC)	204	81
アルミニウム	69	27
ジュラルミン	69	
超ジュラルミン	74	29
チタン合金	109	42.5
ガラス繊維(S)	87.3	
炭素繊維	392.3	
塩化ビニール（硬）	2.4〜4.2	
エポキシ樹脂	2.4	
ひのき	8.8	
コンクリート	20	
酸化アルミニウム	290	

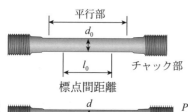
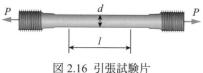

図 2.16　引張試験片

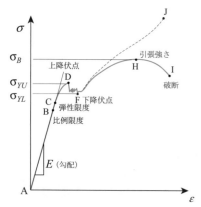

B:　比例限度　(proportional limit)
C:　弾性限度　(elastic limit)
D:　上降伏点　(upper yield point)
F:　下降伏点　(lower yield point)
H:　引張強さ　(tensile strength)
I:　破断点　(beaking point)

　　図 2.17　応力－ひずみ線図

降伏点 (yield point) σ_Y[Pa]：降伏が起こる応力．降伏領域における最大応力を上降伏点 σ_{YU}（点 D 図 2.17），最小応力を下降伏点 σ_{YL}（点 F 図 2.17）という

引張強さ (tensile strength) σ_B[Pa]：最大荷重から求めた応力（点 H 図 2.17）

破断応力 (fracture stress)：破断するときの真応力（点 J 図 2.17）

フックの法則 (Hooke's law)：応力とひずみとの比例関係を表す法則

永久ひずみ (permanent strain)，残留ひずみ (residual strain)：除荷したときに残っているひずみ ε_p（図 2.18 参照）

塑性変形 (plastic deformation)：永久ひずみが残る変形

延性材料 (ductile materials)：常温で塑性変形する材料

脆性材料 (brittle materials)：ほとんど変形せずに破壊する材料

様々な材料の力学的性質を調べる試験方法

引張試験 (tensile test)，圧縮試験 (compressive test)，ねじり試験 (torsion test)，曲げ試験（bending test），衝撃試験（impact test）

真応力（true stress）と真ひずみ（true strain）

作用した力を変形後の断面積 A' で除した応力を真応力という．また，変形後の長さ l' を変形前の長さ l で除して対数をとったひずみを真ひずみあるいは対数ひずみという．

$$\sigma_{true} = \frac{P}{A'}, \qquad \varepsilon_{true} = \ln\frac{l'}{l} = \ln(1+\varepsilon) \tag{2.15}$$

この真応力と真ひずみの関係は図 2.17 の破線で表される．

フックの法則（Hooke's law）

図 2.17 の点 A と点 B との間において，フックの法則が成り立つ．

垂直応力の場合

$$\boxed{\sigma = E\varepsilon} \qquad E：縦弾性係数（modulus of longitudinal elasticity）, \tag{2.16}$$

ヤング率（Young's modulus）

せん断応力の場合

$$\boxed{\tau = G\gamma} \qquad G：横弾性係数（modulus of transverse elasticity）, \tag{2.17}$$

せん断弾性係数（modulus of elasticity in shear），剛性率（modulus of rigidity）

弾性係数間の関係

縦弾性係数 E，せん断弾性係数 G およびポアソン比 ν の間には次の関係が成り立つ．

$$G = \frac{E}{2(1+\nu)} \tag{2.18}$$

荷重を除去したときの応力－ひずみ線図（図 2.18, 2.19）

荷重を加えて行く過程を負荷(loading)，荷重を除いて行く過程を除荷(unloading)と呼ぶ．図 2.18に，負荷後に除荷したときの応力－ひずみ線図を示す．除荷の過程では，弾性変形についてのみ変形が戻り，応力－ひずみ関係が負荷過程の線分 AB

に平行な直線 XY のようになる．よって，材料が降伏すると途中で除荷しても形状が元に戻らなくなる．この性質を塑性（plasticity）と呼び，完全に除荷したときに残っているひずみ ε_p を永久ひずみ（permanent strain）あるいは残留ひずみ（residual strain）と呼ぶ．永久ひずみが残る変形を塑性変形（plastic deformation）と呼ぶ．

耐力（proof stress）

多くの工業材料の応力－ひずみ線図では，図 2.19 のように明確な降伏点が見られない．そこで，そのような材料（アルミニウム等）の場合，0.2%の永久ひずみが生じる応力を耐力（proof stress）と呼び，これを降伏点として用いる．この 0.2%の耐力を $\sigma_{0.2}$ と表す．

延性材料（ductile materials）と脆性材料（brittle materials）

図 2.20のように，延性材料は，構造用炭素鋼や他の合金などのように，常温で塑性変形する．一方，脆性材料は，鋳鉄，ガラス，セラミックス，石などのように，ほとんど変形せずに破壊する．

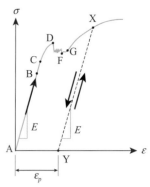

図 2.18 除荷したときの
応力－ひずみ線図

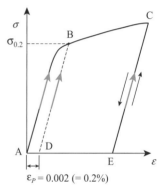

図 2.19 一般的な材料の
応力－ひずみ線図
（降伏点が明確でない場合）

【例題 2.7】表 2.6 に，材料試験によって得られた応力とひずみのデータを示す．

　(a) 応力－ひずみ線図を描け．

　(b) この材料の引張強さを求めよ．

　(c) この材料は延性材料か脆性材料か判断せよ．

　(d) この材料の縦弾性係数を求めよ．

【解答】　(a) 応力－ひずみ線図は，図 2.21のようになる．

(b) $\sigma = 59.3$MPa で破断し，この応力が最大値であることから，引張強さ $\sigma_B = 59.3$MPa である．

(c) 応力はひずみの増加にほぼ比例して増加し，突然破断している．このことから，この材料は，脆性材料であると考えられる．

(d) 応力－ひずみ線図2.21において，$\varepsilon = 0.015$ までのデータを最小二乗法により直線近似し，その直線の傾きより，縦弾性係数は $E = 3.02$GPa と求められる．

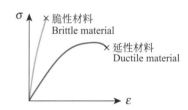

図 2.20 延性材料と脆性材料の
応力－ひずみ線図

表 2.6 応力とひずみの測定結果

ε	σ [MPa]
0.005	14.9
0.01	30.1
0.015	45.2
0.02	59.3　（破断）

【Example 2.8】　Let us consider a circular rod having a diameter of $d = 5$mm and a length of $l = 10$cm which is made of a material exhibiting mechanical properties given in Table 2.6. Solve the following problems when a tensile load $P = 100$N is applied to the rod.

　(a) Calculate the stress on the cross section.

　(b) Calculate the strain corresponding to the stress.

【Solution】　(a) Since the cross-sectional area is $A = \dfrac{\pi d^2}{4}$, the stress can be calculated by applying Eq. (2.1).

$$\sigma = \frac{P}{A} = \frac{4P}{\pi d^2} = \frac{4 \times 100\text{N}}{\pi \times (5\text{mm})^2} = 5.09\text{N/mm}^2 = 5.09\text{MPa}$$

　(b) Applying the results obtained in the foregoing problem and the relationship between the stress and strain, namely Hooke's law Eq. (2.16), the strain can be calculated as

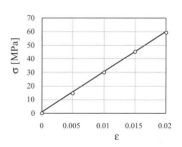

図 2.21 表 2.6 の応力－ひずみ線図

follows.

$$\varepsilon = \frac{\sigma}{E} = \frac{5.09\text{MPa}}{3.02\text{GPa}} = \frac{5.09 \times 10^6 \text{Pa}}{3.02 \times 10^9 \text{Pa}} = 1.69 \times 10^{-3} \tag{2.19}$$

表 2.7　種々の材料の降伏応力と
引張強さ [MPa]

材　料	降伏点 σ_Y[MPa]	引張強さ σ_B[MPa]
低炭素鋼	195 以上	330〜430
中炭素鋼	275 以上	490〜610
高炭素鋼	834 以上	1079 以上
高張力鋼(HT80)	834	865
ステンレス鋼	284	578
ねずみ鋳鉄		147〜343
球状黒鉛鋳鉄	377〜549	350〜1076
インコネル 600	206〜304	270〜895
無酸素銅	231.4	270.7
7/3 黄銅-H	395.2	471.7
ニッケル(NNC)	10〜21	41〜55
アルミニウム	152	167
ジュラルミン	275	427
超ジュラルミン	324	422
チタン合金	1100	1170
ガラス繊維(S)		2430
炭素繊維		2060
塩化ビニール（硬）		41〜52
エポキシ樹脂		24〜89
ひのき		71
コンクリート	20	2, 30

【例題 2.9】　公称応力を σ，公称ひずみを ε，真応力を σ_{true} とするとき，棒が塑性領域まで引張られた場合を例に，変形前後の体積を一定と仮定して，次の関係式を導け．

$$\frac{\sigma_{true}}{\sigma} = 1 + \varepsilon$$

【解答】棒の変形前の断面積と長さを A と l，変形後の断面積と長さを A_1 と l_1 とすると，体積が一定であるので，

$$Al = A_1 l_1 \tag{2.20}$$

従って，作用した力を P とすると，式(2.1)と(2.15)より，

$$\sigma = \frac{P}{A}, \quad \sigma_{true} = \frac{P}{A_1} = \frac{l_1}{l}\frac{P}{A} \Rightarrow \sigma_{true} = \frac{l_1}{l}\sigma \tag{2.21}$$

ここで，ひずみの定義式(2.2)より，

$$\varepsilon = \frac{l_1 - l}{l} \Rightarrow \frac{l_1}{l} = \varepsilon + 1 \tag{2.22}$$

従って，式(2.21)と(2.22)より，

$$\frac{\sigma_{true}}{\sigma} = 1 + \varepsilon \tag{2.23}$$

2・4　材料力学の問題の解き方
（how to solve problems on mechanics of materials）

応力の求め方
1）力やモーメントの釣合いより，未知の支持反力や固定モーメントを求める．
2）部材内に断面を考え，その断面に加わっている力（内力）を求める．
3）式(2.1)を用い，力を断面積で割って，応力を求める．

1）と2）の部分は力学の問題の解法に熟練しておくことが必要である．

材料力学の問題を解決する手順
1）力学の問題を解く（1・3 節参照）
　　問題をよく読む（何が既知で，何が未知か）．
　　絵を描く（問題の図，フリーボディーダイアグラム）．
　　力の釣合いとモーメントの釣合いを考える．
2）材料力学の問題を解く（図 2.22）
　　力が分かって応力や変形を知りたい場合：
　　　力 ⇒ 応力 ⇒ ひずみ ⇒ 変形　の順で求める．
　　変形が規定されたときの応力や荷重が知りたい場合：
　　　変形 ⇒ ひずみ ⇒ 応力 ⇒ 力　の順で求める．

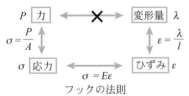

図 2.22　材料力学の問題の解き方
（力から変形，変形から力を求めるには迂回する必要がある．）

注）材料力学に関する問題を解決するためには，「力」，「応力」，「ひずみ」，「変形量」の関係を熟知しておくことが重要である．材料力学の応用に関する問題は，3 章以降において様々な形で出現するが，図 2.22 の関係をしっかり身につけておけば，迷う事無く解くことができる．

アルミ　　鋼　　ひのき
図 2.23 アルミ，鋼，ひのき

【例題 2.10】　図2.23のように，アルミニウム，鋼（低炭素鋼），木材（ひのき）の3種類の材料からなる厚さ $t = 0.5\text{mm}$，幅 $w = 20\text{mm}$，長さ $l = 100\text{mm}$ の板を，それぞれ荷重 $P = 200\text{N}$ で引張った時の伸びを求めよ．ただし，各々の材料の縦弾性係数は表2.5 を参照すること．

《方針》　(1) 荷重から応力を求める．

(2) 応力からひずみを求める．このとき材料定数の表で，弾性係数の値を調べる．

(3) ひずみから伸びを求める．

【解答】　(1) 断面積は等しいから，3種類の板に生じた応力は，以下となる．

$$\sigma = \frac{P}{A} = \frac{P}{t\,w} = \frac{200\text{N}}{0.5 \times 10^{-3}\text{m} \times 20 \times 10^{-3}\text{m}} = 20 \times 10^6\,\text{N/m}^2 = 20\text{MPa} \quad (2.24)$$

(2) 表 2.5 より，アルミニウム，鋼，木材の弾性定数は，$E_{al} = 69\text{GPa}$，$E_{st} = 206\text{GPa}$，$E_{wood} = 8.8\text{GPa}$ と得られる．フックの法則，式(2.16)より，ひずみは以下となる．

$$\varepsilon_{al} = \frac{\sigma}{E_{al}} = \frac{20\text{MPa}}{69\text{GPa}} = \frac{20 \times 10^6\text{Pa}}{69 \times 10^9\text{Pa}} = 0.290 \times 10^{-3}$$

$$\varepsilon_{st} = \frac{\sigma}{E_{st}} = \frac{20\text{MPa}}{206\text{GPa}} = \frac{20 \times 10^6\text{Pa}}{206 \times 10^9\text{Pa}} = 0.0971 \times 10^{-3} \quad (2.25)$$

$$\varepsilon_{wood} = \frac{\sigma}{E_{wood}} = \frac{20\text{MPa}}{8.8\text{GPa}} = \frac{20 \times 10^6\text{Pa}}{8.8 \times 10^9\text{Pa}} = 2.27 \times 10^{-3}$$

(3) 棒に加わっているひずみが一様であると考えれば，ひずみの定義より，ひずみに長さを乗じると，以下のようにそれぞれの板の伸びが得られる．

$$\lambda_{al} = \varepsilon_{al}l = 0.290 \times 10^{-3} \times 100\text{mm} = 0.0290\text{mm}$$

$$\lambda_{st} = \varepsilon_{st}l = 0.0971 \times 10^{-3} \times 100\text{mm} = 0.00971\text{mm} \quad (2.26)$$

$$\lambda_{wood} = \varepsilon_{wood}l = 2.27 \times 10^{-3} \times 100\text{mm} = 0.227\text{mm}$$

表 2.8 密度（詳細は見開き）

材　料	密度 $\rho[\text{kg/m}^3]$
ステンレス鋼	8.03×10^3
中炭素鋼	7.84×10^3
高炭素鋼	7.82×10^3
無酸素銅	8.92×10^3
アルミニウム	2.71×10^3
ジュラルミン	2.79×10^3
木材（ひのき）	0.4×10^3

【例題 2.11】　比強度（specific strength）とは，「引張強さ／密度」で表される量である．(a) アルミニウム，鋼（中炭素鋼），木材（ひのき），ジュラルミンの比強度を求めよ．(b) 航空機の部材には，強度が大きい材料より，比強度が大きい材料が用いられる．この理由を説明せよ．

【解答】

(a) 表 2.7 と 2.8 より，それぞれの材料の比強度は次のようになる．

$$\text{アルミニウム：} \frac{167 \times 10^6\,\text{Pa}}{2.71 \times 10^3\,\text{kg/m}^3} = 61.6 \times 10^3\,\text{Nm/kg} \quad (2.27)$$

$$\text{鋼：} \frac{490 \times 10^6\,\text{Pa}}{7.84 \times 10^3\,\text{kg/m}^3} = 62.5 \times 10^3\,\text{Nm/kg} \quad (2.28)$$

$$\text{木材（ひのき）：} \frac{71 \times 10^6\,\text{Pa}}{0.4 \times 10^3\,\text{kg/m}^3} = 178 \times 10^3\,\text{Nm/kg} \quad (2.29)$$

$$\text{ジュラルミン：} \frac{427 \times 10^6\,\text{Pa}}{2.79 \times 10^3\,\text{kg/m}^3} = 153 \times 10^3\,\text{Nm/kg} \quad (2.30)$$

(b) 強度が大きいというだけで材料を選択することは誤りである．例えば，航空機

注) 適切な材料の選定には，強度（引張強さ）や弾性係数の他に，密度や線膨張係数等の機械的性質を考える必要がある．さらに，加工のしやすさ，価格，環境への影響等，様々な要因を考えなければならない．

の材料に強度は大きいが密度も大きい鉄鋼を使うと，重量が大きくなり性能が落ちるばかりでは無く，最悪の場合，離陸すら出来なくなってしまう．従って，航空機には比強度の大きい材料が用いられている．

2・5　許容応力と安全率（allowable stress and safety factor）

> 許容応力（allowable stress）σ_a [Pa]：安全上，部材に許される最大の応力
>
> 使用応力（working stress），設計応力（design stress）：機械や構造物の各部材に実際に生じる応力
>
> 基準強さ（standard stress）σ_S：許容応力を算出するときに基準として用いる応力
>
> 安全率（safety factor）S：基準強さと許容応力との比

表 2.9　極限強さを基準とした安全率

材料	静荷重	繰返し荷重		衝撃荷重
		片振り	両振り	
軟 鋼	3	5	8	12
鋳鉄，もろい金属	4	6	10	15
銅，軽金属	5	6	9	15
木材	7	10	15	20
石材，れんが	20	30	—	—

注）安全を考える上で，許容応力は基準応力より小さくなければならい．すなわち，安全率は必ず1より大きい．さらに，使用応力は許容応力以下にしなければならない．

許容応力と許容荷重：許容荷重（allowable load）とは，機械や構造物のある部分に安全に加えることが出来る荷重であり，許容応力を考えている断面に加わる荷重と異なる場合が多い．例題 2.12 の例で，安全に吊るせる電灯の最大重量を求める場合，この重量が許容荷重と考えられ，ボルト一本に加わる荷重とは異なっている．

許容応力（allowable stress）σ_a [Pa]

許容応力は次のように求められる．

$$\sigma_a = \frac{\sigma_S}{S} \qquad S：安全率，\ \sigma_S：基準強さ \tag{2.31}$$

ここで，σ_S は材料および外力の種類によって決まる値であり，脆性材料が静荷重を受ける場合は破断応力 σ_l，延性材料が静荷重を受ける場合は降伏点 σ_Y（耐力 $\sigma_{0.2}$）または引張強さ σ_B を σ_S に用いる．また，繰返し荷重を受ける場合は疲労限度（fatigue limit），高温環境下で静荷重を受ける場合はクリープ限度（creep limit）を用いる．種々の条件に対するアンウィン教授が提唱した安全率 S を表 2.9 に示す．

> 【例題 2.12】　図 2.24(a) のように，電灯が天井から2本のボルトでつり下げられている．安全にランプをつり下げるのに必要なボルトの直径 d を求めよ．ただし，電灯の質量を $m = 10\text{kg}$，ボルトの引張強さを $\sigma_B = 500\text{MPa}$，安全率を $S = 12$ とする．

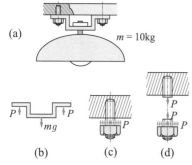

(a)　$m = 10\text{kg}$

(b)　(c)　(d)

図 2.24　天井に取り付けられた電灯

注）ここでは，単純にボルトの断面には垂直応力しか生じないとして考えたが，実際はせん断や曲げによって複雑な応力が生じている．また，ねじ部は複雑な形状をしていることから，応力集中が起こることも考えられる．これらのことについては，5章以降で学ぶ．

【解答】　ボルトの断面は，図 2.24(b), (c), (d)に示す FBD のように，荷重 P を受けている．図 2.24(b)の金具に加わる力の釣合いより，荷重 P は

$$P = \frac{mg}{2} \tag{2.32}$$

である．これより，ボルトの断面に生じる垂直応力 σ は，

$$\sigma = \frac{P}{A} = \frac{2mg}{\pi d^2} \qquad \left(A = \frac{\pi d^2}{4}：ボルトの断面積\right) \tag{2.33}$$

と表わされる．安全に吊り下げるには，この応力が許容応力 σ_a 以下でなければならないことから，ボルトの直径は，

$$\sigma_a = \frac{\sigma_B}{S} \geq \sigma \ \Rightarrow \ \frac{\sigma_B}{S} \geq \frac{2mg}{\pi d^2} \ \Rightarrow \ d \geq \sqrt{\frac{2mgS}{\pi \sigma_B}} \tag{2.34}$$

これより，安全にランプを吊り下げるのに必要なボルトの直径は，次のように得られる．

2・5　許容応力と安全率

$$d \geq \sqrt{\frac{2mgS}{\pi\sigma_B}} = \sqrt{\frac{2 \times 10\text{kg} \times 9.81\text{m/s}^2 \times 12}{\pi \times 500\text{MPa}}} = 1.22\text{mm} \tag{2.35}$$

注）単位の計算：式(2.35)において，単位のみを抜き出して計算すると，

$$\sqrt{\frac{\text{kg} \times \text{m/s}^2}{\text{MPa}}} = \sqrt{\frac{\text{N}}{\text{N / mm}^2}} = \sqrt{\text{mm}^2} = \text{mm}$$

となる．計算により得られた数値の単位は mm であることがわかる．

【例題 2.13】　図 2.25 のように，7 本の部材がピン結合された構造物が単純に両端で支持され，節点 D と E にそれぞれ 20kN，節点 C に 30kN が作用している．各部材は長方形断面で，幅は h = 5cm で同じであるが，厚さが異なっている．部材の許容引張および圧縮応力を基準強さ σ_S = 250MPa とし，安全率を S = 4，部材の長さを全て l = 2m として，各部材の応力が等しくなるように部材の厚さを定めよ．

【方針】　各部材に加わる外力は，部材の軸方向のみで，軸方向に垂直な成分が無いことを利用し，以下の手順で問題を解いて行く．

(1) トラス全体の力とモーメントの釣合いより，支持反力を求める．

(2) 部材とピンに分け FBD を描く．

(3) ピンにおける力の釣合いより，各部材の軸力（軸方向に働く力）を求める．

(4) 各部材の応力を求める．

(5) 全ての応力が許容応力に等しくなるように部材の厚さを決める．

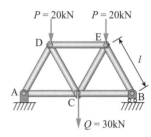

図 2.25 複雑なトラス

【解答】　(1) 点 B は水平方向に自由に移動できるように支持されているから，点 B には垂直方向の支持反力のみ加わる．トラス全体の FBD は図 2.26(a) のようになる．水平と垂直方向の力の釣合い式，および点 C 回りのモーメントの釣合い式は，

$$\begin{aligned} &F_A = 0 \\ &R_A - P - Q - P + R_B = 0 \\ &-R_A l + R_B l + P\frac{l}{2} - P\frac{l}{2} = 0 \end{aligned} \tag{2.36}$$

従って，支持反力は次のように得られる．

$$F_A = 0 \text{ , } R_A = R_B = P + \frac{1}{2}Q \tag{2.37}$$

(2) 各部材の FBD は図 2.26(b)のようになる．ここでは，対称性を考慮して，左側の部分のみを考えている．

(3) 点 A のピンに加わる水平と垂直方向の力の釣合い式は，

$$\begin{aligned} &P_{AC} + P_{AD}\cos(60°) = 0 \\ &R_A + P_{AD}\sin(60°) = 0 \end{aligned} \tag{2.38}$$

点 C のピンに加わる水平方向の力は釣合っているので，垂直方向の力の釣合い式のみ考えると，

$$2P_{CD}\sin(60°) - Q = 0 \tag{2.39}$$

点 D のピンに加わる水平と垂直方向の力の釣合いは，

$$\begin{aligned} &P_{DE} + P_{CD}\cos(60°) - P_{AD}\cos(60°) = 0 \\ &-P - P_{CD}\sin(60°) - P_{AD}\sin(60°) = 0 \end{aligned} \tag{2.40}$$

式(2.37)～(2.40)より，各部材に加わる軸力は次のように得られる．

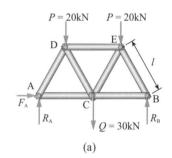

(a)

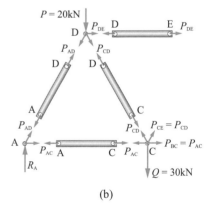

(b)

図 2.26 複雑なトラスの FBD

$$P_{AD} = -\frac{2}{\sqrt{3}}P - \frac{1}{\sqrt{3}}Q = -40.41\text{kN} , \ P_{AC} = \frac{1}{\sqrt{3}}P + \frac{1}{2\sqrt{3}}Q = 20.21\text{kN}$$
(2.41)
$$P_{CD} = \frac{1}{\sqrt{3}}Q = 17.32\text{kN} , \ P_{DE} = -\frac{1}{\sqrt{3}}P - \frac{1}{\sqrt{3}}Q = -28.87\text{kN}$$

一方，部材の許容応力は

$$\sigma_a = \frac{\sigma_S}{S} = \frac{\pm 250 \times 10^6}{4} = \pm 62.5\text{MPa}$$
(2.42)

従って，部材 AD，AC，CD および DE の厚さをそれぞれ $t_{AD}, t_{AC}, t_{CD}, t_{DE}$ とすると

$$\sigma_a = \frac{|P_{AC}|}{ht_{AC}} = \frac{|P_{AD}|}{ht_{AD}} = \frac{|P_{CD}|}{ht_{CD}} = \frac{|P_{DE}|}{ht_{DE}}$$
(2.43)

となるので，それぞれの部材の厚さは，以下のように求められる．

$$t_{AC} = \frac{|P_{AC}|}{\sigma_a h} = \frac{20.21 \times 10^3 \text{N}}{62.5 \times 10^6 \text{Pa} \times 0.05\text{m}} = 6.47 \times 10^{-3}\text{m} = 6.47\text{mm}$$

$$t_{AD} = \frac{|P_{AD}|}{\sigma_a h} = \frac{40.41 \times 10^3 \text{N}}{62.5 \times 10^6 \text{Pa} \times 0.05\text{m}} = 12.9 \times 10^{-3}\text{m} = 12.9\text{mm}$$
(2.44)
$$t_{CD} = \frac{|P_{CD}|}{\sigma_a h} = \frac{17.32 \times 10^3 \text{N}}{62.5 \times 10^6 \text{Pa} \times 0.05\text{m}} = 5.54 \times 10^{-3}\text{m} = 5.54\text{mm}$$

$$t_{DE} = \frac{|P_{DE}|}{\sigma_a h} = \frac{28.87 \times 10^3 \text{N}}{62.5 \times 10^6 \text{Pa} \times 0.05\text{m}} = 9.24 \times 10^{-3}\text{m} = 9.24\text{mm}$$

対称性から，残る部材の厚さは，以下となる．

$$t_{BC} = t_{AC} , \ t_{BE} = t_{AD} , \ t_{CE} = t_{CD}$$
(2.45)

【練習問題】

【2.1】 図 2.27 のような形状の板を試験片とし，引張り試験を行った．試験片は幅 $b = 10\text{mm}$，厚さ $h = 2\text{mm}$ の長方形断面で，試験片表面の点 A と B にマーカを貼りつけ，ビデオ撮影することで，試験片の AB 間の長さを測定した．同時に，試験機に取り付けられているロードセルを用いて引張荷重を測定した．表 2.10 に，マーカの間隔と荷重との関係を示す．応力－ひずみ線図を描き，この材料の縦弾性係数を求めよ．

【2.2】 Let us consider a bar having the width of $b = 10.0\text{mm}$, the thickness of $h = 2.00\text{mm}$, and the length of $l = 200\text{mm}$, which is made of a material exhibiting the stress-strain relationship as shown in Fig. 2.28. (a) Calculate the elongation of the bar when a tensile load $P = 2.00\text{kN}$ acts on the bar. (b) Calculate the elongation of the bar after removing the load from the bar.

【2.3】 図 2.29 のようなワイヤロープを繋ぐ装置をシャックルと呼ぶ．U 字型の金具をピンでとめ，ピンと U 字型の金具にワイヤロープを取り付けて接続する．このシャックルの使用荷重はタグに $P_a = 2.0\text{kN}$ と記載されている．この荷重が加わったとき，U 字型部の AA 断面に生じる垂直応力を求めよ．さらに，AA 部分を破断するのに必要な荷重 P_B を求めよ．ただし，U 字型部は直径 $d = 12\text{mm}$ の円形断面で，引張強さを $\sigma_B = 350\text{MPa}$ とする．

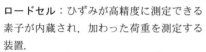

ロードセル：ひずみが高精度に測定できる素子が内蔵され，加わった荷重を測定する装置．

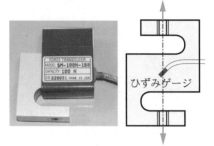

ひずみゲージ

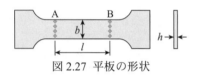

図 2.27 平板の形状

表 2.10 伸びと荷重の測定結果

標点間距離 l [mm]	荷重 [N]
100.0	0
100.2	120
100.4	240
100.6	360

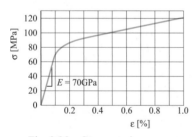

Fig. 2.28　Stress-strain curve.

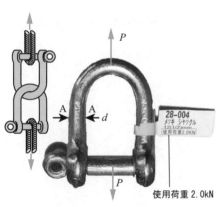

図 2.29　シャックル

【2.4】 Consider a connecting rod built of a circular bar having radius of d = 30mm and a square bar inscribed in the cross-sectional outline of the circular bar as shown in Fig. 2.30. Calculate the stresses on the cross sections of both bars respectively when the tensile load P = 100kN acts on the both ends of the connecting rod.

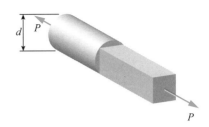

Fig. 2.30　A circular bar connected to a square bar.

【2.5】 図 2.31 のように，一辺が a の正方形断面で長さが l の角棒がある．この棒の両端を，弾性領域内で引張ったときの縦ひずみを $\varepsilon(\ll 1)$ とする場合，変形後の棒の体積を求め，変形前の体積と比較せよ．ただし，ポアソン比を ν とする．また，変形後の体積の増減を検討せよ．

図 2.31　正方形断面棒

【2.6】 ひずみが $\varepsilon \ll 1$ のとき，対数ひずみとひずみ（公称ひずみ）は等しいと近似できることを示せ．

【2.7】 Calculate the stress σ, the elongation λ, and the change in the diameter respectively, when the tensile load P = 60kN is applied to the circular rod of low carbon steel having a diameter of d = 25.4mm and a length of l = 1.5m as shown in Fig. 2.32.

Fig. 2.32　A circular rod subjected to a tensile load.

【2.8】 図 2.33 のような重ね継手に引張力 P = 10kN が作用したとき，安全率を S = 3，ボルトの材質を低炭素鋼として，ボルトの直径 d を定めよ．ただし，基準せん断応力を降伏せん断応力 τ_Y = 50MPa とし，継手部分はボルトよりも十分に強いと考える．

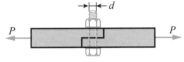

図 2.33　重ね継手

【2.9】 図 2.34 のようなボルト 4 本で結合された動力伝達継手において，寸法が d = 12mm と r = 75mm のとき，ボルトの許容せん断応力を τ_a = 20MPa として，作用させることができる最大トルク T を求めよ．ただし，各ボルトに作用するせん断力は一定と仮定する．

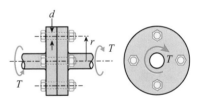

図 2.34　フランジ継手

【2.10】 図 2.35 のように，アルミボトルのキャップは，ボトルと密着したリング状の下部と上部の間に切れ目が入っていて，わずかな結合部のみで繋がっている．そして，キャップ上部にねじりモーメントを加えてひねることにより，その結合部を破断させて開封する構造になっている．開封に必要なねじりモーメント T を求めよ．ただし，このキャップの上部と下部は 8 箇所で結合されており，結合部の幅は w = 0.4mm，厚さは t = 0.2mm，キャップの直径は d = 40mm である．また，アルミニウムのせん断強さを τ_B = 60MPa とする．

図 2.35　アルミキャップ

【2.11】 Calculate the tensile load which can safely act on the joint connected with the bolt having a diameter of d = 8mm as shown in Fig. 2.36. In this problem, it is assumed that the safety factor is S = 2, the bolt is made of low carbon steel, the standard shear stress is τ_S = 50MPa, and the parts of the joint are sufficiently stronger than the bolt.

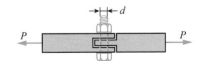

Fig. 2.36　A lap joint.

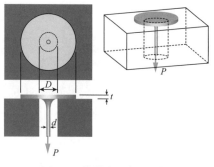

Fig. 2.37　A nipper.

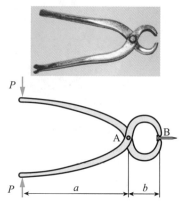

図 2.38　棒付き円板の引張

【2.12】　Calculate the shearing stress acting on the connecting pin with the diameter d = 5mm when the load P = 100N is applied to the gripes of the nipper. The lengths of the nipper are taken to be a = 15cm and b = 2cm, as shown in Fig. 2.37.

【2.13】　図2.38 のように，厚さ t の円板に直径 d の棒が固定されている．これを，直径 D = 50mm の穴に通し，棒に引張り荷重 P を加える．最大荷重が P = 10kN のとき，安全に使用するために最低限必要な円板の厚さ t と棒の直径 d を求めよ．ただし，この円板と棒の許容せん断応力は τ_a = 30MPa，許容引張応力は σ_a = 70MPa である．

第3章

引張と圧縮

Tension and Compression

3・1 棒の伸び（elongation of a bar）

棒 (bar)：断面寸法に比べて長さが十分に長い部材（member）

軸変形 (axial deformation)：部材の軸を真直に保ち，かつ軸に垂直な断面が平面を保つような変形

真直棒の伸び（elongation of a straight bar）　$\lambda\,[\mathrm{m}]$

図 3.1 のように，引張力 P が棒に作用したとき，棒の伸びは次のように表される．

$$\lambda = \frac{Pl}{AE}$$

P: 棒に加えられた外力，l：棒の長さ，
A：棒の断面積，E：縦弾性係数 　　　　(3.1)

段付き棒の伸び（elongation of a stepped bar）

図 3.2 のように，断面積と材質が異なる 3 本の棒で構成された段付き棒（stepped bar）に引張力 P が作用した時，全体の棒の伸びは次式で与えられる．

$$\lambda = \lambda_1 + \lambda_2 + \lambda_3 = \frac{Pl_1}{A_1 E_1} + \frac{Pl_2}{A_2 E_2} + \frac{Pl_3}{A_3 E_3} = P \sum_{i=1}^{3} \frac{l_i}{A_i E_i} \tag{3.2}$$

l_i：各棒の長さ，A_i：各棒の断面積，E_i：各棒の縦弾性係数（$i = 1, 2, 3$）

断面が一様でない棒の伸び（elongation of a bar with variable cross section）

図 3.3 のように，引張力 P が変形断面棒に作用したとき，棒の伸びは次のように表される．

$$\lambda = \int_0^l \frac{P}{A(x)E} dx \qquad A(x): x \text{ の位置の断面積} \tag{3.3}$$

物体力を受ける棒の伸び（elongation of a bar subjected to body force）

図 3.4 のように，物体力が作用するとき，棒の伸びは次のように表される．

$$\lambda = \frac{Q(0)}{AE} l - \frac{1}{AE} \int_0^l \left\{ \int_0^x A\, q(\xi) d\xi \right\} dx \tag{3.4}$$

$q(x)$：単位体積当たりの物体力（body force）．例えば，物体内部に質量に比例して働く力で，重力や遠心力，慣性力など．

$Q(x)$：x 断面に生じる内力．

【例題 3.1】　棒の伸びを表す式(3.1)を導出せよ．

【解答】　図 3.1 のような問題を考える．棒の伸びは，

『断面に生じる応力』⇒『断面に生じるひずみ』⇒『棒の伸び』

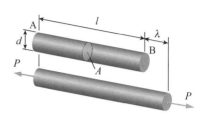

図 3.1　真直棒の引張

真直棒：断面形状が一様で真直ぐな棒を真直棒（straight bar）と呼ぶ．単に棒（bar）と書かれた場合，特に断りが無ければ，真直棒を意味する．

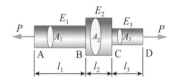

図 3.2　異なる材質，異なる断面積の棒からなる段付き棒の引張

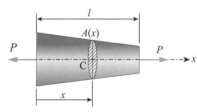

図 3.3　断面が一様でない棒の引張

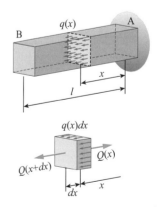

図 3.4　物体力が働く棒の伸び

の順に求めると，次式のように式(3.1)が求められる.

$$\sigma = \frac{P}{A} \quad \Rightarrow \quad \varepsilon = \frac{\sigma}{E} = \frac{P}{AE} \quad \Rightarrow \quad \lambda = \varepsilon l = \frac{Pl}{AE} \tag{3.5}$$

【例題 3.2】 図 3.5(a)のように，エレベーターは上部についたモーターでロープを巻き上げることで昇降する仕組みが一般的である．高さ 20m のエレベーターに加わる最大荷重が $P = 6000\text{N}$ のとき，ロープの伸びを最大で 2mm にするために必要なロープの直径を求めよ．なお，エレベーターのロープは，図 3.5(b)に断面形状を示すように，かなり複雑な構造をしているが，簡単のため，直径 d の円形断面とし，材質は低炭素鋼で，縦弾性係数を $E = 206\text{GPa}$ とする．

【解答】 長さ $l = 20\text{m}$ の円形断面棒に，荷重 P が加わったときの伸びを λ とおくと，$\lambda = 2\text{mm}$ となるように直径 d を求めればよい．式(3.1)に断面積 $A = \frac{\pi}{4}d^2$ を代入すると，

$$\lambda = \frac{Pl}{AE} = \frac{4Pl}{\pi d^2 E} \tag{3.6}$$

となる．この式を d について解くと，

$$d = \sqrt{\frac{4Pl}{\pi E \lambda}} = 2\sqrt{\frac{6000\text{N} \times 20\text{m}}{\pi \times 206 \times 10^9\,\text{Pa} \times 2 \times 10^{-3}\,\text{m}}} = 19.3 \times 10^{-3}\,\text{m} \tag{3.7}$$

答：19.3mm

(a) エレベーターの構造

(b) ロープの断面

図 3.5 エレベーター

[Example 3.3] Consider an overhanging roof having the length of $l = 4.5\text{m}$ and mass of $m = 200\text{kg}$, one end of which is connected to a pinned support at the wall as shown in Fig. 3.6. Keeping the roof horizontal, the points which are 2m apart from the other end are connected to the wall with 3 wires, so that the angles between the roof and wires are initially $\theta = 45°$. When the wires are subjected to the weight of the roof, (a) calculate the minimum diameters of the wires which can support the roof, (b) calculate the vertical displacement at the free end of the roof. In this case, the roof is considered to be rigid, and the allowable stress and the modulus of longitudinal elasticity of the wires are taken to be $\sigma_a = 100\text{MPa}$ and $E = 200\text{GPa}$.

【Solution】 (a) Minimum diameters of wires.

Considering that the weight of the roof mg acts vertically downward at the center of the roof and letting the tensile forces of the wires be T, FBD of the roof can be illustrated as in Fig. 3.7(a). The equilibrium of moments around the point B is then expressed by

$$-mg \times \frac{l}{2} + 3T \sin\theta \times (l-a) = 0 \tag{3.8}$$

Thus, the tensile forces of the wires T are : $T = \frac{mgl}{6(l-a)\sin\theta} \tag{3.9}$

Letting the cross sectional area be A, the normal stresses in the wires are

$$\sigma = \frac{T}{A} = \frac{mgl}{6A(l-a)\sin\theta} = \frac{2mgl}{3\pi d^2(l-a)\sin\theta} \tag{3.10}$$

The magnitudes of the stresses must be smaller than that of the allowable stress, so we

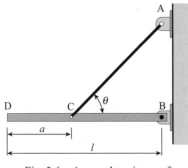

Fig. 3.6 An overhanging roof.

3・1 棒の伸び

have

$$\sigma_a \geq \sigma = \frac{2mgl}{3\pi d^2(l-a)\sin\theta} \quad \Rightarrow \quad d \geq \sqrt{\frac{2mgl}{3\pi\sigma_a(l-a)\sin\theta}} \tag{3.11}$$

The value of d can be given as follows.

$$d \geq \sqrt{\frac{2 \times 200 \times 9.81\text{N} \times 4.5\text{m}}{3 \times \pi \times (100 \times 10^6\,\text{Pa}) \times (4.5\text{m} - 2\text{m}) \times \sin 45°}} = 3.256\text{mm} \tag{3.12}$$

(b) The vertical displacement δ_v.

In order to obtain the vertical displacement of the roof at the point D, the elongation of the support wire and the rotation of the rigid roof BD should be determined. Figure 3.7(b) illustrates a deformation diagram that enables us to relate the elongation λ of the support wire to the vertical displacement δ_C at the point C.

Due to the elongation λ of the wire, the point C move to C'. The point C' can be moved as a circular arc with the radius AC'. On the other hand, the length BC is unchangeable, so the point C can be moved as a circular arc with the radius BC. Since the point C' of the wire coincides with the point C of the roof, the points C' and C move to C*. When the circular arc is long enough compared to δ_C, it is assumed that the point C and C' move vertically to AC' and BC, respectively. Therefore, the following relationship between λ and δ_C can be given.

$$\lambda = \delta_C \sin\theta \tag{3.13}$$

Moreover, the vertical displacement δ_v is given as follows.

$$\delta_v = \delta_C \times \frac{l}{l-a} = \frac{\lambda}{\sin\theta} \cdot \frac{l}{l-a} \tag{3.14}$$

The tensile load T of the wire gives the elongation λ of the wire as:

$$\lambda = \frac{T}{AE} \frac{l-a}{\cos\theta} = \frac{mgl}{6(l-a)\sin\theta} \frac{l-a}{AE\cos\theta} = \frac{mgl}{6AE\sin\theta\cos\theta}$$

$$= \frac{200 \times 9.81\text{N} \times 4.5\text{m}}{6 \times \frac{\pi}{4} \times (3.256 \times 10^{-3}\,\text{m})^2 \times 200 \times 10^9\,\text{Pa} \times \sin 45° \times \cos 45°} \tag{3.15}$$

$$= 1.768 \times 10^{-3}\,\text{m}$$

Then, the vertical displacement at the point D is given as follows.

$$\delta_v = \frac{1.768 \times 10^{-3}\,\text{m}}{\sin 45°} \times \frac{4.5\text{m}}{4.5\text{m} - 2\text{m}} = 4.50 \times 10^{-3}\,\text{m} \tag{3.16}$$

Ans.　(a): 3.26mm, (b): 4.50mm

（別解：式(3.13)の導出）　図 3.8 を参照すると，３平方の定理より，

$$\triangle\text{BC}^*\text{B}': \quad (\text{BC})^2 = \delta_C{}^2 + (\text{B'C}^*)^2 \tag{3.17}$$

$$\triangle\text{AC}^*\text{B}': \quad (\text{AC} + \lambda)^2 = (\text{AB} + \delta_C)^2 + (\text{B'C}^*)^2 \tag{3.18}$$

式(3.17)と(3.18) より B'C* を消去して，δ_C について解き，微小項 λ^2 を消去すると，次式のように式(3.13)が得られる．

$$\delta_C = \frac{\text{AC}}{\text{AB}}\lambda + \frac{\lambda^2}{2\text{AB}} \cong \frac{\text{AC}}{\text{AB}}\lambda = \frac{1}{\sin\theta}\lambda \tag{3.19}$$

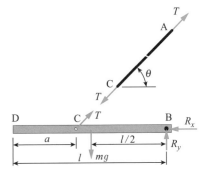

(a) FBD of the roof and the wires

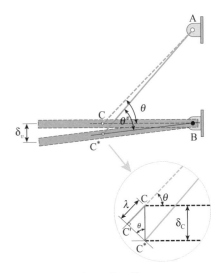

(b) deformation diagram

Fig. 3.7　An overhanging roof.

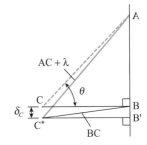

図 3.8　３平方の定理を用いた別解

注）図の変形は，分かりやすいように拡大して表示してある．

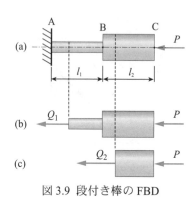

(a)

l_1　l_2

(b)

Q_1　　　P

(c)

Q_2　P

図 3.9　段付き棒の FBD

注）図 3.9(b)と(c) では，断面に生じる内力を引張方向を正として考えている．結果として，Q_1 と Q_2 および λ は P で表すと負となり，"−" が付き，棒は縮むことがわかる．

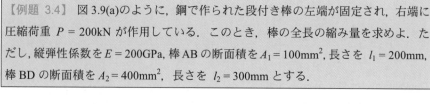

【例題 3.4】　図 3.9(a)のように，鋼で作られた段付き棒の左端が固定され，右端に圧縮荷重 $P = 200\text{kN}$ が作用している．このとき，棒の全長の縮み量を求めよ．ただし，縦弾性係数を $E = 200\text{GPa}$，棒 AB の断面積を $A_1 = 100\text{mm}^2$，長さを $l_1 = 200\text{mm}$，棒 BD の断面積を $A_2 = 400\text{mm}^2$，長さを $l_2 = 300\text{mm}$ とする．

《方針》　段付き棒を区間 AB と BC の 2 つに分け，各区間内の断面でこの棒を切断する．その断面に生じる内力と外力との釣合いを考え，それぞれの部分に作用している内力を求める．このとき，棒を伸ばす力，すなわち引張方向の内力を正に取り，伸びを正と考える．

【解答】　区間 AB と BC の断面に生じる内力 Q_1 と Q_2 は，

区間 AB：図 3.9(b)　　$Q_1 = -P$ 　　　　　　　　　　　　(3.20)

区間 BC：図 3.9(c)　　$Q_2 = -P$ 　　　　　　　　　　　　(3.21)

となる．区間AB間の伸び λ_1，区間BCの伸び λ_2 は

$$\lambda_1 = \frac{Q_1 l_1}{A_1 E} = \frac{-P l_1}{A_1 E} \quad , \quad \lambda_2 = \frac{Q_2 l_2}{A_2 E} = \frac{-P l_2}{A_2 E} \tag{3.22}$$

となる．棒全体の伸びは，AB と BC の伸びを加え合わせると，次のようになる．

$$\begin{aligned}
\lambda = \lambda_1 + \lambda_2 &= -\frac{P}{E}\left(\frac{l_1}{A_1} + \frac{l_2}{A_2}\right) \\
&= -\frac{200 \times 10^3 \text{N}}{200 \times 10^9 \text{Pa}}\left(\frac{200 \times 10^{-3}\text{m}}{100 \times 10^{-6}\text{m}^2} + \frac{300 \times 10^{-3}\text{m}}{400 \times 10^{-6}\text{m}^2}\right) = -2.75 \times 10^{-3}\text{m}
\end{aligned} \tag{3.23}$$

答：2.75mm 縮む

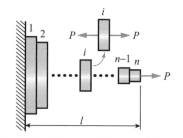

Fig. 3.10　The stepped bar consisting of n elements.

【Example 3.5】　Calculate the elongation of a stepped bar when a tensile force P acts at the end of the stepped bar consisting of n elements as shown in Fig. 3.10. It is then assumed that all elements are made of the same material and have the same length, the cross sectional area of the first element is taken to be $A_1 = A_0$, and the length and cross sectional area of the i-th element are $l_i = l / n$ and $A_i = A_0 / i$.

《Solution technique》

(1) The elongation of the i-th element can be obtained, assuming that this is similar to a problem of a bar whose both ends are subjected to a tensile force P.

(2) Summing up the elongations of all elements, the total elongation can be obtained.

【Solution】　(1) Since it is considered that both ends of the i-th element is subjected to a tensile force P as shown in Fig. 3.10, the elongation of the i-th element λ_i is

$$\lambda_i = \varepsilon_i l_i = \frac{\sigma_i}{E} l_i = \frac{P}{A_i} \frac{l_i}{E} = \frac{P}{E} \frac{i}{A_0} \frac{l}{n} \tag{3.24}$$

(2) The total elongation of the stepped bar is expressed as

$$\lambda = \sum_{i=1}^{n} \lambda_i = \frac{Pl}{nEA_0} \sum_{i=1}^{n} i = \frac{Pl}{nEA_0} \frac{n(n+1)}{2} = \frac{(n+1)Pl}{2EA_0} \tag{3.25}$$

3・1　棒の伸び

Ans.：$\lambda = \dfrac{(n+1)Pl}{2EA_0}$

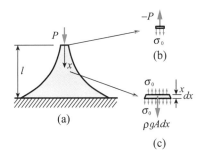

【例題 3.6】　図 3.11(a) のような圧縮荷重 P を受ける変断面棒を考える．上端の断面積を A_0，密度を ρ とするとき，変断面棒の自重を考慮して，全ての断面の応力が一定となるように断面積を定めよ．また，縦弾性係数を E として，棒の伸びを求めよ．

図 3.11　自重を受ける変断面棒

【解答】　上端の応力を σ_0 と置く．図 3.11(b)のように，荷重 P が A_0 の面に一様に加わると考えると，

$$\sigma_0 = -\frac{P}{A_0} \tag{3.26}$$

次に，図 3.11(c)のように，$x \sim x + dx$ の微小部分について考える．x における断面積を A_x で表す．上下面の応力は σ_0 で一定であるから，この微小部分の力の釣合いより，

$$-\sigma_0 A_x + \rho g A_x dx + \sigma_0 (A_x + dA_x) = 0 \ \Rightarrow \ \sigma_0 dA_x = -\rho g A_x dx \tag{3.27}$$

両辺を $\sigma_0 A_x$ で除し，さらに積分すれば，A_x は以下のようになる．

$$\frac{dA_x}{A_x} = -\frac{\rho g}{\sigma_0} dx \ \Rightarrow \ \ln A_x = -\frac{\rho g}{\sigma_0}x + C \ \Rightarrow \ A_x = e^{-\frac{\rho g}{\sigma_0}x + C} \tag{3.28}$$

$x = 0$ における断面積は A_0 であるので，上式に $x = 0$ を代入すると

$$A_0 = e^C \tag{3.29}$$

全ての断面の応力が等しい自重を受ける変断面棒は，どことなく富士山の形状に似ている．

式(3.26)と(3.29)を式(3.28)に代入すれば，全ての断面の応力を一定とする断面積 A_x は，次式のように得られる．

$$A_x = A_0 e^{-\frac{\rho g}{\sigma_0}x} = A_0 e^{\frac{A_0 \rho g}{P}x} \tag{3.30}$$

全ての断面における応力は一定であるから，ひずみも一定である．よって，伸びは

$$\lambda = \varepsilon l = \frac{\sigma_0}{E} l = -\frac{Pl}{A_0 E} \tag{3.31}$$

答：$A_x = A_0 e^{\frac{A_0 \rho g}{P}x}$，　$\lambda = -\dfrac{Pl}{A_0 E}$

3・2　静定問題と不静定問題　（determinate and indeterminate problems）

静定問題 (statically determinate problem)：未知反力の数が釣合い式の数と同じ問題

不静定問題 (statically indeterminate problem)
　　　　　　　　　　　：未知反力の数が釣合い式の数より多い問題

不静定問題を解く手順

(1) 力の釣合いとモーメントの釣合いから未知反力を決める．

(2) 荷重と未知反力に対する変位（伸び）を求める．

(3) 変形の条件より未知反力を決定する．

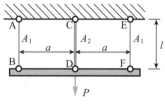

図 3.12　板の吊下げ

注）この場合，天井と剛体からワイヤが受ける力は未知であり，未知反力となる．

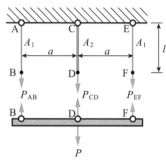

図 3.13　板の吊下げ FBD

注）ワイヤの伸びが異なると，ワイヤがたるみ，そのワイヤに加わる荷重が小さくなり，縮む，そして，全てのワイヤの長さは等しくなる．

【例題 3.7】　図 3.12 のように，３本のワイヤで剛体板が吊下げられている．剛体板の中央に荷重 P を加えたとき，剛体板の変位 δ を求めよ．ただし，AB と EF のワイヤの縦弾性係数と断面積は等しく，それぞれ E_1 と A_1，CD のワイヤの縦弾性係数と断面積は E_2 と A_2 とする．

《方針》　(1) ワイヤが受ける引張力を未知反力とする．

(2) ワイヤの伸びを求める．

(3) ３本のワイヤの伸びが等しい条件より未知反力を求める．

【解答】　(1) 図3.13のように，ワイヤ AB, CD, EF に作用する力をそれぞれ P_{AB}, P_{CD}, P_{EF} とする．板に加わる力と点 D 回りのモーメントの釣合いは以下のようになる．

$$P_{AB} + P_{CD} + P_{EF} = P, \quad -P_{AB}a + P_{EF}a = 0 \tag{3.32}$$

これより，

$$P_{EF} = P_{AB}, \quad P_{CD} = P - 2P_{AB} \tag{3.33}$$

となるが，２つの釣合い式だけでは P_{AB} を決定することは出来ない．

(2) ワイヤの伸びは

$$\lambda_{AB} = \lambda_{EF} = \varepsilon_{AB}l = \frac{\sigma_{AB}}{E_1}l = \frac{P_{AB}}{E_1A_1}l$$
$$\lambda_{CD} = \varepsilon_{CD}l = \frac{\sigma_{CD}}{E_2}l = \frac{P_{CD}}{E_2A_2}l = \frac{P - 2P_{AB}}{E_2A_2}l \tag{3.34}$$

(3) ３本のワイヤーの伸びは全て等しいため，$\lambda_{AB} = \lambda_{CD}$ とおくと，

$$\frac{P_{AB}}{E_1A_1}l = \frac{P - 2P_{AB}}{E_2A_2}l \Rightarrow P_{AB} = \frac{PE_1A_1}{E_2A_2 + 2E_1A_1} \tag{3.35}$$

剛体板の変位は，ワイヤの伸びと等しいから，式(3.35)を式(3.34)に代入すると，

$$\delta = \lambda_{AB} = \frac{P_{AB}}{E_1A_1}l = \frac{Pl}{E_2A_2 + 2E_1A_1} \tag{3.36}$$

答：$\delta = \dfrac{Pl}{E_2A_2 + 2E_1A_1}$

【Example 3.8】　Calculate the stress and elongation of a square bar of reinforced concrete having length of 3m when the compressive force $P = 500$kN acts on the rigid plate attached to the square bar as shown in Fig. 3.14(a), assuming that the length of the cross section of the square bar is 30cm, the diameter of the steel bar is 3.5cm, and the moduli of longitudinal elasticity of concrete and steel are respectively 20GPa and 206GPa.

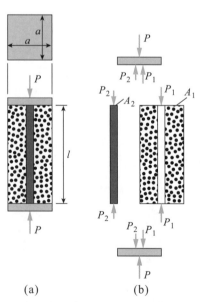

(a)　　　　　　(b)

Fig. 3.14　A concrete bar reinforced by a steel rod.

《Solution technique》

(1) Illustrate FBD of the rigid plate, the part of the concrete bar, and the part of the steel rod.

(2) Let the forces acting on the concrete bar and steel rod be unknown.

(3) Determine the unknown forces so that both elongations of the concrete bar and

steel rod are the same.

【Solution】　(1) FBD can be illustrated as shown in Fig. 3.14(b).

(2) Let the cross sectional areas of the concrete bar and steel rod be A_1 and A_2, those moduli of longitudinal elasticity be E_1 and E_2, and the forces acting on them be P_1 and P_2. Then, the equilibrium of forces is give by

$$P = P_1 + P_2 \tag{3.37}$$

The unknown forces cannot be determined from the above equation, so the deformations should be considered for solving this problem. Using the unknown forces P_1 and P_2, the elongations of the concrete bar and steel rod are respectively as follows.

$$\lambda_1 = \frac{-P_1 l}{A_1 E_1} \ , \ \lambda_2 = \frac{-P_2 l}{A_2 E_2} \tag{3.38}$$

(3) Utilizing the relationship $\lambda_1 = \lambda_2$, we have：$P_1 = \dfrac{A_1 E_1}{A_2 E_2} P_2$ $\tag{3.39}$

Substituting Eq. (3.39) into Eq. (3.37), the unknown forces can be determined as

$$P_2 = \frac{A_2 E_2}{A_1 E_1 + A_2 E_2} P \ , \ P_1 = \frac{A_1 E_1}{A_1 E_1 + A_2 E_2} P \tag{3.40}$$

The cross sectional area of the concrete bar and steel rod can be calculated as

$$A_2 = \frac{\pi d^2}{4} = \frac{\pi \times 0.035^2}{4} = 0.9621 \times 10^{-3}\,\mathrm{m}^2$$
$$A_1 = a^2 - A_2 = (0.3\mathrm{m})^2 - 0.9621 \times 10^{-3}\,\mathrm{m}^2 = 0.0890\,\mathrm{m}^2 \tag{3.41}$$

Finally, stresses and elongations are

$$\sigma_1 = \frac{-P_1}{A_1} = \frac{-E_1 P}{A_1 E_1 + A_2 E_2} = -5.05\,\mathrm{MPa}$$
$$\sigma_2 = \frac{-E_2 P}{A_1 E_1 + A_2 E_2} = -52.05\,\mathrm{MPa} \tag{3.42}$$
$$\lambda_1 = \lambda_2 = \frac{-Pl}{A_1 E_1 + A_2 E_2} = -0.758 \times 10^{-3}\,\mathrm{m}$$

Ans.： $\sigma_1 = -5.05\,\mathrm{MPa}$, $\sigma_2 = -52.05\,\mathrm{MPa}$, $\lambda_1 = \lambda_2 = -0.758\,\mathrm{mm}$

> 式のチェック方法：$E_1 = E_2$ のとき，荷重 P は A_1 と A_2 の面積に比例して配分されるから，
>
> $$P_2 = \frac{A_2}{A_1 + A_2} P \ , \ P_1 = \frac{A_1}{A_1 + A_2} P$$
>
> となるはずである．式(3.40)で $E_1 = E_2$ と置いて上式となることを確認することで式のチェックができる．

3・3　重ね合わせの原理（principle of superposition）

重ね合わせの原理 (principle of superposition)：複数の荷重が構造物に加えられたときの変形は，個々の荷重が構造部に加えられた変形を加え合わせることによって求めることができる

【例題 3.9】　図3.15 のように，複数の荷重が棒に加わったとき，棒の伸びを求める方法について解説せよ．

【解答】　大別すると，以下の2つの方法が考えられる．それぞれの方法で解く手順は次のようになる．

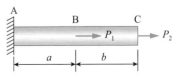

図 3.15　中央と先端に荷重を受ける棒

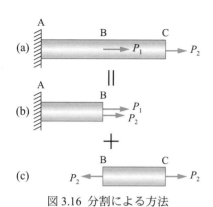

図 3.16 分割による方法

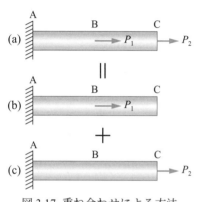

図 3.17 重ね合わせによる方法

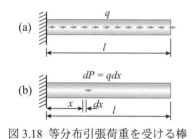

図 3.18 等分布引張荷重を受ける棒

荷重位置で分割して解く方法（図 3.16）

(1) 荷重位置で分割し，棒を部材に分ける．

(2) 各部分の両端に加わる力を求める．

(3) 各々の部材の伸びを求める．

(4) 各々の部材の伸びを足し合わせて，全体の伸びを求める．

重ね合わせの原理による方法（図 3.17）

(1) 複数の荷重が加わった問題を，1つの荷重が加わった問題に分解する．

(2) 各々の問題に対する伸びを求める．

(3) 求めた伸びを足し合わせて，複数の荷重が加わったときの伸びを求める．

【Example 3.10】 Solve the example 3.9 by applying the principle of superposition.

《Solution technique》 Derive each elongation due to a load P_1 or P_2 and superimpose both elongations.

【Solution】 When only the load P_1 acts on the bar, the problem is equivalent to the case of a bar with length of a as shown in Fig. 3.17(b). Thus the elongation λ_1 is as follows.

$$\lambda_1 = \frac{P_1 a}{AE} \tag{3.43}$$

When only the load P_2 acts on the bar, the elongation of a bar with length of $a + b$ is

$$\lambda_2 = \frac{P_2(a+b)}{AE} \tag{3.44}$$

Superimposing the results given in Eqs. (3.43) and (3.44), the total elongation of the bar can be expressed as follows.

$$\lambda = \lambda_1 + \lambda_2 = \frac{P_1 a}{AE} + \frac{P_2(a+b)}{AE} \tag{3.45}$$

【例題 3.11】 図 3.18(a)のように，長さ l の棒が，棒の軸方向に q [N/m] の等分布引張荷重を受けている．棒の断面積を A，縦弾性係数を E とするとき，この棒の伸びを求めよ．

《方針》 $x \sim x+dx$ の長さ dx の部分のみに，荷重 $dP = qdx$ が加わった問題を重ね合わせることにより，全体に等分布荷重 q が加わったときの伸びを求める．この場合，連続的に作用している分布荷重を積分をすることにより，伸びを重ね合わせることができる．

【解答】 図 3.18(b) のように，左端から x の位置に荷重 dP が加わったときの伸び $d\lambda$ は，

$$d\lambda = \frac{x}{AE}dP = \frac{x}{AE}qdx \tag{3.46}$$

となる．従って，棒全体の伸びは，$x = 0 \sim l$ まで上式を積分することにより，次のようになる．

3・3 重ね合わせの原理

$$\lambda = \int_0^l \frac{xq}{AE}dx = \frac{q}{AE}\left[\frac{x^2}{2}\right]_0^l = \frac{ql^2}{2AE} \tag{3.47}$$

3・4 熱応力 （thermal stress）

熱ひずみ （thermal strain）：温度変化によって生じるひずみ

線膨張係数 （linear expansion coefficient） α [K^{-1}]：単位温度 1K 当たりのひずみ（単位長さ当たりの伸び）を表している

熱応力 （thermal stress）：

　　物体が拘束されたとき，熱変形に起因して生じる応力（図 3.19）

熱ひずみ（thermal strain）： $\varepsilon_T = \alpha \cdot \Delta T$ (3.48)

　　α：線膨張係数 （linear expansion coefficient） [K^{-1}]（表 3.1）

　　ΔT：温度変化

熱応力（thermal stress）： $\sigma = -E \cdot \alpha \cdot \Delta T$ (3.49)

【**例題 3.12**】 図3.20 に示すような変断面棒の温度が $T_0 = 298$K から $T_1 = 348$K に上昇したとき，両端の圧縮力，最大応力および自然膨張からの変形量を求めよ．ただし，変断面棒の長さは $l = 2$m，両端の半径は $d_1 = 5$cm と $d_2 = 10$cm，縦弾性係数は $E = 206$GPa，線膨張係数は $\alpha = 11.2 \times 10^{-6}$K^{-1} とする．

《**方針**》 (1) 壁が無いときの熱膨張による伸びを求める（図 3.21(a)）．

(2) 壁からの未知反力による伸びを求める（図 3.21(b)）．

(3) (1)と(2) の合計の伸びが零となることより，壁からの反力を決定する．

【**解答**】 x の位置の断面における直径は： $d = d_1 + \dfrac{x}{l}(d_2 - d_1)$ (3.50)

(1) 自然膨張したものと考えると，伸びは： $\lambda_f = \alpha l(T_1 - T_0)$ (3.51)

(2) 棒の両端に作用する引張力を P とすると，棒の左端から x の位置における応力は

$$\sigma = \frac{P}{\dfrac{\pi d^2}{4}} = \frac{4P}{\pi\left\{d_1 + \dfrac{x}{l}(d_2 - d_1)\right\}^2} \tag{3.52}$$

ひずみは： $\varepsilon = \dfrac{\sigma}{E} = \dfrac{4P}{E\pi\left\{d_1 + \dfrac{x}{l}(d_2 - d_1)\right\}^2}$ (3.53)

微小長さ dx の伸び $d\lambda$ は： $d\lambda = \varepsilon dx = \dfrac{4P}{E\pi\left\{d_1 + \dfrac{x}{l}(d_2 - d_1)\right\}^2}dx$ (3.54)

上式を $x = 0 \sim l$ まで積分すれば，全体の伸び λ_P は

$$\lambda_P = \int_0^l d\lambda = \int_0^l \frac{4P}{E\pi\left\{d_1 + \dfrac{x}{l}(d_2 - d_1)\right\}^2}dx = \frac{4Pl}{E\pi d_1 d_2} \tag{3.55}$$

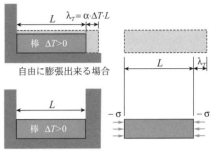

図 3.19 温度上昇により生じる熱応力

表 3.1 線膨張係数

材　料	室温での線膨張係数 [K^{-1}]
軟　鋼	11.6×10^{-6}
鋳　鉄	$10 \sim 12 \times 10^{-6}$
ステンレス鋼	13.6×10^{-6}
銅	18×10^{-6}
アルミニウム合金	23×10^{-6}
ゴム	$22 \sim 23 \times 10^{-6}$
セラミックス	$7 \sim 11 \times 10^{-6}$

注）式(3.49)を用いて熱応力が求まるのは，一部のごく単純な問題だけである．多くの熱応力の問題には，式(3.49)を適用出来ない．

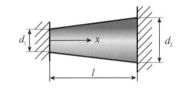

図 3.20 温度変化を受け，剛体壁で固定された変断面棒

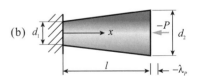

図 3.21 温度変化を受け，剛体壁で固定された変断面棒の変形

注）ここでは，棒が壁から受ける力の正方向を，棒を引張る方向に取っている．このようにとることにより，式(3.56)における P の値が正なら棒は壁より引張を受け，負なら圧縮を受けることがわかる．

(3) $\lambda_f + \lambda_P = 0$ の関係を式(3.51)と(3.55) に用いると，

$$P = -\frac{E\pi d_1 d_2}{4}\alpha(T_1 - T_0) = -\frac{206\times10^9 \times \pi \times 0.05 \times 0.1}{4}\times11.2\times10^{-6} \atop \times(348-298) = -453.0\text{kN} \tag{3.56}$$

式(3.52)より，最大応力は $x = 0$ で生じ，以下のようになる．

$$\sigma_{\max} = \frac{4P}{\pi d_1^2} = \frac{-4\times453.0\times10^3}{\pi\times0.05^2} = -230.7\text{MPa} \tag{3.57}$$

自然膨張からの変形量 λ は

$$\lambda = \lambda_P = -\lambda_f = -11.2\times10^{-6}\times2\times(348-298) = -1.120\times10^{-3}\,\text{m} \tag{3.58}$$

答：　$P = -453\text{kN}$, $\sigma_{\max} = -230\text{MPa}$, $\lambda = -1.12\text{mm}$（縮む）

【Example 3.13】　In a structure consisting of a bolt which is threaded through a hollow cylinder and fixed by a nut as shown in Fig. 3.22(a), calculate the stresses in the hollow cylinder and bolt when the temperature of the structure rises from $T_0 = 298\text{K}$ to $T_1 = 358\text{K}$. Young's modulus and the linear expansion coefficient of the bolt and cylinder are $E_b = 210\text{GPa}$, $\alpha_b = 13.6\times10^{-6}\,\text{K}^{-1}$, $E_c = 70\text{GPa}$ and $\alpha_c = 23.0\times10^{-6}\text{K}^{-1}$, respectively.

《Solution technique》　The total elongation of the hollow cylinder or the bolt can be obtained by superimposing a thermo-elastic elongation due to a thermal load and an isothermo-elastic elongation due to an unknown mechanical load. Utilizing the condition that the total elongation of the cylinder is equal to that of the bolt, the unknown mechanical loads and the stresses can be determined in order.

【Solution】　Letting the temperature rise be ΔT, the loads acting on the bolt and hollow cylinder be P_b and P_c, and their cross sectional areas be A_b and A_c, the elongations of the bolt and hollow cylinder are expressed as

$$\lambda_b = \alpha_b\Delta T l + \frac{P_b l}{A_b E_b}, \quad \lambda_c = \alpha_c\Delta T l + \frac{P_c l}{A_c E_c} \tag{3.59}$$

Referring to Fig. 3.22(c), the equilibrium of the forces acting on the nut is

$$P_c + P_b = 0 \tag{3.60}$$

Since the elongation of the bolt is equal to that of the hollow cylinder, Eqs. (3.59) give

$$\lambda_b = \lambda_c \quad \Rightarrow \quad \alpha_b\Delta T l + \frac{P_b l}{A_b E_b} = \alpha_c\Delta T l + \frac{P_c l}{A_c E_c} \tag{3.61}$$

Solving the equations given in Eqs. (3.60) and (3.61), the mechanical loads acting on the bolt and hollow cylinder are determined as

$$P_b = \frac{(\alpha_c - \alpha_b)\Delta T A_b E_b A_c E_c}{A_b E_b + A_c E_c}, \quad P_c = -P_b \tag{3.62}$$

Then, stresses in the bolt and hollow cylinder are

$$\sigma_b = \frac{P_b}{A_b} = \frac{(\alpha_c - \alpha_b)\Delta T E_b A_c E_c}{A_b E_b + A_c E_c}, \quad \sigma_c = \frac{P_c}{A_c} = -\frac{P_b}{A_c} = -\sigma_b\frac{A_b}{A_c} \tag{3.63}$$

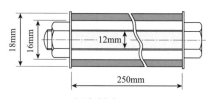

(a) initial state

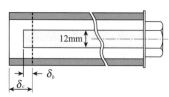

(b) free expansion without the nut

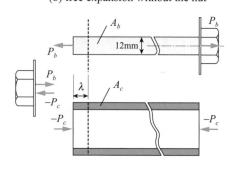

(c) FBD of the bolt, nut and cylinder

Fig. 3.22　Bolt and nut.

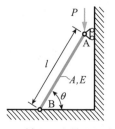

図 3.23　斜めに支持された棒

Substituting the data into Eqs. (3.63), the stresses are calculated as

$$\sigma_b = 16.11\text{MPa} , \quad \sigma_c = -34.11\text{MPa} \qquad (3.64)$$

The hollow cylinder is found to be compressed, because the stress σ_c is negative.

Ans.：$\sigma_b = 16.1\text{MPa}$, $\sigma_c = -34.1\text{MPa}$

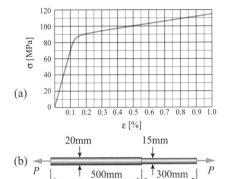

Fig. 3.24 Elongation of a stepped bar.

【練習問題】

【3.1】　図 3.23 のように，長さが l，ヤング率が E である棒 AB の一端 B を回転支持し，他端 A を鉛直方向に自由に動けるように回転支持したところ，棒 AB の水平からの角度は θ であった．棒の一端 A に鉛直下向きの荷重 P を加えたとき，棒 AB に作用する圧縮荷重 Q と，棒の一端 A における鉛直下向き方向の変位 δ を求めよ．

【3.2】　The stress-strain diagram of an aluminum specimen is shown in Fig. 3.24(a). The rod as shown in Fig. 3.24(b) is made of this material. (a) Obtain the elongation when the load P = 18kN is applied to this rod. (b) If the load is removed, determine the permanent elongation.

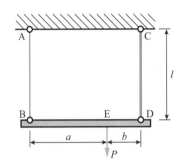

Fig. 3.25　The rigid plate hanged with two wires.

【3.3】　The rigid plate is hanged by two wires having different cross sectional areas, as shown in Fig. 3.25. Determine the position of point E at which the force P is applied so that the rigid plate is kept horizontal, where the moduli and cross sectional areas of the wires are taken to be E_{AB}, E_{CD}, A_{AB} and A_{CD}.

【3.4】　図 3.26 のように，高さ h，厚さ t，上下面の外径が d_1 と d_2 の筒状の円錐台を剛体床に置き，上面に剛体板を載せ，剛体板に荷重 P を加えた．剛体板の変位 δ を求めよ．ただし，この円錐台の縦弾性係数を E で表し，厚さ t は d_1 と d_2 に比べ十分小さいと考える．

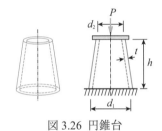

図 3.26　円錐台

【3.5】　図 3.27 に示すようなトラスの先端に荷重 P を加える．安全率を $S = 3$，棒の引張強さと圧縮強さを $\sigma_B = 500\text{MPa}$ とするとき，このトラスに安全に加えることが出来る最大荷重を求めるとともに，そのときの点 A の水平と垂直変位を求めよ．ただし，各々の部材の断面積を $A = 10\text{mm}^2$，縦弾性係数を $E = 200\text{GPa}$，AB の長さを $l = 500\text{mm}$ とする．

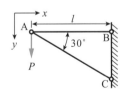

図 3.27　鉛直荷重を受けるトラス

【3.6】　As shown in Fig. 3.28, a truss consists of three members and is subjected to a compressive load. Calculate the displacement at the joint D, where the applied force is P = 50kN, the angle is $\theta = 30°$, the lengths, diameters, and moduli of longitudinal elasticity of the members CD and AD are l_1 = 1.5m, d_1 = 1.27cm, and E_1 = 69GPa, and the diameter and modulus of longitudinal elasticity of the member DB are d_2 = 2.54cm and E_2 = 206GPa.

【3.7】　図 3.29 のように，長さ l，断面積 A，ヤング率 E の 3 本の棒を，天井の

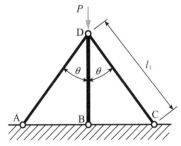

Fig. 3.28　A truss subjected to a compressive load.

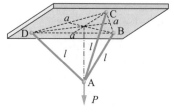

図 3.29　立体トラス

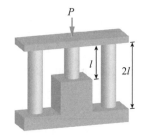

図 3.30　3本の棒で支えられた剛体

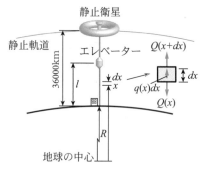

図 3.31　宇宙エレベーター

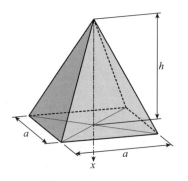

図 3.32　ピラミッド

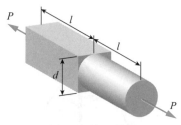

図 3.33　棒の引張

3点に一辺 a の正三角形となるように回転自由支持し，他端 A を回転自由な状態で連結して，鉛直下向きに荷重 P を加えた．荷重点の変位を求めよ．

【3.8】　図 3.30 のように，剛体板を長さ l と $2l$ の3本の棒の上にのせ，荷重 P を加えた．それぞれの棒に生じる応力を求めよ．ただし，3本の棒の断面積を A，縦弾性係数を E とする．

【3.9】　図 3.31 のように，高度3万6000km 上空の静止衛星と地上を結ぶ宇宙エレベーターを作ろうという計画があり，カーボンナノチューブ等の軽くて丈夫な材料でロープを作成することによって実現の可能性が議論されている．ロープには地球の回転による遠心力と地球からの重力が加わると考え，材料の密度が $\rho = 1000\mathrm{kg/m}^3$ のとき，必要な引張強さを求めよ．ただし，地球の角速度を $\omega = 7.292\times10^{-5}\mathrm{rad/s}$，半径を $R = 6357\mathrm{km}$，質量を $M = 5.974\times10^{24}\mathrm{kg}$，万有引力定数を $G = 6.673\times10^{-11}\mathrm{m}^3/(\mathrm{s}^2\mathrm{kg})$ とする．また，エレベーターの質量はロープの全質量に比べ小さいとして無視する．

【3.10】　図 3.32 のようなピラミッドの頂点から x の断面に生じる自重による応力 $\sigma(x)$ および，頂点から x の部分の縮み $\lambda(x)$ を求めよ．ただし，ピラミッドは密度 ρ，縦弾性係数 E の一様な材料で構成され，底辺は一辺 a の正方形で，高さは h とする．

【3.11】　図 3.33 のように，長さ l，直径 d の円形断面棒と，長さ l，一辺の長さ d の正方形断面棒の端面を接合して長さ $2l$ の棒を作成した．この棒の両端を荷重 P で引張ったときの伸び λ を求めよ．ただし，棒の縦弾性係数を E とする．

【3.12】　A stepped aluminum rod shown in Fig. 3.34 has a circular cross section and is fixed to the rigid walls. When the temperature of the rod raises by $\Delta T = 50\mathrm{K}$, calculate the maximum stress. Young's modulus is $E = 70\mathrm{GPa}$ and the linear expansion coefficient is $\alpha = 23\times10^{-6}\,\mathrm{K}^{-1}$.

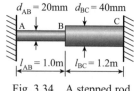

Fig. 3.34　A stepped rod subjected to temperature change.

【3.13】　図 3.35 のように，スパン $l = 2\mathrm{m}$ の剛体壁の一端に棒が固定され，他端の壁との間に隙間 δ がある．温度が $\Delta T = 80℃$ 上昇しても安全に使用できるように，隙間 δ の最小値を求めよ．ただし，この棒の許容圧縮応力を $\sigma_a = 80\mathrm{MPa}$，線膨張係数を $\alpha = 26\times10^{-6}\,\mathrm{K}^{-1}$，縦弾性係数を $E = 70\mathrm{GPa}$ とする．

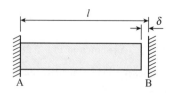

図 3.35　壁との間に隙間がある棒

第4章

軸のねじり

Torsion of shaft

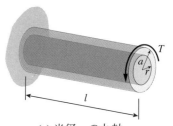

(a) 半径 a の丸軸

4・1 ねじりの基本的考え方 (definition of torsion)

ねじりモーメント (torsional moment), トルク (torque) T [N·m]：軸を回転させる方向に加わるモーメント

ねじれ角 (angle of twist) ϕ [rad]：2つの断面を考え，その断面の間の軸を中心とする相対的な回転角度

比ねじれ角 (angle of twist per unit length, specific angle of twist) θ [rad/m]：単位長さあたりのねじれ角

ねじり剛さ，ねじり剛性 (torsional rigidity) T/θ [Nm^2]：単位長さあたりの剛さ

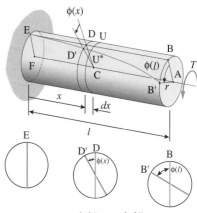

(b) 半径 r の内部

ねじりを加える場合，断面には，垂直応力は生じず，せん断応力のみが生じる．従って，棒の断面は，せん断変形のみを起こすことから，棒は，伸びも縮みもせず，体積は変化しない．そして，断面がねじられた後も平面を保つと考えると，以下の関係が得られる．

(1) せん断ひずみ γ とねじれ角 ϕ, 比ねじれ角 θ の関係 (図4.1参照)

$$\gamma = \lim_{dx \to 0} \frac{U^*U'}{DU} = \lim_{dx \to 0} \frac{rd\phi}{dx} = r\frac{d\phi}{dx} \tag{4.1}$$

$$\gamma = r\theta = r\frac{\phi_l}{l} \tag{4.2}$$

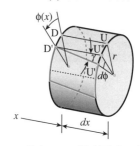

(c) 長さ dx の微小要素のねじり

図4.1 ねじりトルクを受ける丸軸

(2) トルク T とせん断応力 τ の関係 (図4.2参照)

$$T = \int_A r\tau dA = \int_0^a r\tau(2\pi r)dr \tag{4.3}$$

ここで，A は横断面の面積である．せん断応力は図4.2のように，軸の横断面に生じる．同時に，図4.3のように軸方向にも同じ大きさのせん断応力が生じる．

4・2 軸の応力とひずみ (stress and strain of shaft)

せん断応力 τ とせん断ひずみ γ の関係

$$\tau = G\gamma \tag{4.4}$$

G：横弾性係数 (modulus of transverse elasticity),
せん断弾性係数 (modulus of elasticity in shear),
剛性率 (modulus of rigidity)

より，ねじりを受ける棒のせん断応力 τ, ねじれ角 ϕ は次のように表される．

$$\tau = \frac{Tr}{I_p} \tag{4.5}$$

$$\phi = \frac{Tl}{GI_p}, \quad \theta = \frac{\phi}{l}, \quad \theta = \frac{T}{GI_p} \quad (\phi: ねじれ角, \theta: 比ねじれ角) \tag{4.6}$$

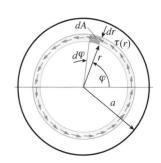

図4.2 横断面上のせん断応力

図4.3 丸軸内のせん断応力の分布

図 4.4 中実丸軸

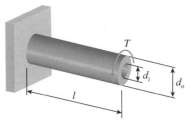

図 4.5 中空丸軸

$$I_p = \int_A r^2 \, dA \quad : \text{断面二次極モーメント} \tag{4.7}$$
（polar moment of inertia of area）

中実丸軸のねじりによるせん断応力 τ とねじれ角 ϕ（図 4.4）

$$\tau = \frac{T}{I_p}r \;,\quad \tau_{max} = \frac{T}{I_p}\frac{d}{2} = \frac{T}{Z_p} \;,\quad \phi = \frac{Tl}{GI_p} \;,\quad \theta = \frac{T}{GI_p} \tag{4.8}$$

$$I_p = \frac{\pi}{32}d^4 \;,\quad Z_p = \frac{\pi}{16}d^3 \tag{4.9}$$

中空丸軸のねじりによるせん断応力 τ とねじれ角 ϕ（図 4.5）

$$\tau = \frac{T}{I_p}r \;,\quad \tau_{max} = \frac{T}{I_p}\frac{d_o}{2} = \frac{T}{Z_p} \;,\quad \phi = \frac{Tl}{GI_p} \;,\quad \theta = \frac{T}{GI_p} \tag{4.10}$$

$$I_p = \frac{\pi}{32}\bigl(d_o^4 - d_i^4\bigr) \;,\quad Z_p = \frac{\pi}{16}\frac{(d_o^4 - d_i^4)}{d_o} \tag{4.11}$$

ここで，Z_p は極断面係数（polar modulus of section）．

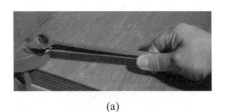

(a)

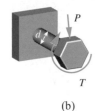

(b)

図 4.6 スパナによるボルトの締め付け

【例題 4.1】 図4.6(a)に示すように，谷径 $d = 8$mm のボルトを，腕の長さ $l = 170$mm のスパナで締め付けた．スパナに加わる力 $P = 100$N のとき，(a) ねじりによりボルトに加わる最大せん断応力 τ_T を求めよ．(b) 横荷重によりボルトに加わるせん断応力 τ_P を求めよ．

【解答】 ボルトとスパナには，図 4.6(b)の FBD（フリーボディーダイアグラム，1 章参照）のように，トルク T と横荷重 P が加わる．

スパナに加わるモーメントの釣合いより，

$$T = Pl = 100\text{N} \times 170\text{mm} = 17000\text{N} \cdot \text{mm} \tag{4.12}$$

このトルク T がボルトに加わる．従って，ボルトの最大せん断応力 τ_T は，式(4.8)より，

$$\tau_T = \frac{T}{Z_p} = \frac{16Pl}{\pi d^3} = \frac{16 \times 17000\text{N} \cdot \text{mm}}{\pi \times (8\text{mm})^3} = 169\text{N/mm}^2 = 169\text{MPa} \tag{4.13}$$

一方，横荷重 P によるボルトの断面に生じるせん断応力の平均値 τ_P は，

$$\tau_P = \frac{P}{A} = \frac{4P}{\pi d^2} = \frac{4 \times 100\text{N}}{\pi \times (8\text{mm})^2} = 1.99\text{N/mm}^2 = 1.99\text{MPa} \tag{4.14}$$

答： $\tau_T = 169$MPa, $\tau_P = 1.99$MPa

【例題 4.2】 図 4.7(a)に示すように，直径 8mm，長さ 200mm の軸の一方が壁に固定され，A, B 2ヶ所にねじりモーメントを加えた．AB, BC 間それぞれの横断面に生じる最大せん断応力を求めよ．さらに，この棒のねじり角を求めよ．ただし，この軸の横弾性係数 $G = 80$GPa とする．

【解答】 棒全体の FBD を図 4.7(b)に示す．ここで，T_A, T_B はそれぞれ A, B 部に加わっているねじりモーメント，T_0 は壁からこの棒の右端が受けるねじりモーメントである．棒全体に加わるねじりモーメントの釣合い式は，

4・2 軸の応力とひずみ

$$T_A + T_B - T_0 = 0 \quad \Rightarrow \quad T_0 = T_A + T_B = 9\mathrm{N\cdot m} \tag{4.15}$$

となり，C 点には，9N·m のねじりモーメントが加わっている．AB 間のねじりモーメントを T_{AB} と表し，図 4.7(c)に示すように，AB 間において任意の断面を考えれば，T_{AB} は図でグレーの矢印で示される．左側の軸において，ねじりモーメントの釣合い式を導くと

$$T_A - T_{AB} = 0 \quad \Rightarrow \quad T_{AB} = T_A = 5\mathrm{N\cdot m} \tag{4.16}$$

が得られる．右側の軸においてもモーメントの釣合い式を導くと

$$T_{AB} + T_B - T_0 = 0 \quad \Rightarrow \quad T_{AB} = -T_B + T_0 = T_A = 5\mathrm{N\cdot m} \tag{4.17}$$

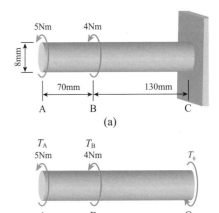

(a)

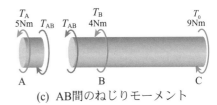

(b) 棒のFBD

となり，式(4.16)と同じ結果が得られる．これは，この軸全体に加わっているねじりモーメントが釣合っているからであるからである．したがって，T_{AB} は図(c)の左右どちらの部分のモーメントの釣合いからでも求めることができる．

同様に，BC 間のねじりモーメント T_{BC} は，図 4.7(d)を参考にすれば，左側の軸のモーメントの釣合いより次式となる．

$$T_A + T_B - T_{BC} = 0 \quad \Rightarrow \quad T_{BC} = T_A + T_B = 9\mathrm{N\cdot m} \tag{4.18}$$

この軸の断面二次極モーメント I_p は，式(4.9)より

$$I_p = \frac{\pi}{32}d^4 = \frac{\pi}{32}(0.008\mathrm{m})^4 = 4.021\times10^{-10}\ \mathrm{m}^4 \tag{4.19}$$

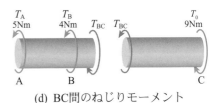

(c) AB間のねじりモーメント

AB 間の最大せん断応力は，式(4.8)より

$$\tau_{\max\mathrm{AB}} = \frac{T_{AB}}{I_p}\frac{d}{2} = \frac{5\mathrm{N\cdot m}\times0.008\mathrm{m}}{4.021\times10^{-10}\ \mathrm{m}^4\times2} = 49.74\times10^6\ \frac{\mathrm{N}}{\mathrm{m}^2} = 49.74\mathrm{MPa} \tag{4.20}$$

同様に，BC 間の最大せん断応力は，次のようになる．

$$\tau_{\max\mathrm{BC}} = \frac{T_{BC}}{I_p}\frac{d}{2} = \frac{9\mathrm{N\cdot m}\times0.008\mathrm{m}}{4.021\times10^{-10}\ \mathrm{m}^4\times2} = 89.53\mathrm{MPa} \tag{4.21}$$

(d) BC間のねじりモーメント

図 4.7 複数のねじりモーメントを
受ける軸

棒全体のねじれ角 ϕ は，AB 間，BC 間のねじれ角 ϕ_{AB}, ϕ_{BC} の合計として，式(4.8)を用いて以下のように得られる．

$$\phi = \phi_{AB} + \phi_{BC} = \frac{T_{AB}l_{AB}}{GI_p} + \frac{T_{BC}l_{BC}}{GI_p} = \frac{T_{AB}l_{AB} + T_{BC}l_{BC}}{GI_p}$$
$$= \frac{5\mathrm{N\cdot m}\times0.070\mathrm{m} + 9\mathrm{N\cdot m}\times0.130\mathrm{m}}{80\times10^9\mathrm{Pa}\times4.021\times10^{-10}\ \mathrm{m}^4} = 47.25\times10^{-3}\mathrm{rad} = 2.707° \tag{4.22}$$

答：$\tau_{\max\mathrm{AB}} = 49.7\mathrm{MPa}$ ，$\tau_{\max\mathrm{BC}} = 89.5\mathrm{MPa}$ ，$\phi = 2.71°$

別解： 図 4.8 のように，A, B それぞれにねじりモーメントが加えられた問題(a)と(b)の重ね合わせにより以下のように解答することもできる．

$$\tau_{\max\mathrm{AB}} = \tau_{\max(a)\mathrm{AB}} + \tau_{\max(b)\mathrm{AB}} = \frac{T_A}{I_p}\frac{d}{2} + 0 = \frac{5\mathrm{N\cdot m}\times0.008\mathrm{m}}{4.021\times10^{-10}\ \mathrm{m}^4\times2} \tag{4.23}$$
$$= 49.74\mathrm{MPa}$$

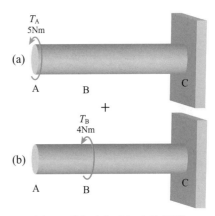

図 4.8 重ね合わせによる解答

$$\tau_{\max\mathrm{BC}} = \tau_{\max(a)\mathrm{BC}} + \tau_{\max(b)\mathrm{BC}} = \frac{T_A}{I_p}\frac{d}{2} + \frac{T_B}{I_p}\frac{d}{2}$$
$$= \frac{5\mathrm{N\cdot m}\times0.008\mathrm{m}}{4.021\times10^{-10}\ \mathrm{m}^4\times2} + \frac{4\mathrm{N\cdot m}\times0.008\mathrm{m}}{4.021\times10^{-10}\ \mathrm{m}^4\times2} = 89.53\mathrm{MPa} \tag{4.24}$$

$$\phi = \phi_{(a)} + \phi_{(b)} = \frac{T_A l_{AC}}{GI_p} + \frac{T_B l_{BC}}{GI_p}$$

$$= \frac{5\mathrm{N \cdot m} \times 0.200\mathrm{m} + 4\mathrm{N \cdot m} \times 0.130\mathrm{m}}{80 \times 10^9\,\mathrm{Pa} \times 4.021 \times 10^{-10}\,\mathrm{m}^4} = 47.25 \times 10^{-3}\,\mathrm{rad} = 2.707° \tag{4.25}$$

【Example 4.3】　The torque is applied to the bolt with 18mm diameter by the L type wrench as shown in Fig. 4.9. If the load P = 500N is applied to the wrench, determine the maximum shearing stress of the bolt. L = 200mm, θ = 23°.

【Solution】　The torque T, which is applied to the bolt, is given as

$$T = PL\cos\theta \tag{4.26}$$

By using Eq.(4.9), the polar moment of inertia of area I_p of the bolt is given as

$$I_p = \frac{\pi d^4}{32} = \frac{\pi(0.018\mathrm{m})^4}{32} = 1.0306 \times 10^{-8}\,\mathrm{m}^4 \tag{4.27}$$

The maximum shearing stress τ_{max} can be given by Eq.(4.8) and (4.26), as follows.

$$\tau_{max} = \frac{T}{I_p} \cdot \frac{d}{2} = \frac{P(L\cos\theta)d}{2I_p} = \frac{500\mathrm{N} \times (0.2\mathrm{m} \times \cos 23°) \times 0.018\mathrm{m}}{2 \times 1.0306 \times 10^{-8}\,\mathrm{m}^4} \tag{4.28}$$

$$= 80.34 \times 10^6\,\mathrm{N/m}^2 = 80.34\mathrm{MPa}$$

Ans. : τ_{max} = 80.3MPa

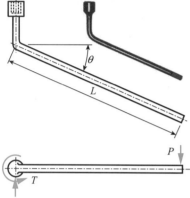

Fig. 4.9　L type wrench.

【Example 4.4】　As shown in Fig. 4.10, the hollow shaft is fixed at one end to the rigid wall and subjected to the torque at the other end. The allowable shearing stress is τ_{allow} = 20MPa. Determine the maximum torque T_{max} for the shaft.

【Solution】　The polar moment of inertia is obtained by Eq. (4.11) as

$$I_p = \frac{\pi}{32}\left(d_o^4 - d_i^4\right) = \frac{\pi}{32}\left\{(0.05\mathrm{m})^4 - (0.03\mathrm{m})^4\right\} = 5.34 \times 10^{-7}\,\mathrm{m}^4 \tag{4.29}$$

The maximum shearing stress τ_{max} by Eq. (4.10) can not be exceed the allowable shearing stress. Thus the following equation can be given.

$$\tau_{allow} \geq \tau_{max} = \frac{T}{I_p}\frac{d_o}{2} \tag{4.30}$$

The maximum torque T_{max} is given as follow.

$$T_{max} = \tau_{allow}\frac{2I_p}{d_o} = 20\mathrm{MPa} \times \frac{2 \times 5.34 \times 10^{-7}\,\mathrm{m}^4}{0.05\mathrm{m}} = 427.2\mathrm{N \cdot m} \tag{4.31}$$

Ans. : 427N·m

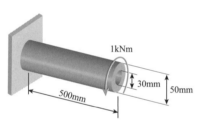

Fig. 4.10　The hollow shaft subjected to the torque.

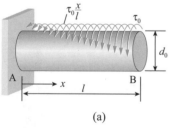

(a)

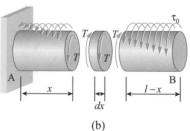

(b)

図 4.11　分布モーメントを受ける
軸のねじり

【例題 4.5】　図 4.11(a)のように，単位長さ当たり $\tau_0 x / l$ と変化する分布モーメントを受ける長さ l，直径 d_0 の軸の横断面に生じる最大せん断応力 τ_{max} と先端のねじれ角 ϕ を求めよ．軸の断面二次極モーメントを I_p，横弾性係数を G で表す．

【解答】　図 4.11(b)のように，固定部から x の位置の断面を考える．この断面に生じるねじりモーメント T は，x から右側の部分に加わっている分布モーメント

との釣合いより，

$$T = \int_x^l \tau_0 \frac{x}{l} dx = \frac{\tau_0}{2l}(l^2 - x^2) \tag{4.32}$$

となる．ねじりトルク T は x の関数となり，$x = 0$ のとき最大値

$$T_{\max} = \frac{\tau_0 l}{2} \tag{4.33}$$

である．従って，最大せん断応力は，式(4.8)より，次式で与えられる．

$$\tau_{\max} = \frac{16T_{\max}}{\pi d_0{}^3} = \frac{8\tau_0 l}{\pi d_0{}^3} \tag{4.34}$$

x の位置における長さ dx の微小部分の両端には，式(4.32) で表されるねじりモーメントが加わっている．これより，長さ dx の微小部分のねじれ角 $d\phi$ は，式(4.8)より，

$$d\phi = \frac{T}{GI_p} dx = \frac{\tau_0}{2GI_p l}(l^2 - x^2)dx \tag{4.35}$$

と表される．従って，この棒全体のねじれ角 ϕ は，次のようになる．

$$\phi = \frac{\tau_0}{2GI_p l}\int_0^l (l^2 - x^2)dx = \frac{\tau_0}{2GI_p l}\left[l^2 x - \frac{1}{3}x^3\right]_0^l = \frac{\tau_0 l^2}{3GI_p} = \frac{32\tau_0 l^2}{3G\pi d_o{}^4} \tag{4.36}$$

$$答 \quad \tau_{\max} = \frac{8\tau_0 l}{\pi d_0{}^3}, \quad \phi = \frac{32\tau_0 l^2}{3G\pi d_o{}^4}$$

4・3 ねじりの不静定問題（statically indeterminate problems on torsion）

> ねじりの不静定問題：軸の変形あるいは問題の形状などの条件を釣合い関係と合わせなければ，壁等の外部から軸に加えられているトルクを決定することができない問題

部分毎に分割する解法（図 4.12(b)）：ねじりモーメントが変化する部分毎に切断し，それを繋げることにより全体を表わす．

重ね合わせによる解法（図 4.12(c)）：ねじりモーメントが両端に加わる単純な問題に分解し，それらの重ね合わせにより全体を表わす．

> 【例題 4.6】 図 4.13(a)のように，円形断面の軸 AB が両端を完全固定されている．その軸の C 点にねじりモーメント T_0，D 点にねじりモーメント T_1 を加えた．固定端 A と B に生じるねじりモーメント T_A と T_B を求めよ．

【解答】 この軸に外部から加わるねじりモーメントの釣合いは，壁から受けるねじりモーメントを T_A, T_B とすれば，図 4.13(b)より，

$$T_A + T_0 + T_1 + T_B = 0 \tag{4.37}$$

この式だけでは，T_A と T_B を求めることはできない．軸 AB の全体のねじれ角 ϕ は，

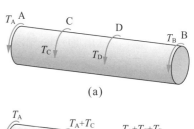

(a)

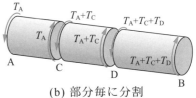

(b) 部分毎に分割

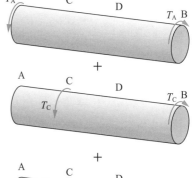

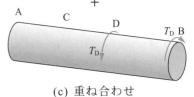

(c) 重ね合わせ

図 4.12 ねじり問題の解法

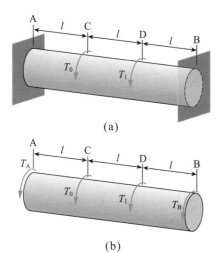

(a)

(b)

(c)

図 4.13　両端を固定された軸の
ねじり

両端が回転できないから 0 である．したがって，AC 部，CD 部，DB 部のねじれ角
を ϕ_{AC}，ϕ_{CD}，ϕ_{DB} とすると次式を満足していなければならない．

$$\phi = \phi_{AC} + \phi_{CD} + \phi_{DB} = 0 \tag{4.38}$$

これらのねじれ角を求めるために，図 4.13(c)のように C, D 断面で分解し，AC, CD,
DB 部のそれぞれの軸の断面に加わっているねじりモーメントを求める．図のよう
に，AC 部には，C，D，B に外部から加わっている合計のモーメント，CD 部には
D，B に外部から加わっている合計のモーメントが各々加わっているから，AC, CD,
DB 間の断面に加わっているねじりモーメントは次のようになる．

$$T_{AC} = -T_A = T_0 + T_1 + T_B \;,\; T_{CD} = T_1 + T_B \;,\; T_{DB} = T_B \tag{4.39}$$

式(4.8)より，AC，CD，DB 部のねじれ角は，

$$\phi_{AC} = \frac{(T_0 + T_1 + T_B)l}{GI_p} \;,\; \phi_{CD} = \frac{(T_1 + T_B)l}{GI_p} \;,\; \phi_{DB} = \frac{T_B l}{GI_p} \tag{4.40}$$

式(4.40)を式(4.38)に代入し，両辺に GI_p を乗じれば

$$(T_0 + T_1 + T_B)l + (T_1 + T_B)l + T_B l = 0 \;\Rightarrow\; T_0 + 2T_1 + 3T_B = 0 \tag{4.41}$$

式(4.37)と(4.41)を連立させて解けば，T_A, T_B が以下のように得られる．

$$T_A = -\left(\frac{2}{3}T_0 + \frac{1}{3}T_1\right),\; T_B = -\left(\frac{1}{3}T_0 + \frac{2}{3}T_1\right) \tag{4.42}$$

それぞれのトルクが負の符号となっていることから，図 4.13(b)で示した矢印とは
逆の方向に壁からトルクを受けていることがわかる．

【Example 4.7】　As shown in Fig.4.14(a), a steel stepped shaft is fixed at each end and
subjected to the torsional moment at section B. By using superposition, determine the
reaction torque at section C.

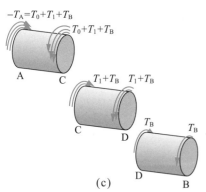

(a)

(b)

(c)

Fig. 4.14　The stepped bar fixed at each
end and subjected to the torque.

【Solution】　The reaction torque at section C is defined by T_C. This problem can be
solved by superposing the problems shown in Fig.4.14(b) and (c). The rotation angles at
section C for the problem (b) and (c) is given as follows.

$$\phi_{AC(b)} = \frac{T_B l_{AB}}{GI_{pAB}} \;,\; \phi_{AC(c)} = \frac{T_C l_{AB}}{GI_{pAB}} + \frac{T_C l_{BC}}{GI_{pBC}} \tag{4.43}$$

The bar is fixed at section C, then the rotation angle at C must be zero.

$$\phi_{AC} = \phi_{AC(b)} + \phi_{AC(c)} = \frac{T_B l_{AB}}{GI_{pAB}} + \frac{T_C l_{AB}}{GI_{pAB}} + \frac{T_C l_{BC}}{GI_{pBC}} = 0 \tag{4.44}$$

Thus, the reaction torque at section C can be given as follows.

$$T_C = -\frac{I_{pBC} l_{AB}}{I_{pBC} l_{AB} + I_{pAB} l_{BC}} T_B \tag{4.45}$$

I_{pAB} and I_{pBC} are calculated as

$$I_{pAB} = 2.36 \times 10^{-6}\,\mathrm{m^4} \;,\; I_{pBC} = 79.5 \times 10^{-9}\,\mathrm{m^4} \tag{4.46}$$

By Eq. (4.45), the reaction torques T_C is calculated as in the answer.

Ans. : $T_C = 654\mathrm{N \cdot m}$

4・4 円形断面以外の断面をもつ軸のねじり
（torsion of noncircular prismatic bars）

長方形断面軸のねじり（torsion of rectangular cross section）

$a \times b$ の長方形断面で長さ l の軸をねじると，せん断応力は軸中心からの距離に比例しないで，図 4.15 のように分布する．そして，周辺に沿うせん断応力は辺の中央で最大となる．せん断応力の最大値，ねじれ角は以下のようになる．

$$\tau_{\max} = \frac{\alpha T}{\beta ab^2} \quad , \quad \phi = \frac{Tl}{\beta ab^3 G} \tag{4.47}$$

ここで，α, β は表 4.1 あるいは次式で与えられる．

$$\alpha = 1 - \frac{8}{\pi^2} \sum_{n=1}^{\infty} \frac{1}{(2n-1)^2 \cosh\dfrac{(2n-1)\pi a}{2b}}$$

$$\beta = \frac{1}{3} - \frac{64b}{\pi^5 a} \sum_{n=1}^{\infty} \frac{1}{(2n-1)^5} \tanh\frac{(2n-1)\pi a}{2b} \tag{4.48}$$

楕円形断面軸のねじり（torsion of oval cross section）

図 4.16 のような楕円形断面で長さ l の軸をねじると，最大せん断応力は楕円断面の短軸両端に生じる．最大せん断応力，ねじれ角は次のようになる．

$$\tau_{\max} = \frac{2T}{\pi ab^2} \quad (a > b) \quad , \quad \phi = \frac{Tl}{GI_p} \quad , \quad I_p = \frac{\pi a^3 b^3}{a^2 + b^2} \tag{4.49}$$

薄肉開断面軸のねじり（torsion of thin-walled open section shafts）

図 4.17(a)に示すような肉厚 b が等しい場合は

$$\tau_{\max} = \frac{3T}{ab^2} \quad , \quad \phi = \frac{3Tl}{ab^3 G} \qquad (l : 棒の長さ) \tag{4.50}$$

図 4.17(b)のような断面の場合には，いくつかの長方形の組み合わせと考えればよい．厚さ b_i の部分に生じる最大せん断応力，ねじれ角は

$$\tau_{\max} = \frac{3b_i T}{\sum_k a_k b_k^3} \quad , \quad \phi = \frac{3Tl}{G \sum_k a_k b_k^3} \qquad (l : 棒の長さ) \tag{4.51}$$

薄肉閉断面軸のねじり（torsion of thin-walled hollow shafts）：（図 4.18）

$$\tau = \frac{q}{t} = \frac{T}{2At} \quad , \quad \phi_l = \frac{TLl}{4tA^2 G} \qquad (l : 棒の長さ) \tag{4.52}$$

q：せん断流（shear flow），単位長さあたりのせん断力

A：断面の中心線で囲まれた面積 ，L：中心線の長さ

式(4.52)は，肉厚が一定の場合に成立する．肉厚が変化するときのねじれ角 ϕ_l は

$$\phi_l = \frac{Tl}{4A^2 G} \int_0^L \frac{ds}{t(s)} \qquad (l : 棒の長さ) \tag{4.53}$$

で与えられる．式(4.53)の積分は薄肉断面の壁の中心線に沿う線積分であり，壁の厚さが場所で連続的に変化する場合には線積分を行う．一方，区分的に壁の厚さが変わる場合，区分ごとの和で表すことができる．

図 4.15 長方形断面軸のねじり

表 4.1 長方形断面軸のねじりに関する係数 $\beta/\alpha, \beta$

a/b	β/α	β
1.0	0.2082	0.1406
1.2	0.2189	0.1661
1.5	0.2310	0.1958
2.0	0.2459	0.2287
2.5	0.2576	0.2494
3.0	0.2672	0.2633
4.0	0.2817	0.2808
5.0	0.2915	0.2913
6.0	0.2984	0.2983
8.0	0.3071	0.3071
10.0	0.3123	0.3123
∞	1/3	1/3

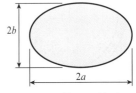

図 4.16 楕円形断面

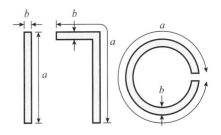

(a) 厚さが一様な開断面

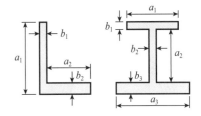

(b) 厚さが一様でない開断面

図 4.17 種々の薄肉開断面軸のねじり

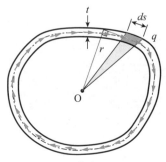

図 4.18 薄肉閉断面

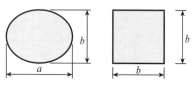

図 4.19 楕円断面と長方形断面

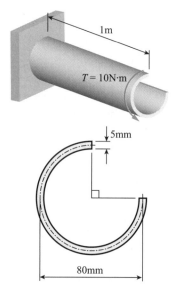

図 4.20 円弧断面棒のねじり

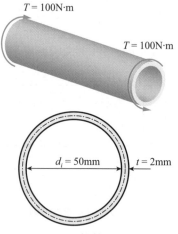

図 4.21 円筒軸のねじり

【例題 4.8】 図 4.19 のように，高さが等しい同じ材料から成る正方形断面軸と楕円形断面軸に，ねじりモーメント T を作用させた．それぞれの断面に生じる最大せん断応力が等しくなる a, b の関係を求めよ．そのとき，ねじり剛さ（ねじり剛性）を比較せよ．

【解答】 楕円形断面軸に生じる最大せん断応力を τ_{ell}，長さ l の棒に対する比ねじれ角を θ_{ell} とすると，式(4.49)より

$$\tau_{ell} = \frac{16T}{\pi ab^2} , \quad \theta_{ell} = \frac{16T(a^2 + b^2)}{G\pi a^3 b^3} \tag{4.54}$$

また，長さ l の長方形断面軸に生じる最大せん断応力 τ_{rec}，比ねじれ角 θ_{rec} は，式(4.47)より得られる．ここで，表 4.1 より $\beta/\alpha = 0.2082, \beta = 0.1406$ を用いて．

$$\tau_{rec} = \frac{\alpha T}{\beta bb^2} = \frac{T}{0.2082b^3} , \quad \theta_{rec} = \frac{T}{\beta bb^3 G} = \frac{T}{0.1406b^4 G} \tag{4.55}$$

となる．両軸の最大せん断応力を等しくするには，式(4.54), (4.55) より

$$\frac{16T}{\pi ab^2} = \frac{T}{0.2082b^3} \Rightarrow b = \frac{\pi}{16 \times 0.2082}a = 0.9431a \tag{4.56}$$

つぎに，ねじり剛さは，ねじりモーメントを比ねじれ角で割った量であるから，ねじり剛さの比は以下のように得られる．

$$\frac{T/\theta_{rec}}{T/\theta_{ell}} = \frac{16(a^2 + b^2)}{\pi a^3 b^3} \times 0.1406b^4 = 1.276 \tag{4.57}$$

答： $b = 0.943a$, $\dfrac{T/\theta_{rec}}{T/\theta_{ell}} = 1.28$

【例題 4.9】 図 4.20 のように円弧状の断面形状を持つ長さ $l = 1$m の薄肉開断面軸を，トルク $T = 10$N·m でねじった時に生じる最大せん断応力 τ_{max} と，ねじれ角 ϕ を求めよ．横弾性係数 $G = 29$GPa とする．

【解答】 薄肉開断面軸のねじり式(4.50)において，

$$a = 80\text{mm} \times \pi \times \frac{3}{4} = 188.5\text{mm}, \quad b = 5\text{mm} \tag{4.58}$$

とおけば，最大せん断応力は，

$$\tau_{max} = \frac{3T}{ab^2} = \frac{3 \times 10\text{N·m}}{188.5 \times 10^{-3}\text{m} \times (5 \times 10^{-3}\text{m})^2} = 6.366\text{MPa} \tag{4.59}$$

ねじれ角は

$$\phi = \frac{3Tl}{ab^3 G} = \frac{3 \times 10\text{N·m} \times 1\text{m}}{(188.5 \times 10^{-3}\text{m}) \times (5 \times 10^{-3}\text{m})^3 \times 29\text{GPa}} = 0.0439\text{rad} = 2.52° \tag{4.60}$$

答： $\tau_{max} = 6.37$MPa, $\phi = 2.52°$

【例題 4.10】 図 4.21 に示す内径 $d_i = 50$mm, 肉厚 $t = 2$mm の円筒軸をトルク $T = 100$N·m でねじったときの最大せん断応力を，(a) 円筒断面，(b) 薄肉閉断面，として求めよ．

【解答】　(a) 式(4.10)より，外径を $d_o\,(=d_i+2t)$ とすれば，最大せん断応力は，

$$\tau_{(a)} = \frac{16Td_o}{\pi(d_o^4 - d_i^4)} = 12.2\text{MPa} \tag{4.61}$$

(b) 中心線で囲まれる面積 A は

$$A = \frac{\pi(d_i+t)^2}{4} = 2124\text{mm}^2 \tag{4.62}$$

である．壁の厚さ $t=2$mm より，せん断応力は式(4.52)を用いて，

$$\tau_{(b)} = \frac{T}{2At} = 11.8\text{MPa} \tag{4.63}$$

答：$\tau_{(a)} = 12.2\text{MPa}$，　$\tau_{(b)} = 11.8\text{MPa}$

【Example 4.11】　As shown in Fig. 4.22, determine the rotation angle ϕ_l for the thin-wall tubular member whose cross section is applied torque $T = 20$N·m. The shear modulus is $G = 30$GPa.

【Solution】　ϕ_l can be given by Eq.(4.53). In Eq(4.53), area A enclosed by mean centerline and the integral can be obtained as follows.

$$A = \pi\left(r + \frac{a}{2}\right)a + (w-a)b = 228.5\text{mm}^2 \tag{4.64}$$

$$\int_0^L \frac{ds}{t(s)} = \left(r + \frac{a}{2}\right)\frac{1}{a} + (w-a)\frac{1}{b} = 33.1 \tag{4.65}$$

Then, ϕ_l is given as follows.

$$\phi_l = \frac{Tl}{4A^2G}\int_0^L \frac{ds}{t(s)} = \frac{20\text{N·m} \times 200\text{mm}}{4(228.5\text{mm}^2)^2 \times 30\text{GPa}} \times 33.1 = 0.0211\text{rad} \tag{4.66}$$

Ans.：$\phi_l = 0.0211\text{rad} = 1.21°$

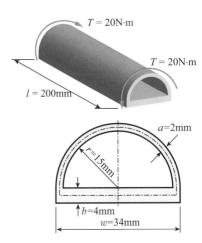

Fig. 4.22　The thin-wall tubular member.

【練習問題】

【4.1】　As shown in Fig. 4.23, the shaft with the length $l = 100$mm, the diameter $d = 10$mm is fixed at the one end and subjected to the torque $T = 10$N·m at the other end. Determine the maximum shear stress $\tau_{\max}$ and the angle of twist ϕ. The shear modulus is $G = 77$GPa.

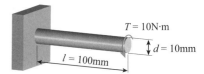

Fig. 4.23　The solid shaft subjected to the torque T.

【4.2】　図 4.24 のように，直径 $d = 50$mm の軸の一方がモーターに取り付けてあり高速で回転している．この軸の先端をパッドではさみ，荷重 $P = 3$kN で押さえ制動をかけた．このとき軸に生じる最大せん断応力を求めよ．ここで，軸と制動用のパッドとの間の動摩擦係数 $\mu = 0.1$ とする．

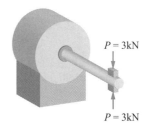

図 4.24　摩擦を受ける軸

【4.3】　図 4.25 のように，直径 $d = 6$mm のボルトを，腕の長さ $l = 100$mm のスパナで穴にねじ込んだところ途中で回らなくなった．さらに力を加えると，ボルトが破断した．このときスパナに加えた荷重を推定せよ．ただし，ボルトのせん断強さを 500MPa とする．

図 4.25　スパナでねじられるボルト

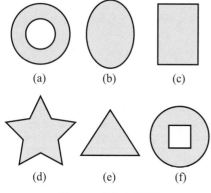

図 4.26　色々な断面

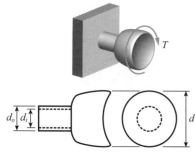

Fig. 4.27　A doorknob subjected to the torque T.

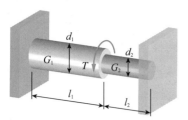

図 4.30　両端が固定された段付き棒

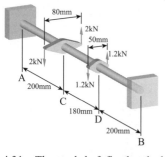

Fig. 4.31　The steel shaft fixed at the both ends.

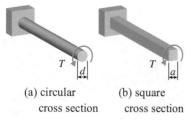

(a) circular cross section　(b) square cross section

Fig. 4.32　Shafts subjected to torque T.

【4.4】　図 4.26 に示す断面の棒にねじりを加えたとき，断面に生じるせん断応力の分布を矢印を用いて図に示せ．

【4.5】　As shown in Fig. 4.27, determine the maximum torque T, which can be subjected to the doorknob. The diameter of this doorknob is with the outer diameter d_o = 20mm and the inner diameter d_i = 16mm. The allowable shearing stress is τ_a = 50MPa.

【4.6】　図 4.28 のように，長さ l の棒の右端から a の部分がくり抜かれている．両端をトルク T でねじったときの最大せん断応力とねじれ角を求めよ．横弾性係数を G で表わす．

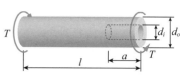

図 4.28　部分的にくり抜かれた軸

【4.7】　図 4.29 のように，円錐台状の棒の一端が壁に固定されている．この棒に一様に分布する単位長さ当たりのねじりモーメント τ_0 が加わった．この棒に生じる最大せん断応力を求めよ．ただし，$d_0 > d_1$ である．

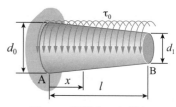

図 4.29　円錐台のねじり

【4.8】　図 4.30 のように，直径，長さ，材質が異なる２つの棒を接合して構成された段付き棒の両端が剛体壁に固定されている．この棒の断部にトルク T を加えたとき，左右の棒に生じる最大せん断応力を求めよ．

【4.9】　The steel shaft with the diameter 30mm is fixed at its ends A and B as shown in Fig. 4.31. If it is subjected to the coupled load at C and D, determine the maximum shearing stress in regions AC, CD and DB.

【4.10】　直径 d, 厚さ t の円筒断面の軸をトルク T でねじったとき断面に生じるせん断応力は，直径に対して厚さが薄いとき，薄肉断面として得られたせん断応力で近似出来ることを証明せよ．

【4.11】　Compare the maximum shearing stress of two types of shafts subjected to the torque T as shown in Fig. 4.32(a) and (b). The cross sectional area of the square cross section is same as the one of the circular cross section.

【4.12】　図 4.33 のように，円筒状の閉断面棒と開断面棒の一端が壁に固定され，他端にトルクが加えられている．それぞれの棒に生じるせん断応力とせん端のねじれ角を求めよ．ただし，横弾性係数 G = 30GPa とする．

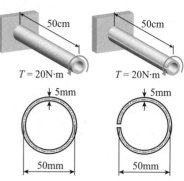

図 4.33　閉断面棒と開断面棒

第5章

はりの曲げ
Bending of Beam

5・1　はり（beam）

> はり (beam)：棒の軸を含む平面内の曲げ (bending) を引き起こすような横荷
> 重を受ける細長い棒

はりに加わる荷重の種類（kinds of load applied to a beam）

(a) 集中荷重（concentrated load）（図 5.1(a)）
1点に集中して作用する．単位は力[N].

(b) 分布荷重（distributed load）（図 5.1(b)）
ある領域に分布して作用する．単位は単位長さ当たりの力 [N/m]．分布荷
重の大きさが軸方向に一定の場合は等分布荷重（uniformly distributed
load）と呼ばれる．

(c) 曲げモーメント（bending moment）（図 5.1(c)）
回転モーメントを作用する．単位は力×距離 [N·m]．モーメントは図 5.1(c)
の下の図のように，互いに等しい逆向きの力（偶力）を加えることに相当
するが，上の図のような円弧の矢印で表すことが多い．

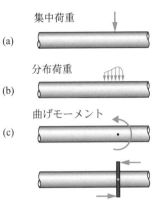

図 5.1 はりに加わる荷重

はりを支える方法（supporting methods of a beam）

(a) 回転支持（pinned support）（図 5.2(a)）
この支持によって上下方向と左右方向へ移動できなくなる．はりが支点よ
り受ける力（この力を支持反力という）は，上下方向の反力 R と水平方向
の反力 N である．

(b) 移動支持（movable support）（図 5.2(b)）
回転支持の水平移動を許すものであり，左右方向へ移動可能なため，支持
よりはりが受ける力は上下方向の反力 R のみとなる．

(c) 固定支持（fixed support）（図 5.2(c)）
上下，左右の移動の拘束に加えて，回転もできなくなる．支持部より受け
る力は反力 R, N と，モーメント M_R となる．

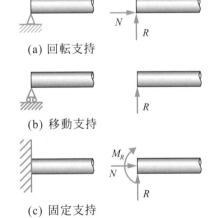

(a) 回転支持

(b) 移動支持

(c) 固定支持

図 5.2 はりを支持する方法

代表的なはりの解析モデル（typical analysis models of beams）

(a) 片持はり（cantilever）（図 5.3(a)）
はりの一端を固定支持したはり．固定点において，はりは上下，左右方向
の移動，および回転ができない．

(b) 単純支持はり（simply supported beam）（図 5.3(b)）
両端を支持していることから，両端支持はりと呼ぶ場合もある．支持点に
おいて，はりは上下の移動はできないが，回転は自由である．

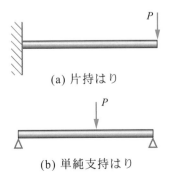

(a) 片持はり

(b) 単純支持はり

図 5.3 代表的なはりの解析モデル

(a) desk lamp

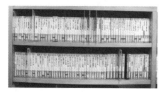

(b) bookshelf

Fig. 5.4　Real objects.

【Example 5.1】　For proceeding with discussions of analysis for a desk lamp and a bookshelf shown in Fig. 5.4(a) and (b) by using of the beam theory, draw the supporting and loading conditions.

【Solution】　Regarding the desk lamp as two cantilever jointed at a right angle, the supporting and loading conditions are drawn in Figs. 5.5(a) and (b).

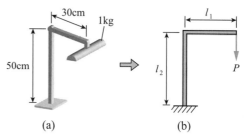

(a)　　　　　　　　　(b)

Fig. 5.5　Analysis model of the desk lamp.

The shelf is subjected to uniformly distributed load by the mass of books and is supported by pins at the ends. Thus the analysis model of the bookshelf can be drawn in Figs.5.6(a) and (b).

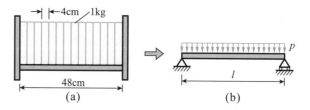

(a)　　　　　　　　　(b)

Fig. 5.6　Analysis model of the bookshelf.

5・2　せん断力と曲げモーメント（shearing force and bending moment）

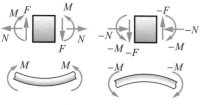

(a) 正の向き　　(b) 負の向き

図 5.7 断面に働く軸力，せん断力，曲げモーメントの符号の約束

注）符号を間違えると，下向きに荷重を加えているのに，上向きにはりが持ち上がるといった結果になってしまうので，符号には細心の注意をはらう必要がある。

せん断力 (shearing force) F [N]：
　はりの断面に生じる内力の水平方向成分（図 5.7）
曲げモーメント (bending moment) M [N·m]：
　はりの断面に生じる力のモーメント（図 5.7）
静定はり (statically determinate beam)：各支点の反力が力の釣合いとモーメントの釣合の方程式だけから求められるはり
せん断力図 (shearing force diagram, SFD)：せん断力 F の分布を表した図
曲げモーメント図 (bending moment diagram, BMD)：
　曲げモーメント M の分布を表した図

せん断力，曲げモーメントの求め方（analysis of shearing force and bending moment）

（1）支点の反力とモーメントの決定（外力の決定）

5・2　せん断力と曲げモーメント

例えば，図5.8(a)のような場合，はり全体を一つの自由物体（free body）として考え，図5.8(b)に示すようなフリーボディーダイアグラム（FBD）を考慮して，静力学的平衡に対する以下の３つの方程式を適用して支持反力を求める．

(i) 水平方向の力の釣合い（通常省略）

(ii) 上下方向の力の釣合い

(iii) ある点まわりのモーメントの釣合い

(2) 任意の断面に働くせん断力と曲げモーメントの決定（内力の決定）

任意断面に働くせん断力と曲げモーメントを求めるために，断面 mn の左（または右）にあるはりの部分を一つの自由物体として考える．この自由物体に力の釣合い（2方向）とモーメントの釣合いを適用すると，右側の部分から左側の部分へ作用する，軸力 N，せん断力 F および曲げモーメント M が求められる．(図5.9)

分布荷重 q，せん断力 F，曲げモーメント M の間の関係（図 5.10）

$$\frac{dF}{dx} = -q \quad , \quad \boxed{\frac{dM}{dx} = F} \quad , \quad \frac{d^2 M}{dx^2} = -q \tag{5.1}$$

【例題 5.2】 図 5.11(a)のように，長さ $l = 4\text{m}$ のパイプの一端が固定され，先端に面積 $S = 0.16\text{m}^2$ の標識が取り付けられている．この標識の面に垂直に風速 $U = 50\text{m/s}$ の風が吹くとき，その抗力 D によるパイプの SFD，BMD を描き，水平方向の最大曲げモーメントを求めよ．ただし，自重による垂直方向のたわみは無視する．抗力 D は次式で与えられる．

$$D = \frac{1}{2} C_D \rho U^2 S \tag{5.2}$$

ここで，抗力係数 $C_D = 1.12$，空気の密度 $\rho = 1.2\text{kg/m}^3$ とする．

《方針》(1) はり問題としてモデル化する．

(2) はり全体の FBD を描き，支持反力，モーメントを求める．

(3) 任意断面を考え，この断面に生じるモーメント，せん断力を求める．

(4) SFD，BMD を描く．

【解答】 (1) はりの問題としてモデル化すると，図 5.11(b)のようになる．

(2) A 点は固定支持であることから，壁から支持反力 R_A と固定モーメント M_A を受ける．したがって，本問題を上方から眺めたときのはり全体のフリーボディダイアグラムを描くと図 5.12(a)のようになる．はり全体の力と A 点回りのモーメントの釣合い式は，図 5.12(a)より

$$-R_A + D = 0 \quad , \quad -M_A + Dl = 0 \tag{5.3}$$

したがって，支持反力および固定モーメントは，次のようになる．

$$R_A = D \quad , \quad M_A = Dl \tag{5.4}$$

(3) 図 5.12(b)のように A 点から B 点までの間の任意の位置 x で切断する．左側の部分に関する力および A 点まわりのモーメントの釣合い式は，

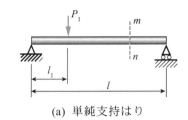

(a) 単純支持はり

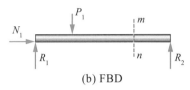

(b) FBD

図 5.8 はりに加わる外力

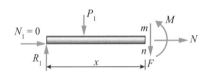

(a) 断面 m-n の左の部分

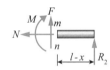

(b) 断面 m-n の右の部分

図 5.9 断面におけるせん断力とモーメント

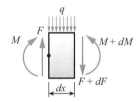

図 5.10 横断面に伝わる曲げモーメント M と F および分布荷重 q との関係

(a) 道路標識

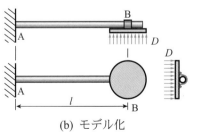

(b) モデル化

図 5.11 横風を受ける交通標識

(a) 全体

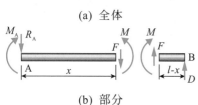

(b) 部分

図 5.12 はりの FBD

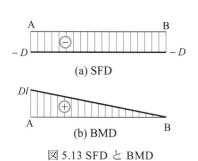

(a) SFD

(b) BMD

図 5.13 SFD と BMD

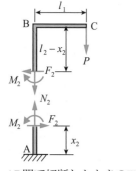

(a) BC間で切断したときのFBD

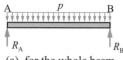

(b) AB間で切断したときのFBD

図 5.14 電気スタンドの FBD

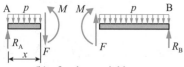

(a) for the whole beam

(b) for the partial beam

Fig. 5.15　The free body diagram of the
beam.

$$-R_A - F = 0 \quad , \quad -M_A - Fx + M = 0 \tag{5.5}$$

と表される．これらの式からせん断力と曲げモーメントは，次式となる．

$$F = -D \quad , \quad M = D(l - x) \tag{5.6}$$

（3）式(5.6)より，SFD，BMD は，図 5.13 のように描かれる．したがって，最大曲げモーメント $M_{\max}$ は，

$$M_{\max} = Dl \tag{5.7}$$

与えられたデータから抗力 D を計算し，

$$D = \frac{1}{2} C_D \rho U^2 S = \frac{1}{2} \times 1.12 \times 1.2 \times 50^2 \times 0.16 = 268.8\,\mathrm{N} \tag{5.8}$$

最大曲げモーメントの値は，次のように得られる．

$$M_{\max} = Dl = 268.8 \times 4 = 1075\,\mathrm{N \cdot m} = 1.08\,\mathrm{kN \cdot m} \tag{5.9}$$

【例題 5.3】　例題 5.1 でモデル化を行った電気スタンドに生じる最大曲げモーメントと，その生じる位置を求めよ．

【解答】　BC，AB 間で切断したときの FBD は図 5.14 のようになる．ここで，座標 x_1, x_2 を考え，1, 2 の添字で BC，AB 間それぞれの断面におけるせん断力，曲げモーメントを表してある．

図 5.14(a)より，BC 間で切断した右側の部分の力とモーメントの釣合い式は，

上向きの合力：　　　　　　　$F_1 - P = 0$

C 点回りの合モーメント：$-M_1 - F_1(l_1 - x_1) = 0$ $\qquad$ (5.10)

これらの式より，BC 間のせん断力 F_1 と曲げモーメント M_1 は，以下となる．

$$F_1 = P \quad , \quad M_1 = -F_1(l_1 - x_1) = -P(l_1 - x_1) \tag{5.11}$$

図 5.14(b)より，AB 間で切断した上側の部分の力とモーメントの釣合式は，

左向きの合力：　　　　　　　$-F_2 = 0$

上向きの合力：　　　　　　　$-N_2 - P = 0$ $\qquad$ (5.12)

切断面回りの合モーメント：$M_2 + Pl_1 = 0$

これらの式より，AB 間のせん断力 F_2，軸力 N_2，曲げモーメント M_2 は，

$$F_2 = 0 \quad , \quad N_2 = -P \quad , \quad M_2 = -Pl_1 \tag{5.13}$$

となる．したがって，式(5.11)と式(5.13)より，最大曲げモーメントは，

$$M_{\max} = Pl_1 = (1\mathrm{kg} \times 9.81\mathrm{m/s^2}) \times (0.30\mathrm{m}) = 2.94\,\mathrm{N \cdot m} \tag{5.14}$$

となり，AB 間に生じる．

【Example 5.4】　Construct shearing force and bending moment diagrams for the bookshelf treated in Example 5.1.

【Solution】　The free body diagram for this beam is shown in Fig. 5.15(a). Using the symmetry condition, the reactions at A and B are found to be $R_A = R_B$. By the equilibrium conditions, the reactions can be given as

$$R_A + R_B - pl = 0 \quad \Rightarrow \quad R_A = R_B = \frac{pl}{2} \tag{5.15}$$

The equilibrium conditions for the left partial beam as shown in Fig. 5.15(b) can be given as follows.

$$R_A - F - px = 0 \quad , \quad Fx - M + px \times \frac{x}{2} = 0 \tag{5.16}$$

By Eq. (5.16), the shearing force F and the bending moment M are determined as

$$F = \frac{p}{2}(l - 2x) \, , \; M = \frac{px}{2}(l - x) \tag{5.17}$$

Then the maximum shearing force F_{max} and the maximum bending moment M_{max} are

$$F_{max} = \frac{pl}{2} = \frac{1}{2} \times \frac{1\text{kg} \times 9.81\text{m/s}^2}{0.04\text{m}} \times 0.48\text{m} = 58.86\text{N}$$

$$M_{max} = \frac{pl^2}{8} = \frac{1}{8} \times \frac{1\text{kg} \times 9.81\text{m/s}^2}{0.04\text{m}} \times (0.48\text{m})^2 = 7.06\text{Nm} \tag{5.18}$$

The shearing force and bending moment diagrams are drawn in Fig. 5.16.

5・3 はりにおける曲げ応力 （bending stress in beam）

曲率半径 (radius of curvature) ρ [m]：変形後の円弧の半径（図 5.17(b)）

中立面 (neutral surface)：曲げ変形後も変形前と長さが変化しない
　　軸線方向の面（図 5.17(a), (b)の CD 面）

中立軸 (neutral axis)：中立面と横断面（はりの軸に垂直な断面）との交線
　　（図 5.17(c)の z 軸）

曲げ応力 (bending stress) σ [Pa]：
　　曲げを受けるはりの断面に生じる垂直応力

断面二次モーメント (moment of inertia of area) I [m^4]：微小要素面積 dA に中
　　立軸からの距離 y の 2 乗 y^2 を掛けたものの総和（図 5.17(c)）

断面係数 (section modulus) Z [m^3]：M/Z より最大曲げ応力が求まる

曲げ剛性 (flexural rigidity) EI [Pa·m^4]：はりの曲がりにくさを表す量

曲げ応力の求め方

　(1) 断面に生じる曲げモーメント M の分布を求める.

　(2) 断面二次モーメント（または断面係数）を求める.

　(3) 式(5.19)あるいは(5.21)より曲げ応力を求める.

曲げ応力（bending stress）

$$\boxed{\sigma = \frac{M}{I} y} \quad , \quad y：中立軸からの距離 \tag{5.19}$$

断面二次モーメント：$\boxed{I = \int_A y^2 dA}$ \hfill (5.20)

曲げ応力の最大値：

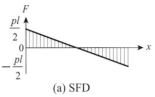

(a) SFD

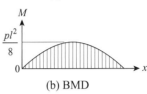

(b) BMD

Fig. 5.16 The shearing force and bending moment diagrams.

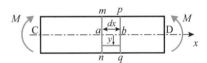

(a) 純粋曲げ（変形前）

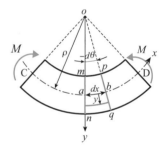

(b) 純粋曲げ（変形後）

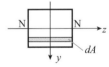

(c) はりの横断面

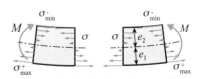

(d) 断面における応力の分布

図 5.17 純粋曲げを受けるはり

注）ここでは，y は中立軸からの距離を表わす. 後で出て来るたわみ y と混同しないように注意が必要である.

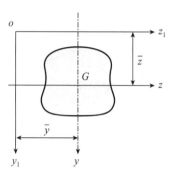

図 5.18 はりの断面と図心

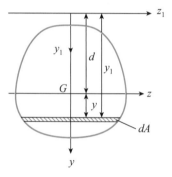

図 5.19 平行軸の定理

$$\boxed{\sigma_{\max}^+ = \frac{Me_1}{I} = \frac{M}{Z_1}}, \quad \boxed{\sigma_{\min}^- = -\frac{Me_2}{I} = -\frac{M}{Z_2}} \tag{5.21}$$

$$\text{断面係数：} Z_1 = \frac{I}{e_1}, \qquad Z_2 = \frac{I}{e_2} \tag{5.22}$$

$$\text{曲率半径と曲げモーメントの関係：} \frac{1}{\rho} = \frac{M}{EI} \tag{5.23}$$

$$\text{曲げ応力の釣合い条件：} \int_A \sigma dA = 0 \quad \Rightarrow \quad \int_A y dA = 0 \tag{5.24}$$

中立軸（neutral axis）（図 5.18 の z 軸）

$$\bar{y} = \frac{\int_A y_1 dA}{A}, \quad \bar{z} = \frac{\int_A z_1 dA}{A}, \quad A : \text{断面積} \tag{5.25}$$

任意な直角座標系 (y_1, z_1) から中立軸 y, z までの距離 $\bar{y}$ と $\bar{z}$ は式(5.25)より求められる．座標 $(\bar{y}, \bar{z})$ は図心である．

平行軸の定理（parallel-axis theorem）（図 5.19）

$$I_{z_1} = I_z + d^2 A \tag{5.26}$$

断面二次モーメント（moment of inertia of area）

中立軸が求められれば，式(5.20)より断面二次モーメントは計算できる．表 5.1 に，いくつかの断面形状について，断面二次モーメントおよび断面係数を示す．

> 【例題 5.5】　図 5.20 は，宮崎県にある木製のはりを用いたこのはなドームの建設途中の様子を表している．H 型鋼材と同等の曲げ剛性を持つには，2 倍の幅の長方形形状の木製はりはどれくらいの高さになるか．また，長さ 1m 当たりの質量を比較せよ．ただし，H 型鋼材のヤング率および質量密度を $E_S = 200\text{GPa}$，$\rho_S = 7800\text{kg/m}^3$，スギ材のそれらを $E_W = 7.35\text{GPa}$，$\rho_W = 400\text{kg/m}^3$ とする．

表 5.1 色々な断面の断面二次モーメント（付表 後 1.1, 1.2）

長方形断面	円形断面	二等辺三角形断面	I 型断面
$e_1 = e_2 = \dfrac{h}{2}$	$e_1 = e_2 = \dfrac{d}{2}$	$e_1 = \dfrac{2}{3}h,\ e_2 = \dfrac{1}{3}h$	$e_1 = e_2 = \dfrac{h}{2}$
$I = \dfrac{bh^3}{12}$	$I = \dfrac{\pi d^4}{64}$	$I = \dfrac{bh^3}{36}$	$I = \dfrac{1}{12}\left\{ \begin{matrix} b_2 h_2^3 + \\ 2b_1 h_1(h^2 + hh_2 + h_2{}^2) \end{matrix} \right\}$
$Z_1 = Z_2 = \dfrac{I}{e_1} = \dfrac{bh^2}{6}$	$Z_1 = Z_2 = \dfrac{\pi d^3}{32}$	$Z_1 = \dfrac{bh^2}{24},\ Z_2 = \dfrac{bh^2}{12}$	$Z_1 = Z_2 = \dfrac{1}{6h}\left\{ \begin{matrix} b_2 h_2^3 + 2b_1 h_1 \\ (h^2 + hh_2 + h_2{}^2) \end{matrix} \right\}$

【解答】　H 型鋼の断面二次モーメントは次式で与えられる.

$$I_H = \frac{b_2 h_2^3 + 2b_1 h_1 (h^2 + hh_2 + h_2^2)}{12} = 2.410 \times 10^{-5} \text{m}^4 \tag{5.27}$$

幅 $2b_1$, 高さ h_w の長方形の断面二次モーメントは

$$I_R = \frac{2b_1 h_w^3}{12} = \frac{b_1 h_w^3}{6} \tag{5.28}$$

同じ曲げ剛性を持つことから

$$E_S I_H = E_W I_R \ \Rightarrow\ E_S I_H = E_W \frac{b_1 h_w^3}{6} \ \Rightarrow\ h_w = \sqrt[3]{\frac{6 E_S I_H}{b_1 E_W}} \tag{5.29}$$

数値を代入すれば, 木材の高さは,

$$h_w = \sqrt[3]{\frac{6 \times 200 \times 10^9 \times 2.41 \times 10^{-5}}{150 \times 10^{-3} \times 7.35 \times 10^9}} = 0.297\text{m} = 297\text{mm} \tag{5.30}$$

となり, 鋼鉄とほぼ同程度となる. また, H 型鋼材およびスギ材の 1m あたりの質量 W_s, W_w は,

$$W_s = \rho_s (2b_1 h_1 + b_2 h_2) = 16.5\text{kg/m}$$
$$W_w = \rho_s (2b_1 h_w) = 2 \times 400\text{kg/m}^3 \times 0.15\text{m} \times 0.297\text{m} = 35.6\text{kg/m} \tag{5.31}$$

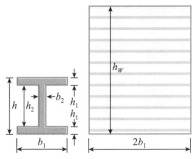

(a) I 型断面　　　(b) 長方形断面

$h = 250\text{mm}$, $h_1 = 4.5\text{mm}$, $h_2 = 241\text{mm}$,

$b_1 = 150\text{mm}$, $b_2 = 3.2\text{mm}$

図 5.20　木材で作る巨大構造物

【Example 5.6】　Construct shearing force and bending moment diagrams for the cantilever beam loaded as shown in Fig. 5.21.

【Solution】　Firstly, the reaction force R_A and the fixed moment M_A should be determined. The free body diagram for this beam is shown in Fig. 5.22(a). The equilibrium conditions can be given.

$$R_A - P + P = 0 \ : \text{equilibrium for forces} \tag{5.32}$$

$$M_A + Pa - Pl = 0 \ : \text{equilibrium for moments at point A} \tag{5.33}$$

By Eqs. (5.32) and (5.33), the reaction force R_A and the fixed moment M_A can be given as,

$$R_A = 0 \ , \ M_A = P(l - a) \tag{5.34}$$

Secondary, the shearing force F and the bending moment M in any cross section should be obtained. In the region $0 < x < a$, the equilibrium conditions for the left partial beam as shown in Fig. 5.22(b) can be given as follows.

$$R_A - F = 0 \ : \text{equilibrium for forces} \tag{5.35}$$

$$M_A + Fx - M = 0 \ : \text{equilibrium for moments at point A} \tag{5.36}$$

By Eqs. (5.35) and (5.36), the shearing force F and the bending moment M are determined as

$$F = 0 \ , \ M = P(l - a) \quad (0 \leq x < a) \tag{5.37}$$

In the region $a < x < l$, the equilibrium conditions for the right partial beam as shown in Fig. 5.22(c) can be given as follows.

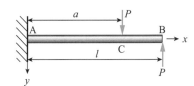

Fig. 5.21　The cantilever beam subjected to two concentrated forces with opposite directions.

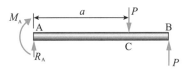

(a) for the whole beam

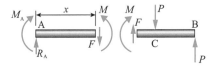

(b) for the partial beam ($0 < x < a$)

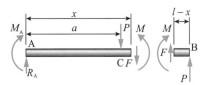

(c) for the partial beam ($a < x < l$)

Fig. 5.22　The free body diagram of the cantilever beam.

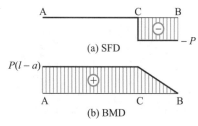

Fig. 5.23   The shearing force and
bending moment diagrams.

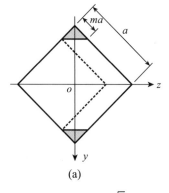

(a)

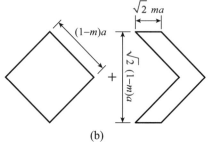

(b)

Fig. 5.24   The maximum section
modulus.

$$-P - F = 0 : \text{equilibrium for forces} \tag{5.38}$$

$$M + F(l - x) = 0 : \text{equilibrium for moments at point B} \tag{5.39}$$

By Eqs. (5.38) and (5.39), the shearing force F and the bending moment M are determined as

$$F = -P \, , \quad M = P(l - x) \quad (a < x \leq l) \tag{5.40}$$

The shearing force and bending moment diagrams are drawn in Fig. 5.23.

【Example 5.7】　A beam of square cross-section $a{\times}a$ is bent in the vertical plane of one of its diagonals as shown in Fig.5.24(a). Show that, for a given moment, the maximum fiber stresses can be reduced by cutting off the shaded corners to a depth $\dfrac{ma}{\sqrt{2}}$ and calculate the optimum value of m.

【Solution】　The moment of inertia of the complete cross-section and the corresponding section modulus are

$$I_z^c = \frac{a^4}{12} \, , \quad Z^c = \frac{\sqrt{2}a^3}{12} \tag{5.41}$$

As shown in Fig. 5.24(b), the moment of inertia of the reduced section will be obtained by adding to the moment of inertia I_1 of the square that of the two parallelograms. Thus

$$\begin{aligned}
I_z = I_1 + I_2 &= \frac{(1-m)^4 a^4}{12} + \frac{\sqrt{2}ma\left\{\sqrt{2}(1-m)a\right\}^3}{12} \\
&= \frac{a^4(1-m)^3(1+3m)}{12}
\end{aligned} \tag{5.42}$$

and the corresponding section modulus becomes

$$Z = \frac{I_z}{(1-m)a / \sqrt{2}} = \frac{\sqrt{2}a^3(1-m)^2(1+3m)}{12} \tag{5.43}$$

This section modulus is a maximum for that value of m which makes $dZ/dm = 0$ as,

$$\frac{dZ}{dm} = \frac{\sqrt{2}a^3}{12}(1-m)(1-9m) = 0 \quad \Rightarrow \quad m = \frac{1}{9} \tag{5.44}$$

The maximum section modulus becomes, from Eq. (5.43),

$$Z_{\max} = 1.053\frac{\sqrt{2}a^3}{12} \tag{5.45}$$

Thus, by cutting off the corners, the section modulus increases by about 5 percent and the maximum bending stresses will reduce by this percentage.

5・4　曲げにおけるせん断応力（shearing stress under bending）

せん断応力の平均値（average value of shearing stress）（図 5.25）

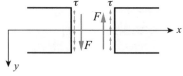

図 5.25 はりの断面上のせん断力と
せん断応力

$$\boxed{\tau = \frac{F}{A}} \tag{5.46}$$

5・4 曲げにおけるせん断応力

長方形断面はりのせん断応力

（shearing stress of a bar with rectangular cross section）（図 5.26）

$$\tau = \frac{6F}{bh^3}\left(\frac{h^2}{4} - y^2\right) = \frac{3F}{2A}\left(1 - \frac{4y^2}{h^2}\right), \quad \tau_{\max} = \frac{3F}{2A} \quad (A = bh) \tag{5.47}$$

平均せん断応力 F/A の $3/2 = 1.5$ 倍である.

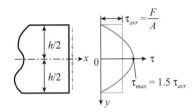

図 5.26 長方形断面における
せん断応力 τ の分布

円形断面はりのせん断応力

（shearing stress of a bar with circular cross section）

$$\tau = \frac{4}{3}\frac{4F}{\pi d^2}\left\{1 - \left(\frac{2}{d}y\right)^2\right\} = \frac{4F}{3A}\left\{1 - \left(\frac{2}{d}y\right)^2\right\}, \quad \tau_{\max} = \frac{4F}{3A} \quad (A = \frac{\pi d^2}{4}) \tag{5.48}$$

平均せん断応力 F/A の $4/3 = 1.333$ 倍である.

任意形状断面のせん断応力

（shearing stress of arbitrary cross section）（図 5.27）

$$\tau = \frac{FQ}{bI_z}, \quad Q = \int_y^{e_1} \eta\, dA \tag{5.49}$$

Q は断面の中立軸まわりの面積モーメント（moment of area）に相当する.

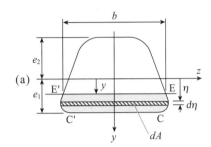

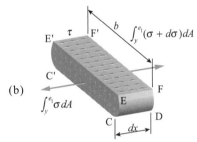

図 5.27 左右対称な断面における
せん断応力

I 形断面はりのせん断応力（shearing stress of a wide-flange beam）（図 5.28）

$$\tau = \frac{S}{tI}\left\{\frac{b}{2}\left(\frac{h^2}{4} - \frac{h_1^2}{4}\right) + \frac{t}{2}\left(\frac{h_1^2}{4} - y^2\right)\right\} \tag{5.50}$$

$$Q = \left[\frac{t}{2}\eta^2\right]_y^{\frac{h_1}{2}} + \left[\frac{b}{2}\eta^2\right]_y^{\frac{h_1}{2}} = \frac{t}{2}\left(\frac{h_1^2}{4} - y^2\right) + \frac{b}{2}\left(\frac{h^2}{4} - \frac{h_1^2}{4}\right) \tag{5.51}$$

中立軸 $y = 0$ において最大

$$\tau_{\max} = \frac{S}{tI}\left\{\frac{b}{2}\left(\frac{h^2}{4} - \frac{h_1^2}{4}\right) + \frac{th_1^2}{8}\right\} \tag{5.52}$$

フランジ（上下の板状の部分）との境目 $y = h_1/2$ において最小

$$\tau_{\min} = \frac{S}{tI}\left\{\frac{b}{2}\left(\frac{h^2}{4} - \frac{h_1^2}{4}\right)\right\} \tag{5.53}$$

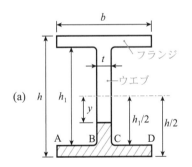

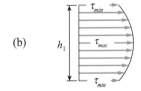

図 5.28 I 型断面棒とせん断応力

【例題 5.8】 長さ l, 高さ h, 幅 b の長方形断面はりの先端に集中荷重 P が加わるとき, h/l と $\tau_{\max}/\sigma_{\max}$ の関係を求めよ.

【解答】 最大曲げ応力 $\sigma_{\max}$, 最大せん断応力 $\tau_{\max}$ は, 式(5.21), (5.47)より,

$$\sigma_{\max} = \frac{M_{\max}}{Z} = \frac{6Pl}{bh^2}, \quad \tau_{\max} = \frac{3P}{2A} = \frac{3P}{2bh} \tag{5.54}$$

となる. これより,

$$\frac{\tau_{\max}}{\sigma_{\max}} = \frac{3P}{2bh}\cdot\frac{bh^2}{6Pl} = \frac{1}{4}\frac{h}{l} \tag{5.55}$$

となる. 例えば, $l = 1\mathrm{m}$, $h = 5\mathrm{mm}$ のとき, $\tau_{\max}/\sigma_{\max} = 0.00125$ となり, はりの断面に生じる最大せん断応力は, 最大曲げ応力に比べ小さいことがわかる.

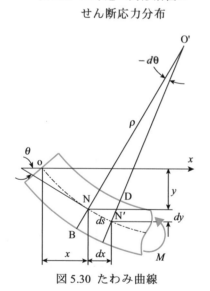

【例題 5.9】 図 5.29(a)に示すような高さ h_0, 幅 b_0 の二等辺三角形断面にせん断力 F が作用している. せん断応力の分布を求め, 最大せん断応力を求めよ.

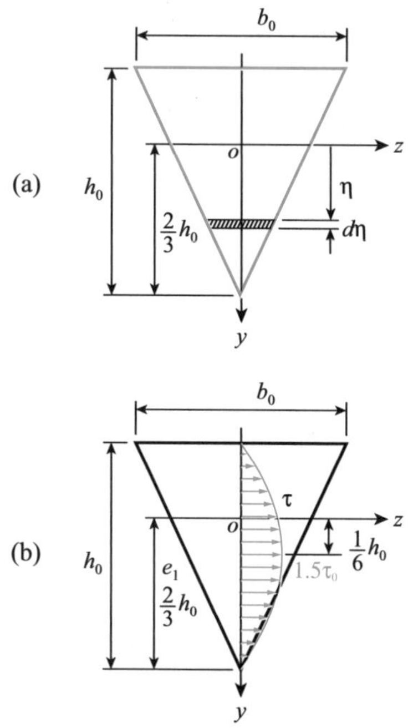

【解答】 せん断応力 τ は, 式(5.49)で与えられる. 図 5.29(a)のように中立軸 z から下向きに距離 η をとると, 式(5.49)に含まれる諸量は,

$$b = \frac{b_0}{h_0}\left(\frac{2h_0}{3} - y\right), \quad I_z = \frac{b_0 h_0^3}{36}, \quad e_1 = \frac{2h_0}{3}, \quad dA = \frac{b_0}{h_0}\left(\frac{2h_0}{3} - \eta\right)d\eta \tag{5.56}$$

式(5.49)の積分を実行すると

$$Q = \frac{b_0}{h_0}\int_y^{\frac{2h_0}{3}}\left(\frac{2h_0}{3} - \eta\right)\eta \, d\eta = \frac{b_0}{81h_0}(4h_0^3 - 27h_0 y^2 + 27y^3) \tag{5.57}$$

以上より, 式(5.49)を用いて, せん断応力分布は次式となる.

$$\tau = \frac{2}{3}\tau_0\left(2 - 3\frac{y}{h_0}\right)\left(1 + 3\frac{y}{h_0}\right) \quad \left(\tau_0 = \frac{F}{A} = \frac{2F}{b_0 h_0} : \text{平均せん断応力}\right) \tag{5.58}$$

図 5.29(b)にせん断応力の分布を示す. 最大せん断応力 $\tau_{\max}$ は $y = h_0/6$ の面に生じ, 以下のようになる.

$$\tau_{\max} = (\tau)_{y=h_0/6} = \frac{3}{2}\tau_0 = 1.5\tau_0 \tag{5.59}$$

5・5　はりのたわみ（deflection of beam）

> たわみ曲線 (deflection curve)：曲げによる変形後の軸線（図 5.30 の一点鎖線）
>
> たわみ (deflection) y [m]：変形前の軸線からたわみ曲線までの垂直変位量（図 5.30)
>
> たわみ角 (angle of deflection, slope) θ [rad]：
>   　たわみ曲線の接線と変形前の軸線とのなす角（図 5.30)
>
> はりのたわみ曲線の微分方程式 (fundamental equation for bending deflection of beam)：たわみ曲線 y が満足すべき微分方程式
>
> はりの境界条件 (boundary condition of beam)：はりの支持や固定の条件
>
> 重複積分法 (double-integration method)：はりのたわみ曲線をはりのたわみ曲線の微分方程式を 2 回積分して求める手法

重複積分法（double-integration method）**によるはりのたわみの求め方**

(1) 断面の曲げモーメント M の分布を求める

(2) はりのたわみ曲線の微分方程式に M を代入

$$\boxed{\frac{d^2 y}{dx^2} = -\frac{M}{EI}} \tag{5.60}$$

(3) はりのたわみ曲線の微分方程式の一般解を求める

$$\theta = \frac{dy}{dx} = -\int \frac{M}{EI}dx + C_1 \tag{5.61}$$

$$y = -\int\left(\int \frac{M}{EI}dx\right)dx + C_1 x + C_2 \tag{5.62}$$

図 5.29 二等辺三角形断面の
せん断応力分布

図 5.30 たわみ曲線

注）集中荷重が作用する場合のように, 曲げモーメント M の表示式が領域で異なる場合には, さらに分割点（領域の境界点）での連続条件（たわみ, たわみ角が等しい）を用いる.

5・5　はりのたわみ

(4) はりの境界条件（支持や固定の条件）より未知係数 C_1, C_2 を決定する

たわみとたわみ角，せん断力，分布荷重との関係

$$\boxed{\theta = \frac{dy}{dx}} \tag{5.63}$$

$$F = \frac{dM}{dx} = -EI\frac{d^3y}{dx^3} \quad (EI\text{ が一定の場合}) \tag{5.64}$$

$$q = -\frac{dF}{dx} = EI\frac{d^4y}{dx^4} \quad (EI\text{ が一定の場合}) \tag{5.65}$$

せん断力によるたわみ（deflection by shearing force）（図 5.31）

せん断力によるたわみ y_s に関する微分方程式

$$\frac{dy_s}{dx} = \frac{\tau_{max}}{G} \tag{5.66}$$

これを x 軸方向に積分すれば，せん断力によるはりのたわみが求められる．

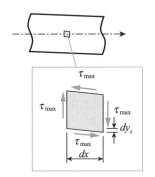

図 5.31　せん断力による変形

【例題 5.10】図 5.32(a)に示す長さ l の片持はりの自由端に集中荷重 P が作用する場合，せん断によるたわみも考慮して，自由端におけるたわみを求めよ．ただし，はりの断面形状は幅 b，高さ h の長方形とし，縦弾性係数を E，横弾性係数を G，ポアソン比を ν する．

【解答】　せん断力と曲げモーメントは，図 5.32(b), (c)の FBD より，

$$F = P , \; M = -P(l-x) \tag{5.67}$$

となる．はりのたわみの微分方程式(5.60)に式(5.67)の曲げモーメントを代入し，積分すると，

$$\frac{d^2y}{dx^2} = \frac{P}{EI}(l-x) \Rightarrow \theta = \frac{dy}{dx} = \frac{P}{EI}\left(lx - \frac{1}{2}x^2\right) + c_1$$
$$\Rightarrow y = \frac{P}{EI}\left(\frac{l}{2}x^2 - \frac{1}{6}x^3\right) + c_1 x + c_2 \tag{5.68}$$

支持条件式より，c_1, c_2 が次のように求まる，

$$(y)_{x=0} = 0 \Rightarrow c_2 = 0 , \; \left(\frac{dy}{dx}\right)_{x=0} = 0 \Rightarrow c_1 = 0 \tag{5.69}$$

従って，はりのたわみ角 θ およびたわみ y は

$$\theta = \frac{P}{2EI}(2lx - x^2) , \; y = \frac{P}{6EI}(3lx^2 - x^3) \tag{5.70}$$

曲げモーメントによる自由端のたわみ $y_{b max}$ は

$$y_{b max} = (y)_{x=l} = \frac{Pl^3}{3EI} \tag{5.71}$$

長方形断面の断面積を A とすると，最大せん断応力 τ_{max} は，式(5.48)より，

$$\tau_{max} = \frac{3F}{2A} = \frac{3P}{2bh} \tag{5.72}$$

となる．せん断力によるたわみに関する微分方程式(5.66)に，この最大せん断応力を代入し，積分すると

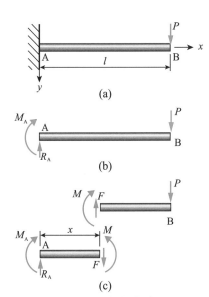

図 5.32　せん端に集中荷重を受ける片持ちはり

$$\frac{dy_s}{dx} = \frac{3P}{2bhG} \;\Rightarrow\; y_s = \frac{3P}{2bhG}x + c \tag{5.73}$$

支持条件式より，c が次のように求まる.

$$(y_s)_{x=0} = 0 \;\Rightarrow\; c = 0 \tag{5.74}$$

したがって，せん断によるたわみも自由端（$x = l$）で最大となり，

$$y_{s\max} = \frac{3Pl}{2bhG} = \frac{(1+\nu)Plh^2}{4EI} \quad \Leftarrow I = \frac{bh^3}{12}\,,\; G = \frac{E}{2(1+\nu)} \tag{5.75}$$

自由端のたわみ $y_{\max}$ は，曲げとせん断によるものを足し合わせて.

$$y_{\max} = y_{b\max} + y_{s\max} = \frac{Pl^3}{3EI}\left\{1 + \frac{3(1+\nu)}{4}\frac{h^2}{l^2}\right\} \tag{5.76}$$

となる. 例えば $\nu = 0.3$, $h/l = 0.1$ とすると，$y_{s\max}/y_{b\max} = 0.00995$ となり，せん断によるたわみは曲げによるたわみの約 1% となる.

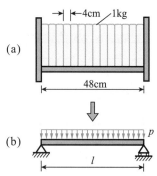

Fig. 5.33　The bookshelf with the distributed load.

注）E, G, ν は独立では無く，この内の 2 つがわかれば $G = \dfrac{E}{2(1+\nu)}$ の関係より，残りの 1 つを求めることが出来る. このことについては，「JSMEテキストシリーズ材料力学」の「8.5.5 弾性係数間の関係」に詳しい説明がある.

注）はりの中央で左右が対称に変形することから，

$$\left(\frac{dy}{dx}\right)_{x=l/2} = 0$$

の条件を使っても解答できる.

【Example 5.11】 Determine the slope and the deflection curve for the bookshelf as shown in Fig. 5.33, which is treated in Example 5.1. This bookshelf is made of wood, and the width b and the height h of the shelf are $b = 20$cm and $h = 2$cm. The Young's modulus $E = 6$GPa.

【Solution】 Substituting Eq.(5.17) into Eq.(5.60), and by integrating it, we have

$$\frac{d^2y}{dx^2} = -\frac{p}{2EI}(lx - x^2) \;\Rightarrow\; \theta = \frac{dy}{dx} = -\frac{p}{2EI}\left(\frac{l}{2}x^2 - \frac{1}{3}x^3\right) + c_1$$
$$\Rightarrow\; y = -\frac{p}{2EI}\left(\frac{l}{6}x^3 - \frac{1}{12}x^4\right) + c_1 x + c_2 \tag{5.77}$$

By the following boundary conditions, we obtain

$$(y)_{x=0} = 0 \;\Rightarrow\; c_2 = 0\,,\quad (y)_{x=l} = 0 \;\Rightarrow\; c_1 = \frac{pl^3}{24EI} \tag{5.78}$$

Substituting Eq. (5.78) into Eq. (5.77), the equations for the slope and deflection become

$$\theta = \frac{p}{24EI}\left(l^3 - 6lx^2 + 4x^3\right)\,,\quad y = \frac{p}{24EI}\left(l^3 x - 2lx^3 + x^4\right) \tag{5.79}$$

The deflection takes the maximum value at the center of the beam. Then, the maximum value of deflection $y_{\max}$ is obtained as follows.

$$y_{\max} = (y)_{x=l/2} = \frac{5pl^4}{384EI} \tag{5.80}$$

The various values of the physical quantities in Fig. 5.33 are

$$p = \frac{1\text{kg} \times 9.81\text{m/s}^2}{0.04\text{m}} = 245.3\text{N/m}\,,\; l = 0.48\text{m}\,,\; E = 6.0 \times 10^9\text{Pa}$$
$$I = \frac{bh^3}{12} = \frac{0.2\text{m} \times (0.02\text{m})^3}{12} = 1.33 \times 10^{-7}\text{m}^4 \tag{5.81}$$

Thus, the maximum value of deflection $y_{\max}$ becomes

5・5　はりのたわみ

$$y_{max} = \frac{5 \times 245.3 \text{N/m} \times (0.48\text{m})^4}{384 \times 6.0 \times 10^9 \text{N/m}^2 \times 1.33 \times 10^{-7} \text{m}^4} = 0.212\text{mm} \tag{5.82}$$

【別解】　分布荷重を受ける場合，式(5.65)から出発して，力やモーメントの釣合いを考えずに，積分するだけでたわみを求めることができる．式(5.65)は，

$$p = EI \frac{d^4 y}{dx^4} \tag{5.83}$$

両辺を順次積分してゆき，さらに式(5.64)と式(5.60)を考慮すれば，

$$
\begin{aligned}
px + c_1 &= EI \frac{d^3 y}{dx^3} = -F \\
p\frac{x^2}{2} + c_1 x + c_2 &= EI \frac{d^2 y}{dx^2} = -M \\
p\frac{x^3}{6} + c_1 \frac{x^2}{2} + c_2 x + c_3 &= EI \frac{dy}{dx} = EI\theta \\
p\frac{x^4}{24} + c_1 \frac{x^3}{6} + c_2 \frac{x^2}{2} + c_3 x + c_4 &= EIy
\end{aligned}
\tag{5.84}
$$

ここで，両端における境界条件，

$$(M)_{x=0} = 0, \ (M)_{x=l} = 0, \ (y)_{x=0} = 0, \ (y)_{x=l} = 0 \tag{5.85}$$

に，式(5.84)を適用すれば，未知係数 c_1, c_2, c_3, c_4 は以下のようになる．

$$c_1 = -\frac{pl}{2}, \ c_2 = 0, \ c_3 = \frac{pl^3}{24}, \ c_4 = 0 \tag{5.86}$$

上式を式(5.84)に代入すれば，せん断力，モーメント，たわみ角，たわみは以下のように得られ，式(5.17)，式(5.79)と一致する．

$$
\begin{aligned}
F &= p\left(\frac{l}{2} - x\right), \ M = \frac{p}{2} x(l - x) \\
\theta &= \frac{dy}{dx} = \frac{p}{24EI}\left(l^3 - 6lx^2 + 4x^3\right), \ y = \frac{p}{24EI}\left(l^3 x - 2lx^3 + x^4\right)
\end{aligned}
\tag{5.87}
$$

> 注）集中荷重やモーメントを受ける問題に対しても，同様に式(5.65)を用いてたわみの分布を求めることが可能である．問題を解く方法は色々あり，どれが良いかは決めることはできない．種々の方法で同じ問題を解き検討することにより，答えの間違えを発見し，精度を向上することができ，安全につながる．

【例題 5.12】　図 5.34 に示すように，アクリルの板の３点曲げ試験を行った．表 5.2 に得られた荷重 P と板中央のたわみ δ のデータを示す．この結果を用いて，アクリルの縦弾性係数を求めよ．ただし，板の幅 $b = 55.8\text{mm}$，高さ $h = 2.0\text{mm}$，スパン $l = 200\text{mm}$ であった．

表 5.2　3 点曲げ結果

δ [mm]	P [N]
0.0	0.00
0.5	0.36
1.0	0.72
1.5	1.09

【解答】　中央に集中荷重 P を受ける長さ l のはりの中央のたわみ δ と荷重 P の関係は，付表（後 2.1）より次式で表され，δ と P は比例する．

$$\delta = \frac{Pl^3}{48EI} \tag{5.88}$$

表 5.2 の結果より，最小二乗法を用いれば，$P / \delta = 0.726$[N/mm] である．したがって，式(5.88)より，縦弾性係数 E は，

$$
\begin{aligned}
E &= \frac{l^3}{48I}\frac{P}{\delta} = \frac{l^3}{4bh^3}\frac{P}{\delta} = \frac{(200\text{mm})^3}{4(55.8\text{mm})(2.0\text{mm})^3} 0.726 \frac{\text{N}}{\text{mm}} \\
&= 3.25 \times 10^3 \frac{\text{N}}{\text{mm}^2} = 3.25\text{GPa}
\end{aligned}
\tag{5.89}
$$

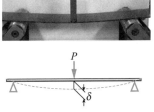

図 5.34　アクリル板の３点曲げ

64 第５章 はりの曲げ

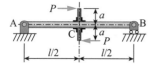

図 5.35 モーメントが作用する
両端支持はり

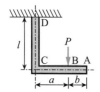

図 5.36 L字型のフック

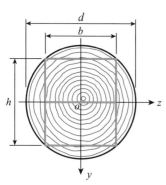

Fig. 5.37 The circular log and
the rectangular wood beams.

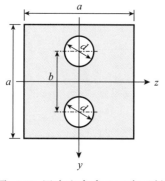

図 5.38 円穴を有する正方形断面

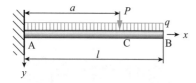

図 5.39 等分布荷重と集中荷重が
作用する片持はり

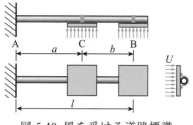

図 5.40 風を受ける道路標識

【練習問題】

【5.1】 図 5.35 のようなはりの SFD，BMD を描け．

【5.2】 図 5.36 のように，L 字型のフックに荷重 P を加えた．フックの縦，横の部材をはりと考え，各々の部材に対して SFD，BMD を描け．

【5.3】 Two same rectangular wood beams are to be cut from a circular log as shown in Fig. 5.37. Calculate the ratio b/h required to attain the each beam of maximum strength in bending.

【5.4】 図 5.38 のように，一辺 a の正方形断面の中央に直径 d の円孔が 2 箇所に開いたはりの断面二次モーメント I_z と断面係数 Z を求めよ．

【5.5】 図 5.39 に示すように長さ l の片持はりに，等分布荷重 q と固定端から a の位置に集中荷重 P が加わっているとき，以下の問いに答えよ．
  (1) はりの断面形状が直径 d の円形の場合，最大曲げ応力を求めよ．
  (2) はりの断面形状が一辺 b の正方形の場合，最大曲げ応力を求めよ．
  (3) 円形断面と正方形断面の断面積が等しい場合，両者の最大曲げ応力を比較せよ．

【5.6】 図 5.40 のように，円筒断面の配管を用いた長さ $l = 4$m の片持はりの先端と，左端から $a = 2.2$m の位置に面積 $A = 0.16\text{m}^2$ の 2 枚の標識が取り付けられている．この標識の面に垂直に風速 $U = 50$m/s の風が吹くとき，その抗力 D による SFD，BMD を描き，水平方向の最大曲げモーメントを求めよ．ただし，自重による垂直方向のたわみは無視する．抗力 D は次式で与えられるとする．

$$D = \frac{1}{2}C_D \rho U^2 A$$

ここで，抗力係数 $C_D = 1.12$，空気の密度 $\rho = 1.2$kg/m^3 とする．

【5.7】 Determine the slope and the deflection curve for the beam treated in Problem 5.1. The flexural rigidity is denoted as EI.

【5.8】 練習問題 5.2 のはりのたわみ曲線を求め，A 点の垂直方向変位を求めよ．

【5.9】 A three-point bending test was performed using a wood beam as shown in Fig. 5.41. A strain gage was attached at the middle on the lower surface of the beam to measure the normal strain. When the width b, the height h and the span l of the beam are $b = 145$mm, $h = 15.5$mm and $l = 200$mm, the results of the load P and the normal strain ε are given in the table 5.3. Plot the stress-strain diagram and determine the Young's modulus of the beam.

【5.10】 図 5.42 に示すような 3D 切削機（3 次元プロッター）のドリルは，切削時に横荷重を受け曲げ変形をする．ドリルの位置のずれを 0.1mm 以内にするために許容される最大の横荷重を求めよ．ただし，ドリルの縦弾性係数 E = 200GPa，直径 d = 2mm，チャック部から先端までの長さ l = 50mm とする．

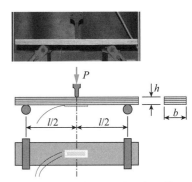

Fig. 5.41　A three-points bending test using a wood beam.

Table 5.3　load and strain

load P [N]	strain ε [μ m/m]
17	44
46	142
75	243
109	341
144	437

【5.11】 As shown in Fig. 5.43, a simply supported beam carries a distributed load of which varies sinesoidally with p_0 being the intensity at mid-span. Find the equation of the elastic line and determine the maximum deflection δ at the middle of the beam. The flexural rigidity is denoted as EI.

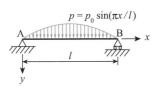

Fig. 5.43　A simply supported beam carrying a sinesoidally distributed load

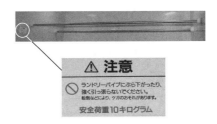

図 5.44　ランドリーパイプ

【5.12】 図 5.44 のように，ランドリーパイプの注意書きに，『安全荷重 10 キログラム』という記載があった．このパイプの長さ，外径，質量を計ったところ，長さ l = 1.5m，外径 d = 18mm，質量 m = 350g であった．材質をジュラルミンで，密度 ρ = 2.79×10^3 kg/m^3，降伏応力 σ_Y = 275MPa として安全率を求めよ．

【5.13】 図 5.45 に示す種々の機械や構造物をはりの問題としてモデル化し，SFD，BMD を描け．寸法や荷重等は記号で定義して表すこと．

【5.14】 Determine the slope and the deflection curve of the cantilever beam loaded as shown in Fig. 5.46. The flexural rigidity is denoted as EI.

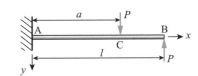

Fig. 5.46　The cantilever beam subjected with the two concentrated forces.

図 5.42　3D 切削機のドリル

(a) 飛行中のジェット機の翼

(b) 客車の車軸

(c) 大波を受ける船

図 5.45　はり問題へのモデル化

【5.15】 リーフばねとは，図 5.47 のように，帯状の板を固定し，他端に曲げ変形を加えて半円状に変形させた構造を持つ．半円の中心を回転軸とする振り子をばねの先端にとりつけ，地震計を作り，火星探査機に載せる計画がある．リーフばねを作るために，図 5.47 のような真直の板ばねを半円に変形させるのに必要な曲げモーメント M_C を求めよ．また，図 5.47(c)のように円弧の中心点 C を中心とする振り子が水平に釣り合うときの質量 m を求めよ．ただし，

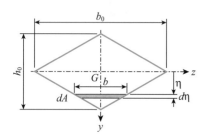

図 5.47 リーフばね

簡単のため振り子の腕の質量は無視して考える．また，ばねは振り子よりモーメントのみ受ける．真直ばねの長さ l = 15cm，幅 b = 10mm，高さ h = 0.5mm，縦弾性係数 E = 200GPa とする．

【5.16】 For a diamond cross-section under a shearing force F as shown in Fig. 5.48, determine the maximum-average shearing stress ratio τ_{max}/τ_m.

【5.17】 図 5.49 のように，例題 5.1，5.4 で考えた長さ l，幅 b，高さ h の長方形断面のはりの両端が回転自由に支持され，等分布荷重 p が加わっている．曲げ応力の最大値 σ_M とせん断応力の最大値 τ_F を各々求めよ．さらに，せん断応力の最大値を，曲げ応力の最大値の 1%以下とするための条件を求めよ．

【5.18】 For the beam of Problem 5.17 as shown in Fig. 5.49, determine: (a) both the maximum deflections δ_M and δ_F due to the bending moment and the shear stress. (b) The condition for $\delta_F / \delta_M \le 0.01$. The Young's modulus E = 200GPa and the shear modulus G = 80GPa.

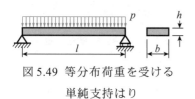

Fig. 5.48 A diamond cross-section.

【5.19】 図 5.50 のような形状のシャーペンの留め具に，最高厚さ w = 3mm のものをはさみたい．破壊されないように安全に運用するのに必要な留め具の高さ h に関する条件を求めよ．ただし，留め具部の長さ l = 30mm，幅 b = 8mm，許容応力 σ_a = 20MPa，縦弾性係数 E = 2GPa である．

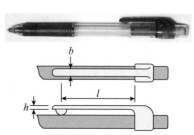

図 5.50 シャープペンシルの留め具

図 5.49 等分布荷重を受ける
単純支持はり

【5.20】 図 5.51 に示すような 300kW クラスの風力発電用タービンブレードの根元が直径 d の円柱であるとする．このブレードが風を受けたとき，安全に運用できる根元直径の最小値を求めよ．ただし，ブレード長は l = 15m で，ブレードに働く空気力のためにブレードは次式で表わされる曲げモーメントを受ける．

$$M(x) = \begin{cases} M_0(1 - \dfrac{x}{l'}) \ (0 \le x \le l') \\ 0 \qquad (l' \le x \le l) \end{cases} , \quad (l' = 12\text{m},\ M_0 = 700\text{kN}\cdot\text{m})$$

また，ブレードの材質はガラス繊維強化複合材料（引張・圧縮強度 200MPa，せん断強度 60MPa）を使用し，安全率を S = 10 とする．

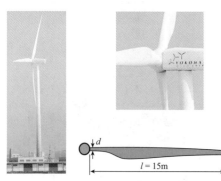

図 5.51 風力発電用タービンブレード

第6章

はりの複雑な問題
Complex Problems on Beam

6・1 不静定はり（statically indeterminate beam）

静定はり（statically determinate beam）：支点の反力や固定端の回転に抵抗する
固定モーメントを，はり全体の力とモーメントの釣合い条件のみから定め
ることができるはり

不静定はり（statically indeterminate beam）：静力学の釣合い条件だけでは未知
反力やモーメントを定められず，それらを定めるには，さらにたわみやた
わみ角に関する変位の境界条件（boundary condition）を考慮しなければな
らないはり

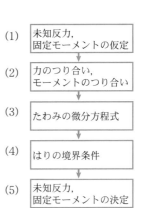

(1)	未知反力，固定モーメントの仮定
(2)	力のつり合い，モーメントのつり合い
(3)	たわみの微分方程式
(4)	はりの境界条件
(5)	未知反力，固定モーメントの決定

図 6.1 重複積分法による解法手順

重複積分法（double-integration method）による解法

図 6.1 に示す手順でたわみの微分方程式を積分していくことにより不静定は
りの問題を解くことができる．

重ね合わせ法（method of superposition）による解法

はりに2種類以上の荷重やモーメントが同時に作用しているときの変位は，
表 6.1 に示すような，荷重やモーメントが独立して作用するときの基本的な問
題を重ね合わせることにより不静定問題を解くことができる．

表 6.1 重ね合わせ法による解法に用いる基本的な問題のたわみとたわみ角

はりの種類	δ	θ
M_0	$\dfrac{M_0 l^2}{2EI}$	$\dfrac{M_0 l}{EI}$
P	$\dfrac{Pl^3}{3EI}$	$\dfrac{Pl^2}{2EI}$
q	$\dfrac{ql^4}{8EI}$	$\dfrac{ql^3}{6EI}$

【例題 6.1】 図 6.2(a)のように，B 点が固定された片持ちはりの先端 A 点が
支持されている．点 A の支持反力 R_A を求めよ．

《方針》 重ね合わせ法による解法：
(1) 図 6.2(b)のように，点 A の支持を反力 R_A で置き換える．
(2) 図 6.2(b)の問題を，図(c)と図(d)の重ね合わせにより表す．
(3) 図 6.2(c), (d) の問題それぞれについて，点 A のたわみ δ_c, δ_d を求める．
(4) 点 A が支持されていることから，重ね合わせた点 A のたわみが零となる
条件より，R_A を求める．

【解答】 この問題を，図 6.2(c)と(d)の重ね合わせにより表す．それぞれの問
題の点 A のたわみ δ_c, δ_d は，表 6.1 の中段の解を用いて以下のようになる．

$$\delta_c = \frac{P}{3EI}\left(\frac{l}{2}\right)^3 + \frac{P}{2EI}\left(\frac{l}{2}\right)^2 \times \frac{l}{2} = \frac{5Pl^3}{48EI} \quad , \quad \delta_d = \frac{R_A l^3}{3EI} \tag{6.1}$$

重ね合わせた解の点 A のたわみが零となる条件より，R_A は次のようになる．

$$\delta_c - \delta_d = 0 \ \Rightarrow \ \delta_c = \delta_d \ \Rightarrow \ \frac{5Pl^3}{48EI} = \frac{R_A l^3}{3EI} \ \Rightarrow \ R_A = \frac{5}{16}P \tag{6.2}$$

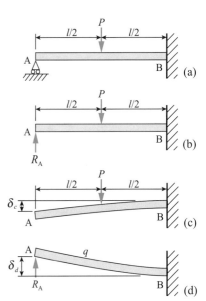

図 6.2 中央に集中荷重を受ける
先端が支持された片持ちはり

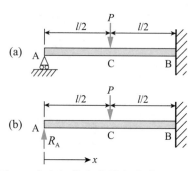

(a)

(b)

図 6.3 中央に集中荷重を受ける
　　　先端が支持された片持ちはり

《方針》　重複積分法による解法:

(1) 図 6.3(b)のように，点 A の支持を反力 R_A で置き換える.

(2) 点 A, C の 2 点に荷重が加わった問題としてモーメントの分布を求める.

(3) たわみの微分方程式(5.60)に代入する.

(4) 順次積分して一般解を求める.

(5) 点 B が固定，点 A が支持，点 C で連続の条件より未知係数を決定する.

【解答】　AC, CB の 2 つの領域に分ければ，断面に生じるモーメントは以下のようになる.

$$\text{AC 間：} \quad M = R_A x \quad (0 \leq x \leq \frac{l}{2}) \tag{6.3}$$

$$\text{CB 間：} \quad M = R_A x - P(x - \frac{l}{2}) \quad (\frac{l}{2} \leq x \leq l) \tag{6.4}$$

たわみの微分方程式(5.60)は,

$$\frac{d^2 y}{dx^2} = -\frac{M}{EI} = \frac{1}{EI} \begin{cases} -R_A x & (0 \leq x \leq \frac{l}{2}) \\ -R_A x + P(x - \frac{l}{2}) & (\frac{l}{2} \leq x \leq l) \end{cases} \tag{6.5}$$

となる. x で 2 回積分すれば,

$$\frac{dy}{dx} = \frac{1}{EI} \begin{cases} -R_A \frac{x^2}{2} + c_1 & (0 \leq x \leq \frac{l}{2}) \\ -R_A \frac{x^2}{2} + P(\frac{x^2}{2} - \frac{l}{2}x) + c_2 & (\frac{l}{2} \leq x \leq l) \end{cases} \tag{6.6}$$

$$y = \frac{1}{EI} \begin{cases} -R_A \frac{x^3}{6} + c_1 x + c_3 & (0 \leq x \leq \frac{l}{2}) \\ -R_A \frac{x^3}{6} + P(\frac{x^3}{6} - \frac{l}{4}x^2) + c_2 x + c_4 & (\frac{l}{2} \leq x \leq l) \end{cases} \tag{6.7}$$

固定，支持，連続の条件は,

$$\text{点 B 固定：} \quad y = 0 , \quad \frac{dy}{dx} = 0 \quad (x = l) \tag{6.8}$$

$$\text{点 A 支持：} \quad y = 0 \quad (x = 0) \tag{6.9}$$

$$\text{点 C 連続：} \quad \left(\frac{dy}{dx}\right)_{x=\frac{l}{2}-0} = \left(\frac{dy}{dx}\right)_{x=\frac{l}{2}+0} , \quad (y)_{x=\frac{l}{2}-0} = (y)_{x=\frac{l}{2}+0} \tag{6.10}$$

注) 式(6.7)において未知係数は 5 個ある.
式(6.8), (6.9), (6.10) の各条件数は 5 より，
全ての未知係数を求めることができる.

である. 各々の条件に，式(6.6), (6.7) を代入すれば,

$$\text{点 B 固定：} \quad -R_A \frac{l^2}{2} + c_2 = 0 , \quad -R_A \frac{l^3}{6} - P\frac{l^3}{12} + c_2 l + c_4 = 0 \tag{6.11}$$

$$\text{点 A 支持：} \quad c_3 = 0 \tag{6.12}$$

$$\text{点 C で連続：} \quad \begin{aligned} -R_A \frac{l^2}{8} + c_1 &= -R_A \frac{l^2}{8} + P(-\frac{l^2}{8}) + c_2 \\ -R_A \frac{l^3}{48} + c_1 \frac{l}{2} + c_3 &= -R_A \frac{l^3}{48} + P(-\frac{l^3}{24}) + c_2 \frac{l}{2} + c_4 \end{aligned} \tag{6.13}$$

式(6.11), (6.12)より，$c_2 \sim c_4$ はそれぞれ以下のようになる.

$$c_2 = R_A \frac{l^2}{2} , \quad c_3 = 0 , \quad c_4 = -R_A \frac{l^3}{3} + P\frac{l^3}{12} \tag{6.14}$$

式(6.13)より，R_A は以下のように得られる．

$$R_A = \frac{5}{16}P \tag{6.15}$$

【Example 6.2】　As shown in Fig. 6.4(a), the cantilever is supported at the free end by the wire from the rigid wall and subjected to the concentrated load P. Determine the tensile force T subjected to the wire. The flexural rigidity of the beam is EI.　The cross section of the wire is A_w and the modulus of elasticity is E_w.

《Solution technique》　The concentrated load P can be divided to the beam and the wire. Let us the load subjected to the wire be unknown and denote with T. The tensile force T can be determined from the condition that the position of the elongated wire end coincides with the position of the beam end.

【Solution】　Let us denote the tensile force subjected to wire with T. The loads as shown in Fig. 6.4(b) are subjected at the beam end A. The lateral load P' at the beam end A is given as follows.

$$P' = P - T\sin\theta \tag{6.16}$$

Although the beam is subjected to the axial load by the horizontal component of T and has shrinkage, the shrinkage can be ignored because of its smallness by comparison with the deflection of beam and/or the elongation of wire. As a result, the deflection of beam δ and the elongation of wire λ are given as follows.

$$\delta = \frac{P'l^3}{3EI} = \frac{(P-T\sin\theta)l^3}{3EI} \ , \ \lambda = \frac{Tl_{AC}}{A_w E_w} = \frac{Tl}{A_w E_w \cos\theta} \tag{6.17}$$

Figure 6.4(c) gives the following relation between the deflection of beam δ and the elongation of wire λ,

$$\delta\sin\theta = \lambda \tag{6.18}$$

Substituting Eq. (6.17) into Eq. (6.18) determine the tensile force subjected to wire T as follows.

$$T = \frac{Pl^2 A_w E_w \sin\theta\cos\theta}{3EI + l^2 A_w E_w \sin^2\theta\cos\theta} \tag{6.19}$$

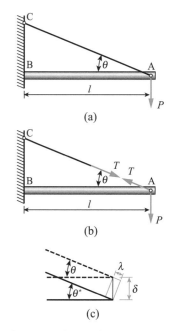

Fig. 6.4　The cantilever supported by the wire.

6・2　特異関数による解法（solution by singularity function）

特異関数（singularity function）（図 6.5）

$$\langle x-a \rangle^n = \begin{cases} 0 & (x < a \, , \, n \ge 0) \\ (x-a)^n & (x > a \, , \, n \ge 0) \end{cases}$$

$$\left. \int \langle x-a \rangle^n dx = \frac{\langle x-a \rangle^{n+1}}{n+1} + C \quad (n \ge 0) \right\} \tag{6.20}$$

$$\frac{d}{dx}\langle x-a \rangle^n = n\langle x-a \rangle^{n-1} \quad (n \ge 0)$$

を用いて，領域を分割することなく，はりのたわみの微分方程式(5.60)を一つ

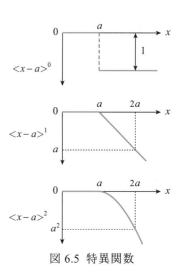

図 6.5　特異関数

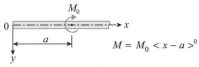

(a) 曲げモーメントが作用する場合

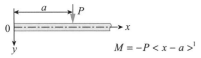

(b) 集中荷重が作用する場合

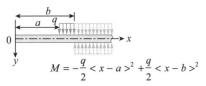

(c) 等分布荷重が作用する場合

図 6.6　特異関数による曲げモーメントの表示（左端 $(x=0)$ は自由端）

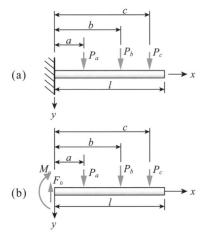

図 6.7　3ヶ所に荷重を受ける片持ちはり

特異関数による解法の利点：はりの両端以外の所に荷重や支持部がある場合，2つ以上の領域に分けて考え，その分割部分でそれぞれの領域の値の連続性を考慮する必要がある．しかし，特異関数を用いれば，式を分ける必要もなく，連続条件も自動的に満足される．

の式で表すことにより，たわみを求める方法．

　図 6.6 は，はりの左端 $(x=0)$ を自由端としたはりに，モーメントや荷重が加わった場合の曲げモーメント M の特異関数による表示式を示す．図 6.6(a) は $x=a$ の部分に曲げモーメント M_0 が加えられた場合，図 6.6(b)は $x=a$ の部分に集中荷重 P が作用する場合，図 6.6(c)は $x=a\sim b$ の部分に等分布荷重 q が作用する場合である．

特異関数による曲げ問題の解法手順
  (1) 曲げモーメントを，特異関数を用いて一つの式で表す．
  (2) 重複積分法により，たわみを求める．

【例題 6.3】　図 6.7 のように，3ヶ所に荷重が加えられた片持ちはりの先端のたわみを求めよ．

【解答】　$x=0$ において壁から受けるせん断力，モーメントを各々 F_0, M_0 と表せば，力とモーメントの釣合いより，

$$F_0 = P_a+P_b+P_c \ , \ M_0 = -P_a a-P_b b-P_c c \tag{6.21}$$

曲げモーメントの特異関数表示は以下のようになる．

$$M = M_0 <x>^0 +F_0 <x>^1 -P_a<x-a>^1 -P_b<x-b>^1 -P_c<x-c>^1 \tag{6.22}$$

たわみの基礎式は，

$$EI\frac{d^2y}{dx^2} = -M_0<x>^0 -F_0<x>^1 +P_a<x-a>^1 +P_b<x-b>^1 +P_c<x-c>^1 \tag{6.23}$$

x で両辺を積分して，

$$EI\frac{dy}{dx} = -M_0<x>^1 -\frac{F_0}{2}<x>^2 +\frac{P_a}{2}<x-a>^2 +\frac{P_b}{2}<x-b>^2 +\frac{P_c}{2}<x-c>^2 +c_1 \tag{6.24}$$

$$EIy = -\frac{M_0}{2}<x>^2 -\frac{F_0}{6}<x>^3 +\frac{P_a}{6}<x-a>^3 +\frac{P_b}{6}<x-b>^3 +\frac{P_c}{6}<x-c>^3 +c_1x+c_2 \tag{6.25}$$

固定の条件より，

$$\left(\frac{dy}{dx}\right)_{x=0} = 0 \Rightarrow c_1=0 \ , \ (y)_{x=0}=0 \Rightarrow c_2=0 \tag{6.26}$$

先端のたわみは，式(6.25)より，次式となる．

$$EI(y)_{x=l} = -\frac{M_0}{2}l^2 -\frac{F_0}{6}l^3 +\frac{P_a}{6}(l-a)^3 +\frac{P_b}{6}(l-b)^3 +\frac{P_c}{6}(l-c)^3$$
$$= \frac{P_a a+P_b b+P_c c}{2}l^2 -\frac{P_a+P_b+P_c}{6}l^3 +\frac{P_a}{6}(l-a)^3 +\frac{P_b}{6}(l-b)^3 +\frac{P_c}{6}(l-c)^3 \tag{6.27}$$

【Example 6.4】　As shown in Fig. 6.8(a), five books are arranged on the right half side of the shelf plate. Determine the deflection at the center of it. The mass of each book is 1kg. The modulus of elasticity of the shelf plate is $E = 6$GPa.

【Solution】 As shown in Fig. 6.8(b), we define the left support end of shelf plate as the origin of x-axis and denote the given dimensions with symbols. By Fig. 6.8(c), the following equilibrium equations for forces and moments at point A can be given.

$$-R_A - R_B + p\frac{l}{2} = 0 \ , \ R_B l - p\frac{l}{2}\left(\frac{3}{4}l\right) = 0 \tag{6.28}$$

The supported reaction forces are

$$R_A = \frac{1}{8}pl \ , \ R_B = \frac{3}{8}pl \tag{6.29}$$

The bending moment can be expressed by singularity function as follows.

$$M = R_A <x-0>^1 - \frac{p}{2}<x-\frac{l}{2}>^2 = \frac{pl}{8}<x>^1 - \frac{p}{2}<x-\frac{l}{2}>^2 \tag{6.30}$$

The fundamental equation for deflection curve is

$$EI\frac{d^2y}{dx^2} = -\frac{pl}{8}<x>^1 + \frac{p}{2}<x-\frac{l}{2}>^2 \tag{6.31}$$

Integration of the above equation on x twice gives following one.

$$EIy = -\frac{pl}{48}<x>^3 + \frac{p}{24}<x-\frac{l}{2}>^4 + c_1 x + c_2 \tag{6.32}$$

Applying the boundary conditions, the constants of integration are determined as follows.

$$\begin{aligned} (y)_{x=0} &= 0 \ \Rightarrow \ c_2 = 0 \\ (y)_{x=l} &= 0 \ \Rightarrow \ -\frac{pl}{48}l^3 + \frac{p}{24}\left(\frac{l}{2}\right)^4 + c_1 l + c_2 = 0 \ \Rightarrow \ c_1 = \frac{7}{384}pl^3 \end{aligned} \tag{6.33}$$

Substituting Eq. (6.33) into Eq. (6.32) gives the deflection at center,

$$EI(y)_{x=\frac{l}{2}} = -\frac{pl}{48}\left(\frac{l}{2}\right)^3 + \frac{7}{384}pl^3\left(\frac{l}{2}\right) = \frac{5}{768}pl^4 \tag{6.34}$$

Calculating the moment of inertia of area for this shelf plate, we obtain

$$I = \frac{bh^3}{12} = \frac{(280\text{mm})(10\text{mm})^3}{12} = 23.33 \times 10^3 \text{mm}^4 \tag{6.35}$$

The length of shelf plate l and the distributed load p are given as follows

$$l = 400\text{mm} \ , \ p = \frac{5 \times 1\text{kg} \times 9.81\text{m/s}}{200\text{mm}} = 0.2452\text{N/mm} \tag{6.36}$$

Substituting Eq. (6.35) and Eq. (6.36) into Eq. (6.34), the deflection at center is calculated as follows.

$$(y)_{x=\frac{l}{2}} = \frac{5}{768}\frac{pl^4}{EI} = \frac{5}{768}\frac{(0.2452\text{N/mm})(400\text{mm})^4}{(6\text{GPa})(23.33 \times 10^3 \text{mm}^4)} = 0.292\text{mm} \tag{6.37}$$

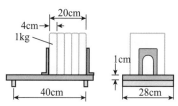

(a) discription of bookshelf

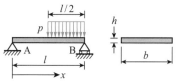

(b) beam model

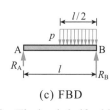

(c) FBD

Fig. 6.8　The bookshelf subjected to the distributed load on the half side.

6・3 断面が不均一なはり（beam with different cross-sections）

断面が不均一なはり (beam with different cross-sections)：
　　断面が均一なはりの場合と同様な方法ではりのたわみが求められる.

注）たわみの基礎式を積分してたわみ角やたわみを求める際に，断面二次モーメント I が長さに沿って変化する，すなわち，x の関数になることに注意.

平等強さのはり（beam of uniform strength）：

M/Z が一定になるように断面形状を変化させることによって，最大曲げ応力 σ_{max} が軸線に沿って一定となるようにすることができる

【Example 6.5】 The conical beam with a specific weight of ρ is fixed at wall as shown in Fig. 6.9. Determine the displacement and slope at its end A due to its weight. Take E as the modulus of elasticity for the material.

【Solution】 Considering of Fig. 6.9(b) gives the bending moment M at point x from the free edge A as follows.

$$M = -\int_0^x \rho g A(\xi)(x-\xi)d\xi = -\int_0^x \rho g \pi \left(\frac{r_0}{l}\xi\right)^2 (x-\xi)d\xi = -\frac{\rho g \pi r_0^2 x^4}{12l^2} \quad (6.38)$$

By substituting Eq. (6.38) into the fundamental equation for deflection curve (5.60), we obtain

$$\frac{d^2 y}{dx^2} = \frac{1}{EI}\cdot\frac{\rho g \pi r_0^2 x^4}{12l^2} = \frac{64}{E\pi(2r)^4}\cdot\frac{\rho g \pi r_0^2 x^4}{12l^2} = \frac{\rho g l^2}{3Er_0^2} \quad \left(I=\frac{\pi(2r)^4}{64},\ r=\frac{r_0}{l}x\right)(6.39)$$

Integration of the above equation twice gives following equations.

$$\frac{dy}{dx} = \frac{\rho g l^2}{3Er_0^2}(x+c_1) \quad , \quad y = \frac{\rho g l^2}{3Er_0^2}\left(\frac{x^2}{2}+c_1 x+c_2\right) \quad (6.40)$$

The constants of integration c_1, c_2 are determined from the boundary conditions that the beam is fixed at $x = l$ as follows.

$$\left(\frac{dy}{dx}\right)_{x=l} = 0 \ \Rightarrow \ \frac{\rho g l^2}{3Er_0^2}(l+c_1)=0 \ \Rightarrow \ c_1=-l \quad (6.41)$$

$$(y)_{x=l}=0 \ \Rightarrow \ \frac{\rho g l^2}{3Er_0^2}\left(\frac{l^2}{2}+c_1 l+c_2\right)=0 \ \Rightarrow \ c_2=-c_1 l-\frac{l^2}{2}=\frac{l^2}{2} \quad (6.42)$$

The slope θ and the displacement y at the free edge A are given as follows.

$$(\theta)_{x=0}=\left(\frac{dy}{dx}\right)_{x=0}=-\frac{\rho g l^3}{3Er_0^2} \quad , \quad (y)_{x=0}=\frac{\rho g l^4}{6Er_0^2} \quad (6.43)$$

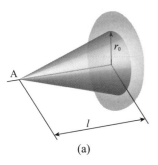

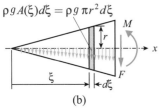

Fig. 6.9　The conical beam.

【例題 6.6】 図 6.10 のような菱形の板ばねの中央に荷重を加える．(a) この板ばねに生じる曲げ応力を求めよ．(b) この板ばねのばね定数を求めよ．縦弾性係数を E とする．

【解答】曲げモーメントの分布は以下のようになる．

$$M=\frac{P}{2}x \ \left(0\le x\le\frac{l}{2}\right) \ , \ M=\frac{P}{2}(l-x) \ \left(\frac{l}{2}\le x\le l\right) \quad (6.44)$$

また，板の幅 b は，

$$b=\frac{2b_0}{l}x \ \left(0\le x\le\frac{l}{2}\right) \ , \ b=\frac{2b_0}{l}(l-x) \ \left(\frac{l}{2}\le x\le l\right) \quad (6.45)$$

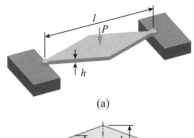

(a)

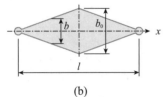

(b)

図 6.10　菱形の板ばね

(a) 曲げ応力は式(5.19)より，以下のように得られる．

$$\sigma = \frac{M}{I}y = \frac{12}{bh^3}My = \frac{3Pl}{b_0h^3}y \quad \Leftarrow \quad I = \frac{bh^3}{12} \tag{6.46}$$

(b) たわみの基礎式(5.60)は，

$$\frac{d^2y}{dx^2} = -\frac{M}{EI} = -\frac{12}{Eh^3}\cdot\frac{M}{b} = -\frac{3Pl}{Eb_0h^3} \tag{6.47}$$

上式を積分して，

$$\frac{dy}{dx} = -\frac{3Pl}{Eb_0h^3}(x+c_1) \quad , \quad y = -\frac{3Pl}{Eb_0h^3}\left(\frac{x^2}{2}+c_1x+c_2\right) \tag{6.48}$$

$x = 0, l$ で支持の条件より，未知係数は以下のようになる．

$$(y)_{x=0} = 0 \Rightarrow c_2 = 0 \quad , \quad (y)_{x=l} = 0 \Rightarrow \frac{l^2}{2}+c_1l+c_2 = 0 \Rightarrow c_1 = -\frac{l}{2} \tag{6.49}$$

したがって，荷重点のたわみは，式(6.48)より，

$$(y)_{x=l/2} = -\frac{3Pl}{Eb_0h^3}\left(\frac{l^2}{8}-\frac{l^2}{4}\right) = \frac{3Pl^3}{8Eb_0h^3} \tag{6.50}$$

ばね係数 k は，上式より以下のように求まる．

$$k = \frac{P}{(y)_{x=l/2}} = \frac{8Eb_0h^3}{3l^3} \tag{6.51}$$

6・4 組み合せはり（composite beam）

組み合せはり (composite beam)：2種類以上の異種材料を軸方向に平行に接着して出来たはり（図6.11）

中立軸の位置（図6.12）：

$$\bar{y} = \frac{\displaystyle\sum_{i=1}^{n}E_i\int_{A_i}y_1dA}{\displaystyle\sum_{i=1}^{n}E_iA_i} \tag{6.52}$$

曲率半径：

$$\frac{1}{\rho} = \frac{M}{\displaystyle\sum_{i=1}^{n}E_iI_i} \tag{6.53}$$

曲げ応力：（図6.13）

$$\sigma_i = \frac{E_iM}{\displaystyle\sum_{i=1}^{n}E_iI_i}y \tag{6.54}$$

たわみの微分方程式：

$$\frac{d^2y}{dx^2} = -\frac{M}{\displaystyle\sum_{i=1}^{n}E_iI_i} \tag{6.55}$$

【例題 6.7】 図6.14(a)のように，木材には年輪がある．年輪の黒い部分は晩材と呼ばれ，夏に育った組織が密で硬い部分である．一方，薄い色の部分は早材と呼ばれ，春に育った部分で組織が柔らかい．木から材木を切り出すと，図

注）I と M それぞれが同じ x の関数に比例している．そのため，曲げ応力の式は，x によらず一定となる．したがって，このはりは，どの断面においても曲げ応力が等しい「平等強さのはり」となっている．

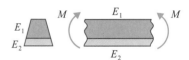

図 6.11 組み合せはり

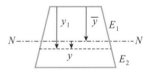

図 6.12 中立軸の位置

図 6.13 断面内の応力

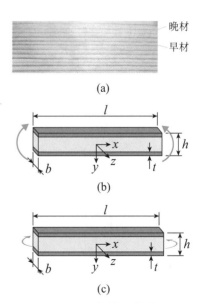

図 6.14 木材の曲げ

6.14(b), (c) のように，晩材と早材が交互に現れる．この部材が，z, y 軸周りに曲げを受けるときの曲げ剛性 EI_z, EI_y を求めよ．ただし，早材の弾性係数 $E_e =$ 1.0GPa，晩材の縦弾性係数 $E_l = 30.0$ GPa，$b = 5$mm，$h = 5$mm，$t = 1$mm である．

【解答】　図 6.14(b)のように曲げを受けるときの曲げ剛性 EI_z は，

$$EI_z = \sum_{i=1}^{n} E_i I_i = E_e \frac{b(h-2t)^3}{12} + E_l \left\{ \frac{bh^3}{12} - \frac{b(h-2t)^3}{12} \right\} = 1.24 \text{Nm}^2 \tag{6.56}$$

図 6.14(c)のように曲げを受けるときの曲げ剛性 EI_y は以下となる．

$$EI_y = \sum_{i=1}^{n} E_i I_i = E_e \frac{(h-2t)b^3}{12} + E_l \frac{(2t)b^3}{12} = 0.656 \text{Nm}^2 \tag{6.57}$$

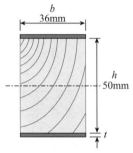

注）図 6.14(b)の方が曲げ剛性が 2 倍程度大きくなっている．したがって，正方形の部材であれば，年輪が上下にある方向の方が曲りにくいことがわかる．

図 6.15 鉄板で強化された木材

【例題 6.8】　図 6.15 のような木材を鉄板で強化したい．曲げに対する許容荷重を 2 倍にするために必要な鉄板の厚さ t を求めよ．ただし，鉄板，および木材の縦弾性係数をそれぞれ，$E_s = 200$GPa，$E_w = 7$GPa とする．

《方針》曲げに対する許容荷重を 2 倍にするには，同じ荷重，すなわち同じモーメントが加わったときに生じる曲げ応力を 1/2 以下にすれば良い．

【解答】木材の高さを h，幅を b とすれば，鉄板が無いときの最大曲げ応力は，

$$\sigma_0 = \frac{M_{max}}{I_w} \frac{h_w}{2} ， \quad I_w = \frac{bh_w^3}{12} \tag{6.58}$$

一方，鉄板がある場合の木材に生じる最大曲げ応力は，式(6.54)より

$$\sigma_s = \frac{E_w M_{max}}{\sum_{i=1}^{n} E_i I_i} \frac{h_w}{2} ， \quad \sum_{i=1}^{n} E_i I_i = E_w \frac{bh_w^3}{12} + E_s \left\{ \frac{b(h_w+2t)^3}{12} - \frac{bh_w^3}{12} \right\} \tag{6.59}$$

鉄板を入れたときの応力を鉄板を入れないときの応力の 1/2 以下にする条件は，式(6.58)と(6.59)を考慮すれば，

$$\sigma_s \leq \frac{1}{2}\sigma_0 \Rightarrow \frac{\sigma_0}{\sigma_s} = \frac{\sum_{i=1}^{n} E_i I_i}{E_w I_w} = 1 + \frac{E_s}{E_w} \left\{ \frac{(h_w+2t)^3}{h_w^3} - 1 \right\} \geq 2 \tag{6.60}$$

したがって，必要な厚さは以下のように得られる．

$$t \geq \frac{h_w}{2} \left\{ \sqrt[3]{1 + \frac{E_w}{E_s}} - 1 \right\} = 0.289 \text{mm} \tag{6.61}$$

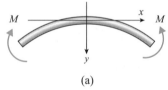

(a)

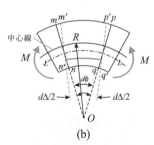

(b)

6・5　曲りはりの曲げ応力（bending stresses in curved beams）

曲りはり（curved beam）：図 6.16 のように，初めから曲がっているはり．はりの曲がり具合は，中心線（center line）と呼ばれる各断面での図心の軸軌で表わされる

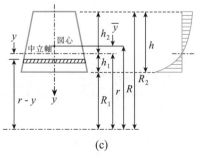

(c)

図 6.16　曲がりはりの曲げ応力

$$\text{曲げ応力：} \sigma = \frac{My}{A\bar{y}(r-y)} \tag{6.62}$$

$$r = \frac{A}{\displaystyle\int_A \frac{dA}{s}} \qquad \text{または} \qquad \bar{y} = R - r = R - \frac{A}{\displaystyle\int_A \frac{dA}{s}}$$

$s = r - y$：曲率中心から dA までの距離， A：断面積 　(6.63)

最大曲げ応力： $\sigma_{inner} = \dfrac{Mh_1}{A\bar{y}R_1}$ ， $\sigma_{outer} = -\dfrac{Mh_2}{A\bar{y}R_2}$ 　(6.64)

ここで， h_1 および h_2 は中立軸から最も遠い内側の繊維と外側の繊維までの距離であり， R_1 および R_2 は，はりの内側および外側の半径である．

【Example 6.9】 As shown in Fig. 6.17, the curved beam with circular cross section is subjected to the concentrated load P at the free ends. Determine the maximum and minimum stresses at the A-A cross section. The dimensions and the load are given with d = 10mm, r_0 = 50mm, l = 100mm and P = 100N.

【Solution】 Considering of circular cross section in Fig. 6.18 gives the curvature radius of neutral axis of the section r as follows.

$$r = \frac{A}{\displaystyle\int_A \frac{dA}{s}} = \frac{d^2}{8\pi\left(r_0 - \sqrt{r_0^2 - \dfrac{d^2}{4}}\right)} = 49.87\text{mm} \tag{6.65}$$

The distance between neutral axis and centroid of the section $\bar{y}$ can be given as

$$\bar{y} = R - r = r_0 - r = 0.1253\text{mm} \tag{6.66}$$

Calculating M, R_1 and R_2 in Eq. (6.64)

$$M = -P(l + r_0) = -100\text{N}(150\text{mm}) = -15\text{kNmm}$$

$$R_1 = r_0 - \frac{d}{2} = 45\text{mm} , \quad h_1 = \frac{d}{2} - \bar{y} = 4.875\text{mm} \tag{6.67}$$

$$R_2 = r_0 + \frac{d}{2} = 55\text{mm} , \quad h_2 = \frac{d}{2} + \bar{y} = 5.125\text{mm}$$

Adding stresses by axial load P to the stresses in Eq. (6.64) gives the maximum and minimum stresses at cross section AA as follows.

$$\sigma_{max} = \sigma_{inner} + \frac{P}{A} = \frac{Mh_1}{A\bar{y}R_1} + \frac{P}{A} = 166\text{MPa}$$

$$\sigma_{min} = \sigma_{outer} + \frac{P}{A} = -\frac{Mh_2}{A\bar{y}R_2} + \frac{P}{A} = -140\text{MPa} \tag{6.68}$$

【例題 6.10】 曲がりはりの内外側面に生じる最大曲げ応力を，

$$\sigma_{inner} = \frac{M}{Ar_0}\left(1 + \frac{1}{\kappa}\frac{e_1}{r_0 + e_1}\right), \quad \sigma_{outer} = \frac{M}{Ar_0}\left(1 - \frac{1}{\kappa}\frac{e_2}{r_0 - e_2}\right) \tag{6.69}$$

と表す場合がある． M：はりに作用するモーメント， A：断面積， r_0：はりの中心線（図心）の曲率半径， e_1：外側から図心までの距離， e_2：内側から図心までの距離， k：断面係数で次式より得られる．

$$\kappa = \frac{1}{A}\int_A \frac{R - s}{s}dA \tag{6.70}$$

このとき，図 6.19 に示す，幅 b ，高さ h ，図心における曲率半径 r_0 の長方形断面の曲がりはりの断面係数 κ を求めよ．

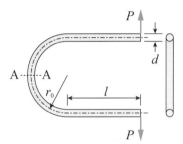

Fig. 6.17 Bending stress in curved beam.

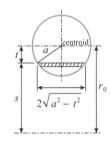

Fig. 6.18 Circular cross section.

積分公式：図 6.18 において，斜線部の面積 dA は，

$$dA = 2\sqrt{a^2 - t^2}\,dt$$

であるから，

$$\int_A \frac{dA}{s} = \int_{-a}^{a} \frac{2\sqrt{a^2 - t^2}}{r_0 - t}dt$$

ここで， $t = a\sin\theta$ と置換えれば，

$$= \int_{-\pi/2}^{\pi/2} \frac{2a^2\cos^2\theta}{r_0 - a\sin\theta}d\theta$$

$$= 2\int_{-\pi/2}^{\pi/2}\left\{r_0 + a\sin\theta + \frac{a^2 - r_0^2}{r_0 - a\sin\theta}\right\}d\theta$$

$$= 2\left[r_0\theta - a\cos\theta\right.$$

$$\left. - 2\sqrt{r_0^2 - a^2}\tan^{-1}\frac{r_0\tan\dfrac{\theta}{2} - a}{\sqrt{r_0^2 - a^2}}\right]_{-\pi/2}^{\pi/2}$$

$$= 2\pi\left(r_0 - \sqrt{r_0^2 - a^2}\right)$$

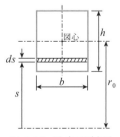

図 6.19 長方形断面

【解答】式(6.70)において, $dA = bds$ となるから, 長方形断面の曲がりはりの断面係数 κ は次式で得られる.

$$\kappa = \frac{1}{A}\int_A \frac{R-s}{s}dA = \frac{1}{bh}\int_{r_0-h/2}^{r_0+h/2}\frac{r_0-s}{s}bds = \frac{r_0}{h}\ln\frac{2r_0+h}{2r_0-h}-1 \tag{6.71}$$

6・6　連続はり（continuous beam）

連続はり（continuous beam）：3個以上の支持点で支えられているはり（図 6.20）

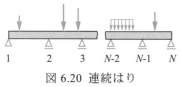

図 6.20　連続はり

クラペイロン（Clapeyron）の3モーメントの式（equation of three moments）（図 6.21 参照）

$$\frac{(2M_k + M_{k+1})l_k}{6E_k I_k} + \frac{(M_{k-1} + 2M_k)l_{k-1}}{6E_{k-1}I_{k-1}} = \theta_{PB_{k-1}} - \theta_{PA_k} \tag{6.72}$$

$E_{k-1} = E_k = E$, $I_{k-1} = I_k = I$　の場合

$$(2M_k + M_{k+1})l_k + (M_{k-1} + 2M_k)l_{k-1} = 6EI(\theta_{PB_{k-1}} - \theta_{PA_k}) \tag{6.73}$$

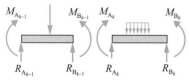

(a) k–1 と k 番目のスパン

θ_{PA_k} , $\theta_{PB_{k-1}}$ ：k 番目の部分を両端支持はりとしたとき, 点 A_k, 点 B_{k-1} における任意荷重（P）によるたわみ角

$$M_{k-1} = M_{A_{k-1}} , M_k = M_{B_{k-1}} = M_{A_k} , M_{k+1} = M_{B_k}$$

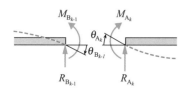

(b) k 番目の支持部（点A_k, 点B_{k-1}）

図 6.21　スパンに加わる力とモーメント

点 A_k（点 B_{k-1} と同一）の支持反力 R_k

$$R_k = R_{A_k} + R_{B_{k-1}} = R_{PA_k} + R_{PB_{k-1}} + \frac{M_{k-1} - M_k}{l_{k-1}} - \frac{M_k - M_{k+1}}{l_k} \tag{6.74}$$

R_{PA_k} , $R_{PB_{k-1}}$ ：点 A_k, 点 B_{k-1} における任意荷重（P）による支持反力

【例題 6.11】 図 6.22(a)のように, 3ヶ所で支持された連続はりが等分布荷重を受けている. 各支持点の支持反力を求めよ.

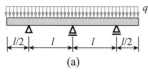

(a)

(b)

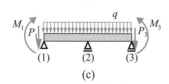

(c)

図 6.22　3ヶ所で支持されたはり

《方針》(1) 支持点で完全に切断し, 各々の部分を両端支持はりとしたときの支持部のたわみ角を求める.

(2) (1)の解を用いて, クラペイロンの 3 モーメントの公式より, 各支持部断面の曲げモーメントに関する連立一次方程式を導く.

(3) 連立一次方程式を解いて, 各支持部断面の曲げモーメントを求める.

(4) 式(6.74)より, 支持反力を求める.

【解答】(1) 長さ l の両端支持はりに, 等分布荷重 q が加わったときの, 両端の支持反力 R_A, R_B, およびたわみ角 θ_{PA}, θ_{PB} は, 図 6.22(b)より, 付表（後 2.1）を用いて以下のようになる.

$$R_A = R_B = \frac{ql}{2} , \theta_{PA} = \frac{ql^3}{24EI} , \theta_{PB} = -\frac{ql^3}{24EI} \tag{6.75}$$

(2) 左右のはみ出した分は, 図 6.22(c)のように, モーメントと荷重で置換えると, クラペイロンの定理より, 2 番目の支持部において,

$$(M_1 + 2M_2)l + (2M_2 + M_3)l = 6EI(\theta_{PB_1} - \theta_{PA_2}) \tag{6.76}$$

上式において，

$$\theta_{PB_1} = \theta_B = -\frac{ql^3}{24EI} , \quad \theta_{PA_2} = \theta_A = \frac{ql^3}{24EI} , \quad M_1 = M_3 = -\frac{ql^2}{8} \tag{6.77}$$

より，

$$\left(-\frac{ql^2}{8} + 2M_2\right)l + \left(2M_2 - \frac{ql^2}{8}\right)l = 6EI\left(-\frac{ql^3}{24EI} - \frac{ql^3}{24EI}\right) \tag{6.78}$$

(3) 式(6.78)より，2番目の支持部断面の曲げモーメント M_2 は，

$$M_2 = -\frac{ql^2}{16} \tag{6.79}$$

となる．また，式(6.74)より，支持反力は次のようになる．

$$R_1 = \frac{ql}{2} + \frac{ql}{2} - \frac{M_1 - M_2}{l} = \frac{17ql}{16}$$

$$R_2 = \frac{ql}{2} + \frac{ql}{2} + \frac{M_1 - M_2}{l} - \frac{M_2 - M_3}{l} = \frac{7ql}{8} \tag{6.80}$$

$$R_3 = \frac{ql}{2} + \frac{ql}{2} + \frac{M_2 - M_3}{l} = \frac{17ql}{16}$$

【Example 6.12】 As shown in Fig. 6.23(a), the round bar with density of $\rho = 9.86 \times 10^3$ kg/m³ is supported with four skids. Determine the reaction forces and the bending momentums at each support point.

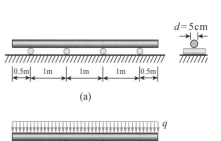

Fig. 6.23 The round bar supported with skids.

《Solution technique》 As shown in Fig. 6.23(b), we can model this problem as a problem of continuous beam subjected to the uniformly distributed load from the round bar's own weight.

【Solution】 The uniformly distributed load q subjected to the beam is given as

$$q = A\rho g = \frac{\pi d^2}{4}\rho g = 190\text{N/m} \qquad (A: \text{cross sectional area}) \tag{6.81}$$

We denote the interval between each span and the length running off the support edge with l and a, respectively. When the simply supported beam is subjected uniformly distributed load q, the reaction forces R_A, R_B and angles of reflection θ_A, θ_B at end support points are given as follows from Eq. (6.75) in Example 6.11.

$$R_A = R_B = \frac{ql}{2} , \quad \theta_{PA} = \frac{ql^3}{24EI} , \quad \theta_{PB} = -\frac{ql^3}{24EI} \tag{6.82}$$

Replacing the both parts running off the support edge with moment and concentrated load, we obtain the following Clapeyron's equation of three moments for the second and third support points.

$$(2M_2 + M_3)l + (M_1 + 2M_2)l = 6EI(\theta_{PB} - \theta_{PA})$$

$$(2M_3 + M_4)l + (M_2 + 2M_3)l = 6EI(\theta_{PB} - \theta_{PA}) \tag{6.83}$$

The moments at support ends M_1 and M_4 are given as follows

$$M_1 = M_4 = -\frac{ql^2}{8} = -23.7 \text{Nm} \tag{6.84}$$

Substituting Eq. (6.84) into Eq. (6.83) gives the following relations.

$$4M_2 + M_3 = -\frac{3}{8}ql^2 \quad , \quad M_2 + 4M_3 = -\frac{3}{8}ql^2 \tag{6.85}$$

The bending moments M_2 and M_3 are obtain as follows.

$$M_2 = M_3 = -\frac{3}{40}ql^2 = -14.2 \text{Nm} \tag{6.86}$$

The reaction forces at support points can be obtained as follows from Eq. (6.74).

$$\begin{aligned}
R_1 &= \frac{ql}{2} + \frac{ql}{2} - \frac{M_1 - M_2}{l} = \frac{21}{20}ql = 200\text{N} \\
R_2 &= \frac{ql}{2} + \frac{ql}{2} + \frac{M_1 - M_2}{l} - \frac{M_2 - M_3}{l} = \frac{19}{20}ql = 180\text{N} \\
R_3 &= \frac{ql}{2} + \frac{ql}{2} + \frac{M_2 - M_3}{l} - \frac{M_3 - M_4}{l} = \frac{19}{20}ql = 180\text{N} \\
R_4 &= \frac{ql}{2} + \frac{ql}{2} + \frac{M_3 - M_4}{l} = \frac{21}{20}ql = 200\text{N}
\end{aligned} \tag{6.87}$$

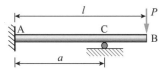

図 6.24　一点が支持されている
片持ちはり

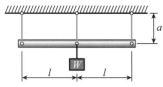

Fig. 6.25　Beam supported with
three wires.

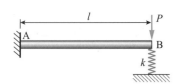

図 6.26　先端がばねで支えられたはり

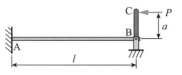

Fig. 6.27　Beam with lever.

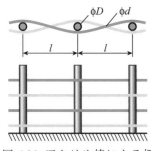

図 6.28　アクリル棒による柵

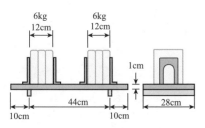

Fig. 6.29　Deformation of bookrack.

【練習問題】

【6.1】　図 6.24 のように，片持ちはりの固定端から a の位置が支持され，先端に荷重 P が加わっている．支持点の支持反力 R を求めよ．

【6.2】　As shown in Fig. 6.25, a weight with mass of W is hung from the center of beam with length $2l$. The beam is hung from rigid ceiling with three wires of length a. Determine the tensile forces subjected to the each wire. The moment of inertia of area of beam, the cross section of wire and the modulus of elasticity of beam and wire are denoted with I, A and E, respectively.

【6.3】　図 6.26 のように，長さ $l = 1$ m，曲げ剛性 $EI = 30 \times 10^3$ Nm^2 の片持ちはりの自由端が，ばね定数 $k = 175 \times 10^3$ N/m のばねと接している．はりの先端に荷重 $P = 500$N が作用するときの先端のたわみを求めよ．

【6.4】　As shown in Fig. 6.27, a rigid bar with length of a is fixed to the end of beam as a lever and is subjected to the concentrated load P horizontally. Determine the relationship between the rotation angle at the end of beam θ_B and the load P. The flexural rigidity of beam is EI.

【6.5】　図 6.28 のように，間隔 $l = 50$cm で等間隔にならんだ直径 D の剛体棒の間に，直径 $d = 8$mm のアクリル製の棒を通して柵を作成したい．剛体棒の最大直径を求めよ．ただし，安全率 $S = 2$，アクリル棒の縦弾性係数を $E = 3.0$GPa，引張強さを $\sigma_B = 75$MPa とする．

【6.6】　As shown in Fig. 6.29, some books are arranged on a bookrack. Show the deflection curve of the bookrack by using singularity function and determine the deflection at center of it. The modulus of elasticity E is 9GPa.

【6.7】 図 6.30 のように，長さ $3l$ のはりの 2 点に加わる荷重を，はりの裏に貼付けたひずみゲージのデータを用いて求めたい．ひずみゲージの計測値 ε_1, ε_2 と荷重 P_1, P_2 との関係式を求めよ．縦弾性係数を E とする．

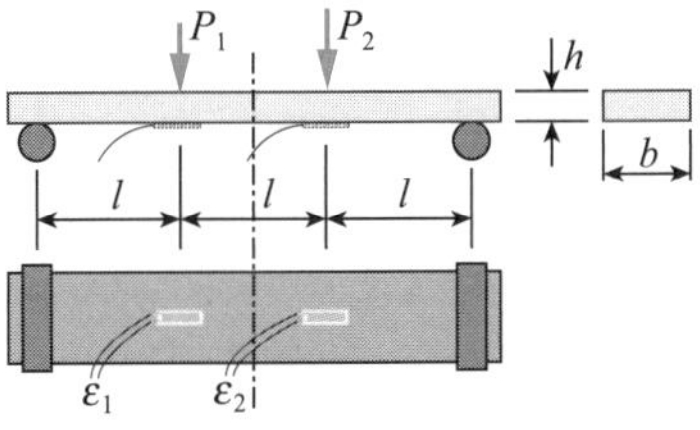

図 6.30 荷重の計測

【6.8】 製鉄所では，圧延により溶鉱炉から取り出された鉄を引き延ばし，板材を作成している．もし，図 6.31 のような圧延ロールで圧延を行うと，押し付ける荷重によりたわみが生じ，圧延後の肉厚が幅方向に均一でなくなってしまう．簡単のため，ロールが直径 d の円柱からなり，板材とロール間の圧力は一定であるとする．このとき，この圧延ロールに与える荷重 P と，圧延後の板材両端と中央の厚さの差 δ の関係を求めよ．ただし，ロールの縦弾性係数を E とする．また，このたわみの差を補正する方法を考案せよ．

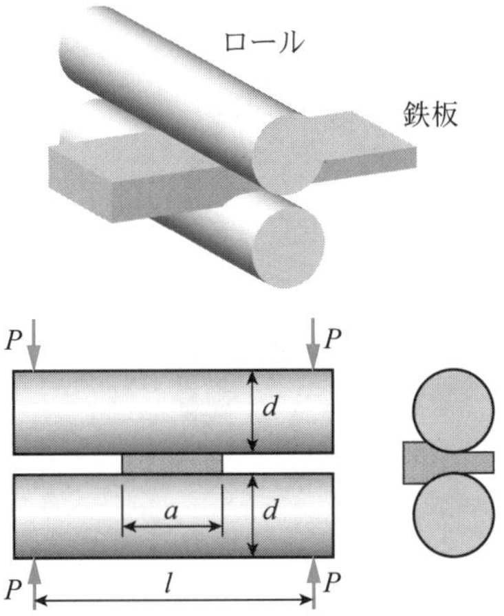

図 6.31 ロールミル

【6.9】 橋桁等のように，側面から見た形状が図 6.32 のような台形をしているはりに等分布荷重が加わったとき，はりの断面に生じる最大曲げ応力と平均せん断応力を求めよ．また，図のような形状をしている利点を考察せよ．

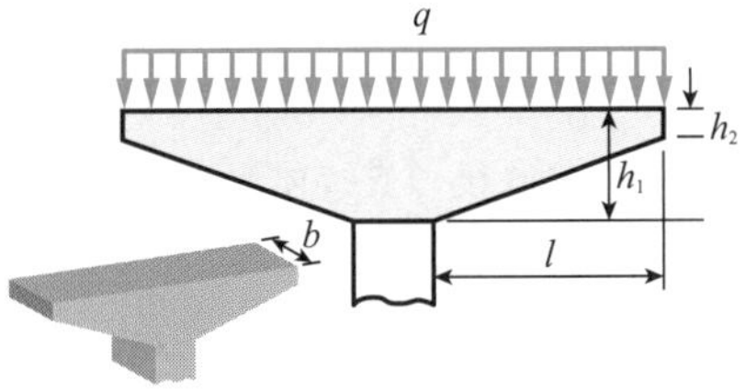

図 6.32 橋桁

【6.10】 As shown in Fig. 6.33, the cantilever has the length l and the diameter which is varying linearly through d_1 to d_2. When the load P is applied to this cantilever, determine the maximum deflection. The Young's modulus of this bar is denoted as E.

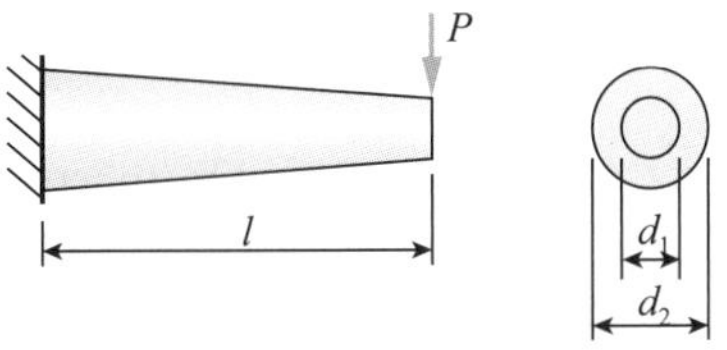

Fig. 6.33 The cantilever whos diameter varies linearly.

【6.11】 図 6.34 のように，正方形中空断面の筒を組み合わせてクレーンのアームを作成した．このアームの先端に加えることができる最大荷重を求めよ．ただし，l = 5m, a = 100mm, t = 10mm，許容応力 σ_a = 200MPa とする．

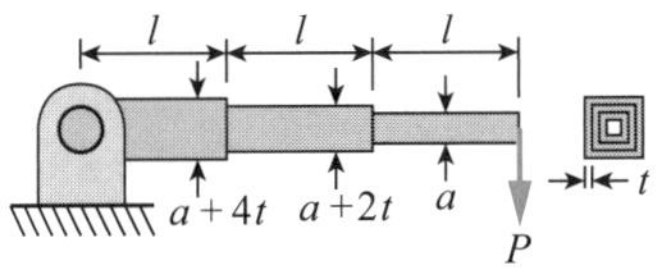

図 6.34 クレーンのアーム

【6.12】 In the previous problem 6.11, determine the deflection at the end of arm when the arm is set in a horizontal position and is subjected to concentrated load P = 2kN at the end of it. The modulus of elasticity E is 200GPa.

【6.13】 木材は，春先に育つ組織が柔らかい早材部と，夏に育つ組織が密で硬い晩材部に別れ，年輪を形成する．晩材部の弾性係数は早材部に比べ数倍から数十倍大きい．図 6.35 に示すように，3 層からなる木材の板の曲げ剛性 EI を求めよ．ただし，早材部，晩材部それぞれの縦弾性係数は E_1 = 3.0GPa, E_2 = 30GPa とする．

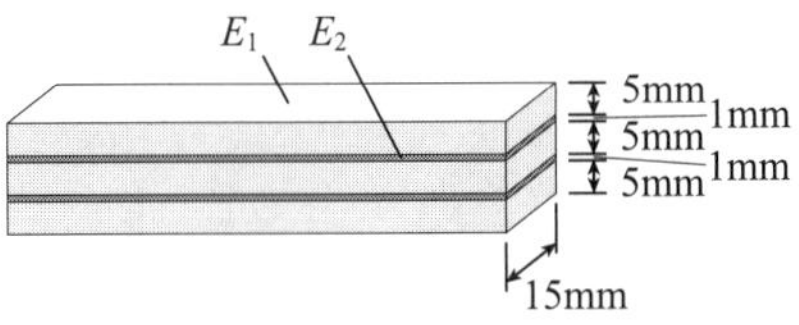

図 6.35 木材から切り出した平板

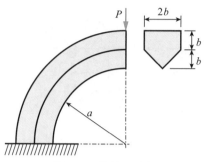

図 6.36　曲がりはり

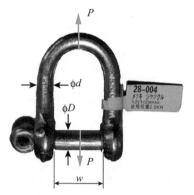

図 6.37　シャックルのピンの設計

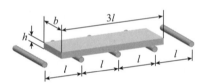

Fig. 6.38　Plate carried by rollers.

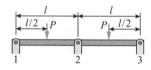

(a)　設計段階の支持体位置

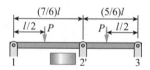

(b)　施工段階の支持体位置

図 6.39　3点で支持さえたはり

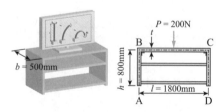

Fig. 6.40　TV stand.

【6.14】 図 6.36 のような，くさび形断面の曲がりはりに生じる最大曲げ応力を求めよ．

【6.15】 図 6.37 に示すシャックルのピンの直径 D を導出するための計算式を導け．ただし，許容引張応力 σ_a，使用荷重 P_w とする．

【6.16】 As shown in Fig. 6.38, the plate with rectangular cross section and length $3l$ is carried by rollers put in at even intervals l. Determine the loads subjected to the rollers when the plate is put on three rollers. The width, the height, the modulus of elasticity and density of the plate are denoted as b, h, E, ρ, respectively.

【6.17】 図 6.39 に示すような 3 点で支持された連続はりのそれぞれのスパンの中心に集中荷重 P が負荷されている．当初支持体は図(a)に示すように等間隔の位置に設計されたが，施工段階で図(b)に示すように他の機器と干渉することが分かり，B の支持体を右に $l/6$ だけ移動させる必要が生じた．3 つの支持体のうち，強度上設計を再検討すべきものはどれか．また，元の設計荷重に対して移動後の支持体が支えるべき荷重は何倍になったか求めよ．ただし，縦弾性係数を E，断面二次モーメントを I とする．

【6.18】 As shown in Fig. 6.40, the TV with weight of $P = 200$N is put on the TV stand. Determine the thickness of the top board of the TV stand needed to keep the deflection not over 0.5mm. The material of TV stand is wood. The Young's modulus of the wood E is 8GPa. The both side plates AB and CD deform in only a vertical direction. Their bending deformation can be ignored.

第 7 章

柱の座屈

Buckling of Column

7・1 安定と不安定（stable and unstable）

図 7.1 のように，棒を壁に立てかけたとき，棒と床の角度が大きければ，棒は静止したままである．このような状態を安定（stable）という．一方，棒の傾きを増して行くと，棒は倒れる．すなわち，不安定（unstable）になる．

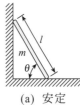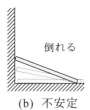

(a) 安定　　(b) 不安定

図 7.1 壁に立てかけた棒の安定，不安定

【例題 7.1】　図 7.2(a)のように，長さ l の棒の一端が回転自由に支持され，もう一端が輪ゴムで支持されている．この棒に鉛直荷重を加えていったときの棒の挙動を詳細に検討せよ．ただし，棒の変形は輪ゴムの変形に比べ小さいとし，無視して考える．輪ゴムの自然長を a，ばね定数を k とする．

【解答】　図 7.2(b)のように，僅かな角度 θ 棒が傾いた場合を考える．このとき，右側の輪ゴムはたるむため，棒に荷重は加えないが，左側の輪ゴムは伸び，棒の傾きを引き戻す方向に荷重を加える．図 7.2(c)に，このときのフリーボディーダイアグラムを示す．ここで，棒に加わる A 点周りのモーメントの合計 M_A は，反時計周りを正方向として

$$M_A = Fl\cos\theta - Pl\sin\theta \tag{7.1}$$

と表される．M_A が正であれば，棒には反時計周りのモーメントが加わることになり，棒は引戻され，逆に負であれば棒は倒れる．ゴムから棒が受ける荷重は，$F = kl\sin\theta$ であるから，θ が小さいとき，

$$M_A = kl^2\sin\theta\cos\theta - Pl\sin\theta = l\sin\theta(kl\cos\theta - P) \cong l\sin\theta(kl - P) \tag{7.2}$$

と表される．M_A の正負は，kl と P の大小関係で決まり，棒の挙動の詳細は，次のようになる

$P < kl \Rightarrow M_A$は正 $\Rightarrow$ 棒は引戻され，鉛直の状態を保つ
$P = kl \Rightarrow M_A$は零 $\Rightarrow$ わずかに傾いた状態を保つ $\tag{7.3}$
$P > kl \Rightarrow M_A$は負 $\Rightarrow$ 棒はさらに傾き，倒れる

7・2 弾性座屈とオイラーの公式（buckling and Euler's equation）

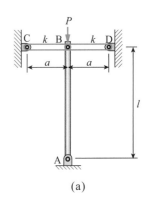

(a)

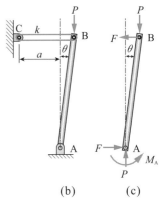

(b)　　(c)

図 7.2 鉛直荷重を受ける輪ゴムで支えられた棒

座屈（buckling）：棒に軸圧縮荷重を加えると，突然曲げ変形が起こること
座屈荷重（buckling load）：座屈が起こるときの圧縮荷重
オイラーの座屈荷重（Euler's buckling load），オイラーの公式（Euler's equation）
　P_c[N]：理論より求められた長柱の座屈荷重
座屈応力（buckling stress），臨界応力（critical stress）：座屈荷重を加えたときの応力

表 7.1　端末条件係数

端末条件	L	$l_0 = l/\sqrt{L}$
一端固定，他端自由	1/4	$2l$

一端固定，他端回転	2.046	$0.7l$
両端回転	1	l
両端固定	4	$l/2$

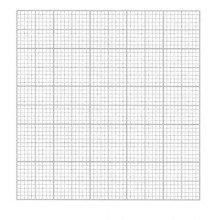

P [g]	δ_h [mm]
8	0.06
16	0.09
24	0.20
32	0.24
40	0.34
48	0.46
56	0.60
64	0.80
72	1.05
80	1.39
88	1.95

図 7.3　座屈実験

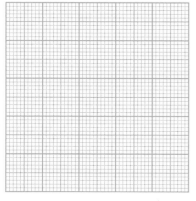

オイラーの座屈荷重（Euler's buckling load）あるいは**オイラーの公式**（Euler's equation）

$$P_c = L\frac{\pi^2 EI}{l^2} = \frac{\pi^2 EI}{l_0^{\ 2}} \tag{7.4}$$

$l_0 = l/\sqrt{L}$：座屈長さ（buckling length）または相当長さ（reduced length）

L：端末条件係数（coefficient of fixity）　（表 7.1 参照）

座屈応力（buckling stress），**臨界応力**（critical stress）

$$\sigma_c = \frac{P_c}{A} = \frac{L\pi^2 E}{(l/k)^2} = \frac{\pi^2 E}{(l_0/k)^2} = \frac{L\pi^2 E}{\lambda^2} = \frac{\pi^2 E}{\lambda_0^{\ 2}} \tag{7.5}$$

$k = \sqrt{\dfrac{I}{A}}$：断面二次半径（radius of gyration of area）

$\lambda = \dfrac{l}{k}$：細長比（slenderness ratio） $\tag{7.6}$

$\lambda_0 = \dfrac{l_0}{k} = \dfrac{l}{k\sqrt{L}}$：相当細長比（effective slenderness ratio）

【**例題 7.2**】　図 7.3 のように，全長 15cm，幅 24mm，厚さ 1mm のプラスチック板の下端 5cm までを固定し，上端に重り（5 円玉）を載せて荷重を加える実験を行った．その結果，板の中央部付近の水平方向変位 δ_h と荷重の関係は，表のようになった．　(1) δ_h と荷重 P との関係をグラフに描け．　(2) δ_h/P と δ_h との関係をグラフに描け．

【**解答**】　各人図を描くこと．棒の引張荷重と伸び，あるいは，はりの横荷重とたわみは比例するが，この場合の荷重 P と水平方向変位 δ_h は比例しないことがわかる．一方，δ_h/P は δ_h とほぼ比例していることが確認できる．

サウスウェル法（Southwell's method）

図 7.4 のように，初期たわみ y_0 が最初から存在する長柱に，軸荷重 P を加えたときのたわみを y_1 とする．初期たわみ y_0 の形が，長柱の座屈時のたわみの波形と相似であると仮定すると，y_1 は y_0 を用いて次のように表すことができる．

$$y_1 = \frac{P}{P_c - P}y_0 \tag{7.7}$$

式(7.6)は，軸荷重 P が座屈荷重 P_c に比べて小さいときには y_1 は非常に小さく，一方，P が P_c へ近づくと y_1 は急激に増大することを示している．また，式(7.7)は変形して次のように書くこともできる．

$$y_1 = P_c\frac{y_1}{P} - y_0 \tag{7.8}$$

式(7.8)によれば，y_1 と y_1/P は比例し，その傾きが座屈荷重，切片が初期たわみを表す．軸荷重 P とたわみ y_1 の測定結果から，座屈荷重 P_c を求める方法は，**サウスウェル法**（Southwell's method）と呼ばれている．

【例題 7.3】 例題 7.2 において，サウスウェル法に基づき座屈荷重を決定せよ．

【解答】 グラフの傾きは約 120g である．座屈荷重 P_c は，次のようになる．

$$P_c = 120g = 120 \times 10^{-3} \text{kg} \times 9.8 \text{m/s} = 1.18 \text{N} \tag{7.9}$$

【Example 7.4】 Determine the modulus of longitudinal elasticity of the plastic plate treated in Example 7.2.

【Solution】 By using the Euler's equation (7.4), the modulus of longitudinal elasticity is obtained as

$$E = \frac{l^2 P_c}{L\pi^2 I} \tag{7.10}$$

Since the plate is fixed at one end and free at the other end, the coefficient of fixity is given by $L = 1/4$ from Table 7.1. Moreover, the moment of inertia of the rectangle with width b and thickness h is given by $I = bh^3/12$. By substituting the buckling load P_c obtained in Example 7.3, I and L into Eq.(7.10), the modulus of longitudinal elasticity of the plate is obtained as follows.

$$E = \frac{(100\text{mm})^2 \times 1.18\text{N}}{(1/4) \times \pi^2 \times 24\text{mm} \times (1\text{mm})^3/12} = 2391\text{N}/\text{mm}^2 = 2.39\text{GPa} \tag{7.11}$$

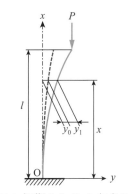

図 7.4 初期たわみを有する長柱

【例題 7.5】 図 7.5(a)のように，長さ l のはりが一端固定，他端回転支持され，軸圧縮荷重を受けている．端末条件とはりのたわみの基礎式を求めよ．

【解答】 図 7.5(a)より，$x = 0$ の端が固定，$x = l$ の端が回転自由に支持されていると考えれば，端末条件は以下のようになる．

$$x = 0 \text{ で } y = 0 \text{ かつ } \frac{dy}{dx} = 0 \quad , \quad x = l \text{ で } y = 0 \tag{7.12}$$

x 断面で分割した先端部分の FBD 図 7.5(b)より，断面の曲げモーメントは，

$$M = Py + R(l-x) \tag{7.13}$$

従って，はりのたわみの基礎式 $\frac{d^2y}{dx^2} = -\frac{M}{EI}$ は，次式となる．

$$\frac{d^2y}{dx^2} + \frac{P}{EI}y = -\frac{R}{EI}(l-x) \tag{7.14}$$

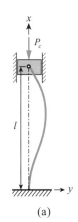

【Example 7.6】 Derive the Euler's equation for the beam treated in Example 7.5.

【Solution】 By letting $\alpha^2 = \frac{P}{EI}$, Eq. (7.14) is rewritten as

$$\frac{d^2y}{dx^2} + \alpha^2 y = -\alpha^2 \frac{R}{P}(l-x). \tag{7.15}$$

The general solution to Eq. (7.15) is obtained as

$$y = A\sin\alpha x + B\cos\alpha x - \frac{R}{P}(l-x) \tag{7.16}$$

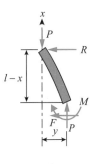

図 7.5 一端固定，他端回転支持の長柱

where A and B are constants with respect to variable x. By substituting Eq. (7.16) into Eq. (7.12), one has

$$\begin{bmatrix} 0 & 1 & -l \\ \alpha & 0 & 1 \\ \sin\alpha l & \cos\alpha l & 0 \end{bmatrix} \begin{bmatrix} A \\ B \\ R/P \end{bmatrix} = \begin{bmatrix} 0 \\ 0 \\ 0 \end{bmatrix} \tag{7.17}$$

In order that Eq. (7.17) has a non-trivial solution, the determinant of the coefficient matrix in Eq. (7.17) must be zero. Therefore, one has

$$\begin{vmatrix} 0 & 1 & -l \\ \alpha & 0 & 1 \\ \sin\alpha l & \cos\alpha l & 0 \end{vmatrix} = \sin\alpha l - \alpha l\cos\alpha l = 0 \;\Rightarrow\; \tan\alpha l = \alpha l \tag{7.18}$$

The solutions to Eq. (7.18) can be evaluated numerically as

$$\alpha l = l\sqrt{\frac{P}{EI}} \cong 4.4934,\ 7.7253,\ \cdots \tag{7.19}$$

Therefore, the Euler's equation is obtained as

$$P_c = (4.4934)^2 \frac{EI}{l^2} = 2.0457\frac{\pi^2 EI}{l^2} \quad (,\ 6.0469\frac{\pi^2 EI}{l^2},\ \cdots) \tag{7.20}$$

【例題 7.7】　一端固定，他端回転支持のはりが座屈した時のたわみ曲線を描け．

【解答】　式(7.17)より，

$$A = -\frac{R}{\alpha P},\ B = \frac{lR}{P} \tag{7.21}$$

上式を式(7.16)に代入し整理すれば，

$$y = \frac{R}{P\alpha}\left\{-\sin\alpha x + \alpha l(\cos\alpha x - 1 + \frac{x}{l})\right\} \tag{7.22}$$

縦軸に $\dfrac{x}{l}$，横軸に $\dfrac{P}{R}\dfrac{y}{l}$ を取り，グラフに表せば，たわみ曲線は，$\alpha l = 4.4934$, 7.7253 に対して，図 7.6(a), (b) のように描ける．

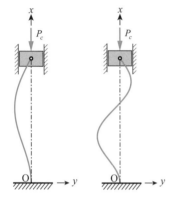

(a) $\alpha l = 4.4934$　(b) $\alpha l = 7.7253$

図 7.6　一端固定，他端回転支持
の長柱の座屈

【例題 7.8】　図 7.7に示すように，長さ $l = 19.5\text{cm}$，幅 $b = 24.5\text{mm}$，厚さ $h = 1.00\text{mm}$ のプラスチックの板を計りの上で支え，圧縮荷重を加えて行く実験を行った．計りに加えられる最大荷重 $P_{\max} = 150\text{g}$ であった．このプラスチック板の縦弾性係数を求めよ．

【解答】　座屈が生じるため，この板には，座屈荷重以上の圧縮荷重を加えることは出来ない．したがって，最大荷重を座屈荷重と考えることが出来る．この板の座屈荷重は，オイラーの公式(7.4)で与えられる．図 7.7から判断すると，端末条件は両端回転支持であると考えられる，したがって，表 7.1 より，端末条件係数 $L = 1$ とおけば，座屈荷重は，

$$P_c = \frac{\pi^2 EI}{l^2} \tag{7.23}$$

より得られる．ここで，この板の断面二次モーメント I は，

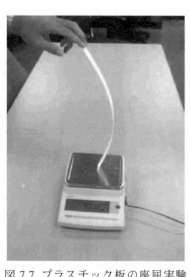

図 7.7　プラスチック板の座屈実験

.

$$I = \frac{bh^3}{12} = \frac{24.5\text{mm} \times (1.00\text{mm})^3}{12} = 2.042\text{mm}^4 \qquad (7.24)$$

である.式(7.23)において,$P_c = P_{\max}$ とおいて,E について解けば.縦弾性係数 E は次のように求められる.

$$E = \frac{l^2 P_{\max}}{\pi^2 I} = \frac{(195\text{mm})^2 \times 150 \times 10^{-3}\text{kg} \times 9.8\text{N}}{\pi^2 \times 2.042\text{mm}^4} = 2.77\text{GPa} \qquad (7.25)$$

【例題 7.9】 図7.8(a)に示すように,壁に回転自由に取り付けた棚板が,壁と棚板に回転自由に取り付けられた斜めの棒で支持されている.棚板に等分布荷重 $q = 100\text{N/m}$ が加わるとき,安全に支持出来る支持部材の最小直径 d を求めよ.ただし,$l = 50\text{cm}$,$a = 10\text{cm}$,棒の弾性係数 $E = 70\text{GPa}$,引張,圧縮の許容応力 $\sigma_a = 100\text{MPa}$,座屈に対する安全率を3とする.

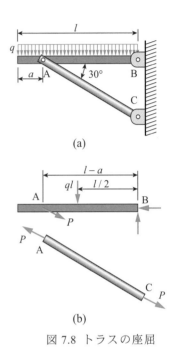

(a)

(b)

図 7.8 トラスの座屈

《方針》 (1) 斜めの棒が座屈すると危険である.斜めの棒の座屈荷重が座屈に対する許容荷重を超えないないようにする.
(2) 斜めの棒に生じる応力が許容応力を超えないようにする.

【解答】 棚板と棒の FBD は図7.8(b)のようになる.棚板に加わるモーメントの釣合いを,B 点を軸として考えれば,棒に加わる荷重 P は次のようになる.

$$P(l-a)\sin 30° + ql\frac{l}{2} = 0 \ \Rightarrow \ P = -\frac{ql^2}{2(l-a)\sin 30°} = -62.5\text{N} \qquad (7.26)$$

(1) 座屈しない条件

斜めの棒の座屈荷重 P_c は,式(7.4)において,両端支持の条件 $L = 1$ を用い,さらに断面二次モーメントを置換えれば,次のようになる.

$$P_c = \frac{\pi^2 EI}{l_{AC}^2} = \frac{3\pi^2 E}{4(l-a)^2}\frac{\pi d^4}{64} \qquad (\Leftarrow l_{AC}\cos 30° = l-a) \qquad (7.27)$$

座屈に対する安全率を考慮すれば,座屈せずに安全に加えることが出来る荷重 P は以下の関係を満たしていなければならない.これより,棒の直径 d に対して以下の条件が得られる.

$$\frac{P_c}{3} \geq |P| \ \Rightarrow \ \frac{1}{3}\frac{3\pi^2 E}{4(l-a)^2}\frac{\pi d^4}{64} \geq |P|$$
$$\Rightarrow d \geq \left(\frac{3 \times 64 \times 4(l-a)^2}{3\pi^3 E}|P|\right)^{1/4} = 5.86\text{mm} \qquad (7.28)$$

(2) 許容応力を超えない条件

棒の断面に生じる垂直応力 σ が許容応力以下になることから,d に対する条件は以下となる.

$$\sigma_a \geq |\sigma| = \left|\frac{P}{A}\right| = \left|\frac{4P}{\pi d^2}\right| \ \Rightarrow \ d \geq \sqrt{\frac{4|P|}{\pi \sigma_a}} = \sqrt{\frac{4 \times 62.5\text{N}}{\pi \times 100\text{MPa}}} = 0.892\text{mm} \quad (7.29)$$

式(7.28)と(7.29)の両方の条件を同時に満たす棒の直径の最小値が答となる.

答:$d = 5.86\text{mm}$

注)細長い部材が圧縮荷重を受ける場合は,常に座屈に気を配る必要がある.設計において許容応力しか考慮しないと,大事故を招きかねない.

例えば,この問題の場合,座屈を考慮しないと $d = 0.892\text{mm}$ となる.これに対する座屈荷重は,$P_c = 0.101\text{N}$ であり,運用時に加わる最大荷重 $P = 62.5\text{N}$ の1/619の荷重で座屈が生じてしまい,棚板に載せたものが落下することになる.

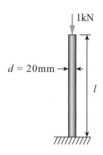

Fig. 7.9　A bar fixed at lower end and free at the upper end.

注）引張での破壊を考える場合，許容応力は破壊する応力より小さく取ることにより安全を確保している．この類推で行くと，座屈荷重を小さく考えた方が一見安全なように見える．しかし，座屈荷重が小さいということは，それだけ細く，長い棒となり，座屈に対しては弱く，危険側となる．このような勘違いをしないためにも，公式にただ代入するのでは無く，今考えている物が使用される状況を踏まえ，これで安全なのか常に気を配る必要がある．

(a) 座屈前

(b) 座屈後

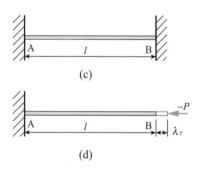

(c)

(d)

図 7.10　温度上昇を受ける両端が回転自由に支持された柱

【Example 7.10】 As shown in Fig. 7.9, a mild steel bar with diameter $d = 20$mm is fixed at the lower end. Determine the maximum length l_{max} based on the Euler's equation for the bar to support axial compressive load $P_w = 1$kN at the upper end stably, and calculate the slenderness ratio for this case. Moreover, calculate the normal stress assuming the bar is a short column. Use a factor of safety $S = 3$. Take $E = 206$GPa.

【Solution】 By using a factor of safety S, the buckling load P_c for the bar to support axial compressive load P_w must be

$$P_c \geq SP_w = 3 \times 1\text{kN} = 3\text{kN} \tag{7.30}$$

Since the moment of inertia of area is given by $I = \pi d^4 / 64$ and $L = 1/4$ in Eq. (7.4), one has

$$P_c = \frac{\pi^2 E}{4l^2} \cdot \frac{\pi d^4}{64} \tag{7.31}$$

By substituting Eq. (7.31) into Eq. (7.30), l should satisfy the following equation,

$$\frac{\pi^2 E}{4l^2} \cdot \frac{\pi d^4}{64} \geq SP_w \implies l \leq \frac{\pi d^2}{16} \sqrt{\frac{E\pi}{SP_w}} = 1.15\text{m} \tag{7.32}$$

Since the cross-sectional area is given by $A = \pi d^2 / 4$, the radius of gyration of area is obtained as

$$k = \sqrt{I / A} = d / 4 = 5\text{mm} \tag{7.33}$$

Therefore, the slenderness ratio is calculated as

$$\lambda = \frac{l_{max}}{k} = \frac{l_{max}}{d / 4} = 230 \tag{7.34}$$

Meanwhile, the stress as a short column is obtained as $\sigma = P / A$ and calculated as

$$\sigma = \frac{4P}{\pi d^2} = \frac{4 \times 1 \times 10^3 \text{N}}{\pi \times 20^2 \text{mm}^2} = 3.18\text{N/mm}^2 = 3.18\text{MPa} \tag{7.35}$$

Ans. : $l_{max} = 1.15$m, $\lambda = 230$, $\sigma = 3.18$MPa

【例題 7.11】 図7.10に示すように，両端が万力により回転自由に支持されたプラ板の温度を一様に上昇させるとき，プラ板が座屈を起こすときの温度上昇 ΔT_c を求めよ．ただし，プラ板は，高さ $h = 1$mm，幅 $b = 2$cm，長さ $l = 50$mm，線膨張係数 $\alpha = 70 \times 10^{-6}$ [1/K]，縦弾性係数 $E = 2.4$GPa とする．

《方針》 図 7.10(d)のように，プラ板の熱膨張によりプラ板は両端から圧縮荷重を受ける．この荷重が座屈荷重となったとき，座屈する．

【解答】 棒の自由熱膨張伸びを λ_T，壁からの仮想外力 P（引張を正として）による伸びを λ_P とすると，

$$\lambda_T = \alpha \Delta T_c l, \ \lambda_P = \frac{Pl}{AE} = \frac{Pl}{bhE} \tag{7.36}$$

プラ板の伸びが拘束されていることから，

$$\lambda_T + \lambda_P = 0 \tag{7.37}$$

式(7.36)を式(7.37)に代入すると，プラ板は以下の荷重を受ける．

$$\alpha \Delta T_c l + \frac{Pl}{bhE} = 0 \quad \Rightarrow \quad -P = \alpha \Delta T_c Ebh \tag{7.38}$$

この荷重がオイラーの座屈荷重（両端回転端）と等しいときに座屈すると考えれば，座屈するときの温度上昇は次式となる．

$$P_c = -P \quad \Rightarrow \quad \frac{\pi^2 EI}{l^2} = \alpha \Delta T_c Ebh \quad \Rightarrow \quad \Delta T_c = \frac{\pi^2 I}{\alpha l^2 bh} = \frac{\pi^2 h^2}{12\alpha l^2} \tag{7.39}$$

数値を代入し計算を実行すれば，座屈が開始する温度上昇は以下となる．

$$\Delta T_c = \frac{\pi^2 \times (1mm)^2}{12 \times (70 \times 10^{-6} [1/K]) \times (50mm)^2} = 4.70K \tag{7.40}$$

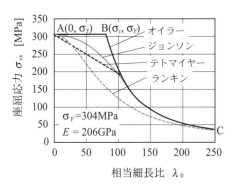

図 7.11　座屈応力と相当細長比

7・3　長柱の座屈に関する実験公式 （empirical formula of column）

オイラーの公式が適用できない，細長比が小さい領域において，実験公式が提案され利用されている．代表的なものに以下の3つの公式がある（図7.11）．

(1) ランキンの式（Rankine's formula）（表7.2 参照）

$$\sigma_{ex} = \frac{\sigma_0}{1 + a_0 \lambda_0^2} \tag{7.41}$$

(2) ジョンソンの式（Johnson's formula）

$$\sigma_{ex} = \sigma_Y - \frac{\sigma_Y^2 \lambda_0^2}{4\pi^2 E} \qquad （\sigma_Y/2 < \sigma_{ex} < \sigma_Y \text{ の範囲で使用}） \tag{7.42}$$

(3) テトマイヤーの式（Tetmajer's formula）（表7.3 参照）

$$\sigma_{ex} = \sigma_0 \left(1 - a_0 \lambda_0\right) \tag{7.43}$$

表 7.2　ランキンの式の定数

材料	σ_0(MPa)	a_0	λ_0
軟 鋼	333	1/7500	< 90
硬 鋼	481	1/5000	< 85
鋳 鉄	549	1/1600	< 80
木 材	49	1/750	< 60

表 7.3　テトマイヤーの式の定数

材料	σ_0(MPa)	a_0	λ_0
軟 鋼	304	0.00368	< 105
硬 鋼	328	0.00185	< 90
木 材	28.7	0.00626	< 100

【Example 7.12】 Determine the diameter d of the bar with length $l = 1.5$m which is pinned at both ends and subjected to an axial compressive force $P = 300$kN. The bar is made of mild steel with Young's modulus $E = 209$GPa and the yield stress $\sigma_Y = 250$MPa. Use the Rankine's formula and the factor of safety $S = 3$.

【Solution】 By using Eq. (7.6), the effective slenderness ratio λ_0 is given as

$$\lambda_0 = \frac{l_0}{k} = \frac{l}{k\sqrt{L}} = \frac{l}{k} = l\sqrt{\frac{A}{I}} = \frac{4l}{d} . \tag{7.44}$$

By substituting Eq.(7.44) into the Rankine's formula (7.41), the buckling force P_c can be given as follows.

$$P_c = \sigma_{ex} \frac{\pi d^2}{4} = \frac{\sigma_0}{1 + a_0 (4l/d)^2} \frac{\pi d^2}{4} = \frac{\sigma_0}{d^2 + 16 a_0 l^2} \frac{\pi d^4}{4} \tag{7.45}$$

Since the buckling force P_c should be greater equal than SP, the minimum value of diameter d can be solved by the following equation.

$$P_c \geq SP \Rightarrow \frac{\sigma_0}{d^2 + 16a_0 l^2} \frac{\pi d^4}{4} \geq SP \tag{7.46}$$

Solving the above equation and substituting each value in Table 7.2, the minimum value of diameter d can be given as follows.

$$d \geq \sqrt{\frac{2SP + \sqrt{4(SP)^2 + 64\pi SP a_0 l^2 \sigma_0}}{\pi \sigma_0}} = 78.3\text{mm} \tag{7.47}$$

Substituting the value of d into Eq.(7.44), the effective slenderness ratio λ_0 is obtained as follows, and the condition for λ_0 in Table 7.2 is satisfied.

$$\lambda_0 = \frac{4l}{d} = \frac{4 \times 1.5\text{m}}{78.3\text{mm}} = 76.6 \tag{7.48}$$

Ans. : $d = 78.3$mm

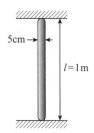

5cm→

$l = 1$m

図7.12 両端が固定された軟鋼製円柱

注）例題 7.13の棒では，オイラー，ジョンソン，テトマイヤー，ランキンの順で座屈応力が小さくなっている．もし，この 4 つの値のいずれかを設計に用いるとしたら，ランキンの式の値を用いるのが最も安全である．仮にテトマイヤーの式による座屈応力 215MPa がより正確だったとしても，それより小さい座屈応力を用いて設計した部材は，座屈を起こす事はない．

表 7.4 座屈開始温度上昇

座屈の式の名称	座屈開始温度上昇 ΔT [K]
オイラー	137
ランキン	78
ジョンソン	117
テトマイヤー	93

【例題 7.13】 図7.12のように，長さ $l = 1$m，直径 5cm の両端回転端の軟鋼製円柱の上下が剛体壁で固定されている．この棒が温度上昇により座屈を生じるときの上昇温度 ΔT を，オイラーの式，ランキンの式，ジョンソンの式，テトマイヤーの式によって求め，比較せよ．ただし，$E = 206$GPa，$\sigma_Y = 390$MPa，$\alpha = 11.2 \times 10^{-6}$ 1/K とする．

《方針》(1) 温度上昇により，円柱には圧縮の熱応力が生じる．この熱応力が座屈応力に等しくなったとき，座屈が開始すると考える．
(2) 各々の式における座屈応力が(1)の熱応力に等しくなる時の温度が座屈が開始する温度である．

【解答】 温度上昇 ΔT によりこの棒に生じる圧縮の熱応力 σ は次式である．

$$\sigma = \alpha E \Delta T \tag{7.49}$$

座屈応力を σ_c とすれば，座屈が開始する温度上昇 ΔT_c は，次のように座屈応力を αE で割ることにより得られる．

$$\sigma_c = \alpha E \Delta T_c \Rightarrow \Delta T_c = \frac{\sigma_c}{\alpha E} \tag{7.50}$$

直径を d とすれば，断面二次モーメントは $I = \pi d^4 / 64$，断面積は $A = \pi d^2 / 4$ であるから，断面二次半径 k と細長比 λ および有効細長比 λ_0 は式(7.6)より

$$k = \sqrt{\frac{I}{A}} = \frac{d}{4} = 12.5\text{mm} , \quad \lambda = \frac{l}{k} = \frac{4l}{d} = 80 , \quad \lambda_0 = \frac{l}{k\sqrt{L}} = \frac{4l}{d} = 80 \tag{7.51}$$

となるから，式(7.5)より，オイラーの式の座屈応力は，

オイラーの式：$\sigma_c = \dfrac{\pi^2 E}{\lambda_0^2} = \dfrac{\pi^2 \times 206\text{GPa}}{80^2} = 318\text{MPa}$ \hfill (7.52)

同様にして，式(7.41), (7.42), (7.43)および表 7.2, 7.3 を利用すれば，座屈応力は，

ランキンの式：$\sigma_{ex} = \dfrac{\sigma_0}{1 + a_0 \lambda_0^2} = \dfrac{333\text{MPa}}{1 + 80^2 / 7500} = 180\text{MPa}$ \hfill (7.53)

ジョンソンの式：

7・3　長柱の座屈に関する実験公式

$$\sigma_{ex} = \sigma_Y - \frac{\sigma_Y^2 \lambda_0^2}{4\pi^2 E} = 390\text{MPa} - \frac{(390\text{MPa})^2 \times 80^2}{4\pi^2 \times 206\text{GPa}} = 270\text{MPa} \quad (7.54)$$

テトマイヤーの式:

$$\sigma_{ex} = \sigma_0(1 - a_0\lambda_0) = 304\text{MPa}(1 - 0.00368 \times 80) = 215\text{MPa} \quad (7.55)$$

式(7.50)より，各々の式を使って求めた座屈が開始する上昇温度は，表 7.4 に示すようになる．この表より，ランキン＜テトマイヤー＜ジョンソン＜オイラーの順に座屈開始温度は高くなっていることがわかる．安全を考えれば，ランキンの式で求めた温度上昇 78 K を座屈開始温度と考える必要がある．

答：表 7.4

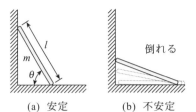

図 7.13　壁に立てかけた棒の安定，不安定

【練習問題】

【7.1】 図7.13(a)に示すように，長さ $l = 1\text{m}$，質量 $m = 1\text{kg}$ の棒を壁に立てかける実験を行った．棒と床の角度 θ が直角に近い場合は，棒は静止しているが，棒を水平に近い状態で立てかけようとすると，棒と床が滑り，立てかけることが出来ない．実験を行った結果，角度 $\theta = 30°$ が滑り出さない限界の角度であることが分かった．床と棒の間の摩擦係数 μ を推定せよ．ただし，壁と棒の間には摩擦は働かないとする．

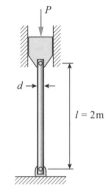

図 7.14　両端回転端の柱

【7.2】 Determine the minimum size of the square cross-section of the bar with length 1.2m that is fixed vertically at the lower end and is subjected to the weight of mass $m = 200\text{kg}$ at the upper end. Use a factor of safety $S = 3$. Take $E = 80\text{GPa}$.

【7.3】 図7.14 に示すような，両端回転端の柱に軸圧縮荷重 $P = 15\text{kN}$ が作用するとき必要な直径 d を求めよ．ただし，柱の長さを $l = 2\text{m}$，縦弾性係数を $E = 206\text{GPa}$，引張・圧縮降伏応力を $\sigma_Y = 250\text{MPa}$ とする．また，座屈および棒の破断に対する安全率を等しく $S = 2$ とする．

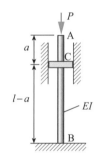

図 7.15　途中で補強された棒

【7.4】 図7.15 のように，下端が床に固定された長さ l の棒の上端から a の位置の回転を拘束し，座屈に対して補強したい．この棒の座屈荷重が最大となる a の位置を求め，そのときの座屈荷重を求めよ．ただし，補強部の高さは簡単のため無視して考える．

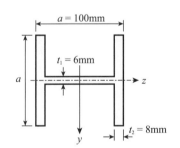

Fig. 7.16　Cross-section of H-shaped steel.

【7.5】 Determine the Euler's equation for the mild steel column with the cross-section as shown in Fig. 7.16 and length 5m that is fixed at both ends. Take $E = 206\text{GPa}$.

【7.6】 図7.17 に示すように，床に固定された同じ 2 本の円柱(AD, BE)が上端で剛体板(AB)とピン結合され，剛体板の点 C ($a > b$) に垂直荷重 P (> 0) が作用するとき，座屈が生じる荷重 P を表す数式を求めよ．ただし，部材の縦弾性係数を E，直径を d，長さを l とする．さらに，$E = 206\text{GPa}$, $l = 2\text{m}$, $P = 15\text{kN}$, $a = 1\text{m}$, $b = 0.5\text{m}$，座屈に対する安全率 $S = 3$ のとき，座屈に対して安全に運用するために必要な直径 d を求めよ．

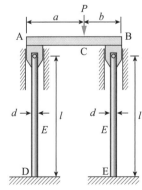

図7.17　2 本の柱に支えられた剛体板

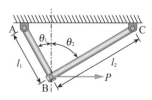

図 7.18　荷重を受けるトラス

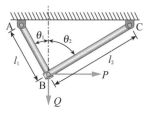

Fig. 7.19　Truss subjected to
horizontal and vertical loads.

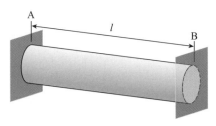

図 7.20　両端が固定された柱

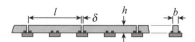

Fig. 7.21　Rails aligned with gap.

(a)

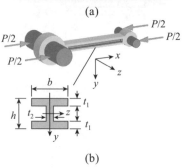

(b)

図 7.22　圧縮を受けるコンロッド

【7.7】　図 7.18 のように，直径 d，縦弾性係数 E の 2 つの部材がピン結合されたトラスの節点 B に水平荷重 $P\,(>0)$ が作用するとき，このトラスが座屈しないための荷重 P の条件式を求めよ．さらに，許容荷重 $P_{\mathrm{allow}} = 15\mathrm{kN}$ のとき，安全に荷重を加えるために必要な直径 d を求めよ．ただし，縦弾性係数 $E = 206\mathrm{GPa}$，引張・圧縮降伏応力 $\sigma_Y = 250\mathrm{MPa}$，$l_1 = 2\mathrm{m}$，$\theta_1 = 30°$，$\theta_2 = 60°$，安全率 $S = 3$ とする．

【7.8】　Consider the truss, shown in Fig. 7.19, that is composed of two pinned members with diameter d and the modulus of longitudinal elasticity E. Find the condition regarding load P for the truss not to buckle when the horizontal and vertical loads, $P\,(>0)$ and $Q\,(>0)$ respectively, apply to node B.

【7.9】　図7.20 に示すように，両端が剛体壁により変形拘束された円柱の温度が一様に上昇した．円柱が座屈する温度上昇 ΔT_c を求めよ．ただし，柱の長さ，直径，縦弾性係数，線膨張係数を，それぞれ l, d, E, α とする．

【7.10】　Consider the rails with length $l = 5\mathrm{m}$, height $h = 100\mathrm{mm}$, and width $b = 40\mathrm{mm}$, that is aligned infinitely with gap δ as shown in Fig. 7.21. Determine the minimum value of δ for the rails not to buckle when they are subjected to temperature rise $\Delta T = 50°\mathrm{C}$. Use a factor of safety $S = 3$ and take the modulus of longitudinal elasticity $E = 200\mathrm{GPa}$ and coefficient of thermal expansion $\alpha = 11.2 \times 10^{-6}\mathrm{K}^{-1}$ assuming that rails are made of steel.

【7.11】　自動車のエンジンにおいてピストンの力をクランクシャフトに伝えるコンロッドや，蒸気機関車の動力伝達軸（図 7.22(a)）は，図 7.22(b)のように，ピンを介して軸圧縮荷重を受ける．コンロッドのオイラーの座屈荷重を求めよ．ただし，コンロッドの長さを $l = 0.5\mathrm{m}$，縦弾性係数を $E = 206\mathrm{GPa}$，$b = 16\mathrm{mm}$，$h = 25\mathrm{mm}$，$t_1 = 4\mathrm{mm}$，$t_2 = 2\mathrm{mm}$ とする．ピンの自由度として，中心軸まわりの回転と x 方向並進のみが許されているとする．

【7.12】　Consider the vertical cylinder hanging some weights at its top, as shown in Fig. 7.23. Determine mass m_c for the cylinder to buckle based on the Johnson's equation. Take the outer diameter $d_o = 64\mathrm{mm}$, thickness $t = 2\mathrm{mm}$, length $l = 1.0\mathrm{m}$, modulus of longitudinal elasticity $E = 206\mathrm{GPa}$ and yield stress $\sigma_Y = 304\mathrm{MPa}$.

Fig. 7.23　The vertical cylinder with weights.

第8章

複雑な応力

Complicated Stresses

8・1　3次元の応力成分（three-dimensional stress components）

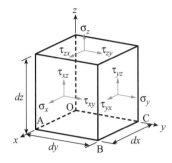

図 8.1　3軸応力状態

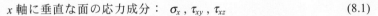

3次元の応力成分 (three-dimensional stress components) 図 8.1：

x 軸に垂直な面の応力成分： σ_x , τ_{xy} , τ_{xz} (8.1)

y 軸に垂直な面の応力成分： τ_{yx} , σ_y , τ_{yz} (8.2)

z 軸に垂直な面の応力成分： τ_{zx} , τ_{zy} , σ_z (8.3)

共役せん断応力 (conjugate shearing stress) 図 8.2：

$$\tau_{xy} = \tau_{yx}, \quad \tau_{yz} = \tau_{zy}, \quad \tau_{zx} = \tau_{xz} \tag{8.4}$$

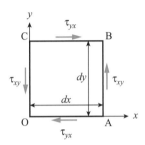

図 8.2　共役せん断応力

【例題 8.1】　式(8.4)を証明せよ.

【解答】　図 8.2 のように，z 軸の正の方向から図 8.1 の立方体を見た場合を考える．OC, CB, BA, AO 上のせん断応力により各々の面に加わる力は，

$$\tau_{xy}dydz, \quad \tau_{yx}dxdz, \quad \tau_{xy}dydz, \quad \tau_{yx}dxdz \tag{8.5}$$

となる．この力による，O 点，すなわち z 軸を中心としたモーメントの釣合より，

$$\tau_{yx}dxdz \times dy - \tau_{xy}dydz \times dx = 0 \quad \Rightarrow \quad \tau_{yx} = \tau_{xy} \tag{8.6}$$

となる．同様に x, y 軸周りのモーメントの釣合いを考えれば，式(8.4)の関係が得られる．

> **共役せん断応力**：例えば OC, BA 面に働く垂直応力 σ_x による力からの z 軸周りのモーメントは，互いに逆向きで距離が等しいことから，零である．このことより，式(8.5)には垂直応力からのモーメントは寄与しない．

【Example 8.2】　Describe the stress components in the cylindrical coordinate system (r, θ, z) and the spherical coordinate system (R, θ, ϕ).

【Solution】　Referring to Fig. 8.3, the stress components in the cylindrical coordinate system are obtained by the following replacement in Eqs. (8.1)～(8.3).

$$x \to r, \ y \to \theta, \ z \to z \tag{8.7}$$

and described as

components on the surface perpendicular to r-axis : σ_r , $\tau_{r\theta}$, τ_{rz} (8.8)

components on the surface perpendicular to θ-axis : $\tau_{\theta r}$, σ_θ , $\tau_{\theta z}$ (8.9)

components on the surface perpendicular to z-axis : τ_{zr} , $\tau_{z\theta}$, σ_z (8.10)

Referring to Fig. 8.4, the stress components in the spherical coordinate system are obtained by the following replacement in Eqs. (8.1)～(8.3).

$$x \to R, \ y \to \theta, \ z \to \phi \tag{8.11}$$

and described as

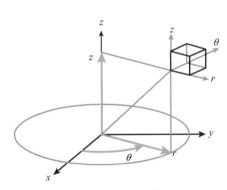

Fig. 8.3　Cylindrical coordinate system.

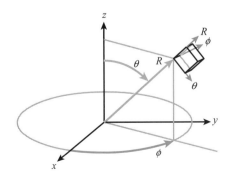

Fig. 8.4　Spherical coordinate system.

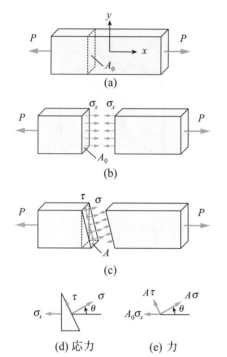

図 8.5 傾斜断面における応力（1 軸引張）

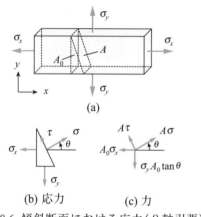

図 8.6 傾斜断面における応力（2 軸引張）

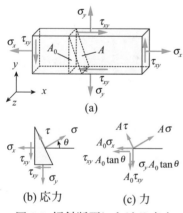

図 8.7 傾斜断面における応力
（平面応力状態）

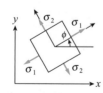

図 8.8 主軸と主応力面

components on the surface perpendicular to R-axis : σ_R, $\tau_{R\theta}$, $\tau_{R\phi}$　(8.12)

components on the surface perpendicular to θ-axis : $\tau_{\theta R}$, σ_θ, $\tau_{\theta\phi}$　(8.13)

components on the surface perpendicular to ϕ-axis : $\tau_{\phi R}$, $\tau_{\phi\theta}$, σ_ϕ　(8.14)

8・2　傾斜断面の応力 (stresses in a slanting section)

主応力面 (principal plane)：垂直応力のみが生じ，せん断応力が 0 となる面
主応力 (principal stress)：主応力面に生じる垂直応力
主軸 (principal axis)：主応力面の法線方向
主せん断応力面 (plane of principal shearing stress)：
　　せん断応力が極値を取る面，主応力面と 45° の角度をなす
主せん断応力 (principal shearing stress)：主せん断応力面に生じるせん断応力
モールの応力円 (Mohr's stress circle)：傾斜断面の応力に関する図的表示法
純粋せん断，単純せん断 (pure shear)：せん断応力のみが作用する応力状態

1 軸引張を受ける場合の傾斜断面における応力（図 8.5）

$$\sigma = \sigma_x \cos^2\theta \ , \ \tau = -\frac{1}{2}\sigma_x \sin 2\theta \tag{8.15}$$

2 軸引張を受ける場合の傾斜断面における応力（図 8.6）

$$\sigma = \sigma_x \cos^2\theta + \sigma_y \sin^2\theta = \frac{1}{2}(\sigma_x + \sigma_y) + \frac{1}{2}(\sigma_x - \sigma_y)\cos 2\theta$$
$$\tau = -\frac{1}{2}(\sigma_x - \sigma_y)\sin 2\theta \tag{8.16}$$

2 軸引張とせん断を受ける場合の傾斜断面における応力（図 8.7）
（z 軸に垂直な面に応力が生じない場合，平面応力 (plane stress)）

$$\sigma = \frac{1}{2}(\sigma_x + \sigma_y) + \frac{1}{2}(\sigma_x - \sigma_y)\cos 2\theta + \tau_{xy}\sin 2\theta \tag{8.17}$$
$$\tau = -\frac{1}{2}(\sigma_x - \sigma_y)\sin 2\theta + \tau_{xy}\cos 2\theta \tag{8.18}$$

主応力 (principal stress)（図 8.8）

$$\left.\begin{array}{c}\sigma_1 \\ \sigma_2\end{array}\right\} = \frac{1}{2}(\sigma_x + \sigma_y) \pm \frac{1}{2}\sqrt{(\sigma_x - \sigma_y)^2 + 4\tau_{xy}^2} \tag{8.19}$$

　σ_1 は応力の最大値，σ_2 は最小値（$\sigma_1 > \sigma_2$）.

　主軸の方向，すなわち x 軸となす角 ϕ : $\tan 2\phi = \dfrac{2\tau_{xy}}{\sigma_x - \sigma_y}$　(8.20)

　主軸の方向と σ_1, σ_2 の関係 : $\left(\dfrac{d^2\sigma}{d\theta^2}\right)_{\theta=\phi} = -2\dfrac{\sigma_x - \sigma_y}{\cos 2\phi}$　(8.21)

　　負の場合：ϕ は σ_1 の方向，正の場合：ϕ は σ_2 の方向

8・2　傾斜断面の応力

主せん断応力（principal shearing stress）（図 8.9）

$$\tau_1 = \pm\frac{1}{2}\sqrt{(\sigma_x - \sigma_y)^2 + 4\tau_{xy}^2} = \pm\frac{1}{2}(\sigma_1 - \sigma_2) \qquad (8.22)$$

主せん断軸の方向 φ : $\tan 2\varphi = -\dfrac{\sigma_x - \sigma_y}{2\tau_{xy}}$ $\qquad (8.23)$

主せん断応力が生じている面を主せん断応力面（plane of principal shearing stress）という. 主せん断応力面は主応力面に対して 45° 傾いている.

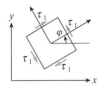

図 8.9　主せん断応力と
主せん断応力面

モールの応力円（Mohr's stress circle）

$$\left(\sigma - \frac{\sigma_x + \sigma_y}{2}\right)^2 + \tau^2 = \frac{1}{4}(\sigma_x - \sigma_y)^2 + \tau_{xy}^2 \qquad (8.24)$$

傾斜面の応力には上式の関係があり，横軸に σ，縦軸に τ を取って描いた図形は円になる. この円をモールの応力円と呼ぶ.

<モールの応力円の描き方>
1) σ 軸上にそれぞれ σ_x, σ_y の値に等しい点 E と点 E' をとり，E と E' の中点 C を定める.（図 8.10(a)）
2) σ–τ 平面上に，点 D(σ_x, τ_{xy})と点 D'$(\sigma_y, -\tau_{xy})$をとる.（図 8.10(b)）
3) 中心を点 C とし，CD あるいは，CD' を半径とする円を描く.（図 8.10(c)）

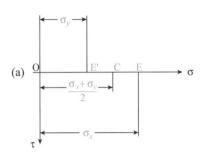

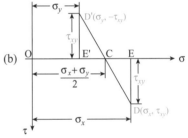

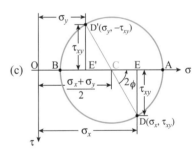

モールの応力円（図 8.10(c)）において，$\sigma_x > \sigma_y$ のとき，σ 軸との交点 A，B は，それぞれ主応力 σ_1, σ_2 を与える点であり，σ_1（点 A の座標値），σ_2（点 B の座標値）である（$\sigma_y > \sigma_x$ のとき σ_1, σ_2 はそれぞれ点 B，A の座標値）. また，主応力 σ_1 の向きは x 軸から反時計方向に $\angle$DCA/2 = ϕ だけ傾いた方向である（図8.8）.

図 8.10　モールの応力円の描き方

【例題 8.3】 応力成分が $\sigma_x = 30\text{MPa}$, $\sigma_y = 10\text{MPa}$, $\tau_{xy} = 10\text{MPa}$ のときのモールの応力円を描き，図より，主応力 σ_1, σ_2, 主せん断応力 τ_1, τ_2 を求めよ.

【解答】 モールの応力円の中心は

$$\frac{\sigma_x + \sigma_y}{2} = 20\text{MPa} \qquad (8.25)$$

となる. 手順に従って描けば，モールの応力円は，図 8.11 となる. 主応力，主せん断応力は，図のように得られる.

　　答 : $\sigma_1 = 34\text{MPa}$, $\sigma_2 = 6\text{MPa}$, $\tau_1 = 14\text{MPa}$, $\tau_2 = -14\text{MPa}$

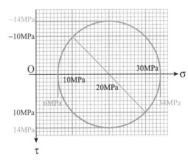

図 8.11　モールの応力円

【Example 8.4】 Calculate the principal stresses and principal shearing stresses to the first decimal place by using proper equations under the same stress condition as Example 8.3.

【Solution】 From Eq. (8.19), the principal stresses are calculated as

$$\left.\begin{array}{c}\sigma_1 \\ \sigma_2\end{array}\right\} = \frac{1}{2}(30 + 10) \pm \frac{1}{2}\sqrt{(30 - 10)^2 + 4(10)^2} = \begin{cases} 34.1\,[\text{MPa}] \\ 5.9\,[\text{MPa}] \end{cases} \qquad (8.26)$$

From Eq. (8.22), the principal shearing stresses are calculated as

$$\tau_1 = \pm\frac{1}{2}\sqrt{(30-20)^2 + 4(10)^2} = \pm14.1 \text{ [MPa]} \tag{8.27}$$

Ans. : $\sigma_1 = 34.1\text{MPa}$, $\sigma_2 = 5.9\text{MPa}$, $\tau_1 = 14.1\text{MPa}$, $\tau_2 = -14.1\text{MPa}$

8・3　曲げ，ねじりおよび軸荷重の組合せ（bending, torsion and axial loads）

軸力 P, 曲げモーメント M, ねじりモーメント T が同時に作用する棒（図8.12）

表面の最大主応力 σ_1 と最大主せん断応力 τ_1

$$\sigma_1 = \frac{M_e}{Z} \ (=|\sigma_2|, P<0) , \ \tau_1 = \frac{T_e}{Z_p} \tag{8.28}$$

M_e：相当曲げモーメント（equivalent bending moment）

$$M_e = \frac{1}{2}\left\{|M| + \left|\frac{P}{A}Z\right| + \sqrt{(|M| + \left|\frac{P}{A}Z\right|)^2 + T^2}\right\} \tag{8.29}$$

T_e：相当ねじりモーメント（equivalent torsional moment）

$$T_e = \sqrt{(|M| + \left|\frac{P}{A}Z\right|)^2 + T^2} \tag{8.30}$$

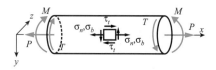

図 8.12 曲げ，ねじり，軸力を
受ける丸棒

注）$P<0$ の場合，$|\sigma_2| > |\sigma_1|$ となり，
$$\frac{M_e}{Z} = |\sigma_2| \quad (P<0)$$
を与える．

【例題 8.5】 図 8.13(a) のように，2つの歯車がかみ合うとき，歯車の歯面は半径方向から僅かに傾いていて，この面に垂直方向に他の歯車からの荷重 P_n が加わる．この傾きは圧力角と呼ばれている．2つの歯車にトルク T を加えたとき，歯車の軸に生じる最大主応力を求めよ．

【解答】 歯車の FBD 図 8.13(d)のように，歯車は，圧力角 α により，

$$P_n \sin\alpha , \ P_n \cos\alpha \tag{8.31}$$

なる，半径方向荷重と接線方向荷重を受ける．したがって，図 8.13(c), (d)のように x, y 軸を取れば，歯車軸は，次のねじりモーメント T，せん断力 F，および曲げモーメント M を受ける．

$$T = P_n \cos\alpha \times R , \ F = P_n , \ M = P_n \times (l-x) \tag{8.32}$$

相当曲げモーメント M_e は，$x=0$ で最大となり，式(8.29)より

$$M_e = \frac{1}{2}\left\{P_n \times l + \sqrt{(P_n \times l)^2 + T^2}\right\} \tag{8.33}$$

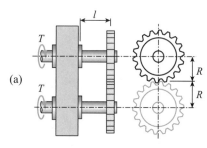
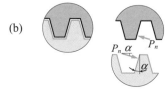
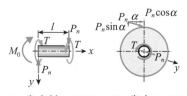

(c) 歯車軸の FBD　(d) 歯車の FBD
図 8.13 歯車のかみ合い

式(8.32)より，$P_n = T/R\cos\alpha$ を式(8.33)に代入すれば，

$$M_e = \frac{T}{2}\left\{\frac{l}{R\cos\alpha} + \sqrt{\left(\frac{l}{R\cos\alpha}\right)^2 + 1}\right\} \tag{8.34}$$

となる．式(8.28)より，最大主応力は次式のように得られる．

$$\sigma_1 = \frac{M_e}{Z} = \frac{T}{2Z}\left\{\frac{l}{R\cos\alpha} + \sqrt{\left(\frac{l}{R\cos\alpha}\right)^2 + 1}\right\} \tag{8.35}$$

【Example 8.6】 A screw jack, as shown in Fig. 8.14(a), is a device that can lift up items on its top by turning the handle. For a screw jack, it took force $F = 20$N to each handle to lift up weight W = 1kN. Then, determine the maximum magnitude of the principal stress and maximum shearing stress in the bolt of the jack, assuming that the diameter of the bolt is d = 10mm and the distance between the application point of the force to each handle and the center axis of the bolt is R = 80mm.

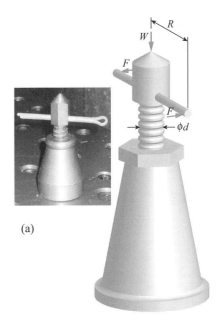

(a)

【Solution】 The bolt is subjected to axial compressive load W, and torsional moment T due to force F to each handle as shown in Fig. 8.14(b). Since force F is applied to two handles, one has

$$T = 2FR \tag{8.36}$$

The cross-sectional area A, section modulus Z, Z/A and polar modulus of setion Z_p are given respectively as

$$A = \frac{\pi d^2}{4} = 78.54\text{mm}^2, \ Z = \frac{\pi d^3}{32} = 98.17\text{mm}^3,$$
$$\frac{Z}{A} = \frac{d}{8} = 1.25\text{mm}, \ Z_p = \frac{\pi d^3}{16} = 196.4\text{mm}^3 \tag{8.37}$$

From Eqs. (8.29) and (8.30), the equivalent bending and torsional moments are obtained respectively as follows.

$$M_e = \frac{1}{2}\left\{ \left| \frac{W}{A}Z \right| + \sqrt{(\frac{W}{A}Z)^2 + (2FR)^2} \right\} = \frac{1}{2}\left\{ \frac{Wd}{8} + \sqrt{(\frac{Wd}{8})^2 + (2FR)^2} \right\} \tag{8.38}$$
$$= 2.34 \text{ N·m}$$

$$T_e = \sqrt{(\frac{W}{A}Z)^2 + (2FR)^2} = \sqrt{(\frac{Wd}{8})^2 + (2FR)^2} = 3.44 \text{ N·m} \tag{8.39}$$

From Eq. (8.28), the maximum magnitude of the principal stress and maximum shearing stress are determined respectively as follows.

$$\sigma_{max} = \frac{M_e}{Z} = 23.8\text{MPa}, \ \tau_1 = \frac{T_e}{Z_p} = 17.5\text{MPa} \tag{8.40}$$

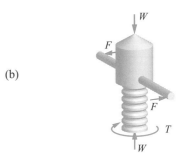

(b)

Fig. 8.14 Screw jack.

8・4 圧力を受ける薄肉構造物（thin wall structure under pressure）

内圧 p を受ける薄肉円筒（thin wall cylinder under pressure p）（図8.15）

円周応力（circumferential stress または hoop stress）σ_t：円周方向に垂直な断面上の垂直応力.

$$\sigma_t = \frac{pr}{t} = \frac{pd}{2t} \tag{8.41}$$

軸応力（axial stress）σ_z：z 軸に垂直な断面上の垂直応力.

$$\sigma_z = \frac{pr}{2t} = \frac{pd}{4t} \tag{8.42}$$

半径応力（radial stress）σ_r：r 方向に垂直な断面上の垂直応力. $|\sigma_r| \le p$ であり，σ_t, σ_z に比べて小さい.

焼ばめ（shrink fit）

焼ばめ（shrink fit）とは，軸受けや歯車のような円筒状の機械部品を結合する一つの方法である．図8.16(a)のように，内側に取り付けられる軸あるいは円筒状部材の外径寸法に対し，内径寸法をすこし小さく作った外側の円筒状部材

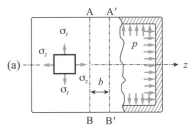

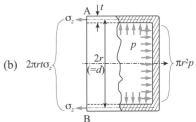

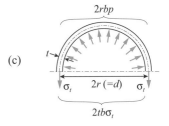

図 8.15 薄肉円筒の応力

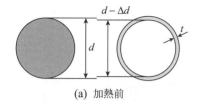

(a) 加熱前

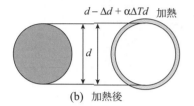

(b) 加熱後

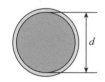

(c) 結合

図 8.16　焼きばめ

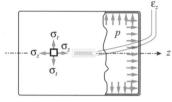

図 8.17　内圧を受ける円筒容器

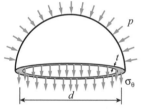

Fig. 8.18　Spherical vessel subjected to outer pressure.

注）肉厚が薄い容器が外圧を受ける場合，断面に生じる応力による降伏等の破壊が起こる前に，座屈により潰れてしまう．

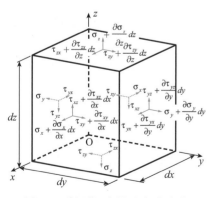

図 8.19　断面に生じる応力成分

を熱して膨張させ，これに前者の部材をはめ込んで固定させる．

円周方向のひずみ：
$$\varepsilon_t = \frac{\pi d - \pi(d-\Delta d)}{\pi(d-\Delta d)} = \frac{\Delta d}{d-\Delta d} \cong \frac{\Delta d}{d} \tag{8.43}$$

円周方向応力：
$$\sigma_t = E\varepsilon_t \cong E\frac{\Delta d}{d} \tag{8.44}$$

円筒に加わる圧力：
$$p = \frac{2t}{d}\sigma_t = \frac{2Et\Delta d}{d^2} \tag{8.45}$$

d：内側の軸の直径，t：円筒の肉厚，Δd：軸径と円筒の内径との差

【例題 8.7】　図 8.17 のように，平均直径 $d = 100$mm，肉厚 $t = 2$mm の薄肉円筒容器の表面に軸方向に沿ってひずみゲージを貼り付けた．この容器に内圧を加えた所，ゲージのひずみは，$\varepsilon_z = 0.1 \times 10^{-6}$ mm/mm であった．この薄肉円筒容器に加わっている内圧 p を求めよ．ただし，縦弾性係数は $E = 200$ GPa，ポアソン比 $\nu = 0.3$ とする．

【解答】　円筒表面には，図8.17のように，z 方向と円周方向にそれぞれ σ_z, σ_t の垂直応力が加わっている．この応力による z 軸方向のひずみ ε_z は，σ_z による増加分と，σ_t による減少分の和として，次のように得られる．

$$\varepsilon_z = \frac{\sigma_z}{E} - \nu\frac{\sigma_t}{E} \tag{8.46}$$

応力 σ_z, σ_t と内圧 p の関係式(8.41)と(8.42)より，測定されるひずみと内圧の関係式が得られ，内圧 p は次のように測定されるひずみより得られる．

$$\varepsilon_z = \frac{1}{E}\frac{pd}{4t} - \nu\frac{1}{E}\frac{pd}{2t} = \frac{pd(1-2\nu)}{4Et} \Rightarrow p = \frac{4Et}{d(1-2\nu)}\varepsilon_z = 4 \text{ kPa} \tag{8.47}$$

【Example 8.8】　Determine the stress in the cross-section of the spherical shell with mean diameter $d = 1$m and thickness $t = 3$mm subjected to outer pressure $p = 1$kPa.

【Solution】 Referring to Fig. 8.18, the equilibrium of forces due to stress σ_θ and the outer pressure p gives

$$\sigma_\theta \pi dt + p\frac{\pi d^2}{4} = 0 \tag{8.48}$$

From Eq. (8.48), the stress in the cross section σ_θ is determined as follows.

$$\sigma_\theta = -\frac{pd}{4t} = -\frac{1\times10^3\,\text{Pa}\times1\text{m}}{4\times3\times10^{-3}\,\text{m}} = -83.3\text{kPa} \tag{8.49}$$

8・5　3次元の応力状態（three-dimensional state of stress）

応力の釣合い式（stress equilibrium equation）（図 8.19）

$$\frac{\partial \sigma_x}{\partial x} + \frac{\partial \tau_{yx}}{\partial y} + \frac{\partial \tau_{zx}}{\partial z} = -X \quad , \quad \frac{\partial \tau_{xy}}{\partial x} + \frac{\partial \sigma_y}{\partial y} + \frac{\partial \tau_{zy}}{\partial z} = -Y$$

$$\frac{\partial \tau_{xz}}{\partial x} + \frac{\partial \tau_{yz}}{\partial y} + \frac{\partial \sigma_z}{\partial z} = -Z \qquad (X, Y, Z：物体力) \tag{8.50}$$

8・5　3次元の応力状態

変位とひずみの関係（strain-displacement relations）（図 8.20, 21）

$$\left.\begin{array}{l} \varepsilon_x = \dfrac{\partial u}{\partial x} \ , \ \varepsilon_y = \dfrac{\partial v}{\partial y} \ , \ \varepsilon_z = \dfrac{\partial w}{\partial z} \\[2mm] \gamma_{xy} = \dfrac{\partial v}{\partial x} + \dfrac{\partial u}{\partial y} \ , \ \gamma_{yz} = \dfrac{\partial w}{\partial y} + \dfrac{\partial v}{\partial z} \ , \ \gamma_{zx} = \dfrac{\partial u}{\partial z} + \dfrac{\partial w}{\partial x} \end{array}\right\} \tag{8.51}$$

主ひずみと主せん断ひずみ（principal strain and principal shearing strain）

　主ひずみ（principal strain）$\varepsilon_1, \varepsilon_2$:

$$\left.\begin{array}{l} \varepsilon_1 \\ \varepsilon_2 \end{array}\right\} = \frac{1}{2}(\varepsilon_x + \varepsilon_y) \pm \frac{1}{2}\sqrt{(\varepsilon_x - \varepsilon_y)^2 + \gamma_{xy}{}^2} \tag{8.52}$$

　主せん断ひずみ（principal shearing strain）γ_1 : $\gamma_1 = \pm(\varepsilon_1 - \varepsilon_2)$ (8.53)

　主ひずみの方向を与える角度 ϕ : $\tan 2\phi = \dfrac{\gamma_{xy}}{\varepsilon_x - \varepsilon_y}$ (8.54)

一般化したフックの法則（generalized Hooke's law）

　応力とひずみの関係（relationship between stress and strain）（表 8.1）

$$\left.\begin{array}{l} \varepsilon_x = \dfrac{1}{E}\{\sigma_x - \nu(\sigma_y + \sigma_z)\} \ , \quad \varepsilon_y = \dfrac{1}{E}\{\sigma_y - \nu(\sigma_z + \sigma_x)\} \\[2mm] \varepsilon_z = \dfrac{1}{E}\{\sigma_z - \nu(\sigma_x + \sigma_y)\} \end{array}\right. \tag{8.55}$$

　せん断応力とせん断ひずみの関係

$$\gamma_{xy} = \dfrac{\tau_{xy}}{G}, \ \gamma_{yz} = \dfrac{\tau_{yz}}{G}, \ \gamma_{zx} = \dfrac{\tau_{zx}}{G} \tag{8.56}$$

式(8.55), (8.56)より，応力をひずみで表示すれば

$$\left.\begin{array}{l} \sigma_x = \dfrac{E}{(1+\nu)(1-2\nu)}\{(1-\nu)\varepsilon_x + \nu(\varepsilon_y + \varepsilon_z)\} \\[3mm] \sigma_y = \dfrac{E}{(1+\nu)(1-2\nu)}\{(1-\nu)\varepsilon_y + \nu(\varepsilon_z + \varepsilon_x)\} \\[3mm] \sigma_z = \dfrac{E}{(1+\nu)(1-2\nu)}\{(1-\nu)\varepsilon_z + \nu(\varepsilon_x + \varepsilon_y)\} \end{array}\right\} \tag{8.57}$$

$$\tau_{xy} = G\gamma_{xy}, \ \tau_{yz} = G\gamma_{zy}, \ \tau_{zx} = G\gamma_{zx} \tag{8.58}$$

弾性係数間の関係（relationship between moduli）

$$\boxed{E = 2G(1+\nu)} \tag{8.59}$$

体積弾性係数（bulk modulus）（図 8.22）: $K = \dfrac{p}{\varepsilon_V} = \dfrac{E}{3(1-2\nu)}$ (8.60)

体積ひずみ（dilatation）: $\varepsilon_V = \varepsilon_x + \varepsilon_y + \varepsilon_z$ (8.61)

平面応力（plane stress）（図 8.23）

$$\sigma_z = \tau_{xz} = \tau_{yz} = 0 \tag{8.62}$$

$$\sigma_x = \dfrac{E}{1-\nu^2}(\varepsilon_x + \nu\varepsilon_y), \ \sigma_y = \dfrac{E}{1-\nu^2}(\varepsilon_y + \nu\varepsilon_x) \tag{8.63}$$

$$\tau_{xy} = G\gamma_{xy} \tag{8.64}$$

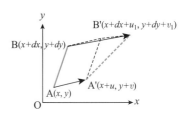

図 8.20　線素の相対変位

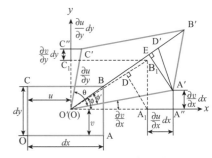

図 8.21　長方形要素の変形

表 8.1　各応力に対する垂直ひずみ

応力	ε_x x 方向 ひずみ	ε_y y 方向 ひずみ	ε_z z 方向 ひずみ
σ_x	$\dfrac{\sigma_x}{E}$	$-\nu\dfrac{\sigma_x}{E}$	$-\nu\dfrac{\sigma_x}{E}$
σ_y	$-\nu\dfrac{\sigma_y}{E}$	$\dfrac{\sigma_y}{E}$	$-\nu\dfrac{\sigma_y}{E}$
σ_z	$-\nu\dfrac{\sigma_z}{E}$	$-\nu\dfrac{\sigma_z}{E}$	$\dfrac{\sigma_z}{E}$

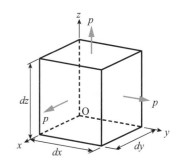

図 8.22　一様な垂直応力が作用する
直方体要素

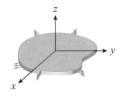

図 8.23　平面応力状態

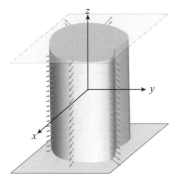

図 8.24 平面ひずみ状態

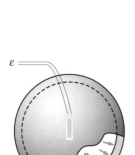

図 8.25 球形容器

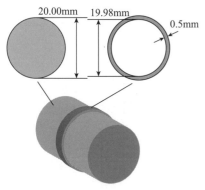

図 8.26 焼きばめ

注）内圧 p により丸棒には一様に応力 $\sigma_\theta = \sigma_r = -p$，$\sigma_z = 0$ が生じていると考えれば，これらの応力による直径の変化は，丸棒の縦弾性係数 $E_b = 200\mathrm{GPa}$，ポアソン比 $\nu = 0.3$ とすれば，

$$\Delta d_b = d_b \varepsilon_b = d_b \frac{1-\nu}{E_b} \sigma_\theta = -d_b \frac{1-\nu}{E_b} p$$

$$= -0.00041\mathrm{mm}$$

となり，円筒の直径の変化 0.02mm に対して微小である．

平面ひずみ（plane strain）（図 8.24）

$$\varepsilon_z = \gamma_{yz} = \gamma_{zx} = 0 \tag{8.65}$$

$$\left. \begin{aligned} \sigma_x &= \frac{E}{(1+\nu)(1-2\nu)}\left\{(1-\nu)\varepsilon_x + \nu\varepsilon_y\right\} \\[4pt] \sigma_y &= \frac{E}{(1+\nu)(1-2\nu)}\left\{(1-\nu)\varepsilon_y + \nu\varepsilon_x\right\} \\[4pt] \sigma_z &= \frac{\nu E}{(1+\nu)(1-2\nu)}(\varepsilon_x + \varepsilon_y) \end{aligned} \right\} \tag{8.66}$$

$$\tau_{xy} = G\gamma_{xy} \tag{8.67}$$

平面応力と平面ひずみの関係

$$\text{平面ひずみ状態} \Rightarrow \text{平面応力状態}: E \rightarrow \frac{1+2\nu}{(1+\nu)^2}E, \quad \nu \rightarrow \frac{\nu}{1+\nu} \tag{8.68}$$

$$\text{平面応力状態} \Rightarrow \text{平面ひずみ状態}: E \rightarrow \frac{E}{1-\nu^2}, \quad \nu \rightarrow \frac{\nu}{1-\nu} \tag{8.69}$$

【例題 8.9】 図 8.25のように，球形の圧力容器の表面にひずみゲージを貼り付け，ひずみを測定する．安全に運用できるひずみの範囲を求めよ．ただし，容器の許容応力 $\sigma_a = 100\mathrm{MPa}$，縦弾性係数 $E = 200\mathrm{GPa}$，直径 $d = 1\mathrm{m}$，厚さ $t = 5\mathrm{mm}$，ポアソン比 $\nu = 0.3$ とする．

【解答】 球形容器の表面には，垂直応力 $\sigma_\theta = \sigma_\phi$ が一様に生じている．測定されるひずみ ε は，これらの応力を用いて，

$$\varepsilon = \frac{\sigma_\theta}{E} - \nu\frac{\sigma_\phi}{E} = \frac{(1-\nu)\sigma_\theta}{E} \tag{8.70}$$

円周方向応力 σ_θ が許容応力 σ_a を超えないことから，安全に運用できるひずみの範囲は以下のように得られる．

$$\varepsilon = \frac{(1-\nu)\sigma_\theta}{E} \leq \frac{(1-\nu)\sigma_a}{E} = \frac{(1-0.3)\times 100\mathrm{MPa}}{200\times 10^3\,\mathrm{MPa}} = 0.35\times 10^{-3} \tag{8.71}$$

【例題 8.10】図8.26に示すように，直径 20.00mm の剛性棒に，内径 19.98mm，肉厚 0.5mm の銅製の円筒を焼きばめにより取り付けた．円筒に生じる応力を求めよ．ただし，円筒の縦弾性係数を $E_c = 117\mathrm{GPa}$ とする．

【解答】 剛性棒の直径を d_b，円筒の内径 d_c，肉厚 t で表す．焼きばめにより，円筒の内側が棒から受ける圧力 p により円筒に生じる円周方向応力より円周方向ひずみは，

$$\sigma_\theta = \frac{pd_c}{2t} \quad \Rightarrow \quad \varepsilon_\theta = \frac{\sigma_\theta}{E_c} = \frac{pd_c}{2tE_c} \tag{8.72}$$

一方，内径 d_c の円筒の変形後の直径を $d_c{}'$ で表すと，$d_c, d_c{}'$ を用いて円周方向のひずみは，

$$\varepsilon_\theta = \frac{\pi d_c{}' - \pi d_c}{\pi d_c} = \frac{d_c{}' - d_c}{d_c} \tag{8.73}$$

式(8.72)と(8.73)より，変形後の半径は内圧 p を用いて次のように表される．

$$\frac{pd_c}{2tE_c} = \frac{d_c{'} - d_c}{d_c} \quad \Rightarrow \quad d_c{'} = d_c + \frac{pd_c^{\,2}}{2tE_c} \tag{8.74}$$

p による剛性棒の直径の変化は，円筒の変化に比べ微小であるので無視して考える．従って，焼きばめ後の直径 $d_c{'}$ は d_b となることから，内圧 p は，

$$p = \frac{2tE_c(d_b - d_c)}{d_c^{\,2}} = 5.86\text{MPa} \tag{8.75}$$

となる．上式を式(8.72)に代入すれば，円筒に生じる応力は次のようになる．

$$\sigma_\theta = \frac{E_c(d_b - d_c)}{d_c} = \frac{117\text{GPa} \times (20.00\text{mm} - 19.98\text{mm})}{19.98\text{mm}} = 117\text{MPa} \tag{8.76}$$

【練習問題】

【8.1】 Determine the normal and shearing stresses on the section inclined θ toward the longitudinal axis of the circular bar with cross-sectional area A and subjected to tention P, as shown in Fig. 8.27.

【8.2】 図8.28 は，ある応力状態のモールの応力円を描いたものである．この応力状態はどのような応力状態か．また，この様な応力状態を生じる具体的な例を挙げよ．

【8.3】 When the stress components are in the plane stress state described as $\sigma_x = 20$MPa, $\sigma_y = 20$MPa and $\tau_{xy} = 0$, determine the principal stresses σ_1 and σ_2 by drawing the Mohr's stress circle. Moreover, give an example of the situation that brings about this stress state.

【8.4】 図8.29 に示すように，L型レンチ（$a = 300$mm，$b = 200$mm）の先端に荷重 $P = 500$N を加えた．部材はせん断応力で破壊するものとし，許容せん断応力 $\tau_a = 50$MPa のとき必要な直径 d を求めよ．

【8.5】 As shown in Fig. 8.30, the tip of a drill is subjected to transverse load P, torsional moment T, and axial compressive load N. Determine the principal stresses at the surface of portion AA'.

【8.6】 図 8.31 のように，平均直径 $d = 100$mm，肉厚 $t = 2$mm の薄肉円筒容器の表面の円周方向にひずみゲージを貼り付けた．この容器に内圧を加えたところ，ゲージのひずみは $\varepsilon_t = 0.425 \times 10^{-6}$m/m であった．この薄肉円筒容器に加わっている内圧 p を求めよ．ただし，縦弾性係数は $E = 200$ GPa，ポアソン比は $\nu = 0.3$ とする．

【8.7】 Consider the thin wall spherical pressure vessel with mean diameter $d = 100$mm and thickness $t = 2$mm, as shown in Fig. 8.32, attached with a strain gauge inclined $\alpha = 10°$ toward z-axis. Strain $\varepsilon_\alpha = 0.425 \times 10^{-6}$m/m is observed when the vessel is subjected to inner pressure. Determine the inner pressure p. Take the

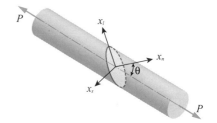

Fig. 8.27　Section inclined toward longitudinal axis.

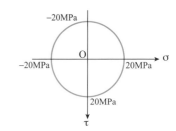

図 8.28 モールの応力円

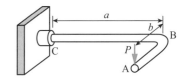

図 8.29 L 型レンチ

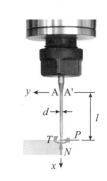

Fig. 8.30　Drill.

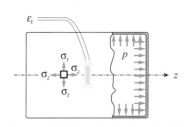

図 8.31 円周方向にひずみゲージを貼り付けた円筒容器

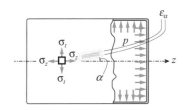

Fig. 8.32　Cylindrical pressure vessel attached with strain gage inclined α toward axial direction.

modulus of longitudinal elasticity E = 200 GPa and Poisson's ratio ν = 0.3.

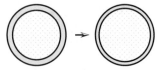

図 8.33 配管の劣化

図 8.34 カプセル型容器

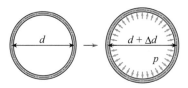

図 8.35 内圧が加わる球形容器

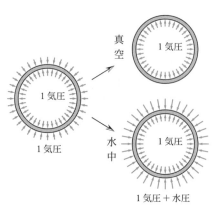

図 8.36 内圧と外圧を受ける
球形容器

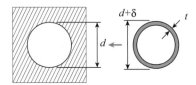

図 8.38 円筒のはめ込み

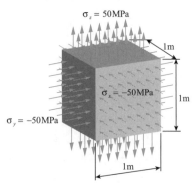

Fig. 8.39 A cubic body.

【8.8】 呼び径 500A スケジュール 20（外径 508.0mm，厚さ 9.5mm）の圧力配管用炭素鋼鋼管に，通常 2MPa の水蒸気が流れている．図 8.33 のように，水蒸気のために，毎年平均的に 0.2mm 肉厚が薄くなるとすると，何年後にこの配管を取り替える必要があるか．降伏応力 σ_Y = 300MPa，安全率 S = 3 とする．

【8.9】 図 8.34 のような，両端が半球状になったカプセル型の圧力容器（円筒部平均直径 d = 100mm，厚さ t = 2mm）に安全に加えられる内圧 p_a を求めよ．ただし，降伏応力 σ_Y = 300MPa，安全率 S = 3 とする．

【8.10】 図 8.35 のように平均直径 d = 100mm，厚さ t = 2mm の薄肉球容器に，内圧 p = 5MPa の状態で気体を充填した．容器に発生する応力 σ と直径の変化 Δd を求めよ．この容器の縦弾性係数，ポアソン比をそれぞれ E = 206GPa，ν = 0.3 とする．

【8.11】 図 8.36 に示すような平均直径 d = 30cm，厚さ t = 2mm の球形の容器が大気圧 1 気圧（101.3kPa）の地上にあった．この容器を真空中と水深 10m の水中にそれぞれ移動させた．それぞれの環境下における容器に生じる最大応力を求めよ．

【8.12】 Consider the spray can subjected to inner pressure p as shown in Fig. 8.37. Determine the stresses at (a) the upper semi-sphere, (b) the middle cylinder, and (c) the lower semi-sphere. Use d for the mean diameter of the cylinder and t for the thickness.

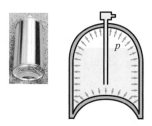

Fig. 8.37 Spray can.

【8.13】 図 8.38 のように，直径 d の穴に，外径 $d + \delta$，厚さ t の円筒をはめ入れた．この円筒の断面に生じる応力を求めよ．ただし，円筒の縦弾性係数を E とし，穴の回りの材料は，円筒に比べて十分硬く，剛体として考える．

【8.14】 Determine the change in the volume of the cubic body subjected to pressure as shown in Fig. 8.39. Take the modulus of longitudinal elasticity E = 69GPa and Poisson's ratio ν = 0.28.

【8.15】 図 8.40 のように，正方形板の各辺に圧力を加えたとき，x, y それぞれの辺の伸びを求めよ．ただし，平面問題として考え，平面応力，平面ひずみ，それぞれに対して伸びを求めよ．

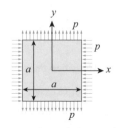

図 8.40 圧力を受ける正方形板

第 9 章

エネルギー法

Energy Methods

9・1 ばねに貯えられるエネルギー（energy stored in the spring）

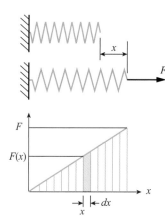

図 9.1 ばねの伸び

> フックの法則 (Hooke's law)：ばねに加わる荷重と伸びが比例
>
> ばね定数 (spring constant) k [N/m]：フックの法則の比例定数

フックの法則（図 9.1）： $$F = kx \tag{9.1}$$

ばねに貯えられている弾性エネルギー： $$U = \frac{1}{2}Fx = \frac{1}{2}kx^2 \tag{9.2}$$

> 【例題 9.1】 図 9.2(a), (b) に示すばねに，荷重 P が加わっている．それぞれのばねに蓄えられる弾性エネルギーを求めよ．ただし，(b)のばねは剛体板に取り付けられていて，ばねが伸びても剛体板は傾かないとする．

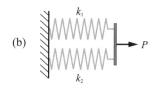

図 9.2 色々なばね

【解答】 (a) 図 9.3(a)のように，各々のばねに加わる荷重は P と等しいから，それぞれのばねの伸び x_1, x_2 は，式(9.1)より，

$$x_1 = \frac{P}{k_1} , \; x_2 = \frac{P}{k_2} \tag{9.3}$$

となる．従って，ばねに蓄えられる弾性エネルギーは，式(9.2)より，

$$U = \frac{1}{2}k_1 x_1{}^2 + \frac{1}{2}k_2 x_2{}^2 = \frac{P^2}{2k_1} + \frac{P^2}{2k_2} = \frac{P^2}{2}\left(\frac{1}{k_1} + \frac{1}{k_2}\right) \tag{9.4}$$

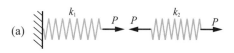
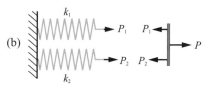

図 9.3 FBD

(b) 図 9.3(b)のように，それぞれのばねに加わる荷重を P_1, P_2 とすれば，力の釣合いより，

$$P = P_1 + P_2 \tag{9.5}$$

それぞれのばねの伸びは等しく，それを x とすれば，式(9.1)と(9.5)より，

$$P_1 = k_1 x , \; P_2 = k_2 x \quad \Rightarrow \quad x = \frac{P}{k_1 + k_2} \tag{9.6}$$

となる．従って，ばねに蓄えられる弾性エネルギーは，式(9.2)より，

$$U = \frac{1}{2}k_1 x^2 + \frac{1}{2}k_2 x^2 = \frac{P^2}{2}\frac{1}{k_1 + k_2} \tag{9.7}$$

9・2 ひずみエネルギーと補足ひずみエネルギー
（strain energy and complementary strain energy）

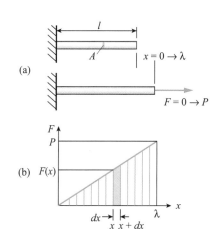

図 9.4 棒の伸びと荷重の関係

> ひずみエネルギー (strain energy)：物体が変形することにより内部に蓄えられるエネルギー．荷重を変位で積分したもの
>
> 補足ひずみエネルギー (complementary strain energy)：物体が変形することにより内部に蓄えられるエネルギー．変位を荷重で積分したもの

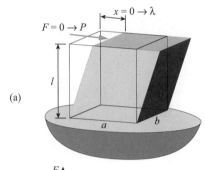

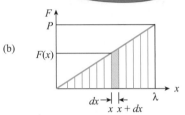

図 9.5 せん断による変位と荷重の関係

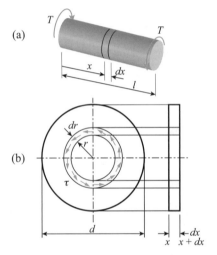

図 9.6 ねじりモーメントを受ける
円形断面棒の一部

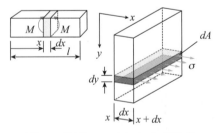

図 9.7 曲げモーメントを受ける
はりの微小区間

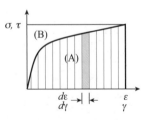

図 9.8 応力-ひずみ線図

引張（垂直応力，垂直ひずみ）によるひずみエネルギー
（strain energy by tension）（図9.4）

$$U_P = \frac{1}{2}P\lambda \tag{9.8}$$

$$U_P = Al\frac{\sigma\varepsilon}{2} = Al\frac{E\varepsilon^2}{2} = Al\frac{\sigma^2}{2E} = \frac{P^2l}{2AE} \tag{9.9}$$

単位体積あたりの引張による弾性ひずみエネルギー $\overline{U}_P$：

$$\overline{U}_P = \frac{\sigma\varepsilon}{2} = \frac{E\varepsilon^2}{2} = \frac{\sigma^2}{2E} \tag{9.10}$$

せん断によるひずみエネルギー（strain energy by shear）（図9.5）

$$U_s = \frac{1}{2}P\lambda \tag{9.11}$$

$$U_s = Al\frac{\tau\gamma}{2} = Al\frac{G\gamma^2}{2} = Al\frac{\tau^2}{2G} \tag{9.12}$$

単位体積あたりのせん断による弾性ひずみエネルギー $\overline{U}_s$：

$$\overline{U}_s = \frac{\tau\gamma}{2} = \frac{G\gamma^2}{2} = \frac{\tau^2}{2G} \tag{9.13}$$

軸のねじりによるひずみエネルギー
（strain energy by torsion of shaft）（図 9.6）

$$U_t = \frac{1}{2}\int_0^l \frac{T^2}{GI_p}dx \tag{9.14}$$

長さ l の全長にわたって
ねじりモーメント T が一定の場合

$$U_t = \frac{1}{2}\frac{T^2l}{GI_p} \tag{9.15}$$

ねじれ角 ϕ （$= Tl/(GI_p)$）を用いた表示

$$U_t = \frac{T\phi}{2} \tag{9.16}$$

はりの曲げによるひずみエネルギー
（strain energy by bending of beam）（図9.7）

$$U_b = \int_0^l \frac{M^2}{2EI}dx \tag{9.17}$$

ひずみエネルギー密度関数（strain energy density function）
（図9.8の(A)部の面積，比例限度内では式(9.10)と同一）

$$\overline{U}_p = \int_0^\varepsilon \sigma\,d\varepsilon \quad, \quad \overline{U}_s = \int_0^\gamma \tau\,d\gamma \tag{9.18}$$

応力，ひずみとの関係

$$\frac{\partial \overline{U}_p}{\partial \varepsilon} = \sigma \,, \; \frac{\partial \overline{U}_s}{\partial \gamma} = \tau \tag{9.19}$$

補足ひずみエネルギー密度関数（complementary strain energy density function）
（図9.8の(B)部の面積，比例限度内では式(9.10)と同一）

$$\overline{V}_p = \int_0^\sigma \varepsilon\,d\sigma \quad, \quad \overline{V}_s = \int_0^\tau \gamma\,d\tau \tag{9.20}$$

応力，ひずみとの関係

$$\frac{\partial \overline{V}_p}{\partial \sigma} = \varepsilon \,, \; \frac{\partial \overline{V}_s}{\partial \tau} = \gamma \tag{9.21}$$

【Example 9.2】　The bar with the length l, the cross sectional area A and the Young's modulus E is fixed at one end and subjected to the load at the point A and/or B as shown in Fig. 9.9. Obtain the strain energy for three loading conditions in Fig. 9.9(a), (b) and (c).

【Solution】　(a) The strain energy by the load P_A at the point A is given by Eq. (9.9) as follows (Fig. 9.9(a)).

$$U_a = \frac{P_A^2 l}{2AE} \tag{9.22}$$

(b) The strain energy by the load P_B at the point B is given by Eq. (9.9) as follows (Fig. 9.9(b)).

$$U_b = \frac{P_B^2 a}{2AE} \tag{9.23}$$

(c) The load $P_A + P_B$ applies in between BC and the load P_A is applies between AB. Thus, the total strain energy U is given as follows (Fig. 9.9(c)).

$$U = \frac{(P_A + P_B)^2 a}{2AE} + \frac{P_A^2(l-a)}{2AE} = \frac{P_A^2 l}{2AE} + \frac{P_B^2 a}{2AE} + \frac{P_A P_B a}{AE} \tag{9.24}$$

This total strain energy is grater than the sum of the energies with the loads at point A and B.

【例題 9.3】　図 9.10(a) のように，素線のピッチ角 α が小さい密巻コイルばねのばね定数 k を求めよ．ただし，ばねの巻き数を n，素線の直径 d，コイル半径 R，横弾性係数を G とする．

《方針》　ばねの素線に生じるひずみから求めた弾性ひずみエネルギーと，ばね定数 k を用いて求めた弾性エネルギーが等しいことから，ばね定数 k を求める．

【解答】　荷重 P が作用している場合を考える．素線の断面には，図 9.10(b) に示すように，この荷重によりねじりモーメント T が生じる．

$$T = PR \tag{9.25}$$

ここで，素線の全長，すなわちばねを一本の棒に引き延ばしたときの長さ $l = 2\pi nR$，式(4.9)より断面極二次モーメント $I_p = \dfrac{\pi d^4}{32}$ であるから，式(9.15)より，ねじりモーメントによりこのばねに蓄えられているひずみエネルギー U_t は

$$U_t = \frac{1}{2}\frac{T^2 l}{GI_p} = \frac{1}{2}\frac{P^2 R^2}{G}\frac{32}{\pi d^4}(2\pi nR) = \frac{32nP^2 R^3}{Gd^4} \tag{9.26}$$

となる．

　ばね定数を k，伸びを λ としたとき，式(9.1)，(9.2)より，このばねに蓄えられる弾性エネルギーは次のようになる．

$$U = \frac{1}{2}k\lambda^2 = \frac{1}{2}k\left(\frac{P}{k}\right)^2 = \frac{1}{2}\frac{P^2}{k} \tag{9.27}$$

注）一般の応力状態における単位体積あたりのひずみエネルギーは次式となる．

$$\overline{U} = \frac{\sigma_x \varepsilon_x}{2} + \frac{\sigma_y \varepsilon_y}{2} + \frac{\sigma_z \varepsilon_z}{2}$$

$$+ \frac{\tau_{xy}\gamma_{xy}}{2} + \frac{\tau_{yz}\gamma_{yz}}{2} + \frac{\tau_{zx}\gamma_{zx}}{2}$$

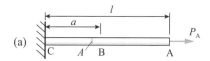
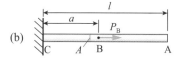
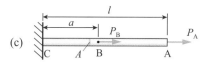

Fig. 9.9　The bar fixed at one end.

注）ひずみエネルギーと荷重は比例していないため，例題 9.2 のように，P_A，P_B が別々に加わったときのひずみエネルギーを重ね合わせて，同時に加わったときのひずみエネルギーを求めることはできない．一方，軸荷重とねじりモーメントのように，互いに関係しない応力状態よりひずみエネルギーが求められる場合は，別々に加わったときのひずみエネルギーを足し合わせることにより，同時に加わったときのひずみエネルギーを求めることができる．

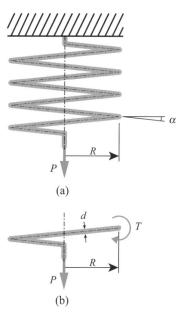

(a)

(b)

図 9.10　コイルばね

荷重 P によりばねに蓄えられるエネルギーがすべてねじりモーメントによるひずみエネルギーとしてばねに蓄えられると考える．すなわち，$U_t = U$ より，式(9.26)と(9.27)を用いてばね定数 k は，以下のように得られる．

$$\frac{32nP^2R^3}{Gd^4} = \frac{1}{2}\frac{P^2}{k} \Rightarrow k = \frac{Gd^4}{64nR^3} \tag{9.28}$$

【例題 9.4】 図 9.11(a)のように，両端単純支持された重ね板バネが中央に集中荷重 P を受けるとき，中央におけるたわみ δ を求めよ．

《方針》 対称性より重ね板バネの中央から右側の部分を考える．ばねに蓄えられる曲げモーメントによるひずみエネルギーと中央に加えられる荷重 P によりなされた仕事が等しいことから，中央のたわみ δ を求める．

【解答】 図9.11(a)のような重ね板バネの断面二次モーメントは，図9.11(b)のように，二等辺三角形はりを左右に接続したひし形はりの断面二次モーメントに等しくなる．位置 x におけるはりの幅 $b(x)$ は

$$b(x) = \frac{b}{l}(l - |x|) \tag{9.29}$$

であり，位置 x における断面二次モーメント $I(x)$ は

$$I(x) = \frac{b(x)h^3}{12} = \frac{bh^3}{12}\frac{l - |x|}{l} \tag{9.30}$$

となる．また，位置 x における曲げモーメント M は

$$M = \frac{P}{2}(l - |x|) \tag{9.31}$$

であるから，重ね板バネの曲げによるひずみエネルギー U_b は，式(9.17)より，

$$U_b = 2\int_0^l \frac{M^2}{2EI(x)}dx = \frac{3P^2l^3}{2Ebh^3} \tag{9.32}$$

となる．

一方，中央に荷重を零から P までゆるやかに加えて行き，中央のたわみが δ となった．このときなされた仕事 W は次のようになる．

$$W = \frac{P\delta}{2} \tag{9.33}$$

この外部仕事が，式(9.32)で表される曲げによるひずみエネルギーに等しいことから，中央のたわみ δ は次のように得られる．

$$W = U_b \Rightarrow \frac{P\delta}{2} = \frac{3P^2l^3}{2Ebh^3} \Rightarrow \delta = \frac{3Pl^3}{Ebh^3} \tag{9.34}$$

9・3　衝撃荷重と衝撃応力 （impact force and impact stress）

衝撃荷重 （impact force）：物体どうしの衝突により生じる荷重

衝撃応力 （impact stress）：衝撃時に生じる応力

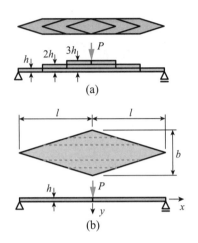

図 9.11　重ね板ばね

重ね板ばね：図 9.11 に示すように，菱形の板の両端を支持し，中央に荷重を加える場合，断面に生じる曲げ応力はどの断面でも等しくなり，平等強さのはりとなり材料の削減，軽量化が出来る．菱形形状のまま使用すると，中央の幅が大きくなってしまうので，幅方向にいくつかに切断し，縦に重ねて使用することによりコンパクトな板ばねが出来る．

注）重ね板ばねの断面に生じる曲げ応力は，式(9.30), (9.31)より，

$$\sigma = \frac{M}{I}y = \frac{6Pl}{bh^3}y$$

となり，はりの長手方向には変化しない．すなわち，平等強さのはりとなっている．

9・3 衝撃荷重と衝撃応力

衝撃応力の求め方：図 9.12 のように，位置エネルギーあるいは運動エネルギーが，弾性ひずみエネルギーに変換されたと考えることにより，衝撃荷重や衝撃応力が求められる．

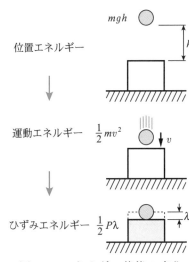

位置エネルギー

運動エネルギー $\frac{1}{2}mv^2$

ひずみエネルギー $\frac{1}{2}P\lambda$

図 9.12 エネルギー状態の変化

棒の衝撃荷重と衝撃応力（図 9.13）：

衝撃力： $$P = mg\left(1 + \sqrt{1 + 2\frac{AEh}{mgl}}\right) \tag{9.35}$$

衝撃応力： $$\sigma = \frac{P}{A} = \frac{mg}{A}\left(1 + \sqrt{1 + 2\frac{AEh}{mgl}}\right) \tag{9.36}$$

最大の伸び： $$\lambda = \frac{Pl}{AE} = \frac{mgl}{AE}\left(1 + \sqrt{1 + 2\frac{AEh}{mgl}}\right) \tag{9.37}$$

（A：棒の断面積，E：棒の縦弾性係数，g：重力加速度）

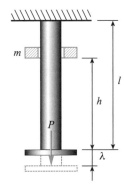

図 9.13 棒の衝撃

【例題 9.5】 図 9.14(a)のような手刀による瓦割りを，図 9.14(b)のように重さ W [N] の物体を高さ h から自由落下させ，長さ l の単純支持はりの中央に完全非弾性的に衝突する問題として考える．物体に生じる衝撃力 P，はりの最大たわみ y_{max}，最大曲げ応力 σ_{max} を求めよ．ただし，はりのヤング率，断面二次モーメント，断面係数を各々 E, I, Z とする．

《方針》『はりの中央が荷重 P を受けて変形したときのひずみエネルギー』=『重りの位置エネルギーの変化』より，はりに加わる衝撃力 P を求める．

【解答】 はりの中央が荷重 P を受けたとき．付表（後 2.1）より，荷重点で以下の最大たわみ y_{max} となる．

$$y_{max} = \frac{Pl^3}{48EI} \tag{9.38}$$

従って，この変形に必要なエネルギー U_b は

$$U_b = \frac{Py_{max}}{2} = \frac{P^2 l^3}{96EI} \tag{9.39}$$

重りの位置エネルギーの変化 U_W は，

$$U_W = W(h + y_{max}) = W\left(h + \frac{Pl^3}{48EI}\right) \tag{9.40}$$

上式と式(9.39)が等しいことから，衝撃力 P に関する以下の2次方程式が得られる．

$$\frac{l^3}{96EI}P^2 - \frac{Wl^3}{48EI}P - Wh = 0 \tag{9.41}$$

上式を P について解き，P の正値の解を用いれば，衝撃力 P は

$$P = W\left(1 + \sqrt{1 + \frac{96EIh}{Wl^3}}\right) \tag{9.42}$$

となる．また，最大たわみ y_{max} は式(9.38)より

$$y_{max} = \frac{Wl^3}{48EI}\left(1 + \sqrt{1 + \frac{96EIh}{Wl^3}}\right) \tag{9.43}$$

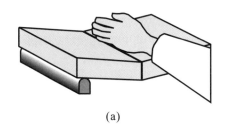

(a)

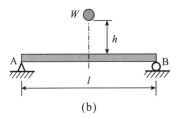

(b)

図 9.14 手刀による瓦割り

注）式(9.41)の解は2つ存在するが，一方の解は，$P < 0$ であり意味を成さないため，$P > 0$ の解を採用する．

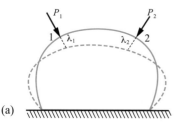

(a)

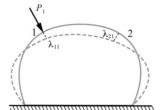

(b)

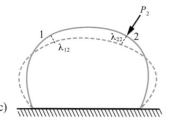

(c)

図 9.15　2 点に集中荷重を受ける弾性体

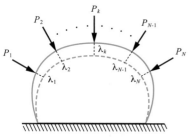

図 9.16　任意の集中荷重を受ける弾性体

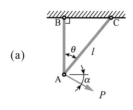

(a)

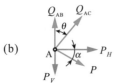

(b)

図 9.17　ななめ荷重を受けるトラス

であり，最大曲げ応力 $\sigma_{\max}$ は，はりの中央で生じ，その値は次式となる．

$$\sigma_{\max} = \frac{M_{\max}}{Z} = \frac{Wl}{4Z}\left(1 + \sqrt{1 + \frac{96EIh}{Wl^3}}\right) \tag{9.44}$$

9・4　相反定理とカスチリアノの定理（reciprocal theorem and Castigliano's theorem）

相反定理（reciprocal theorem）：荷重，変位，エネルギーから導かれる関係

カスチリアノの定理（Castigliano's theorem）：エネルギーを荷重で偏微分すると荷重方向の変位が得られる

相反定理（reciprocal theorem）（図9.15）

　　ベッチの相反定理（Betti's reciprocal theorem）

$$\lambda_{12}P_1 = \lambda_{21}P_2 \tag{9.45}$$

　　マックスウェルの相反定理（Maxwell's reciprocal theorem）

$$\lambda_{12} = \lambda_{21} \tag{9.46}$$

カスチリアノの定理（Castigliano's theorem）（図9.16）

　　荷重と変位の場合： $\boxed{\lambda_k = \dfrac{\partial U}{\partial P_k} \quad (k = 1,2,\ldots N)}$ (9.47)

　　モーメントと回転角の場合： $\boxed{\theta_k = \dfrac{\partial U}{\partial M_k} \quad (k = 1,2,\ldots N)}$ (9.48)

【例題 9.6】　図9.17のように，水平面と角度 α の方向に集中荷重を受ける 2 本の棒材からなる静定トラスの点 A における水平および垂直方向の変位 δ_H, δ_V を，カスチリアノの定理を用いて求めよ．ただし，2 本の棒は同一材料であり，断面積，ヤング率を A, E とする．

《方針》　(1) 点 A に，荷重 P，水平，垂直方向の仮想的な荷重 P_H, P_V を作用させる．

(2) これら 3 つの荷重を受けるときのトラスに蓄えられるひずみエネルギーを求める．

(3) 水平，垂直方向の変位をカスチリアノの定理を用いて求める．

(4) 仮想的な荷重 P_H, P_V の大きさを零にすればこの問題となる．

【解答】図 9.17(b)のように，点 A に水平および垂直方向の仮想的な荷重 P_H, P_V を作用させる．各部材の軸力を Q_{AB}, Q_{AC} と表すとき，点 A に加わる，水平，垂直方向の力の釣合いより．

　　　水平方向： $Q_{AC}\sin\theta + P_H + P\cos\alpha = 0$ (9.49)

　　　垂直方向： $Q_{AB} + Q_{AC}\cos\theta - P_V - P\sin\alpha = 0$ (9.50)

式(9.49), (9.50)より, Q_{AC}, Q_{AB} は,

$$Q_{AC} = -\frac{P_H}{\sin\theta} - \frac{\cos\alpha}{\sin\theta}P \tag{9.51}$$

$$Q_{AB} = \frac{\cos\theta}{\sin\theta}P_H + \frac{\cos(\theta-\alpha)}{\sin\theta}P + P_V \tag{9.52}$$

2 部材のトラスに蓄えられる引張圧縮によるひずみエネルギーU は

$$U = \frac{Q_{AB}{}^2 l\cos\theta}{2AE} + \frac{Q_{AC}{}^2 l}{2AE} \tag{9.53}$$

と表される．ここで，カスチリアノの定理を用いると，点 A における水平および垂直方向の変位 δ_H, δ_V は

$$\delta_H = \frac{\partial U}{\partial P_H} = \frac{Q_{AB}l\cos\theta}{AE}\frac{\partial Q_{AB}}{\partial P_H} + \frac{Q_{AC}l}{AE}\frac{\partial Q_{AC}}{\partial P_H}$$
$$= \frac{Q_{AB}l\cos\theta}{AE}\frac{\cos\theta}{\sin\theta} + \frac{Q_{AC}l}{AE}\frac{-1}{\sin\theta} \tag{9.54}$$

$$\delta_V = \frac{\partial U}{\partial P_V} = \frac{Q_{AB}l\cos\theta}{AE}\frac{\partial Q_{AB}}{\partial P_V} + \frac{Q_{AC}l}{AE}\frac{\partial Q_{AC}}{\partial P_V} = \frac{Q_{AB}l\cos\theta}{AE} \tag{9.55}$$

と表される．ここで，仮想荷重 P_H, P_V の大きさを零にすると，δ_H, δ_V は以下のように求まる．

$$\delta_H = \left\{\frac{\cos(\theta-\alpha)\cos^2\theta + \cos\alpha}{\sin^2\theta}\right\}\frac{Pl}{AE} \quad, \quad \delta_V = \frac{\cos\theta\cos(\theta-\alpha)}{\sin\theta}\frac{Pl}{AE} \tag{9.56}$$

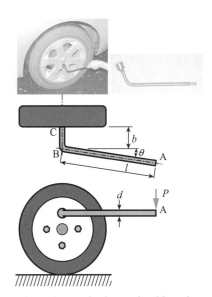

Fig. 9.18　A wheel wrench subjected to the load.

【Example 9.7】　As shown in Fig. 9.18, the free end A of the wheel wrench, which has the diameter d and is fixed at the point C to the bolt, is subjected to the load P. Determine the vertical displacement at point A by using Castigliano's theorem.

(1) The member AB (the point A: origin, x axis: AB direction):

$$M_{AB} = -Px , \quad T_{AB} = 0 \tag{9.57}$$

The member BC (the point B: origin, x axis: BC direction):

$$M_{BC} = -P(l\sin\theta + x) , \quad T_{BC} = P\times l\cos\theta \tag{9.58}$$

(2) By substituting Eqs. (9.57) and (9.58) into Eqs. (9.17) and (9.14), the strain energies of the members AB and BC are

$$U_{AB} = \frac{1}{2EI}\int_0^l M_{AB}{}^2 dx = \frac{P^2}{2EI}\int_0^l x^2 dx = \frac{P^2 l^3}{6EI}$$
$$U_{BC} = \frac{1}{2EI}\int_0^b M_{BC}{}^2 dx + \frac{1}{2GI_p}\int_0^b T_{BC}{}^2 dx \tag{9.59}$$
$$= \frac{P^2 b^3}{6EI} + \frac{P^2 b^2 l\sin\theta}{2EI} + \frac{P^2 bl^2\sin^2\theta}{2EI} + \frac{bP^2 l^2\cos^2\theta}{2GI_p}$$

(3) The vertical displacement δ_A is given by Castigliano's theorem (9.47) as follows

$$\delta_A = \frac{\partial(U_{AB}+U_{BC})}{\partial P}$$
$$= \frac{P}{EI}\left(\frac{l^3}{3}+\frac{b^3}{3}+b^2 l\sin\theta + bl^2\sin^2\theta\right) + \frac{bPl^2\cos^2\theta}{GI_p} \tag{9.60}$$

Procedure of solution:
(1) Determine the bending moment.
(2) Obtain the strain energy.
(3) Determine the vertical displacement by Castigliano's theorem.

注）式(9.60)右辺の各項は以下の変形を表している．カスチリアノの定理を使うことで，このような複雑な変形も比較的容易に求めることが出来る．
第1項：荷重 P による AB 部のたわみ
第2項：荷重 P による BC 部のたわみ
第3項：荷重 P による B 点のたわみ角の変化による A 点のたわみ＋B 点に荷重Pにより加わる曲げモーメントによる BC 部のたわみ
第4項：B 点に荷重 P により加わる曲げモーメントによる B 点のたわみ角の変化による A 点のたわみ
第5項：BC 部のねじれによる A 点のたわみ

9・5　仮想仕事の原理と最小ポテンシャルエネルギー原理
（principal of virtual work and minimum potential energy）

外部仮想仕事　δW：

　　変形した物体に与えられた仮想変位により加えられるエネルギー

内部仮想仕事　δU：仮想変位による内部エネルギーの増分

仮想仕事の原理（principal of virtual work）：

　　釣合い状態にあるとき，外部仮想仕事と内部仮想仕事が等しい

ポテンシャルエネルギー（potential energy）Π：

　　内部エネルギーと外部仕事の合計で与えられるエネルギー

最小ポテンシャルエネルギーの原理（principal of minimum potential energy）：

　　釣合い状態にあるとき，ポテンシャルエネルギーは極小値を取る

注）δ は変分原理における変分を表し，微小増分 du とは異なる．

仮想仕事の原理：　　　　　　　　　　　$\delta U = \delta W$ 　　　　　(9.61)

ポテンシャルエネルギー：　　　　　　　$\Pi = U - W$ 　　　　　(9.62)

最小ポテンシャルエネルギーの原理：　$\delta\Pi = 0$ 　　　　　(9.63)

【例題 9.8】　仮想仕事の原理は，仮想変位を仮想荷重に置換えても成立することを，図 9.19 の弾性棒を用いて説明せよ．この棒の剛性を AE とする．

【解答】　棒の先端に加わる仮想荷重を δP で表せば，棒に加わる外部仮想仕事は，

$$\delta W = u\delta P \tag{9.64}$$

で表される．一方，棒に加わる荷重は $P + \delta P$ であるから，内部エネルギーの増分，すなわち内部仮想仕事は，

$$\delta U = \frac{(P+\delta P)^2 l}{2AE} - \frac{P^2 l}{2AE} = \frac{2P\delta P + (\delta P)^2}{2AE}l \cong \frac{P\delta P}{AE}l \tag{9.65}$$

となる．ここで，棒の伸び u は荷重 P を用いて，

$$u = \frac{Pl}{AE} \tag{9.66}$$

と表せるから，式(9.65)は，

$$\delta U = \frac{P\delta P}{AE}l = u\delta P \tag{9.67}$$

式(9.64)と式(9.67)を比較すれば，仮想荷重 δP による仮想仕事の原理が成立していることがわかる．

図 9.19　仮想変位 δu

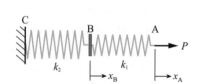

Fig. 9.20　The series spring.

【Example 9.9】　As shown in Fig. 9.20, the spring, which is constructed by connecting the springs with the spring constants k_1 and k_2 in series, is subjected to the load P at the end. Determine the displacement x_A and x_B at the point A and B respectively, by using principal of minimum potential energy.

【Solution】 By Eq. (9.2) the elastic energy U, which is stored in the spring can be given as follows.

$$U = \frac{1}{2}k_2 x_B{}^2 + \frac{1}{2}k_1(x_A - x_B)^2 \tag{9.68}$$

When P is constant, the potential energy of the external force is given as follows.

$$W = Px_A \tag{9.69}$$

Thus, the total potential energy is given as

$$\Pi = U - W = \frac{1}{2}k_2 x_B{}^2 + \frac{1}{2}k_1(x_A - x_B)^2 - Px_A \tag{9.70}$$

By the principal of minimum potential energy, Eq. (9.70) should satisfy Eq. (9.63). Thus, the following relations can be given.

$$\delta\Pi(x_A, x_B) = 0 \;\Rightarrow\; \frac{\partial\Pi}{\partial x_A}\delta x_A + \frac{\partial\Pi}{\partial x_B}\delta x_B = 0$$

$$\Rightarrow\; \frac{\partial\Pi}{\partial x_A} = 0 \;,\; \frac{\partial\Pi}{\partial x_B} = 0 \tag{9.71}$$

By substituting Eq. (9.70) into Eq. (9.71), x_A and x_B are obtained as follows.

$$\frac{\partial\Pi}{\partial x_A} = k_1(x_A - x_B) - P = 0$$
$$\frac{\partial\Pi}{\partial x_B} = k_2 x_B - k_1(x_A - x_B) = 0 \quad\Rightarrow\quad x_A = \frac{P}{k_1} + \frac{P}{k_2} \;,\; x_B = \frac{P}{k_2} \tag{9.72}$$

【例題 9.10】 図9.21のように，断面積，縦弾性係数，長さの異なる棒を連結してできた段付き棒の先端に荷重 P が加わっている．点 A, B の変位 u_A, u_B を仮想仕事の原理を用いて求めよ.

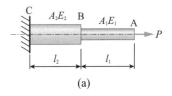

(a)

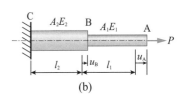

(b)

図9.21 引張荷重を受ける段付き棒

【解答】 点 A, B にそれぞれ仮想変位 δu_A, δu_B を与える．外部仮想仕事は，

$$\delta W = 0 \times \delta u_B + P\delta u_A = P\delta u_A \tag{9.73}$$

各々の棒に貯えられる内部エネルギー U_1, U_2 は，変位を用いて表すと，

$$U_1 = \frac{P^2 l_1}{2A_1 E_1} = \frac{A_1 E_1}{2l_1}(u_A - u_B)^2 \;,\; U_2 = \frac{P^2 l_2}{2A_2 E_2} = \frac{A_2 E_2}{2l_2}u_B{}^2 \tag{9.74}$$

従って，内部仮想仕事によるエネルギー増分は，

$$\delta U = \frac{A_1 E_1}{2l_1}\left\{(u_A + \delta u_A - u_B - \delta u_B)^2 - (u_A - u_B)^2\right\}$$
$$+ \frac{A_2 E_2}{2l_2}\left\{(u_B + \delta u_B)^2 - u_B{}^2\right\} \tag{9.75}$$
$$\cong \frac{A_1 E_1}{l_1}(u_A - u_B)(\delta u_A - \delta u_B) + \frac{A_2 E_2}{l_2}u_B\delta u_B$$

仮想仕事の原理より，式(9.73)と式(9.75)は等しいから，

$$\frac{A_1 E_1}{l_1}(u_A - u_B)(\delta u_A - \delta u_B) + \frac{A_2 E_2}{l_2}u_B\delta u_B = P\delta u_A \tag{9.76}$$

式を整理すれば，

$$\left\{\frac{A_1 E_1}{l_1}(u_A - u_B) - P\right\}\delta u_A + \left\{-\frac{A_1 E_1}{l_1}(u_A - u_B) + \frac{A_2 E_2}{l_2}u_B\right\}\delta u_B = 0 \quad (9.77)$$

上式は δu_A, δu_B に関係無く成立しなければならないから，

$$\frac{A_1 E_1}{l_1}(u_A - u_B) - P = 0 \ , \quad -\frac{A_1 E_1}{l_1}(u_A - u_B) + \frac{A_2 E_2}{l_2}u_B = 0 \quad (9.78)$$

従って，u_A, u_B は以下のようになる．

$$u_A = \frac{Pl_1}{A_1 E_1} + \frac{Pl_2}{A_2 E_2} \ , \quad u_B = \frac{Pl_2}{A_2 E_2} \quad (9.79)$$

【Example 9.11】 As shown in Fig. 9.22, the point A of the truss is subjected to the horizontal load P. Determine the horizontal and the vertical displacement by using the principal of virtual work.

【Solution】 The horizontal and vertical displacements at the point A are denoted by u_h and u_v. The relationship between these displacements and the elongations λ_{AB} and λ_{AC} of the member AB and BC, as shown in Figs. 9.22(b) and (c), are given as follows.

$$\lambda_{AB} = u_h \cos 60° + u_v \cos 30° = \frac{1}{2}u_h + \frac{\sqrt{3}}{2}u_v$$
$$\lambda_{AC} = -u_h \cos 60° + u_v \cos 30° = -\frac{1}{2}u_h + \frac{\sqrt{3}}{2}u_v \quad (9.80)$$

The external virtual work, which is given by the virtual displacements δu_h and δu_v, is given as.

$$\delta W = P\delta u_h + 0 \times \delta u_v = P\delta u_h \quad (9.81)$$

The internal energy U_{AB} and U_{AC}, which are stored in the each member, are

$$U_{AB} = \frac{AE}{2l}\lambda_{AB}{}^2 \ , \quad U_{AC} = \frac{AE}{2l}\lambda_{AC}{}^2 \quad (9.82)$$

Thus the increment by the internal virtual work is given as follows.

$$\delta U = \frac{AE}{2l}\left\{(\lambda_{AB} + \delta\lambda_{AB})^2 - \lambda_{AB}{}^2\right\} + \frac{AE}{2l}\left\{(\lambda_{AC} + \delta\lambda_{AC})^2 - \lambda_{AC}{}^2\right\}$$
$$\cong \frac{AE}{l}\lambda_{AB}\delta\lambda_{AB} + \frac{AE}{l}\lambda_{AC}\delta\lambda_{AC} \quad (9.83)$$

By substituting Eq. (9.80) into Eq. (9.83), the following equation is obtained.

$$\delta U = \frac{AE}{l}\left(\frac{u_h}{2}\delta u_h + \frac{3}{2}u_v\delta u_v\right) \quad (9.84)$$

Equations (9.84) and (9.81) are equal by the principal of virtual work. Then,

$$P\delta u_h = \frac{AE}{l}\left(\frac{u_h}{2}\delta u_h + \frac{3}{2}u_v\delta u_v\right) \quad (9.85)$$

Eq. (9.85) is consistent independently with respect to δu_h and δu_v. Then the horizontal and vertical displacements are obtained as follows.

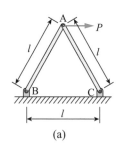

(a)

(b) elongation by holizontal displacemnet u_h

(c) elongation by holizontal displacemnet u_v

Fig. 9.22　The truss subjected to the horizontal load.

9・5　仮想仕事の原理と最小ポテンシャルエネルギー原理

$$u_h = \frac{2Pl}{AE}, \ u_v = 0 \tag{9.86}$$

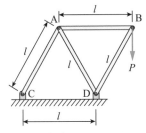

図 9.23　荷重を受けるトラス

【練習問題】

【9.1】　一般に，ひずみエネルギーを重ね合わせにより求めることは出来ない．一方，はりの断面に曲げモーメントと垂直荷重が加わる場合は，曲げモーメントによるひずみエネルギーと垂直荷重によるひずみエネルギーを足し合わせて，同時に加わったときのひずみエネルギーが求められる．これを証明せよ．

【9.2】　図 9.23 のように，長さ l，断面積 A，縦弾性係数 E の 4 本の部材からなるトラスが，点 C, D において回転自由に支持され，B 点に鉛直下向きに荷重 P を受けている．荷重方向変位を求めよ．

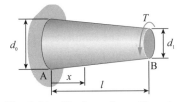

Fig. 9.24　The bar whose diameter changes linearly subjected to torque.

【9.3】　As shown in Fig. 9.24, the bar , whose diameter changes linearly, is fixed at the wall. The free end is subjected to the torque T. Determine the rotation angle by using the energy principal. The modulus of rigidity is denoted by G.

Fig. 9.25　The bar whose diameter changes linearly subjected to impact load.

【9.4】　As shown in Fig. 9.25, the bar, whose diameter changes linearly, is fixed at the wall. The mass m with the velocity v hits against the free end. Determine the maximum stress and the displacement of the free end. The Young's modulus is denoted by E.

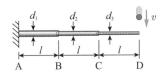

図 9.26　断付きパイプ

【9.5】　図 9.26 のように，太さの異なる 3 本のパイプをつなぎ合わせて構成された棒が壁に固定されている．質量 $m = 100\text{g}$ の重りが速度 $v = 5\text{m/s}$ で先端に衝突したとき，先端の最大たわみ δ と，パイプに生じる最大応力 $\sigma_{\max}$ を求めよ．ただし，パイプの外径 $d_1 = 20\text{mm}$，$d_2 = 16\text{mm}$，$d_3 = 12\text{mm}$，パイプの厚さ $t = 2\text{mm}$，長さ $l = 50\text{cm}$，縦弾性係数 $E = 200\text{GPa}$ とする．

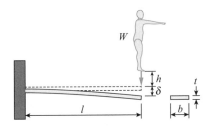

図 9.27　飛び込み板

【9.6】　図 9.27 のように，飛び板の先端から高さ $h = 0.1\text{m}$ の位置にいる体重 $W = 60\text{kgf}$ の人が飛び板の先端に飛び乗る．ただし，人が飛び乗った後，人は飛び板から跳ね返らずに両者は一緒に運動すると想定する．この時，人が飛び板から受ける衝撃力 P，飛び板の先端の変位 δ および最大曲げ応力 $\sigma_{\max}$ を求めよ．ただし，飛び板は幅 $b = 0.4\text{m}$，厚さ $t = 0.03\text{m}$ の中実長方形断面を持つ長さ $l = 3\text{m}$ の片持ちばりであるとみなす．また，飛び板の自重を無視し，飛び板の縦弾性係数 $E = 50\text{GPa}$，重力加速度 $g = 9.8\text{m/s}^2$ とする．

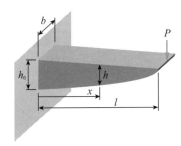

図 9.28　可変断面の片持ちはり

【9.7】　図 9.28 のように，高さが $h = h_0 \sqrt{\dfrac{l-x}{l}}$ と変化する可変断面棒の片持ちはりの先端に荷重 P が加わるとき，荷重点のたわみ δ を求めよ．

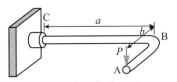

図 9.29　先端に荷重を受ける
L 型レンチ

【9.8】　図 9.29 に示す L 型レンチの先端に，鉛直下向きに荷重 P を加えたとき，荷重点の垂直方向変位 δ を求めよ．ただし，このレンチの曲げ剛性を EI，ねじり剛性を GI_p とする．

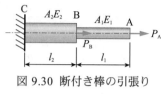

図 9.30　断付き棒の引張り

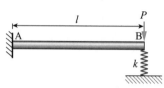

Fig. 9.31　The cantilever supported by the spring.

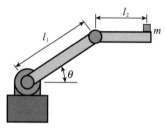

図 9.32　ロボットアーム

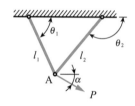

Fig. 9.33　Truss subjected to the load.

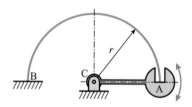

図 9.34　リーフばねによる振り子

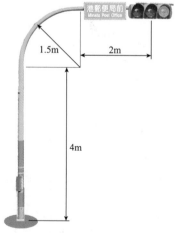

図 9.35　信号機

【9.9】　図 9.30 のような一端が固定されている段付き棒の先端と段部に荷重が加わっている．先端および段部の変位を最小ポテンシャルエネルギーの原理を用いて求めよ．

【9.10】　As shown in Fig. 9.31, the cantilever is supported by the spring with the spring constant k at the free end. If the load P is applied to the free end, determine the deformation at the free end by using the principal of minimum potential energy.

【9.11】　図 9.32 のように，ロボットアームの先端を水平に保った状態で，アームの先端に質量 m の重りを瞬間的に載せた．このときの先端に生じる最大たわみ δ を求めよ．２つのアームの曲げ剛性は等しく EI とし，簡単のためアームの質量は無視し，曲げによる変形しかないと考える．

【9.12】　As shown in Fig. 9.33, the point A of the truss is subjected to the load P. Determine the horizontal and the vertical displacement δ_H and δ_V by using Castigliano's theorem. The two bar has same material constant and the cross sectional area. The cross sectional area, Young's modulus and the length are denoted be A, E and l_i ($i = 1, 2$).

【9.13】　図 9.34 のように，半円形に曲がった板ばねの先端に C 点を中心として回転する振り子を取り付けてある．このような振り子の振動が，長周期の地震計に利用されている．振り子の C 点回りに加えたトルク T と振り子の回転角 ϕ の関係を求めよ．ただし，板ばねの曲げ剛性を EI とする．

【9.14】　図 9.35 のように，途中が円弧状に曲がった支柱の先端に，質量 $m = 30\text{kg}$ の信号機を取り付けたとき，先端の垂直方向変位を求めよ．この支柱の断面は，外径 $D = 200\text{mm}$，厚さ $t = 5\text{mm}$ の円筒で，縦弾性係数 $E = 200\text{GPa}$ とする．

第 10 章

骨組構造とシミュレーション
Frame Structure and Simulation

10・1　トラスとラーメン（truss and Rahmen）

部材（member）：骨組み構造の構成要素

節点（joint, node）：各々の部材の結合点

滑節（pin joint, hinged joint）：結合点を回転自由に結合した節点（図 10.2）

剛節（rigid joint）：リベット，ボルトや溶接により固定されている節点

トラス（truss）：滑節により結合されて出来た骨組構造（図 10.1）

ラーメン（rigid frame, Rahmen）：
いくつかの節点が剛節で出来た骨組構造（図 10.3）

静定トラス（statically determinate truss）：
力の釣合い式の数と未知の軸力の数が一致するトラス

不静定トラス（statically indeterminate truss）：
力の釣合い式の数が未知の軸力の数より少ないトラス

静定と不静定トラスの条件

$$m + r = 2j \quad \text{静定トラス} \quad \text{安定}$$
$$m + r > 2j \quad \text{不静定トラス} \quad \text{安定} \tag{10.1}$$
$$m + r < 2j \quad \quad\quad\quad\quad\quad \text{不安定}$$

m：軸力の数（＝部材の数），r：支持反力の数，j：滑節の数

【例題 10.1】　トラスの各部材には軸力しか生じないことを示せ．

【解答】　図 10.4のように，部材 AB の両端に軸力 N_A, N_B，せん断力 F_A, F_B，モーメント M_A, M_B が加わると考える．トラス構造の場合，個々の部材の端点，図の A, B 点は自由に回転できるから，外部からモーメントを受けないから，

$$M_A = M_B = 0 \tag{10.2}$$

次に，水平方向，垂直方向の力の釣合式，A 点回りのモーメントの釣合式は，

$$-N_A + N_B = 0, \quad -F_A + F_B = 0, \quad M_A - M_B + F_B l_{AB} = 0 \tag{10.3}$$

式(10.2)を考慮すれば次式となり，トラスの部材には軸力しか生じない．

$$N_A = N_B, \quad F_A = F_B = 0 \tag{10.4}$$

【Example 10.2】 The truss and the cantilever subjected to the concentrated load at the tip are shown in Fig. 10.5(a) and (b). Explain which type of structure is safer. Each member has the rectangular cross section with the width b and height h.

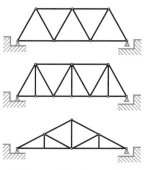

図 10.1　色々なトラス

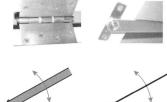

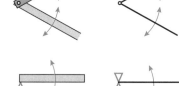

図 10.2　色々な滑節の表示

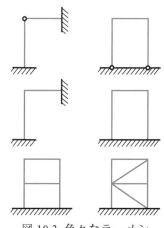

図 10.3　色々なラーメン

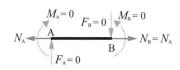

図 10.4　トラス部材が受ける力

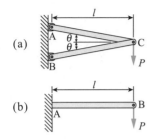

(a)

(b)

Fig. 10.5　The truss and the cantilever subjected to the concentrated load.

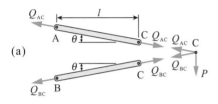

(a)

(b)

Fig. 10.6　FBD for the truss and cantilever.

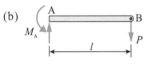

(a)

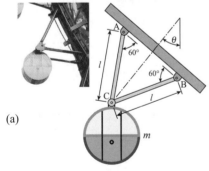

(a)

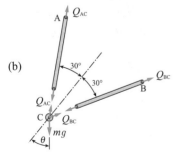

(b)

図 10.7　観覧車のゴンドラを支持する
トラス部材

【Solution】　(a) FBD of the truss is shown in Fig. 10.6(a). By using this figure, the equilibriums of the load for the member AC and BC are given as follows.

$$-Q_{AC}\cos\theta - Q_{BC}\cos\theta = 0$$
$$-Q_{AC}\sin\theta + Q_{BC}\sin\theta + P = 0 \tag{10.5}$$

By solving these equations, the axial load Q_{AC} and Q_{BC} can be obtained as follows.

$$Q_{AC} = \frac{1}{2\sin\theta}P \ , \ Q_{BC} = -\frac{1}{2\sin\theta}P \tag{10.6}$$

Thus, the stresses of the each member are given as follows.

$$\sigma_{AC} = -\sigma_{BC} = \frac{1}{2\sin\theta}\frac{P}{bh} \tag{10.7}$$

(b) By using Fig. 10.6(b), the maximum bending moment is occurred at the fixed end A as

$$M_{max} = -Pl \tag{10.8}$$

The maximum bending moment is given as follows.

$$\sigma_{max} = \frac{|M_{max}|}{Z} = 6\frac{Pl}{bh^2} \tag{10.9}$$

By comparing with Eqs. (10.9) and (10.7), σ_{max}/σ_{AC} is given as follows.

$$\frac{\sigma_{max}}{\sigma_{AC}} = 12\frac{l}{h}\sin\theta \tag{10.10}$$

Since the length l is longer than the height h, that is $l \gg h$, the maximum stress in the cantilever is larger than the one in the truss. Consequently, the truss structure is safer than the cantilever, if the angle θ is not small and buckling does not occur.

【例題 10.3】 図10.7(a)のように，観覧車のホイールに質量 m のゴンドラが回転自由に吊るされている．ホイールの回転角が θ のときの，このトラスの部材に加わる軸力を求めよ．さらに，回転角と軸力との関係を図に示し，最も危険なホイールの回転角 θ を求めよ．ただし，重力加速度を g とする．

【解答】 図 10.7(b)のように，点 C 回りの部材 AC, BC に加わる軸力 Q_{AC}, Q_{BC} と荷重 mg のホイールの接線と半径方向の力の釣合い式は，

$$-Q_{AC}\sin 30° + Q_{BC}\sin 30° + mg\sin\theta = 0$$
$$-Q_{AC}\cos 30° - Q_{BC}\cos 30° + mg\cos\theta = 0 \tag{10.11}$$

これらの式を解いて，それぞれの部材に加わる軸力は，

$$Q_{AC} = \frac{\sin(30°+\theta)}{\sin(60°)}mg \ , \ Q_{BC} = \frac{\sin(30°-\theta)}{\sin(60°)}mg \tag{10.12}$$

となる．図 10.8に θ と軸力の関係を示す．この図および式(10.12)より，軸力の最大，最小値は

$$Q_{AC}: \frac{2}{\sqrt{3}}mg \ (\theta = 60°), \ -\frac{2}{\sqrt{3}}mg \ (\theta = 240°)$$
$$Q_{BC}: \frac{2}{\sqrt{3}}mg \ (\theta = 300°), \ -\frac{2}{\sqrt{3}}mg \ (\theta = 120°) \tag{10.13}$$

となる．これより，部材が引きちぎれる可能性が最も大きいのは，角度 $\theta = 60°$，300°，圧縮により座屈する可能性が最も大きいのは，角度 $\theta = 120°$，240°である．

答：60°，120°，240°，300°

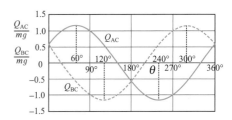

図 10.8　θ と軸力の関係

【Example 10.4】　The Warren truss as shown in Fig. 10.9(a) is subjected to the vertical load P at the point D. Determine the axial load of the member CD, CH and HI. The length of each member is l.

【Solution】　FBD of this truss is shown in Fig. 10.9(b). Thus, by the equilibrium of the vertical forces and the moments around the point A, the reaction forces R_A and R_B can be given as follows.

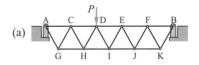
(a)

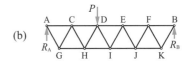
(b)

$$R_A + R_B - P = 0 \qquad\Rightarrow\qquad R_A = \frac{3}{5}P,\ R_B = \frac{2}{5}P \qquad (10.14)$$
$$P \times 2l - R_B \times 5l = 0$$

Axial loads P_{CD}, P_{DH} and P_{HI} apply to the section t-t, as shown in Fig. 10.9(c). The horizontal and vertical equilibrium of the left side part from t-t are given as follows.

$$P_{CD} + P_{DH}\cos 60° + P_{HI} = 0,\ R_A + P_{DH}\sin 60° = 0 \qquad (10.15)$$

The equilibrium of the moment around the point H are given as follows.

$$R_A \times \frac{3}{2}l + P_{CD}\,l\cos 30° = 0 \qquad (10.16)$$

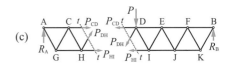
(c)

Fig. 10.9　Warren truss.

By solving Eqs. (10.15)～(10.16), the axial forces P_{CD}, P_{DH} and P_{HI} are given as follows.

$$P_{CD} = -\frac{3\sqrt{3}}{5}P,\ P_{DH} = -\frac{2\sqrt{3}}{5}P,\ P_{HI} = \frac{4\sqrt{3}}{5}P \qquad (10.17)$$

【例題 10.5】　図10.10(a)のような，点 E に垂直荷重 P を受けるラーメンについて，荷重点のたわみ δ を求めよ．ただし，部材の曲げ剛性を EI とする．

【解答】　対称性より，点 A, D の支持部には，垂直方向の支持反力と水平方向の支持反力が，図 10.10(b)のように加わる．したがって，点 E が固定された L 型のはりとして考えることができる．垂直方向の支持反力 Q は，垂直方向の釣合いより，

$$Q = \frac{P}{2} \qquad (10.18)$$

となるが，水平方向の反力 R を決定するには，はりの変形を考える必要がある．図 10.10(b)のように，点 A の水平方向の変位が零の条件より R を決定する．

　点 A の変位を求めるために，図 10.10(c)と(d)のように，AB と BE の部材の重ね合わせとして変形を考える．

BE 部の変形による点 B の Y 方向変位とたわみ角：付表（後 2.1）参照

$$\delta_{BY} = -\frac{Qb^3}{3EI} + \frac{Rab^2}{2EI},\ \theta_B = \frac{Qb^2}{2EI} - \frac{Rab}{EI} \qquad (10.19)$$

ここで，X 方向の変位は，軸荷重の変形が横荷重の変形に比べ小さいとして無

トラス橋の崩壊：2007年8月に米国ミネアポリスの高速道路橋梁の崩壊事故が起こった．この橋は鋼鉄製のトラス橋であり，1967年に建設された．トラス橋は少ない部材で強度を確保できる一方，一部の部材の損傷などが橋全体に致命的な影響を及ぼす可能性がある．このような事故は人命に関わる大惨事となる．機械工学の一分野である材料力学分野は工業製品や機械，構造物の設計，製作，維持を行うために，材料と構造に対する力学特性や挙動を調べる合理的な知識や方法を与えるという使命を持っている．

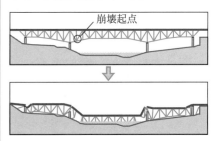
崩壊起点

一ヶ所が壊れると，連鎖的にトラスの部材が破断し，崩壊が起こる．

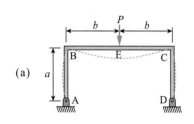

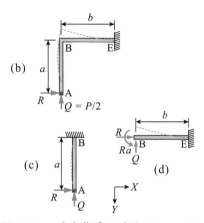

図 10.10　垂直荷重を受けるラーメン

視する.

AB 部の変形による点 A の X 方向変位：付表（後 2.1）参照

$$\delta_{AX} = \frac{Ra^3}{3EI} \tag{10.20}$$

ここで, Y 方向の変位は, 軸荷重の変形が横荷重の変形に比べ小さいとして無視する.

重ね合わせにより, 点 A の X, Y 方向変位 δ_X, δ_Y は, 点 B のたわみ角による, AB 部の回転により生じる点 A の X 方向変位を考慮して, 以下のようになる.

$$\delta_X = -\theta_B a + \delta_{AX} = -\frac{Qab^2}{2EI} + \frac{Ra^2 b}{EI} + \frac{Ra^3}{3EI} = -\frac{Pab^2}{4EI} + \frac{(a+3b)a^2}{3EI}R$$
$$\delta_Y = \delta_{BY} = -\frac{Qb^3}{3EI} + \frac{Rab^2}{2EI} = -\frac{Pb^3}{6EI} + \frac{Rab^2}{2EI} \tag{10.21}$$

点 A の水平方向変位が零の条件より, 未知反力 R が以下のように決定できる.

$$\delta_X = 0 \Rightarrow -\frac{Pab^2}{4EI} + \frac{(a+3b)a^2}{3EI}R = 0 \Rightarrow R = \frac{3b^2 P}{4a(a+3b)} \tag{10.22}$$

従って, 点 E のたわみ δ, すなわち, 図 10.10(b)の問題の点 A の $-Y$ 方向変位は, 以下のようになる.

$$\delta = -\delta_Y = \frac{Pb^3}{6EI} - \frac{Rab^2}{2EI} = \frac{(4a+3b)b^3 P}{24(a+3b)EI} \tag{10.23}$$

10・2　マトリックス変位法（Matrix Displacement Method）

応力法：支持反力, 軸力, 支持モーメントを未知量として, 構造物の変位の条件を満足するように未知量を決定する方法

変位法：節点における変位と回転量を未知量とする方法

マトリックス変位法 (matrix displacement method)：
　　計算機の使用を前提とした変位法, その使用を効率的にするためにマトリックス表示が用いられている

剛性マトリックス, 剛性行列 (stiffness matrix)：
　　節点荷重と節点変位を関連づけるマトリクス

剛性方程式 (stiffness equation)：節点変位を未知数とする連立一次方程式

節点力 (nodal force)：節点に加わっている力

部材座標系 (local coordinate system)：座標軸が部材方向に一致する座標系

全体座標系 (global coordinate system)：座標軸を一意に固定した座標系

1 次元トラス構造の剛性マトリックス （stiffness matrix for 1d-truss）

(1) 1 つの部材のみがある場合（図 10.11）

$$\begin{Bmatrix} fx_1 \\ fx_2 \end{Bmatrix} = \begin{bmatrix} k & -k \\ -k & k \end{bmatrix} \begin{Bmatrix} u_1 \\ u_2 \end{Bmatrix}, \ k = \frac{AE}{l} \tag{10.24}$$

$\{fx_1, fx_2\}^T$：節点力ベクトル, $\{u_1, u_2\}^T$：節点変位ベクトル

A：断面積, E：縦弾性係数, k：剛性

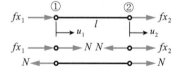

図 10.11　1 つの部材に加わる軸方向荷重と変位

注）ベクトルを { } で, マトリックスを [ ] で表してある.

注）$\{\ \}^T$ は, 行と列を入れ替えた転置ベクトルを示す. 例えば,

$$\{x \ y\}^T = \begin{Bmatrix} x \\ y \end{Bmatrix}$$

(2) 部材が2つある場合（図 10.12）

それぞれの部材における剛性方程式

$$\begin{Bmatrix} fx_1 \\ fx_2' \end{Bmatrix} = \begin{bmatrix} k_1 & -k_1 \\ -k_1 & k_1 \end{bmatrix} \begin{Bmatrix} u_1 \\ u_2' \end{Bmatrix}, \quad \begin{Bmatrix} fx_2'' \\ fx_3 \end{Bmatrix} = \begin{bmatrix} k_2 & -k_2 \\ -k_2 & k_2 \end{bmatrix} \begin{Bmatrix} u_2'' \\ u_3 \end{Bmatrix} \quad (10.25)$$

k_1：部材(1)の剛性，k_2：部材(2)の剛性

全体の剛性方程式

$$\begin{Bmatrix} fx_1 \\ fx_2 \\ fx_3 \end{Bmatrix} = \begin{bmatrix} k_1 & -k_1 & 0 \\ -k_1 & k_1+k_2 & -k_2 \\ 0 & -k_2 & k_2 \end{bmatrix} \begin{Bmatrix} u_1 \\ u_2 \\ u_3 \end{Bmatrix} \quad (10.26)$$

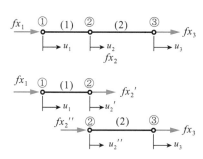

図 10.12　2つの部材に加わる軸方向
荷重と変位

2次元トラス構造の剛性マトリックス（stiffness matrix for 2d-truss）

1つの部材に関する剛性方程式（図 10.13）

$$\begin{Bmatrix} FX_i \\ FY_i \\ FX_j \\ FY_j \end{Bmatrix} = k \begin{bmatrix} \cos^2\theta & \sin\theta\cos\theta & -\cos^2\theta & -\sin\theta\cos\theta \\ \sin\theta\cos\theta & \sin^2\theta & -\sin\theta\cos\theta & -\sin^2\theta \\ -\cos^2\theta & -\sin\theta\cos\theta & \cos^2\theta & \sin\theta\cos\theta \\ -\sin\theta\cos\theta & -\sin^2\theta & \sin\theta\cos\theta & \sin^2\theta \end{bmatrix} \begin{Bmatrix} U_i \\ V_i \\ U_j \\ V_j \end{Bmatrix} \quad (10.27)$$

$$k = \frac{AE}{l}$$

U_i, V_i：全体座標系での節点 i の変位成分.

FX_i, FY_i：全体座標系での節点 i に加わる力の要素毎の成分.

A：断面積，E：縦弾性係数，l：部材の長さ

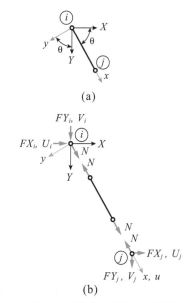

図 10.13　任意に傾いた部材

【例題 10.6】　図10.14(a)に示す 3 本の部材で構成されるトラス構造物の全体
剛性方程式を求めよ. ただし，各節点に作用する荷重および水平変位，垂直変
位を図 10.14(b)のように置く. また，各部材のヤング率，断面積，長さは全て
等しく E, A, l とする.

【解答】　全体座標系の X 軸と部材①-②，②-③，①-③の部材座標系の x
軸とのなす角度は，それぞれ 0°，120°，60°である. 式(10.27)より，それぞれの
部材の要素剛性方程式は以下のようになる.

部材①-②
$$\begin{Bmatrix} FX_1 \\ FY_1 \\ FX_2 \\ FY_2 \end{Bmatrix} = \frac{EA}{l} \begin{bmatrix} 1 & 0 & -1 & 0 \\ 0 & 0 & 0 & 0 \\ -1 & 0 & 1 & 0 \\ 0 & 0 & 0 & 0 \end{bmatrix} \begin{Bmatrix} U_1 \\ V_1 \\ U_2 \\ V_2 \end{Bmatrix} \quad (10.28)$$

部材②-③
$$\begin{Bmatrix} FX_2' \\ FY_2' \\ FX_3 \\ FY_3 \end{Bmatrix} = \frac{EA}{4l} \begin{bmatrix} 1 & -\sqrt{3} & -1 & \sqrt{3} \\ -\sqrt{3} & 3 & \sqrt{3} & -3 \\ -\sqrt{3} & \sqrt{3} & 1 & -\sqrt{3} \\ \sqrt{3} & -3 & -\sqrt{3} & 3 \end{bmatrix} \begin{Bmatrix} U_2 \\ V_2 \\ U_3 \\ V_3 \end{Bmatrix} \quad (10.29)$$

部材①-③
$$\begin{Bmatrix} FX_1' \\ FY_1' \\ FX_3' \\ FY_3' \end{Bmatrix} = \frac{EA}{4l} \begin{bmatrix} 1 & \sqrt{3} & -1 & -\sqrt{3} \\ \sqrt{3} & 3 & -\sqrt{3} & -3 \\ -1 & -\sqrt{3} & 1 & \sqrt{3} \\ -\sqrt{3} & -3 & \sqrt{3} & 3 \end{bmatrix} \begin{Bmatrix} U_1 \\ V_1 \\ U_3 \\ V_3 \end{Bmatrix} \quad (10.30)$$

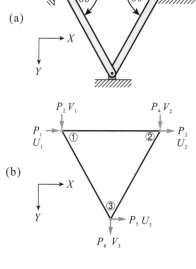

図 10.14　3部材トラス構造物

節点に作用する荷重は部材の荷重の和に等しい. すなわち

$$P_1 = FX_1 + FX_1{}' , \ P_2 = FY_1 + FY_1{}'$$
$$P_3 = FX_2 + FX_2{}' , \ P_4 = FY_2 + FY_2{}' \tag{10.31}$$
$$P_5 = FX_3 + FX_3{}' , \ P_6 = FY_3 + FY_3{}'$$

式(10.31)に式(10.28)〜(10.30)を代入し, マトリックス表示すれば, 以下の全体剛性方程式が得られる.

$$
\begin{Bmatrix} P_1 \\ P_2 \\ P_3 \\ P_4 \\ P_5 \\ P_6 \end{Bmatrix}
= \frac{EA}{4l}
\begin{bmatrix}
5 & \sqrt{3} & -4 & 0 & -1 & -\sqrt{3} \\
\sqrt{3} & 3 & 0 & 0 & -\sqrt{3} & -3 \\
-4 & 0 & 5 & -\sqrt{3} & -1 & \sqrt{3} \\
0 & 0 & -\sqrt{3} & 3 & \sqrt{3} & -3 \\
-1 & -\sqrt{3} & -1 & \sqrt{3} & 2 & 0 \\
-\sqrt{3} & -3 & \sqrt{3} & -3 & 0 & 6
\end{bmatrix}
\begin{Bmatrix} U_1 \\ V_1 \\ U_2 \\ V_2 \\ U_3 \\ V_3 \end{Bmatrix}
\tag{10.32}
$$

> 注）式(10.32)の剛性マトリックスの行列式は零となる. 従って, 式(10.32)の剛性方程式を解いて変位を求めることができないことに注意する必要がある. 何故なら, どこも拘束せず, 荷重だけ加えた場合, 剛体変位が可能であり, 一意的に変位を決めることができないからである. つまり, すべての変位に同じ値を加えた場合も剛性方程式の答となってしまうからである. そのため, 剛性方程式を解くには, 剛体変位項がなくなるような変位に関する条件を境界条件として含む必要がある.

【Example 10.7】 Determine the boundary conditions for the displacements and the loads at the each node of the truss in Example 10.6. Moreover, by using these conditions, solve the stiffness equation and obtain the horizontal and vertical displacements at each node.

【Solution】 The node ① can move freely along Y direction. The node ② can move freely along X direction and is subjected to the load P. The node ③ is pinned. Thus, the boundary conditions are given as follows.

$$U_1 = V_2 = U_3 = V_3 = 0 , \ P_2 = 0 , \ P_3 = P \tag{10.33}$$

By introducing these conditions into the stiffness equation (10.32), the following equation can be given.

$$
\begin{Bmatrix} P_1 \\ 0 \\ P \\ P_4 \\ P_5 \\ P_6 \end{Bmatrix}
= \frac{EA}{4l}
\begin{bmatrix}
5 & \sqrt{3} & -4 & 0 & -1 & -\sqrt{3} \\
\sqrt{3} & 3 & 0 & 0 & -\sqrt{3} & -3 \\
-4 & 0 & 5 & -\sqrt{3} & -1 & \sqrt{3} \\
0 & 0 & -\sqrt{3} & 3 & \sqrt{3} & -3 \\
-1 & -\sqrt{3} & -1 & \sqrt{3} & 2 & 0 \\
-\sqrt{3} & -3 & \sqrt{3} & -3 & 0 & 6
\end{bmatrix}
\begin{Bmatrix} 0 \\ V_1 \\ U_2 \\ 0 \\ 0 \\ 0 \end{Bmatrix}
\tag{10.34}
$$

By picking up the second and third row from this equation, we get.

$$
\begin{Bmatrix} 0 \\ P \end{Bmatrix}
= \frac{EA}{4l}
\begin{bmatrix} 3 & 0 \\ 0 & 5 \end{bmatrix}
\begin{Bmatrix} V_1 \\ U_2 \end{Bmatrix}
\tag{10.35}
$$

By solving it, the unknown displacements V_1 and U_2 are obtained as follows.

$$V_1 = 0 , \ U_2 = \frac{4}{5}\frac{Pl}{EA} \tag{10.36}$$

10・3　有限要素法（finite element method：FEM）

代表的なシミュレーション技法の例：

　　　有限要素法，差分法，境界要素法，分子動力学法

要素（element）：物体を単純な形状に分割したときの1つの部分（図10.15）

節点（node）：要素の代表点．三角形要素の場合は，頂点となる（図10.15）

形状関数（shape function），内挿関数（interpolation function）：

　　　要素内の変位等の物理量を節点変位のみを用いて内挿して表すための
　　　関数．通常，ある節点において1で，他の節点では0になる

ひずみ－変位行列（strain-displacement matrix）：

　　　要素(e)のひずみと変位を関係づける行列．$[B^{(e)}]$ で表す

応力－ひずみ行列（stress-strain matrix）：

　　　応力とひずみを関係づける行列．$[D]$ で表す

要素剛性方程式：1つの要素に対する節点変位と節点荷重の関係式

全体剛性方程式：全ての節点変位と節点荷重の関係式

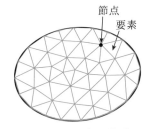

図 10.15　要素と節点

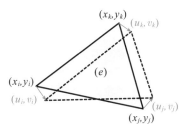

図 10.16　三角形要素と変位

注）
$\{\ \}$：ベクトル
$[\ ]$：マトリックス
^{T}：転置行列，転置ベクトル

三角形要素内の変位（図 10.16）

$$\begin{Bmatrix} u \\ v \end{Bmatrix} = \begin{bmatrix} N^{(e)} \end{bmatrix}\{u_i\ v_i\ u_j\ v_j\ u_k\ v_k\}^T ：要素内の変位 \tag{10.37}$$

　　　$(x_i, y_i), (x_j, y_j), (x_k, y_k)$：節点 i, j, k の座標

　　　$(u_i, v_i), (u_j, v_j), (u_k, v_k)$：節点 i, j, k の変位

　　　$\{u_i\}^T = \{u_i, v_i, u_j, v_j, u_k, v_k\}$：節点変位ベクトル

三角形要素の形状関数（図 10.17）

$$[N^{(e)}] = \begin{bmatrix} N_i^{(e)} & 0 & N_j^{(e)} & 0 & N_k^{(e)} & 0 \\ 0 & N_i^{(e)} & 0 & N_j^{(e)} & 0 & N_k^{(e)} \end{bmatrix}$$

$$N_i^{(e)} = \frac{1}{2\triangle}\left\{(x_j y_k - x_k y_j) + (y_j - y_k)x + (x_k - x_j)y\right\}$$

$$N_j^{(e)} = \frac{1}{2\triangle}\left\{(x_k y_i - x_i y_k) + (y_k - y_i)x + (x_i - x_k)y\right\} \tag{10.38}$$

$$N_k^{(e)} = \frac{1}{2\triangle}\left\{(x_i y_j - x_j y_i) + (y_i - y_j)x + (x_j - x_i)y\right\}$$

$$\triangle = \frac{x_j y_k + x_i y_j + x_k y_i - x_i y_k - x_j y_i - x_k y_j}{2} ：要素の面積$$

$$\{\varepsilon\}^T = \{\varepsilon_x\ \varepsilon_y\ \gamma_{xy}\}^T ：ひずみ成分$$

変位とひずみの関係　　$\{\varepsilon\} = [B^{(e)}]\{u_i\}$ (10.39)

　　　ひずみ－変位行列：

$$[B^{(e)}] = \frac{1}{2\triangle}\begin{bmatrix} y_j - y_k & 0 & y_k - y_i & 0 & y_i - y_j & 0 \\ 0 & x_k - x_j & 0 & x_i - x_k & 0 & x_j - x_i \\ x_k - x_j & y_j - y_k & x_i - x_k & y_k - y_i & x_j - x_i & y_i - y_j \end{bmatrix} \tag{10.40}$$

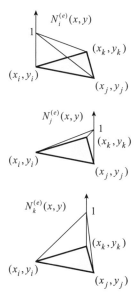

図 10.17　三角形要素の形状関数

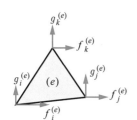

図 10.18 節点力の要素成分

> 注）1 つの節点は複数の要素に関係する. 例えば, 要素 (e) と (e+1) に節点 j が関連しているとする. 節点変位 u_j はどちらの要素についても同一であるが. 節点荷重はどちらの要素について考えているかで異なる. そして, 節点 j を含むすべての要素に関する節点荷重を足し合わせることにより, 節点 j に加わる荷重, すなわち節点力が求まる.

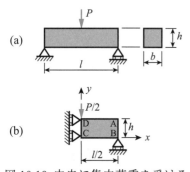

図 10.19 中央に集中荷重を受ける
両端支持はり

応力とひずみの関係　　$\{\sigma\} = [D]\{\varepsilon\}$　　　　　　　　　　　(10.41)

応力－ひずみ行列
（平面応力状態）　　$: [D] = \dfrac{E}{1-v^2} \begin{bmatrix} 1 & v & 0 \\ v & 1 & 0 \\ 0 & 0 & \frac{1-v}{2} \end{bmatrix}$　　(10.42)

応力と変位の関係　　$\{\sigma\} = [D]\{\varepsilon\} = [D][B^{(e)}]\{u_i\}$　　　(10.43)

要素剛性方程式（図 10.18）

$$[k^{(e)}]\{u_i\} = \left\{ f_i^{(e)} \right\}$$　　　　　　　　　　(10.44)

要素剛性マトリックス：

$$[k^{(e)}] = h \iint_{S^{(e)}} [B^{(e)}]^T [D][B^{(e)}] dxdy = hS^{(e)} [B^{(e)}]^T [D][B^{(e)}]$$　(10.45)

h：要素の厚さ, $S^{(e)} = \Delta$：要素の面積

要素に寄与する節点力の x, y 方向成分：

$$\left\{ f_i^{(e)} \right\}^T = \left\{ f_i^{(e)}, g_i^{(e)}, f_j^{(e)}, g_j^{(e)}, f_k^{(e)}, g_k^{(e)} \right\}$$　(10.46)

【例題 10.8】 図 10.19(a)のように, 長さ $l = 2\mathrm{m}$, 高さ $h = 0.5\mathrm{m}$, 厚さ $b = 0.5\mathrm{m}$ のはりの両端を支持し, 中央に荷重 $P = 10\mathrm{MN}$ を加える. この問題を平面応力問題として考え, 有限要素法を用いて解析するための次の準備をせよ.
(1) 対称性を用いて解析領域を少なくする.
(2) このときの境界条件を明確に表す.

【解答】 (1) 形状, 荷重の加え方ともに, はり中央に対して左右対称であるから, はりの中央断面は鉛直方向にのみ変位し, 水平方向の変位は生じない. 従って, 図 10.19(b)のように, 右側部分のみ解析することにより領域を 1/2 にすることができる.

(2) 図 10.19(b)のように点 C を原点とする x, y 座標をとれば, この問題の境界条件は以下のようになる.
面 DC の x 方向変位が零.
点 B の y 方向変位が零.
点 D に荷重 $P/2 = 5\mathrm{MN}$ を y の負方向に与える.
点 C での y 方向荷重, 点 B での x 方向荷重, 点 A での荷重が零.

【Example 10.9】 For Example 10.8, divide the structure by using the triangle element, introduce the stiffness equation and determine the vertical displacement at the center of the bar. Take Young's modulus $E = 200\mathrm{GPa}$ and Poisson's ratio $v = 0.3$.

【Solution】 Divide into two elements as shown in Fig. 10.20. The D matrix is given by Eq. (10.42) as follows.

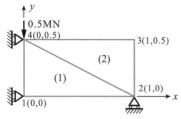

Fig.10.20　Triangle elements.

$$[D] = 220 \times \begin{bmatrix} 1 & 0.3 & 0 \\ 0.3 & 1 & 0 \\ 0 & 0 & 0.35 \end{bmatrix} [\mathrm{GPa}]$$　(10.47)

10・3 有限要素法

The stiffness matrixes for the elements (1) and (2) are given in Table 10.1.

Table 10.1　Element and stiffness matrix.

e	i, j, k	$(x_i, y_i), (x_j, y_j), (x_k, y_k)$ [m]	$S^{(e)}$ [m²]	$[B^{(e)}]$ [1/m]	$[k^{(e)}]$ [GN/m]
1	1, 2, 4	$(0, 0), (1, 0), (0, 0.5)$	0.25	$\begin{bmatrix} -1 & 0 & 1 & 0 & 0 & 0 \\ 0 & -2 & 0 & 0 & 0 & 2 \\ -2 & -1 & 0 & 1 & 2 & 0 \end{bmatrix}$	$27.5 \times \begin{bmatrix} 2.4 & 1.3 & -1 & -0.7 & -1.4 & -0.6 \\ 1.3 & 4.35 & -0.6 & -0.35 & -0.7 & -4 \\ -1 & -0.6 & 1 & 0 & 0 & 0.6 \\ -0.7 & -0.35 & 0 & 0.35 & 0.7 & 0 \\ -1.4 & -0.7 & 0 & 0.7 & 1.4 & 0 \\ -0.6 & -4 & 0.6 & 0 & 0 & 4 \end{bmatrix}$
2	2, 3, 4	$(1, 0), (1, 0.5), (0, 0.5)$	0.25	$\begin{bmatrix} 0 & 0 & 1 & 0 & -1 & 0 \\ 0 & -2 & 0 & 2 & 0 & 0 \\ -2 & 0 & 2 & 1 & 0 & -1 \end{bmatrix}$	$27.5 \times \begin{bmatrix} 1.4 & 0 & -1.4 & -0.7 & 0 & 0.7 \\ 0 & 4 & -0.6 & -4 & 0.6 & 0 \\ -1.4 & -0.6 & 2.4 & 1.3 & -1 & -0.7 \\ -0.7 & -4 & 1.3 & 4.35 & -0.6 & -0.35 \\ 0 & 0.6 & -1 & -0.6 & 1 & 0 \\ 0.7 & 0 & -0.7 & -0.35 & 0 & 0.35 \end{bmatrix}$

Moreover, the stiffness equations for each node can be given as follows.

Element (1):

$$27.5[\text{GN/m}] \times \begin{bmatrix} 2.4 & 1.3 & -1 & -0.7 & -1.4 & -0.6 \\ 1.3 & 4.35 & -0.6 & -0.35 & -0.7 & -4 \\ -1 & -0.6 & 1 & 0 & 0 & 0.6 \\ -0.7 & -0.35 & 0 & 0.35 & 0.7 & 0 \\ -1.4 & -0.7 & 0 & 0.7 & 1.4 & 0 \\ -0.6 & -4 & 0.6 & 0 & 0 & 4 \end{bmatrix} \begin{Bmatrix} u_1 \\ v_1 \\ u_2 \\ v_2 \\ u_4 \\ v_4 \end{Bmatrix} = \begin{Bmatrix} f_1^{(1)} \\ g_1^{(1)} \\ f_2^{(1)} \\ g_2^{(1)} \\ f_4^{(1)} \\ g_4^{(1)} \end{Bmatrix}$$

Element (2):

$$27.5[\text{GN/m}] \times \begin{bmatrix} 1.4 & 0 & -1.4 & -0.7 & 0 & 0.7 \\ 0 & 4 & -0.6 & -4 & 0.6 & 0 \\ -1.4 & -0.6 & 2.4 & 1.3 & -1 & -0.7 \\ -0.7 & -4 & 1.3 & 4.35 & -0.6 & -0.35 \\ 0 & 0.6 & -1 & -0.6 & 1 & 0 \\ 0.7 & 0 & -0.7 & -0.35 & 0 & 0.35 \end{bmatrix} \begin{Bmatrix} u_2 \\ v_2 \\ u_3 \\ v_3 \\ u_4 \\ v_4 \end{Bmatrix} = \begin{Bmatrix} f_2^{(2)} \\ g_2^{(2)} \\ f_3^{(2)} \\ g_3^{(2)} \\ f_4^{(2)} \\ g_4^{(2)} \end{Bmatrix}$$

By superposing these equations, the stiffness equation is obtained as follows.

$$27.5[\text{GN/m}] \times \begin{bmatrix} 2.4 & 1.3 & -1 & -0.7 & 0 & 0 & -1.4 & -0.6 \\ 1.3 & 4.35 & -0.6 & -0.35 & 0 & 0 & -0.7 & -4 \\ -1 & -0.6 & 2.4 & 0 & -1.4 & -0.7 & 0 & 1.3 \\ -0.7 & -0.35 & 0 & 4.35 & -0.6 & -4 & 1.3 & 0 \\ 0 & 0 & -1.4 & -0.6 & 2.4 & 1.3 & -1 & -0.7 \\ 0 & 0 & -0.7 & -4 & 1.3 & 4.35 & -0.6 & -0.35 \\ -1.4 & -0.7 & 0 & 1.3 & -1 & -0.6 & 2.4 & 0 \\ -0.6 & -4 & 1.3 & 0 & -0.7 & -0.35 & 0 & 4.35 \end{bmatrix} \begin{Bmatrix} u_1 \\ v_1 \\ u_2 \\ v_2 \\ u_3 \\ v_3 \\ u_4 \\ v_4 \end{Bmatrix} = \begin{Bmatrix} f_1^{(1)} \\ g_1^{(1)} \\ f_2^{(1)} + f_2^{(2)} \\ g_2^{(1)} + g_2^{(2)} \\ f_3^{(2)} \\ g_3^{(2)} \\ f_4^{(1)} + f_4^{(2)} \\ g_4^{(1)} + g_4^{(2)} \end{Bmatrix}$$

Introducing the boundary conditions, we get.

$$27.5[\text{GN/m}] \times \begin{bmatrix} 1 & 0 & 0 & 0 & 0 & 0 & 0 & 0 \\ 1.3 & 4.35 & -0.6 & -0.35 & 0 & 0 & -0.7 & -4 \\ -1 & -0.6 & 2.4 & 0 & -1.4 & -0.7 & 0 & 1.3 \\ 0 & 0 & 0 & 1 & 0 & 0 & 0 & 0 \\ 0 & 0 & -1.4 & -0.6 & 2.4 & 1.3 & -1 & -0.7 \\ 0 & 0 & -0.7 & -4 & 1.3 & 4.35 & -0.6 & -0.35 \\ 0 & 0 & 0 & 0 & 0 & 0 & 1 & 0 \\ -0.6 & -4 & 1.3 & 0 & -0.7 & -0.35 & 0 & 4.35 \end{bmatrix} \begin{Bmatrix} u_1 \\ v_1 \\ u_2 \\ v_2 \\ u_3 \\ v_3 \\ u_4 \\ v_4 \end{Bmatrix} = \begin{Bmatrix} 0 \\ 0 \\ 0 \\ 0 \\ 0 \\ 0 \\ 0 \\ -5\text{MN} \end{Bmatrix}$$

By solving it, the displacements can be obtained as follows.

$$\begin{aligned} & \{u_1 \ v_1 \ u_2 \ v_2 \ u_3 \ v_3 \ u_4 \ v_4\}^T \\ & = \{0 \ -0.414 \ 0.105 \ 0 \ -0.075 \ 0.002 \ 0 \ -0.465\}^T \text{ [mm]} \end{aligned} \tag{10.48}$$

The vertical displacement at the center of the bar can be obtained as the average value of the displacements at node 1 and 4 as follows.

$$\delta = -\frac{v_1 + v_4}{2} = 0.440\text{mm} \tag{10.49}$$

表 10.2　分割数と中央のたわみ
($l = 2\text{m}$)

分割数	中央のたわみ [mm]
8	0.872
32	1.43
128	1.82
512	2.02
2048	2.13

表 10.3　分割数と中央のたわみ
($l = 10\text{m}$)

分割数	中央のたわみ [mm]
20	48.0
80	109.6
180	146.3
320	166.0
720	184.9
1620	193.4
3380	197.4
6480	199.6
12500	200.6
24500	201.2
理論 1	200.0
理論 2	202.0

理論 1：式(10.52)

理論 2：せん断変形を考慮，式(10.54)

注）$l = 10\text{m}$ のときのせん断変形による梁中央のたわみは，

$$\delta_{shear} = \frac{3 \times 10 \times 10^6\,\text{N} \times 10\text{m}}{8 \times 76.92 \times 10^9\,\text{Pa} \times 0.5\text{m} \times 0.5\text{m}}$$
$$= 1.950\text{mm}$$

となる．この値は，真の値に比べ 1%程度と小さい．

【例題 10.10】　例題10.9で得られた結果をはりの曲げ理論による結果と比較せよ.

【解答】　はりの曲げ理論による中央のたわみは，付表（後2.1）より，

$$\delta_{theory} = \frac{Pl^3}{48EI} = \frac{Pl^3}{4Ebh^3}$$
$$= \frac{10 \times 10^6\,\text{N} \times (2\text{m})^3}{4 \times 200 \times 10^9\,\text{Pa} \times 0.5\text{m} \times (0.5\text{m})^3} = 1.600\text{mm} \tag{10.50}$$

となり，式(10.49)の計算値に比べ，約 4 倍となっている．この違いの主な要因は，要素分割が少なすぎるためである．

　表 10.2 に，要素分割数を増やしたときの中央のたわみの計算値を示す．分割数が大きくなると，計算値は大きくなるが，理論値に比べ 3 割程度，数値解の方が大きくなっている．この理由は，理論解が断面のせん断による変形を無視しているためである．せん断変形は，式(5.66)より得られる．ここで，せん断力 $F = P/2$ であるから，式(5.47)より長方形断面はりの最大せん断応力は，

$$\tau_{\max} = \frac{3}{2}\frac{F}{A} = \frac{3P}{4bh} \tag{10.51}$$

となり，式(5.66)より，せん断による変形は以下となる．

$$\delta_{shear} = \frac{\tau_{\max}}{G}\frac{l}{2} = \frac{3Pl}{8Gbh}$$
$$= \frac{3 \times 10 \times 10^6\,\text{N} \times 2\text{m}}{8 \times 76.92 \times 10^9\,\text{Pa} \times 0.5\text{m} \times 0.5\text{m}} = 0.390\text{mm} \tag{10.52}$$

ここで，横弾性係数 G は，弾性係数の関係式(8.59)を用いて得られる次の値を用いている．

$$E = 2G(1+\nu) \;\Rightarrow\; G = \frac{E}{2(1+\nu)} = \frac{200\text{GPa}}{2(1+0.3)} = 76.92\text{GPa} \tag{10.53}$$

従って，せん断変形を考慮に入れた中央のたわみの理論値は，式(10.50)に式(10.52)を加え，以下のように得られ，数値結果とほぼ一致する．

$$\delta_{theory}' = \delta_{theory} + \delta_{shear} = 1.99\text{mm} \tag{10.54}$$

　また，はりの曲げ理論では，はりの高さに比べ，長さが十分長い必要がある．例として，$l = 10\text{m}$ として同様な計算を行った結果を表 10.3 に示す．分割数が大きければ数値解と理論解はほぼ一致する．

練習問題

【練習問題】

【10.1】　Six kinds of truss are shown in Fig. 10.21. Calculate the number of the axial load m, the reaction force at support r and the joint j for the each truss. And, determine the kind of the truss, which is statically determinate truss, statically indeterminate truss, or unstable truss.

【10.2】　図 10.22(a), (b)に示した荷重 P を受ける二組のトラスについて，部材の配置の仕方の違いによる部材の軸力を比較せよ．

【10.3】　The truss is subjected to the vertical load $P = 100\text{kN}$ at the top node as shown in Fig. 10.23. Determine the displacement of the top node. Each member has the square cross section with the side length $a = 10\text{mm}$, length $l = 1\text{m}$ and Young's modulus $E = 200\text{GPa}$.

【10.4】　図 10.24に示されるような点 C に水平方向荷重 P を受けるラーメンについて，荷重点の水平方向変位 δ を求めよ．ただし，部材の曲げ剛性を EI とする．

【10.5】　図 10.25のように，一辺 $2l$ の四角形フレームに圧縮荷重 P を加える．幅の縮みを求めよ．

【10.6】　図 10.26のような長さと断面積が異なる部材を一直線上に繋げたトラスの節点①が壁に接合されている．節点③に荷重を加えて，x の正方向に δ 変位させた．このとき，必要な荷重と節点②の変位をマトリックス変位法により求めよ．

【10.7】　図 10.27のような菱形のトラスの対角線にばねを接続したトラス構造の節点②－④間に加える圧縮荷重 P と，節点②－④間の間隔の変化の関係を求めよ．ただし，無荷重の状態で，節点②－④の間隔は $2h$，①－③の間隔は $2l$ である．また，ばね部のばね定数を k，他の 4 個の部材の断面積，縦弾性係数を A, E とする．

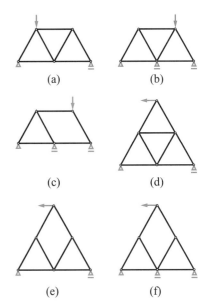

Fig. 10.21　Trusses subjected to the load.

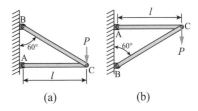

図 10.22　荷重を受けるトラス

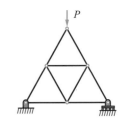

Fig. 10.23　The triangle truss.

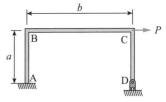

図 10.24　コ型のラーメン

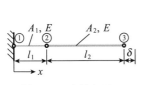

図 10.26　直線トラス

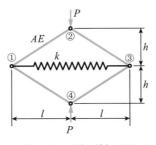

図 10.27　ひし型トラス

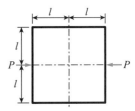

図 10.25　荷重を受ける四角形フレーム

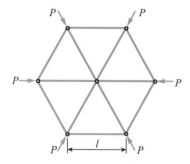

Fig. 10.28　Hexagonal truss.

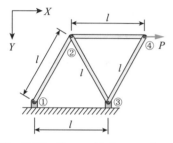

Fig. 10.29　Truss with four members.

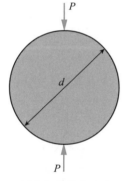

図 10.30　対向集中荷重を受ける円板

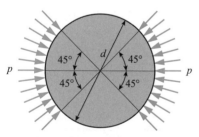

図 10.31　部分圧縮を受ける円板

【10.8】 The hexagonal truss as shown in Fig. 10.28 is subjected to the compressive load P at the surrounding nodes. Determine the shrinkage of the each member. Each member has the same length l, cross sectional area A and Young's modulus E.

【10.9】 As shown in Fig. 10.29, the truss is subjected to the horizontal load P. Determine the stiffness equation. The number of the nodes should be used as in the notations in the figure. All members have the same length l, Young's modulus E and cross sectional area A.

【10.10】 前問において，節点④の水平，垂直変位を求めよ．ただし，$P = 100$kN，$l = 5$m，$E = 206$GPa，$A = 10$cm^2 とする．

【10.11】 図 10.30 のように，対向集中荷重 $P = 4$GN を受ける円板の荷重点間の縮みを，有限要素法を用いて求めよ．ただし，対称性より 1/4 の領域のみを 2 つの 3 角形要素に要素分割すること．また，直径 $d = 2$m，縦弾性係数 $E = 200$GPa，ポアソン比 $v = 0.3$，厚さ $h = 1$m とする．

【10.12】 図 10.31のように，円板の両端の一部を圧力 $p = 200$MPa で圧縮したとき，両端の縮みを有限要素法を用いて求めよ．ただし，対称性より 1/4 の領域のみを 2 つの 3 角形要素に要素分割すること．また，$d = 2$m，$E = 200$GPa，$v = 0.3$，厚さ $h = 1$m とする．

第 11 章

強度と設計

Strength and Design

11・1　材料力学と技術者倫理（mechanics of materials and engineer ethics）

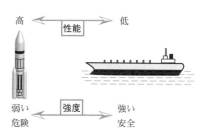

図 11.1　安全（強度）と性能

技術者倫理（engineer ethics）：技術者が人として守り行うべき道であり，善悪・正邪の判断において普遍的な基準となるもの，即ち，技術者が持つべき道徳であり，モラルである．日本技術士会の倫理綱領をはじめとして，各学協会が倫理綱領を定めている，表 11.1 は日本機械学会の倫理規定綱領である

安全と性能

　通常，断面積が大きければ応力は小さくなり，破壊せずに加えられる荷重は大きくなる．同時に断面積が大きくなれば，機械や構造物としては当然大きく重くなり，一般に性能は低下する．すなわち，性能と安全（強度）は相いれない場合がほとんどである（図 11.1）．このジレンマに落ち入り，多くの事故が起きている．言い換えれば『危険なものを安全に扱う』ことが技術である，ジレンマを克服し，最適な設計を行うという重要な役割を材料力学は担っている．

【例題 11.1】　A 君は A 社に入社後，数値解析を主に行う業務を行うことになった．B 社から，ある機械の部品の軽量化を行うために，形状の変更に伴う応力解析を依頼された．依頼内容は，『指定された形状と境界条件の基に有限要素法解析を行い，最大応力を算出する．』というものであった．A 君は依頼通りの解析を行い，最大応力を算出し，報告書にまとめた．念のため，材料力学の知識を用いて応力集中係数を算出し，最大応力を概算した所，数値結果に比べ 5 割程度大きな値となった．同僚に相談した所，依頼内容はあくまでも数値解析だけだから，余計な事は報告しない方が良いとの助言を受けたので，最初に作成した報告書を B 社に提出した．技術者として A 君の取った行動の問題点を挙げるとともに，取るべき行動を検討せよ．

【解答】問題を整理すると，材料力学で得られた結果を報告するかどうかと，材料力学の結果が合っているかどうかという可能性が考えられる．したがって，合計 4 つの可能性があり，各々に対して予想される結果を表 11.2 に示す．

表 11.2　A 君の取る行動の可能性と予想される結果

報告	材料力学	予想される結果
する	合っている	数値解析をやり直し，設計変更により事前に危険を回避できた
	間違っている	必要の無い数値解析のやり直しが生じ，B 社に損失が生じ，A 社もその責任の一端を問われた
しない	合っている	事故の危険性．事故が起こった場合，A 社，B 社ともに責任はまぬがれない
	間違っている	現状通り

表 11.1　日本機械学会倫理規定

１．（技術者としての責任）会員は，自らの専門的知識，技術，経験を活かして，人類の安全，健康，福祉の向上・増進を促進すべく最善を尽くす．

２．（社会に対する責任）会員は，人類の持続可能性と社会秩序の確保にとって有益であるとする自らの判断によって，技術専門職として自ら参画する計画・事業を選択する．

３．（自己の研鑽と向上）会員は，常に技術専門職上の能力・技芸の向上に努め，科学技術に関わる問題に対して，常に中立的・客観的な立場から正直かつ誠実に討議し，責任を持って結論を導き，実行するよう不断の努力を重ねる．これによって，技術者の社会的地位の向上を計る．

４．（情報の公開）会員は，関与する計画・事業の意義と役割を公に積極的に説明し，それらが人類社会や環境に及ぼす影響や変化を予測評価する努力を怠らず，その結果を中立性・客観性をもって公開することを心掛ける．

５．（契約の遵守）会員は，専門職務上の雇用者あるいは依頼者の，誠実な受託者あるいは代理人として行動し，契約の下に知り得た職務上の情報について機密保持の義務を全うする．それらの情報の中に人類社会や環境に対して重大な影響が予測される事項が存在する場合，契約者間で情報公開の了解が得られるよう努力する．

６．（他者との関係）会員は，他者と互いの能力・技芸の向上に協力し，専門職上の批判には謙虚に耳を傾け，真摯な態度で討論すると共に，他者の業績である知的成果，知的財産権を尊重する．

７．（公平性の確保）会員は，国際社会における他者の文化の多様性に配慮し，個人の生来の属性によって差別せず，公平に対応して個人の自由と人格を尊重する．

ホウレンソウ：ポパイが好きな野菜のことではない．「報告」「連絡」「相談」の頭を取って，「報連相」と呼ぶ．自分で抱え込まず，常日頃からこの 3 つを怠らないように気を付けておくことが，技術者として大切である．

注）ここで取り上げた問題は架空の話である．現実の話はより複雑で込み入っている場合が多い．倫理が絡む場合，材料力学の数式だけで解決できない場合がほとんどである．技術者としてのモラルや日頃の研鑽が大切である．何か問題がある，あるいはありそうだと認識した時は，ためらわずにすぐに関係者と相談することが問題解決の第一歩である．

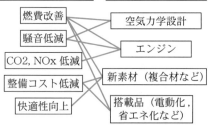

図 11.2　エアライン側の要求とメーカー側の技術項目との関連

水力による自家発電設備 (1908-1950)
（提供：電気の史料館）

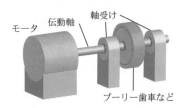

図 11.3　モータにより伝動軸を介した歯車やプーリーの駆動機械

注）伝達動力 H が仏馬力 (Pferdestärke) PS で与えられる場合には，1PS = 735.5W として計算すればよい．なお，1PS とは重量 75kgf の物を 1 秒間に 1m 持ち上げるときの仕事率である．

表 11.2 より，材料力学の結果を報告しなかった場合，もし材料力学の結果が正しければ，重大な事故の可能性が生じ，最悪の結果をまねくことになる．したがって，A 君の取るべき行動としては，同僚との相談はもちろんであるが，まず上司に全て報告し，B 社から依頼を受けた部署，あるいは A 社の責任の下に対応を考えなければならない．また，より詳細な解析を実行し，結果の精度を高め検証する必要がある．B 社からの依頼内容だけでは不十分な場合は，その内容を B 社と再協議しなければならない．

A 君は技術者の一人として，「表 11.1 日本機械学会倫理規定」にあるように，社会に対して責任を持っている．このことを常に忘れず，世の中の安全，安心のために研鑽することが大切である．

【例題 11.2】効率のよい航空機の導入のためエアラインが機体メーカーに要求する項目は「燃費改善，騒音低減，CO_2，NO_x 低減，整備コスト低減，快適性向上」等がある．一方，メーカー側の技術項目には「空気力学設計技術，エンジン技術，新素材（複合材など）技術，搭載品技術（電動化，省エネ化など）」がある．(a) エアライン側の要求とメーカー側の技術項目との関連を示すとともに，(b) エンジン技術と新素材技術について材料力学のどのような項目や理論と関係が深いかを述べよ．

【解答】　(a) 図 11.2 のように複雑な関連となる．

(b) **エンジン技術**：エンジンやその周辺部材設計

　　　　　　項目：熱応力，強度・安全率など

　　新素材技術：主翼などの構造設計時の応力等の見積

　　　　　　項目：はり，強度・安全率など

11・2　軸径の設計 （design of shaft diameter）

伝動軸 (transmission shaft)：回転運動によって動力を伝達する軸（図 11.3）

伝達動力　H [W]　　：1 秒間に伝達される仕事

トルク　　T [Nm]　：軸を中心に外部から加えられる力のモーメント

角速度　　ω [rad/s]　：1 秒間当たりの回転軸の回転角

回転数　　n [rpm]　：1 分間当たりの伝達軸の回転数

伝達動力，トルク，角速度，回転数の間の関係

$$H = T\omega \tag{11.1}$$

$$\omega = \frac{2\pi n}{60} \tag{11.2}$$

$$H = \frac{\pi n T}{30}, \quad T = \frac{30H}{\pi n} \tag{11.3}$$

最大せん断応力を許容せん断応力 τ_a 以下にする軸径の設計

$$\tau_{max} = \frac{16T}{\pi d^3} = \frac{16 \times 30H}{\pi^2 n d^3} \leq \tau_a \quad \Rightarrow \quad d \geq \sqrt[3]{\frac{480H}{\pi^2 n \tau_a}} \tag{11.4}$$

11・2 軸径の設計

比ねじれ角を許容値 θ_a 以下にする軸径の設計（高精密な位置決めが要求される場合．ロボットや工作機械等に用いられる．）

　伝動軸の比ねじれ角 θ [rad/m] をその許容値 θ_a 以下にするために，式(4.8)，式(4.9)より得られる次式より軸径の設計を行う．

$$\theta = \frac{T}{GI_P} = \frac{32T}{G\pi d^4} \leq \theta_a \quad \Rightarrow \quad d \geq \sqrt[4]{\frac{32T}{G\pi\theta_a}} = \sqrt[4]{\frac{960H}{G\pi^2 n\theta_a}} \tag{11.5}$$

【Example 11.3】 Determine the diameter of the shaft, which can transmit the power H = 150PS with 300rpm. The allowable shearing stress is τ_a = 25MPa.

【Solution】 The diameter d can be given as follows by using Eq. (11.4).

$$d \geq \sqrt[3]{\frac{480H}{\pi^2 n\tau_a}} = \sqrt[3]{\frac{480 \times 150PS \times 735.5W/Ps}{\pi^2 \times 300rpm \times 25 \times 10^6 Pa}} = 89.44 \times 10^{-3}m = 89.44mm \tag{11.6}$$

Ans. : 89.5mm

【例題 11.4】図 11.4のように，長さ l = 30cm の回転軸に取り付けられた，長さ a = 20cm のアームの先端が，最大 m = 50kg の質量をつかむ．軸のねじり変形による重りの変位を δ = 0.5mm 以下にするのに必要な軸の直径を求めよ．ただし，軸の横弾性係数 G = 80GPa で，軸のたわみや質量，アームの変形や質量は考慮しないとする．

【解答】 重りにより，点 C に加わる荷重は mg である．軸 AB に加わるねじりトルク T はアームが水平になったときが最も大きく，次のようになる．

$$T = mga \tag{11.7}$$

また，C 点の変位を δ = 0.5mm 以下にするために，図 11.4(b)を参考にすれば，軸 AB の比ねじれ角の許容値 θ_a は以下のように得られる．

$$\theta_a l = \frac{\delta}{a} \quad \Rightarrow \quad \theta_a = \frac{\delta}{al} = \frac{0.5 \times 10^{-3}m}{20 \times 10^{-2}m \times 0.3m} = 8.333 \times 10^{-3}rad/m \tag{11.8}$$

式(11.5)より，必要な軸の直径は以下のように得られる．

$$d \geq \sqrt[4]{\frac{32mga}{G\pi\theta_a}} = \sqrt[4]{\frac{32 \times 50kg \times 9.81m/s^2 \times 0.2m}{80 \times 10^9 Pa \times \pi \times 8.333 \times 10^{-3}[rad/m]}} = 34.99mm \tag{11.9}$$

答：35.0mm

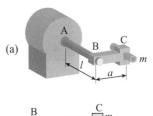

図 11.4 回転軸に取り付けられたアーム

11・3　コイルばねの設計（design of coiled helical spring）

コイルばね (coiled helical spring)：線材を円筒形に巻いたもの（図 11.5）

線径 (wire diameter) d：線材の直径

コイル半径 (coil radius) R：ばねの中心から線材の中心までの距離

つる巻角 (helical angle) α：線材とばね中心の水平面とのなす角度

コイルの有効巻数 (effective number of coil) n_e：中心軸周りの線材の巻き数

密巻コイルばね (close-coiled helical spring)：つる巻角 α の小さいばね

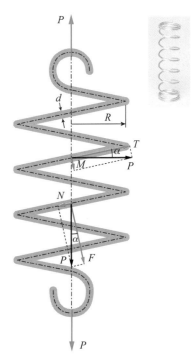

図 11.5 コイルばねのモデル

コイルばねに生じる最大せん断応力 $\tau_{\max}$ [Pa] ：

$$\tau_{\max} = \frac{16PR}{\pi d^3}(1+\frac{d}{4R}) \qquad (11.10)$$

線径 d がコイル半径 R に比べて小さい場合は次式となる：

$$\tau_{\max} \cong \frac{16PR}{\pi d^3} \qquad (11.11)$$

コイルばねの伸び δ [m] ：　　　　　$$\delta = \frac{64n_e PR^3}{Gd^4} \qquad (11.12)$$

ばね定数（spring constant） k [N/m] ：　$$k = \frac{P}{\delta} = \frac{Gd^4}{64n_e R^3} \qquad (11.13)$$

図 11.6　コイルばね

【例題 11.5】　図 11.6 のような線径 d = 0.65mm，コイルの平均直径 $2R$ = 7.5mm のコイルばねに，軸引張荷重 P = 2.00N が加わったときのばねの伸びを 20mm 以下としたい．必要な有効巻数 n_e を求めよ．また，ばねに加わる最大せん断応力を求めよ．ただし，横弾性係数 G = 73.7GPa とする．

【解答】　最大のばねの伸びを δ_a = 20mm で表わせば，式(11.12)より，

$$\delta_a \geq \delta = \frac{64n_e PR^3}{Gd^4} \quad \Rightarrow$$

$$n_e \leq \frac{Gd^4 \delta_a}{64PR^3} = \frac{73.7 \times 10^9\,\mathrm{Pa} \times (0.65 \times 10^{-3}\,\mathrm{m})^4 \times 20 \times 10^{-3}\,\mathrm{m}}{64 \times 2.00\,\mathrm{N} \times (3.75 \times 10^{-3}\,\mathrm{m})^3} = 39.0 \quad (11.14)$$

従って，必要な有効巻数は，39 巻である．このとき，ばねに加わる最大せん断応力は，式(11.10)より，以下のように得られる．

$$\tau_{\max} = \frac{16 \times 2.00\,\mathrm{N} \times 3.75 \times 10^{-3}\,\mathrm{m}}{\pi(0.65 \times 10^{-3}\,\mathrm{m})^3}(1+\frac{0.65 \times 10^{-3}\,\mathrm{m}}{4 \times 3.75 \times 10^{-3}\,\mathrm{m}}) = 145\mathrm{MPa} \quad (11.15)$$

答：n_e = 39, $\tau_{\max}$ = 145MPa

【Example 11.6】　Determine the diameter of the required wire diameter d and the effective number of coil n_e of the close-coiled helical spring, which satisfies the following specification. "The maximum load P = 5N, the radius of the coil R = 10mm, the spring constant k = 1000N/m, the allowable shearing stress τ_a = 20MPa, the modulus of elasticity in shear G = 80GPa."

【Solution】　The maximum shearing stress should not be over the allowable stress. Thus the required wire diameter d can be given by using Eq. (11.11) as

$$\tau_a \geq \tau_{\max} \cong \frac{16PR}{\pi d^3} \quad \Rightarrow$$

$$d \geq \left(\frac{16PR}{\pi \tau_a}\right)^{1/3} = \left(\frac{16 \times 5\,\mathrm{N} \times 10 \times 10^{-3}\,\mathrm{m}}{\pi \times 20 \times 10^6\,\mathrm{Pa}}\right)^{1/3} = 2.335\mathrm{mm} \quad (11.16)$$

The effective number of coil n_e should satisfy the following relation by the spring constant k and the Eq. (11.13).

$$n_e = \frac{Gd^4}{64kR^3} \geq \frac{80 \times 10^9 \, \text{Pa} \times (2.335 \times 10^{-3} \, \text{m})^4}{64 \times 1000[\text{N/m}] \times (10 \times 10^{-3} \, \text{m})^3} = 37.2 \qquad (11.17)$$

Thus the effective number of coil $n_e = 38$. The diameter d can be given by Eq. (11.13) as follows.

$$d = \left(\frac{64kR^3 n_e}{G} \right)^{1/4} = 2.35 \text{mm} \qquad (11.18)$$

Ans. : $d = 2.35$mm, $n_e = 38$

11・4　構成式（constitutive equation）

構成則 (constitutive law)：応力とひずみの関係

構成式 (constitutive equation)：数式で表した構成則

理想的な弾塑性材料の構成式

垂直応力と垂直ひずみの関係（図 11.7(a)，σ_Y：降伏応力 (yield stress)，降伏強さ (yield strength)）

$$\sigma = \begin{cases} \sigma_Y & (\frac{\sigma_Y}{E} < \varepsilon) \\ E\varepsilon & (-\frac{\sigma_Y}{E} \leq \varepsilon \leq \frac{\sigma_Y}{E}) \\ -\sigma_Y & (\varepsilon < -\frac{\sigma_Y}{E}) \end{cases} \qquad (11.19)$$

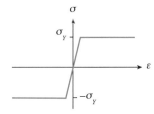

(a) 垂直応力－垂直ひずみ線図

せん断応力とせん断ひずみの関係（図 11.7(b)，τ_Y：降伏せん断応力）

$$\tau = \begin{cases} \tau_Y & (\gamma > \frac{\tau_Y}{G}) \\ G\gamma & (\gamma \leq \frac{\tau_Y}{G}) \end{cases} \qquad (11.20)$$

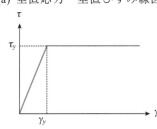

(b)　せん断応力-せん断ひずみ線図

図 11.7 理想的な弾塑性材料の
応力-ひずみ線図

【例題 11.7】　弾塑性変形する材料で作った長さ l = 200mm, 断面積 A = 100mm² の棒の一端を固定し,他端を引張って塑性変形させることで,長さを λ = 5mm だけ長くしたい. 他端を引き伸すときに必要な最大変位 u を求めよ. ただし,この材料を理想的な弾塑性材料とし,降伏応力を σ_Y = 140MPa, 縦弾性係数を E = 70GPa とする.

【解答】図 11.8のように,降伏応力以上の応力を生じる荷重を加え変形させ, この荷重を零にすることにより,永久ひずみが残り,材料の長さを長くすることが出来る. 必要な永久ひずみ ε_p は,

$$\varepsilon_p = \frac{\lambda}{l} = \frac{5\text{mm}}{200\text{mm}} = 0.025 \text{mm/mm} \qquad (11.21)$$

材料にこの永久ひずみを生じさせるためには,図 11.8からわかるように,さらに以下の弾性ひずみが必要である.

$$\sigma_Y = E\varepsilon_e \Rightarrow \varepsilon_e = \frac{\sigma_Y}{E} = \frac{140 \times 10^6 \, \text{Pa}}{70 \times 10^9 \, \text{Pa}} = 0.002 \qquad (11.22)$$

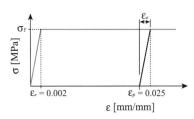

図 11.8 応力-ひずみ線図

　弾性ひずみと永久ひずみを合計したひずみを与える必要があることから，必要な最大変位 u は以下のように得られる．

$$\frac{u}{l} = \varepsilon_e + \varepsilon_p \quad \Rightarrow \quad u = (\varepsilon_e + \varepsilon_p)l = 5.40\text{mm} \tag{11.23}$$

11・5　降伏条件（yield condition, yield criterion）

最大主応力説（maximum principal stress hypothesis）（図 11.9）

　材料内の三つの主応力 σ_1, σ_2, σ_3 のうち，最大主応力値がその材料の限界値に達すると破壊するという説で，この説に基づく降伏条件は次のようになる，

$$\max(|\sigma_1|, |\sigma_2|, |\sigma_3|) = \sigma_Y \tag{11.24}$$

鋳鉄のような脆性材料では実験結果とよく一致するが，軟鋼のような延性材料には当てはまらないことが多い．

最大せん断応力説（maximum shear stress hypothesis）（図 11.10）

　材料内の三つの主せん断応力 τ_1, τ_2, τ_3 のうち，主せん断応力の最大値がせん断応力の限界値 τ_e に達した時に破断するという説で．降伏条件は，

$$\max(\tau_1, \tau_2, \tau_3) = \tau_e = \frac{\sigma_Y}{2} \tag{11.25}$$

この降伏条件は，延性材料の破断に対して実験とよく一致し，トレスカの降伏条件（Tresca yield criterion）と言われている．

最大せん断ひずみエネルギ説

（maximum shear strain energy hypothesis）（図 11.11）

　せん断ひずみエネルギの値が，その材料の限界値に達すると破壊するという説．全ひずみエネルギから体積変化によるひずみエネルギを差し引く事により求められる．

$$(\sigma_1 - \sigma_2)^2 + (\sigma_2 - \sigma_3)^2 + (\sigma_3 - \sigma_1)^2 = 2\sigma_Y^2 \tag{11.26}$$

この降伏条件は，ミーゼスの降伏条件（von Mises yield criterion）と呼ばれている．延性材料が高い静水圧を受けても破壊が起こらないという実験結果と一致し，延性材料の破壊条件として最も広く用いられている．この条件は，

$$\sigma_{Mises} = \sqrt{\frac{(\sigma_1 - \sigma_2)^2 + (\sigma_2 - \sigma_3)^2 + (\sigma_3 - \sigma_1)^2}{2}} \tag{11.27}$$

で定義されるミーゼス応力（von Mises stress）が降伏応力に達すると考えることができる．ミーゼス応力は機械や構造物の健全性を評価する指標の１つとして良く用いられている．

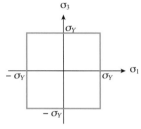

図 11.9　最大主応力説による降伏面

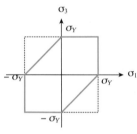

図 11.10　最大せん断応力説による降伏

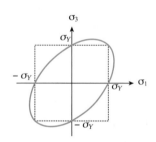

図 11.11　ミーゼスの降伏条件

注）図 11.9〜11 は，３次元の曲面として得られる破壊に関する説に基づいた降伏曲面を $\sigma_1 - \sigma_3$ 平面において表したものである．それぞれの式で $\sigma_2 = 0$ とすると得られる．

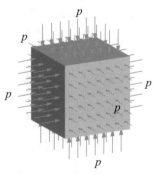

図 11.12　静水圧状態

【例題 11.8】　ミーゼスの降伏条件によれば，静水圧状態では降伏が起こらないことを証明せよ．

【解答】　図 11.12 のように，圧力 p を受ける静水圧状態では，全ての垂直応力は等しく，またせん断応力は生じない．従って，$\sigma_1 = \sigma_2 = \sigma_3 = -p$ であるから，式(11.26)の左辺は，どんなに圧力が高くても零となり，降伏は生じない．

11・5 降伏条件

【解答】 図 11.13(a)のように,σ_1, σ_3 軸を σ_2 軸回りに 45°回転した座標 x', y' を考える. この座標と σ_1, σ_3 軸との関係は,

$$\sigma_1 = x'\cos 45° - y'\sin 45° , \quad \sigma_3 = x'\sin 45° + y'\cos 45° \tag{11.28}$$

これより,ミーゼスの降伏条件,式(11.26)は,以下のように表わされる.

$$(x' - \sqrt{2}\sigma_2)^2 + 3y'^2 = 2\sigma_Y^2 \tag{11.29}$$

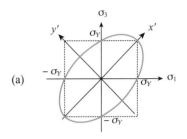

この式より,降伏曲面と σ_2 軸に垂直な断面との交線は,中心 $(\sqrt{2}\sigma_2, 0)$ とする楕円となっていることがわかる. y' 軸方向から見て,この楕円の中心の軌跡は

$$\sigma_2 = \frac{1}{\sqrt{2}}x' \tag{11.30}$$

で表わされる直線である. この直線方向が x 軸となるように,y' 軸を中心として回転した座標を x, z とする. 回転角を θ とし,図 11.13(b)を参考にすれば,

$$\sin\theta = \frac{1}{\sqrt{3}} , \quad \cos\theta = \sqrt{\frac{2}{3}} \tag{11.31}$$

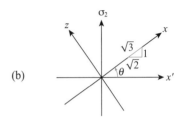

である. また,x, z と x', σ_2 の関係は,

$$x' = x\cos\theta - z\sin\theta , \quad \sigma_2 = x\sin\theta + z\cos\theta \tag{11.32}$$

となるから,ミーゼスの降伏曲面,式(11.29)は,次式となる.

$$z^2 + y'^2 = \frac{2}{3}\sigma_Y^2 \tag{11.33}$$

これより,ミーゼスの降伏曲面は,半径 $\sqrt{\frac{2}{3}}\sigma_Y$ の円筒面となる. (図 11.13(c))

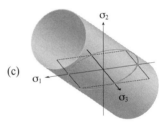

図 11.13 ミーゼスの降伏曲面

11・6 弾性設計と極限設計 (elastic design and limit design)

弾性設計 (elastic design):降伏点を破壊基準に取る設計
極限設計 (limit design):全体が降伏したときを基準強さに取る設計
極限荷重 (ultimate load), 崩壊荷重 (collapse load):全体が降伏するときの荷重

不静定トラス (statically indeterminate truss) **の極限荷重** P_L [N] (図 11.14)

(1) 全ての部材が塑性域に達したときの荷重が極限荷重である.

(2) 降伏応力より,各々の部材の軸力が求まる.

(3) 軸力と荷重との釣合いより,極限荷重が求まる.

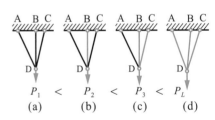

図 11.14 不静定トラスの極限荷重
(青色が塑性域となった部材)

丸軸の極限ねじりモーメント T_L [N·m]

$$T_L = \frac{2\pi}{3}b^3\tau_Y \tag{11.34}$$

$r = a \sim b$ の部分が塑性域に達したときのねじりモーメント (図 11.15)

$$T = \frac{2\pi b^3}{3}(1 - \frac{a^3}{4b^3})\tau_Y \tag{11.35}$$

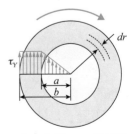

図 11.15 中実丸軸の一部が降伏した
ときのせん断応力分布

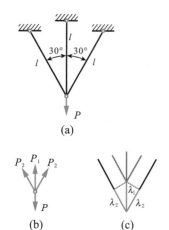

(a)

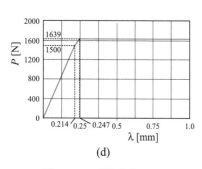

(b) (c)

(d)

図 11.16 不静定トラス

【例題 11.10】 図 11.16(a)のように，理想的な弾塑性材料でできたトラスに荷重を加えた． (a) 荷重 P と伸び λ の関係を図で示せ． (b) 極限荷重 P_L を求めよ．ただし，降伏応力を $\sigma_Y = 150$MPa，縦弾性係数を $E = 70$GPa，部材の長さを $l = 100$mm，断面積を $A = 4$mm^2 とする．

【解答】 中央の部材に加わる軸力を P_1，左右の部材に加わる軸力を P_2 とする．図 11.16(b)に示す荷重点における力の釣合いより，

$$P_1 + 2 \times \cos(30°)P_2 = P \Rightarrow P = P_1 + \sqrt{3}P_2 \tag{11.36}$$

図11.16(c)のように，中央の部材の伸びを λ_1，左右の部材の伸びを λ_2 で表わす．各々の部材の伸びに関する拘束条件より，

$$\lambda_2 = \lambda_1 \cos 30° = \frac{\sqrt{3}}{2}\lambda_1 = \frac{\sqrt{3}}{2}\lambda \tag{11.37}$$

弾塑性材料の応力とひずみの関係式より，

$$P_1 = \begin{cases} AE\dfrac{\lambda_1}{l} & (0 \le \lambda_1 \le \dfrac{\sigma_Y l}{E}) \\ A\sigma_Y & (\dfrac{\sigma_Y l}{E} < \lambda_1) \end{cases} = \begin{cases} AE\dfrac{\lambda}{l} & (0 \le \lambda \le \dfrac{\sigma_Y l}{E}) \\ A\sigma_Y & (\dfrac{\sigma_Y l}{E} < \lambda) \end{cases} \tag{11.38}$$

$$P_2 = \begin{cases} AE\dfrac{\lambda_2}{l} & (0 \le \lambda_2 \le \dfrac{\sigma_Y l}{E}) \\ A\sigma_Y & (\dfrac{\sigma_Y l}{E} < \lambda_2) \end{cases} = \begin{cases} \dfrac{\sqrt{3}}{2}AE\dfrac{\lambda}{l} & (0 \le \lambda \le \dfrac{2\sigma_Y l}{\sqrt{3}E}) \\ A\sigma_Y & (\dfrac{2\sigma_Y l}{\sqrt{3}E} < \lambda) \end{cases} \tag{11.39}$$

これらの式を，式(11.36)に適用し整理すれば．P と λ の関係は次式となる．

$$P = \begin{cases} \dfrac{5}{2}AE\dfrac{\lambda}{l} & (0 \le \lambda \le \dfrac{\sigma_Y l}{E}) \\ A\sigma_Y + \dfrac{3}{2}AE\dfrac{\lambda}{l} & (\dfrac{\sigma_Y l}{E} \le \lambda \le \dfrac{2\sigma_Y l}{\sqrt{3}E}) \\ (1+\sqrt{3})A\sigma_Y & (\dfrac{2\sigma_Y l}{\sqrt{3}E} \le \lambda) \end{cases} \tag{11.40}$$

数値を代入して図に表わせば，図 11.16(d)のようになる．

この図からわかるように，$\lambda = 0.247$mm 以上伸ばすと，荷重は一定値となる．この荷重が極限荷重である．

$$P_L = (1+\sqrt{3})A\sigma_Y = 1639\text{N} \tag{11.41}$$

答：図 11.12(d)，$P_L = 1.64$kN

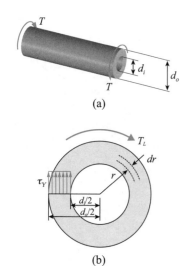

(a)

(b)

Fig. 11.17 Torsion of a hollow shaft.

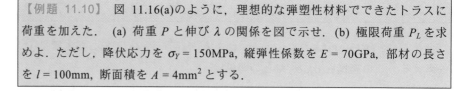

【Example 11.11】 The torque T is applied to the aluminum shaft with the outer diameter $d_o = 50$mm and the inner diameter $d_i = 40$mm as shown in Fig. 11.17(a). (a) Determine the torque T_Y, when the yielding is occurred. (b) Determine the ultimate torque T_L. The yield shearing stress is $\tau_Y = 80$MPa.

【Solution】 (a) In the elastic region, the maximum shearing stress is occurred at the surface of the shaft and given as follows with the torque T.

$$\tau_{max} = \frac{T}{I_p}\frac{d_o}{2} \tag{11.42}$$

Where, the moment of inertia of area I_p is given as follows.

$$I_p = \frac{\pi}{32}\left(d_o^{\;4} - d_i^{\;4}\right) = \frac{\pi}{32}\left\{(50 \times 10^{-3}\text{m})^4 - (40 \times 10^{-3}\text{m})^4\right\} \tag{11.43}$$
$$= 362.3 \times 10^{-9}\text{m}^4$$

If the maximum shearing stress $\tau_{\max}$ in Eq. (11.42) is reached to the yield shearing stress τ_Y, the yielding deformation begins. Thus the torque T_Y is given as follows.

$$T_Y = \frac{2I_p}{d_0}\tau_Y = \frac{2 \times 362.3 \times 10^{-9}\text{m}^4}{50 \times 10^{-3}\text{m}} \times 80 \times 10^6\text{Pa} = 1159\text{Nm} \tag{11.44}$$

(b) By the condition that the all region is yield shearing stress τ_Y as shown in Fig. 11.17(b), the ultimate torque T_L can be given as follows.

$$T_L = \int_{d_i/2}^{d_o/2} r \times \tau_Y \times 2\pi r dr = \frac{\pi}{12}(d_o^{\;3} - d_i^{\;3})\tau_Y \tag{11.45}$$
$$= \frac{\pi}{12} \times \left\{(0.05\text{m})^3 - (0.04\text{m})^3\right\} \times 80 \times 10^6\text{Pa} = 1278\text{Nm}$$

Ans. :　$T_Y = 1160\text{Nm}$,　$T_L = 1280\text{Nm}$

【例題 11.12】　図 11.18(a)のようなリベット継手に引張荷重 P が作用している．ピッチ p とリベットの直径 d を効率的に設計せよ．ただし，平板の幅を h，厚さを t，リベットの数を n，ピッチを $p(=h/n)$，リベット孔とリベットの直径を d とする．また，平板の許容引張応力を σ_{pt}，許容圧縮応力を σ_{pc} とし，リベットの許容せん断応力を τ_a とする．

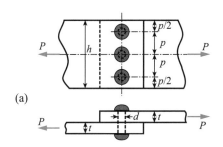

(a)

(b)

(c)

図 11.18　重ね継手

【解答】　平板に穴が無いとした場合，平板の断面に作用する力は，1ピッチ当り

$$P_1 = \sigma_{pt}A = \sigma_{pt}pt \tag{11.46}$$

と表される．一方，リベット 1 本に作用するせん断力は以下となる．

$$Q = \tau_a A' = \tau_a \frac{\pi d^2}{4} \tag{11.47}$$

力 P_1 に対する力 Q の比を，リベットのせん断力に対する効率と称する．

$$\eta_1 = \frac{Q}{P_1} = \frac{\pi d^2 \tau_a}{4pt\sigma_{pt}} \tag{11.48}$$

平板にリベット孔がある場合，図 11.18(b)のように，平板の断面に作用する力は，応力集中を無視すると，1ピッチ当り以下のように表わされる．

$$P_2 = \sigma_{pt}A'' = \sigma_{pt}(p - d)t \tag{11.49}$$

力 P_1 に対する力 P_2 の比を，平板の引張強度に対する効率と称する．

$$\eta_2 = \frac{P_2}{P_1} = \frac{p - d}{p} \tag{11.50}$$

次に，図 11.18(c)のようにリベットによって平板のリベット孔が圧潰される場合，リベット孔に作用する力は，投影面積が $A''' = dt$ であるので，

$$P_3 = \sigma_{pc}A''' = \sigma_{pc}dt \tag{11.51}$$

と表される. 力 P_1 に対する力 P_3 の比を平板の圧縮強度に対する効率と称する.

$$\eta_3 = \frac{P_3}{P_1} = \frac{\sigma_{pc}d}{\sigma_{pt}p} \tag{11.52}$$

さて, 継手を効率的に設計するために, $\eta_1 = \eta_2$ とおくと

$$\frac{\pi d^2 \tau_a}{4pt\sigma_{pt}} = \frac{p-d}{p} \Rightarrow p = d + \frac{\pi d^2 \tau_a}{4t\sigma_{pt}} \tag{11.53}$$

の関係式が得られる. さらに, $\eta_1 = \eta_3$ とおくと, リベットの直径が決定できる.

$$\frac{\pi d^2 \tau_r}{4pt\sigma_{pt}} = \frac{\sigma_{pc}d}{\sigma_{pt}p} \Rightarrow d = \frac{4t\sigma_{pc}}{\pi \tau_a} \tag{11.54}$$

11・7　塑性曲げと極限荷重 (plastic bending and ultimate load)

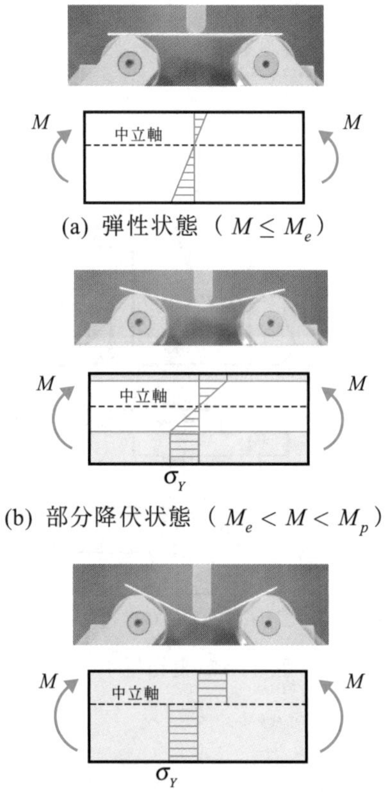

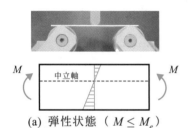

(a) 弾性状態 ($M \le M_e$)

(b) 部分降伏状態 ($M_e < M < M_p$)

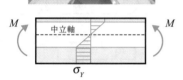

(c) 全面降伏状態 ($M_p \le M$)

図 11.19　塑性曲げ

注）塑性曲げの中立軸は, 一般に弾性曲げの場合の位置と異なる.

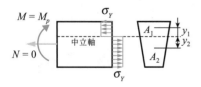

図 11.20　完全な塑性状態

塑性曲げ (plastic bending)：
　　応力が材料の降伏点 (yield point) を超えたはりの曲げ
全塑性曲げモーメント （totally plastic bending moment) M_p：
　　ある断面が全面降伏するときの曲げモーメント
極限荷重 (ultimate load)：全塑性曲げモーメントが生じる時の荷重
塑性節 (plastic hinge)：全面降伏した部分

はりの断面における応力の分布状態 （図 11.19）

　(a)　**弾性状態** （ $M \le M_e$ ）：最大曲げ応力が降伏点となるときのモーメントを M_e で表す. 曲げモーメント M が M_e より小さい場合, 断面上における曲げ応力の分布は直線となる. （図 11.19(a)）

　(b)　**部分降伏状態** （ $M_e < M < M_p$ ）：最大応力が降伏点に達してからさらにモーメント M を増やすと, 影を付けないはりの部分は弾性領域であるが, 影を付けた部分は塑性領域になる. （図 11.19(b)）

　(c)　**全面降伏状態** （ $M_p \le M$ ）：さらに曲げモーメントが増大すると, はりの断面全体が塑性領域となる. この時の曲げモーメントは極限曲げモーメント (ultimate bending moment) あるいは全塑性曲げモーメント (totally plastic bending moment) と呼ばれ M_p で表す. 材料の加工硬化を無視すれば, これ以上は曲げモーメントが増大しない. そのときの荷重を崩壊荷重 (collapse load) あるいは極限荷重 (ultimate load) という. （図 11.19(c)）

全塑性曲げモーメント （totally plastic bending moment） M_p （図 11.20）

$$M_p = A_1 y_1 \sigma_Y + A_2 y_2 \sigma_Y = \sigma_Y A \frac{y_1 + y_2}{2} \qquad \left(A_1 = A_2 = \frac{A}{2} \right) \tag{11.55}$$

ここで, y_1 および y_2 は, それぞれ中立軸から上側部分および下側部分の断面の図心までの距離である. また, A は断面積である.

11・7 塑性曲げと極限荷重

（1）長方形断面の弾性モーメントと塑性モーメント（図 11.21）

$$M_e = \sigma_Y Z = \sigma_Y \left(\frac{bh^2}{6} \right) , \quad M_p = \sigma_Y \left(\frac{bh^2}{4} \right) , \quad \frac{M_p}{M_e} = 1.5 \quad (11.56)$$

（2）円形断面の弾性モーメントと塑性モーメント（図 11.22）

$$M_e = \sigma_Y Z = \sigma_Y \left(\frac{\pi d^3}{32} \right) , \quad M_p = \sigma_Y \left(\frac{d^3}{6} \right) , \quad \frac{M_p}{M_e} = \frac{16}{3\pi} \cong 1.70 \quad (11.57)$$

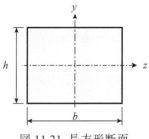

図 11.21 長方形断面

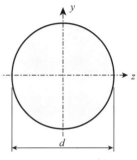

図 11.22 円形断面

【Example 11.13】 Determine the elastic bending moment M_e, the totally plastic bending moment M_p and the ratio M_p/M_e for the H-shape cross section as shown in Fig. 11.23. The material is ideally elasto-plastic, and the yielding stress is $\sigma_Y = $ 20MPa. The configuration of the cross section is $h = $ 15cm, $b = $ 14cm, $t = $ 1.5cm and $h_1 = $2cm.

【Solution】 The moment of inertia of area and the section modulus are as follows.

$$I = 2\frac{th^3}{12} + \frac{(b-2t)h_1^3}{12} , \quad Z = \frac{I}{h/2} = \frac{th^2}{3} + \frac{(b-2t)h_1^3}{6h} \quad (11.58)$$

The elastic bending moment M_e is

$$M_e = \sigma_Y Z = \sigma_Y \left\{ \frac{th^2}{3} + \frac{(b-2t)h_1^3}{6h} \right\} = 2270\text{Nm} \quad (11.59)$$

The distance y_1 between the neutral surface and the centroid of the cross section of the above half region is given as

$$y_1 = \frac{\int_{A_1} y dA}{A_1} = \frac{th\frac{h}{4} + (b-2t)\frac{h_1}{2}\frac{h_1}{4}}{th + (b-2t)\frac{h_1}{2}} = \frac{2th^2 + (b-2t)h_1^2}{4\{2th + (b-2t)h_1\}} \quad (11.60)$$

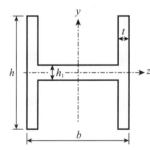

Fig. 11.23 H-shape cross section.

where A_1 is the cross sectional area of the above half region. By using Eq. (11.55), the totally plastic bending moment M_p is given as

$$M_p = \sigma_Y A \frac{y_1 + y_2}{2} = \sigma_Y \{2ht + h_1(b-2t)\} \frac{2th^2 + (b-2t)h_1^2}{4\{2th + (b-2t)h_1\}}$$
$$= \sigma_Y \frac{2th^2 + (b-2t)h_1^2}{4} = 3595\text{Nm} \quad (11.61)$$

The ratio M_p/M_e is given as follows.

$$\frac{M_p}{M_e} = 1.58 \quad (11.62)$$

Ans. : M_e = 2270Nm, M_p = 3595Nm, M_p / M_e = 1.58

【例題 11.14】 例題 11.13で扱った H 型鋼で構成した片持ちはりの先端に加えられる極限荷重を求めよ．ただし，はりの長さ $l = $ 3m とする．

【解答】 最大曲げモーメントは固定端で生じ，これが塑性曲げモーメント M_p となったたきの荷重が極限荷重 P_L である．従って，

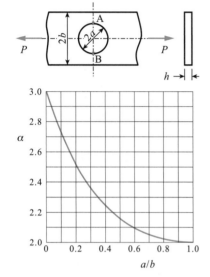

(a) 凸形角の　(b) 凹形角の　(c) 角部
　　ノッチ　　　　ノッチ

(d) 空孔　　(e) 円弧　　(f) フィレット
　　　　　　　　ノッチ

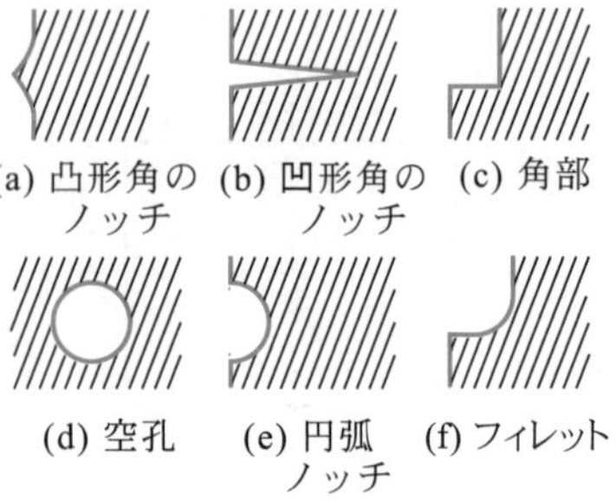

図 11.24　急激に形状が変化する部分

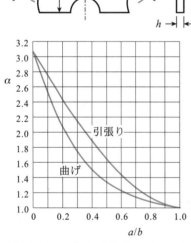

図 11.25　円孔を有する帯板の
応力集中係数

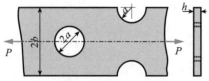

図 11.26　円弧切欠きを有する帯板の
応力集中係数

図 11.27　円弧切欠きと円孔を有する
帯板の引張

$$M_p = P_L l \ \Rightarrow \ P_L = \frac{M_p}{l} = \frac{3595 \mathrm{Nm}}{3\mathrm{m}} = 1198 \mathrm{N} = 1.198 \mathrm{kN} \tag{11.63}$$

答：1.20kN

11・8　応力集中 （stress concentration）

応力集中 (stress concentration)：形状が急激に変化する所で局部的に応力が大きくなる現象（図 11.24, (a)の凸形の部分には応力は集中しない）

応力集中係数 (stress concentration factor) α：公称応力に対する最大応力の比

公称応力 (nominal stress) σ_0 [Pa]：応力集中が生じないとして最小断面積などに基づいて計算される応力

最大応力と公称応力の関係

$$\sigma_{\max} = \alpha \sigma_0 \ （\alpha：応力集中係数, \ \sigma_0：公称応力） \tag{11.64}$$

円孔の応力集中 （stress concentration of a circular hole）：図 11.25

公称応力：$\sigma_0 = \dfrac{P}{2h(b-a)}$ $\tag{11.65}$

円弧切欠きの応力集中 （stress concentration of a circular notch）：図 11.26

公称応力：$\sigma_0 = \dfrac{P}{2h(b-a)}$ （引張り）, $\sigma_0 = \dfrac{3M}{2h(b-a)^2}$ （曲げ） $\tag{11.66}$

【例題 11.15】　図 11.27に示す円弧切欠きと円孔を有する帯板の両端を荷重 P で引張る. 許容応力 σ_a=30MPa のとき, この帯板に安全に加えられる最大荷重を求めよ. ただし, $b = 9\mathrm{mm}, a = 4\mathrm{mm}, h = 2\mathrm{mm}$ である.

【解答】　円孔部と円弧切欠きそれぞれに対する最大応力が許容応力以下となる必要がある.

円孔部：$\dfrac{a}{b} = 0.444 \ \Rightarrow \ \alpha = 2.2, \ \sigma_0 = \dfrac{P}{2h(b-a)}, \ \sigma_{\max} = \alpha \sigma_0$ $\tag{11.67}$

最大応力が許容応力以下となる条件は,

$$\sigma_a \geq \sigma_{\max} \ \Rightarrow \ \sigma_a \geq \frac{\alpha P}{2h(b-a)} \ \Rightarrow \ P \leq \frac{2h(b-a)}{\alpha} \sigma_a = 272.7 \mathrm{N} \tag{11.68}$$

円弧切欠き部：

$$\frac{a}{b} = 0.444 \ \Rightarrow \ \alpha = 1.75, \ \sigma_0 = \frac{P}{2h(b-a)}, \ \sigma_{\max} = \alpha \sigma_0 \tag{11.69}$$

最大応力が許容応力以下となる条件は,

$$\sigma_a \geq \sigma_{\max} \ \Rightarrow \ \sigma_a \geq \frac{\alpha P}{2h(b-a)} \ \Rightarrow \ P \leq \frac{2h(b-a)}{\alpha} \sigma_a = 342.9 \mathrm{N} \tag{11.70}$$

式(11.68)と(11.70)を同時に満たす荷重の最大値, すなわち許容荷重は 272N となる.

【練習問題】

【11.1】 図11.28のように，剛体棒 EB が点 E で回転自由に支持され，2本の鋼製ロープで水平に維持されている．このとき，先端の点 B に加えることができる荷重の最大値，すなわち極限荷重 P_L を求めよ．ただし，ロープの材料を理想的な弾塑性材料とし，降伏点は $\sigma_Y = 300\text{MPa}$，ロープの直径は $d = 10\text{mm}$，その他の寸法は $h_1 = 115\text{mm}$，$h_2 = 70\text{mm}$，$l_1 = 120\text{mm}$，$l_2 = 140\text{mm}$ である．

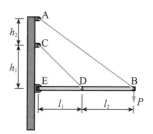

図 11.28　2 本のロープで支えられた
剛体棒

【11.2】 図11.29のような直径と長さが等しい3本の棒が壁に固定され，もう一端が剛体板に固定されている．剛体板に図のように荷重を加えるとき，荷重と変位の関係を図に示し，極限荷重 P_L を求めよ．ただし，棒の材料を理想的な弾塑性材料とし，棒 A と C の降伏点 $\sigma_{YA} = 150\text{MPa}$，縦弾性係数は $E_A = 70\text{GPa}$，棒 B の降伏点は $\sigma_{YB} = 200\text{MPa}$，縦弾性係数は $E_B = 120\text{GPa}$ とする．

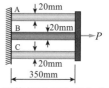

図 11.29 剛体板で固定された棒の引張

【11.3】 The five members are subjected to the rigid wall and the vertical load P is applied as shown in Fig. 11.30. Determine the ultimate load P_L for the vertical load. The length of the member is l, the cross section area is A and the yielding stress is σ_Y.

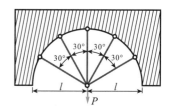

Fig. 11.30　The truss subjected to the
vertical load.

【11.4】 The truss is subjected to the vertical load P at the node B as shown in Fig. 11.31. Determine the collapse load P_L. Each member has the square cross section with the side length $a = 10\text{mm}$, length $l = 1\text{m}$, Young's modulus $E = 200\text{GPa}$ and the yielding stress $\sigma_Y = 200\text{MPa}$.

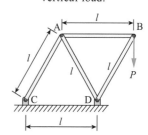

Fig. 11.31　A truss subjected to
a vertical load.

【11.5】 図11.32に示す歯車を介して，上側の軸1の回転数が $n_1 = 200\text{rpm}$ のとき，軸1に $H = 300\text{PS}$ の動力を伝達したい．安全に運用できる各々の軸径の最小値を求めよ．ただし，許容せん断応力 $\tau_a = 25\text{MPa}$ とする．また上側の歯車1の歯数 $Z_1 = 24$，下側の歯車2の歯数 $Z_2 = 12$ である．

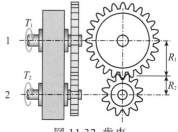

図 11.32　歯車

【11.6】 The torque $T = 100\text{Nm}$ is subjected to the circular shaft as shown in Fig. 11.33. In order to decrease the wait of the shaft, the circular hole with the diameter d_i and the depth h is made to the shaft. Determine the diameter d_i and the depth h which minimize the wait of the shaft. The modulus of elasticity in shear, length, outer diameter, allowable shearing stress and allowable rotation angle are $G = 80\text{GPa}$, $l = 80\text{cm}$, $d_o = 30\text{mm}$, $\tau_a = 50\text{MPa}$ and $\phi_a = 1°$, respectively.

【11.7】 図11.34に示すフランジ継手において，回転数 $N = 200\text{rpm}$ で $H = 50\text{kW}$ の動力を伝達する．$D = 160\text{mm}$，ボルト本数 $Z = 4$ とするとき，使用するボルトの直径 d を決めよ．ただし，ボルトの許容せん断応力は $\tau_{allow} = 40\text{MPa}$ とする．

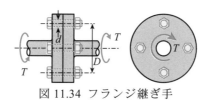

図 11.34 フランジ継ぎ手

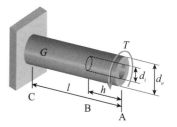

Fig. 11.33　The shaft with the hole
at the tip.

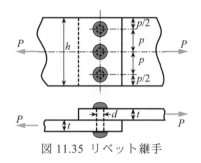

図 11.35 リベット継手

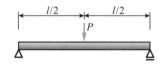

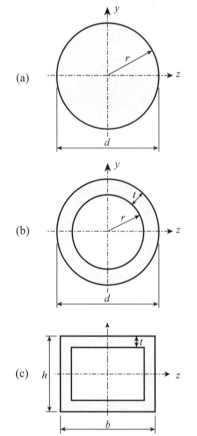

図 11.37 円柱，円筒，中空四角柱断面

【11.8】　図 11.35のようなリベット継手において，平板の厚さ t，及びリベットの直径 d と本数 n を，安全率を 4 として，効率的に設計せよ．ただし，平板とリベットは軟鋼製で，引張強さは 350MPa，圧縮強さは 500MPa，せん断強さは 250MPa である．また，平板の幅は $h = 50$cm で，作用した引張力は $P = 200$kN である．

【11.9】　次の仕様を満たす密巻コイルばねに必要なコイル半径 R とコイルの有効巻数 n_e を求めよ．「最大使用荷重 $P = 1$N，線径 $d = 1$mm，ばね定数 $k = 400$N/m，許容せん断応力 $\tau_a = 20$MPa，横弾性係数 $G = 80$GPa．」

【11.10】　The simply supported beam with the length $l = 2$m and the diameter $d = 30$mm is subjected to the concentrated load P at the center as shown in Fig. 11.36. Determine the ultimate load P_L. The yielding stress of the beam is 250MPa.

【11.11】　図 11.37に断面形状を示す円柱，円筒と中空四角柱断面の極限曲げモーメント M_P を求めよ．ただし，降伏応力を σ_Y で表す．

【11.12】長方形断面の板の 3 点曲げ試験を行った結果，図 11.38に示す押し込み変位 δ と荷重 P のグラフが得られた．この材料の降伏応力 σ_Y を求めよ．ただし，この板の幅を $b = 20$mm，高さを $h = 0.84$mm，スパンを $l = 70$mm とする．

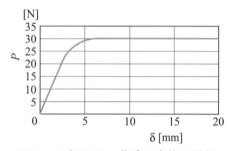

図 11.38 押し込み荷重と変位の関係

【11.13】　図 11.39に示す孔や切欠を有する帯板の両端を同一な荷重で引張った．以下の各問いに答えよ．
(1) 引張方向に垂直な断面に生じる垂直応力 σ_x が最大となる位置を×印で示せ．
(2) σ_x の最大値が大きい順に並べよ．

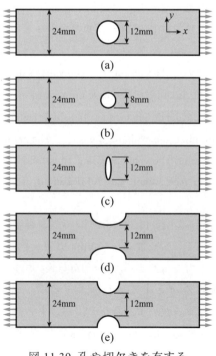

図 11.39 孔や切欠きを有する
帯板の引張

Fig. 11.36　The simply supported beam.

練習問題解答

第 1 章　材料力学を学ぶとは

【1.1】　点 B, 点 C のボルトに加わる荷重を P_1, P_2 とする. フック, ボルト, 天井それぞれに対する FBD は図 A のようになる. 図 A より, フックに加わる力とモーメントの釣合い式は,

力の釣合い： $P_1 + P_2 - P = 0$ (a)

モーメントの釣合い（点 B 回り）：

$2bP_2 - (a+b)P = 0$ 　　　(b)

式(a), (b)より, P_1, P_2 は答のようになる.

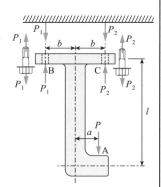

図A　フックとボルトのFBD

$$[答 \quad P_1 = \frac{b-a}{2b}P , \ P_2 = \frac{a+b}{2b}P]$$

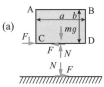 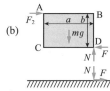

図 A　床と消しゴムの FBD

【1.2】点 C に荷重を加えた場合：図 A(a)に FBD を示す. 消しゴムと床の間の垂直抗力は $N = mg$ である. 滑りだす瞬間において, 摩擦力が最大となり, それと F_1 が釣り合っているから,

$$F_1 = \mu mg \tag{a}$$

点 A に荷重を加えた場合：消しゴムの傾きは小さいとして無視する. 消しゴムの FBD は図 A(b)のようになる. 点 D 回りのモーメントの釣合い式より, F_2 は次のようになる.

$$F_2 b - mg\frac{a}{2} = 0 \ \Rightarrow \ F_2 = \frac{a}{2b}mg \tag{b}$$

$$[答 \quad F_1 = \mu mg , \ F_2 = \frac{a}{2b}mg]$$

【1.3】　The moments and the reaction forces applied at the joints A and B are denoted as M_A, R_A, M_B, and R_B, respectively. The FBDs of the base, the arm AB and the arm BC are drawn as in Fig. A.

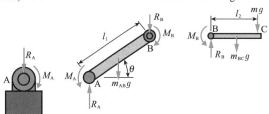

Fig. A　FBDs of the robot arm.

The equilibrium of the forces and the moments for the member BC:

forces along vertical direction: $\ -R_B + m_{BC}g + mg = 0$ 　(a)

moments around point B: $\ M_B - m_{BC}g\frac{l_2}{2} - mgl_2 = 0$ 　(b)

The equilibrium of the forces and the moments for the member AB:

forces along vertical direction: $\ -R_A + m_{AB}g + R_B = 0$ 　(c)

moments around point A: $M_A - m_{AB}g\frac{l_1}{2}\cos\theta - R_B l_1 \cos\theta - M_B = 0$ (d)

By using Eqs. (a) and (b), the force and the moment at the joint B can be given as follows.

$$R_B = (m_{BC} + m)g , \ M_B = \left(\frac{m_{BC}}{2} + m\right)gl_2 \tag{e}$$

By using Eqs. (c), (d) and (e), the force and the moment at the joint A can be given as in the answers.

$$[Ans. \quad \begin{array}{l} R_A = (m_{AB} + m_{BC} + m)g \\ M_A = \left(\frac{m_{AB}}{2} + m_{BC} + m\right)gl_1\cos\theta + \left(\frac{m_{BC}}{2} + m\right)gl_2 \end{array}]$$

【1.4】　FBD は図 A(a)～(g)に示すように描くことができる. それぞれの荷重の種類は, 以下のように考えることが可能である.

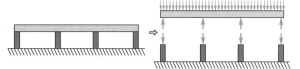

(a) 橋と橋脚に加わる荷重：橋の上面に分布荷重, 下面に集中荷重.

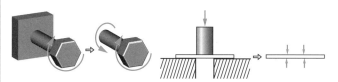

(b) レンチでねじられるボルトに加わる荷重：ねじり荷重.　(c) パンチにより穴を開けられる紙に加わる荷重：せん断荷重.

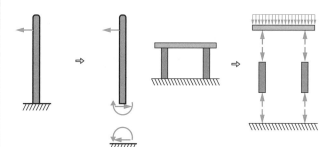

(d) 電柱の付け根に加わる荷重：曲げ荷重と集中荷重（またはせん断荷重）.　(e) テーブルの足に加わる荷重：集中荷重.

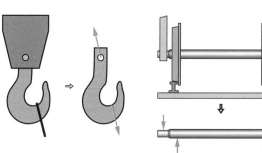

(f) クレーンのフックに加わる荷重：集中荷重.　(g) 貨車の車軸に加わる荷重：集中荷重.

図 A　モデル化と FBD

注）上記の FBD は解答の一例である. モデル化の仕方により上記とは違う FBD となる. 例えば(d)は, 土に埋まっている部分が土から分布荷重を受けているとしてモデル化できる.

【1.5】 図Aのように，空気入れの内圧はピストンとシリンダーの面に垂直に加わっている．シリンダーとタイヤは細いパイプで繋がっているから，タイヤ内の内圧とシリンダー内の内圧は等しく p である．図中，ピストン部のFBDより，ピストに加わる垂直方向の力の釣合い式は，

$$-P + p\frac{\pi d^2}{4} = 0 \qquad (a)$$

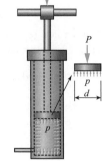

図A　空気入れ

となる．これより，内圧 p は次のように得られる．

$$p = \frac{4}{\pi d^2}P = \frac{4}{\pi \times (50 \times 10^{-3}\text{m})^2} \times 200\text{N} = 101.9\text{kPa} \qquad (b)$$

[答　102kPa]

【1.6】 輪ゴムの伸びと荷重が比例すると考えると，50円玉一個分の伸び λ_1 は，

$$\lambda_1 = 80\text{mm} - 78\text{mm} = 2\text{mm} \qquad (a)$$

である．これより，この輪ゴムの自然長 l は，

$$l = 78\text{mm} - \lambda_1 = 78\text{mm} - 2\text{mm} = 76\text{mm} \qquad (b)$$

(a) 自然長に3つ分の伸びが加わる．

$$\lambda_a = l + 3\lambda_1 = 76\text{mm} + 3 \times 2\text{mm} = 82\text{mm} \qquad (c)$$

(b) 輪ゴムを繋げても，1つの輪ゴムに加わる力は変わらないから，長さは2倍となる．

$$\lambda_b = 2(l + 3\lambda_1) = 2\lambda_a = 164\text{mm} \qquad (d)$$

(c) 輪ゴムを重ねることにより，1つの輪ゴムに加わる力は 1/2 となるから，伸びも 1/2 となることから，

$$\lambda_c = l + \frac{3\lambda_1}{2} = 76\text{mm} + \frac{3 \times 2\text{mm}}{2} = 79\text{mm} \qquad (e)$$

図A　複数の輪ゴムでつるされた重り

(d) 図Aのように吊るされる．1重，2重，3重部の長さを加えて，全長は以下となる．

$$\lambda_d = (l + 3\lambda_1) + \left(l + \frac{3\lambda_1}{2}\right) + \left(l + \frac{3\lambda_1}{3}\right) = 3l + \frac{11\lambda_1}{2} = 239\text{mm} \qquad (f)$$

[答　(a) 82mm, (b) 164mm, (c) 79mm, (d) 239mm]

【1.7】 (a) The elongation λ_1 of the band with the mass $m_1 = 1.0$kg is

$$\lambda_1 = l_1 - l = 56.3\text{mm} - 50\text{mm} = 6.3\text{mm} \qquad (a)$$

Since the elongation is proportional to the mass, the elongation due to the mass m_2 can be given as follows.

$$\lambda_2 = \frac{\lambda_1}{m_1}m_2 = \frac{6.3\text{mm}}{1.0\text{kg}} \times 1.5\text{kg} = 9.45\text{mm} \qquad (b)$$

Thus the length is obtained as follows.

$$l_2 = l + \lambda_2 = 50\text{mm} + 9.45\text{mm} = 59.45\text{mm} \qquad (c)$$

(b) The relation between the elongation and mass for this band is given as follows.

$$\frac{\lambda_1}{m_1} = \frac{\lambda_3}{m_3} = \frac{l_3 - l}{m_3} \qquad (d)$$

Thus, the mass m_3 corresponding to the length l_3 can be given as follows.

$$m_3 = (l_3 - l)\frac{m_1}{\lambda_1} = (55.5\text{mm} - 50\text{mm}) \times \frac{1.0\text{kg}}{6.3\text{mm}} = 0.873\text{kg} \qquad (e)$$

(c) The elongation is in inverse proportion to the cross sectional area.

Thus the following relation can be given.

$$\lambda_1 A_1 = \lambda' A' \Rightarrow \lambda_1 bh = \lambda' b' h' = (l' - l)b' h' \qquad (f)$$

Then the length l' is given as follows.

$$l' = l + \frac{bh}{b'h'}\lambda_1 = 50\text{mm} + \frac{5\text{mm} \times 2\text{mm}}{8\text{mm} \times 3\text{mm}} \times 6.3\text{mm} = 52.63\text{mm} \qquad (g)$$

[Ans.　$l_2 = 59.5$mm, $m_3 = 0.873$kg, $l' = 52.6$mm]

【1.8】 (a) 図Aのようにばねに加わる力を F，ばねの伸び δ，ばね定数 k_a とすれば，これらの間には以下の関係がある．

$$F = k_a\delta \qquad (a)$$

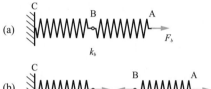

図A　ばねの伸び

今，ばねに加わる荷重 F は，

$$F = mg = 0.5\text{kg} \times 9.81\text{m/s}^2 = 4.905\text{N} \qquad (b)$$

である．上の関係と式(a)より，ばね定数は次のように得られる．

$$k_a = \frac{F}{\delta} = \frac{4.905\text{N}}{12\text{mm}} = \frac{4.905\text{N}}{12 \times 10^{-3}\text{m}} = 408.8\text{N/m} \qquad (c)$$

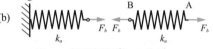

図B　直列連結ばねの伸び

(b) 図B(a)のように，連結したばねのばね定数を k_b とすれば，そのばねに加わる荷重 F_b と伸び δ_b の関係は以下となる．

$$F_b = k_b\delta_b \qquad (d)$$

ばねを2つに分割したとき，各々のばねには，図B(b)のように，等しく F_b が加わっている．従って，各々のばねの伸びは，式(a)より，

$$\delta = \frac{F_b}{k_a} \qquad (e)$$

となる．これが2つ連結しているから，全体の伸び，すなわち δ_b は，

$$\delta_b = \delta + \delta = 2\frac{F_b}{k_a} \qquad (f)$$

式(d)に式(f)を代入して，連結ばねのばね定数 k_b は以下となる．

$$k_b = \frac{F_b}{\delta_b} = \frac{k_a}{2} = 204.4\text{N/m} \qquad (g)$$

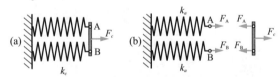

図C　並列連結ばねの伸び

(c) 図C(a)のように，連結したばねのばね定数を k_c とすれば，そのばねに加わる荷重 F_c と伸び δ_c の関係は以下となる．

$$F_c = k_c\delta_c \qquad (h)$$

ばねを2つに分割したとき，各々のばねには，図C(b)のように，荷重 F_A，F_B がそれぞれ加わっている．連結棒に加わる力の釣合いより，

$$-F_A - F_B + F_c = 0 \qquad (i)$$

また，荷重 F_c を加えた時，上下のばねの伸びは等しく δ_c であるから，式(a)より，各々のばねに加わっている荷重 F_A，F_B は，

$$F_{\mathrm{A}} = k_a \delta_c, \quad F_{\mathrm{B}} = k_a \delta_c \tag{j}$$

式(i)における荷重を式(j), (h)より δ_c を用いて表わせば, k_c は以下のようになる.

$$-k_a \delta_c - k_a \delta_c + k_c \delta_c = 0 \Rightarrow k_c = 2k_a = 817.6\mathrm{N/m} \tag{k}$$

[答　(a) 409N/m, (b) 204N/m, (c) 818N/m]

【1.9】 (a) 図 A(a)のように紙は切断される.
(b) 紙の切断面には, 図 A(b)に矢印で示すようなせん断方向の力が加わり, 紙は切断される.
(c) 図 B のように, 葉の穴開けでは, 空気圧により葉に荷重が加わり, 紙のパンチによる穴開けと同様に, せん断力により葉に穴が開いたと考えられる.

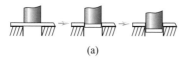

(a)

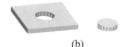

(b)

図 A　パンチによる紙の穴開け

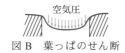

図 B　葉っぱのせん断

【1.10】 The load is applied as shown in Fig. A. The type of the load is shearing load.

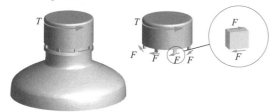

Fig. A　A cap of a bottle can.

【1.11】 **長方形断面**：断面積は, 外側の面積から内側の穴の分の面積を差し引いて, 次のようになる.

$$A = ab - (a-2t)(b-2t) = 2t(a+b) - 4t^2 = 2t(a+b-2t) \tag{a}$$

ここで, $a+b \gg 2t$ であるから, 以下となる.

$$A = 2t(a+b-2t) \cong 2t(a+b) \tag{b}$$

別解：外周に t を乗じれば, 断面積が近似的に

$$A' = t(2a+2b) = 2t(a+b) \tag{c}$$

と得られる. これは, 式(b)と一致する.

三角形断面：傾斜している辺の長さを x とすれば,

$$x = \sqrt{\left(\frac{a}{2}\right)^2 + b^2} = \sqrt{\frac{a^2}{4} + b^2} \tag{d}$$

となる. 外周の長さに t を乗じて, 断面積は以下のように得られる.

$$A' = t(a+2x) = t(a+\sqrt{a^2+4b^2}) \tag{e}$$

[答　長方形：$2t(a+b)$, 三角形：$t(a+\sqrt{a^2+4b^2})$]

【1.12】 (1) $\dfrac{\text{ドル}}{\text{ユーロ}} = \dfrac{120\text{円／ユーロ}}{100\text{円／ドル}} = 1.2\text{ドル／ユーロ} \tag{a}$

である. 従って, 1 ユーロは 1.2 ドルとなる.

(2) $1\mathrm{in} = 0.0254\mathrm{m}$ であるから,

$$1\ \mathrm{in}^2 = 1 \times (0.0254\mathrm{m})^2 = 0.6452 \times 10^{-3}\mathrm{m}^2 \tag{b}$$

したがって, 100 in^2 は, 0.0645m^2 である.

(3)

$$1\mathrm{psi} = \frac{\mathrm{lb}}{\mathrm{in}^2} = \frac{0.4536\mathrm{kg} \times g}{(0.0254\mathrm{m})^2} = \frac{0.4536 \times 9.81\mathrm{N}}{(0.0254\mathrm{m})^2} = 6897\ \frac{\mathrm{N}}{\mathrm{m}^2} = 6897\mathrm{Pa} \tag{c}$$

となるから. 1 気圧は以下となる.

$$1\ \text{気圧} = 1013\ \mathrm{hPa} = 1013 \times 10^2\ \mathrm{Pa} = \frac{1013 \times 10^2}{6897}\mathrm{psi} = 14.69\ \mathrm{psi} \tag{d}$$

[答　(1) 1.2 ドル, (2) 0.0645m^2, (3) 14.69psi]

【1.13】 変形前の体積を V, 変形後の体積を V' とすれば,

$$V = \frac{4}{3}\pi\left(\frac{d}{2}\right)^3, \quad V' = \frac{4}{3}\pi\left(\frac{d-\delta}{2}\right)^3 \tag{a}$$

となる. 上式より, 体積変化 ΔV は, δ^2 以上の微小項を省略すれば, 以下のように得られる.

$$\Delta V = V - V' = \frac{\pi}{6}\left\{d^3 - (d-\delta)^3\right\} = \frac{\pi}{6}(3d^2\delta - 3d\delta^2 + \delta^3) \cong \frac{\pi}{2}d^2\delta \tag{b}$$

別解：直径が δ 減少したということは, 球の表面が, $\delta/2$ 中心方向に移動し, その分の体積が減少した分の体積である. 従って, 球の表面積 A に $\delta/2$ を乗じることにより, 減少分の体積は以下のように近似的に求められる.

$$\Delta V \cong A \times \frac{\delta}{2} = 4\pi\left(\frac{d}{2}\right)^2\frac{\delta}{2} = \frac{\pi}{2}d^2\delta \tag{c}$$

[答　式(c)]

第 2 章　応力とひずみ

表 A　伸びと荷重の測定結果

ひずみ ε [mm/mm]	応力 σ [MPa]
0	0
0.002	6.0
0.004	12.0
0.006	18.0

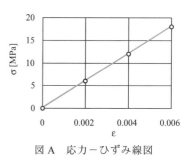

図 A　応力－ひずみ線図

【2.1】 AB 間に生じる応力, ひずみを一様と考える. ひずみ ε, 応力 σ はそれぞれ, 評点間距離 l, 荷重 P を用いて, 次のように求められる.

$$\varepsilon = \frac{l - l_0}{l_0} \quad (l_0：\text{荷重 } P = 0\mathrm{N} \text{ のときの評点間距離}) \tag{a}$$

$$\sigma = \frac{P}{bh} \tag{b}$$

式(a)と(b) より, ひずみと応力は表 A のようになる. これより, 応力－ひずみ線図は図 A となる. 最小二乗法により, 応力－ひずみ線図の傾き, すなわち縦弾性係数は以下のように得られる.

$$E = \frac{\sigma}{\varepsilon} = 3000\mathrm{MPa} = 3.0\mathrm{GPa} \tag{c}$$

[答　$E = 3.0\mathrm{GPa}$]

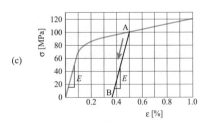

Fig. A　Stress-Strain diagram.

【2.2】 (a) Let's derive the solutions according to the procedure of "load" → "stress" → "strain". Firstly, stress σ can be expressed by load P as follows.

$$\sigma = \frac{P}{A} = \frac{P}{bh} = \frac{2000\text{N}}{10\text{mm} \times 2\text{mm}} = 100\frac{\text{N}}{\text{mm}^2} = 100\text{MPa} \quad (a)$$

From the stress-strain diagram Fig. A(c), the strain corresponding to the stress $\sigma = 100$MPa is

$$\varepsilon = 0.5\% = 0.5 \times 10^{-2} \quad (b)$$

Consequently, the elongation λ due to the load $P = 2.00$kN is given as follows.

$$\lambda = \varepsilon l = 0.5 \times 10^{-2} \times 200\text{mm} = 1.00\text{mm} \quad (c)$$

(b) In the unloading process, the stress decreases through the point A to B with decreasing the load as shown in Fig. A(c). The slop of AB is parallel to that in the elastic region which represents Young's modulus E as follows.

$$E = \frac{\sigma}{\varepsilon} = \frac{70\text{MPa}}{0.1 \times 10^{-2}} = 70\text{GPa} \quad (d)$$

When the load is removed, the strain has the value at the point B. Therefore, the strain ε_p at the point B, that is permanent strain, can be given as

$$\varepsilon_p = \varepsilon - \frac{\sigma}{E} = 0.5 \times 10^{-2} - \frac{100\text{MPa}}{70\text{GPa}} = 0.357 \times 10^{-2} \quad (e)$$

Lastly, the elongation after removing the load is given as follows.

$$\lambda_p = \varepsilon_p l = 0.357 \times 10^{-2} \times 200\text{mm} = 0.714\text{mm} \quad (f)$$

[Ans. (a): 1.00mm, (b): 0.714mm (extention)]

【2.3】 ワイヤロープからの荷重を P, AA 断面に生じる内力を Q とし，図 A を参考にすれば，力の釣合い式より，Q は，

$$Q + Q = P \ \Rightarrow \ Q = \frac{P}{2} \quad (a)$$

となる．従って，この断面に生じる垂直応力 σ と Q の関係式は，次のようになる．

$$\sigma = \frac{Q}{A} = \frac{P}{2}\frac{4}{\pi d^2} = \frac{2P}{\pi d^2} \quad (b)$$

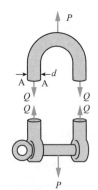

図 A シャックルの FBD

数値を代入して計算を実行すれば，使用荷重を加えたときの応力は，以下のように得られる．

$$\sigma = \frac{2P_a}{\pi d^2} = \frac{2 \times 2.0 \times 10^3 \text{N}}{\pi \times (12 \times 10^{-3}\text{m})^2} = 8.842 \times 10^6 \frac{\text{N}}{\text{m}^2} = 8.842\text{MPa} \quad (c)$$

ボルトの断面に生じる垂直応力が引張強さに達したとき，AA の部分が破断する．従って，式(b)より，破断するときの荷重と応力の関係は，

$$\sigma_B = \frac{2P_B}{\pi d^2} \quad (d)$$

この式を P_B について解いて，数値を代入すれば，破断するとき

の荷重は以下のように得られる．

$$P_B = \frac{\pi d^2}{2}\sigma_B = \frac{\pi \times (12 \times 10^{-3}\text{m})^2}{2} \times 350 \times 10^6\text{Pa} = 79.17\text{kN} \quad (e)$$

[答 $\sigma = 8.84$MPa, $P_B = 79.2$kN]

【2.4】 Since both ends of the rod are subjected to the tensile load P, the load P is considered to act on any cross section.

Stress in the circular bar:

Since the cross sectional area is $A_c = \dfrac{\pi d^2}{4}$, the stress is obtained as follows.

$$\sigma_c = \frac{P}{A_c} = \frac{4P}{\pi d^2} = \frac{4 \times 100 \times 10^3\text{N}}{\pi \times (30\text{mm})^2} = 141.5\text{N/mm}^2 = 141.5\text{MPa} \quad (a)$$

Stress in the square bar:

This square is inscribed to the circle with the diameter d. Then, the length of the side is $a = \dfrac{d}{\sqrt{2}}$ and the cross sectional area is $A_s = a^2 = \dfrac{d^2}{2}$. Therefore, the stress is obtained as follows.

$$\sigma_s = \frac{P}{A_s} = \frac{2P}{d^2} = \frac{2 \times 100 \times 10^3\text{N}}{(30\text{mm})^2} = 222.2\text{N/mm}^2 = 222.2\text{MPa} \quad (b)$$

注）ここで求めた応力は，荷重点および接合部から十分離れたところの応力である．

[Ans. circular bar: 142MPa, square bar: 222MPa]

【2.5】 断面に生じる垂直応力 σ は，

$$\sigma = \frac{P}{a^2} \quad (a)$$

これより，縦ひずみ ε は，

$$\varepsilon = \frac{\sigma}{E} = \frac{P}{Ea^2} \quad (\varepsilon > 0)(b)$$

横ひずみ ε' は，ポアソン比の定義より，

$$\varepsilon' = -\nu\varepsilon \quad (c)$$

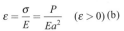

図A 引張を受ける棒

このとき，この角棒の長さ l と一辺 a は，変形後以下のようになる．

$$l' = l + l\varepsilon = l(1 + \varepsilon) \quad (d)$$

$$a' = a + a\varepsilon' = a(1 + \varepsilon') = a(1 - \nu\varepsilon) \quad (e)$$

従って，変形後の棒の体積 V' は，

$$V' = l'a'^2 = l(1 + \varepsilon)a^2(1 - \nu\varepsilon)^2 \quad (f)$$

となる．さらに，体積の増加を調べるために，

$$\begin{aligned} V' - V &= la^2(1 + \varepsilon)(1 - \nu\varepsilon)^2 - la^2 \\ &= la^2\varepsilon\{(1 - 2\nu) - \nu(2 - \nu)\varepsilon + \nu^2\varepsilon^2\} \end{aligned} \quad (g)$$

ここで，$\varepsilon \ll 1$ より，中括弧内の第 2，第 3 項を無視すれば，

$$V' - V \cong la^2(1 - 2\nu)\varepsilon \quad (h)$$

上式は，$\nu < 0.5$ ならば正であり，体積は増加することを表わしている．

[答 式(h)，変形後の体積は増加する]

【2.6】 式(2.15)より，対数ひずみ ε_{true} は，ひずみ（公称ひずみ）ε を用いて

$$\varepsilon_{true} = \ln(1 + \varepsilon) \quad (a)$$

と表される．上式をテーラー展開し，$\varepsilon \ll 1$ より，ε^2 以上の項を微小として無視すれば，

$$\varepsilon_{true} = \ln(1+\varepsilon)$$
$$= \varepsilon - \frac{1}{2}\varepsilon^2 + \frac{1}{3}\varepsilon^3 + \cdots \quad \text{(b)}$$
$$\cong \varepsilon$$

となり，対数ひずみ ε_{true} は公称ひずみと等しくなる．表 A に公称ひずみと対数ひずみを比較して示す．

表 A　公称ひずみと対数ひずみの関係

公称ひずみ	対数ひずみ
1×10^{-3}	0.9995×10^{-3}
1×10^{-2}	0.9950×10^{-2}
0.1	0.0953

[答　式(b)（テーラー展開より証明できる）]

【2.7】　Stress σ can be given as follows.

$$\sigma = \frac{P}{A} = \frac{P}{\dfrac{\pi d^2}{4}} = \frac{4P}{\pi d^2} = \frac{4\times60\times10^3\,\text{N}}{\pi\times(25.4\times10^{-3}\text{m})^2} = 118.4\text{MPa} \quad \text{(a)}$$

The solving process is "Stress" $\Rightarrow$ "Strain" $\Rightarrow$ "Elongation". The strain can be calculated form the stress as

$$\varepsilon = \frac{\sigma}{E} = \frac{118.4\times10^6\,\text{Pa}}{206\times10^9\,\text{Pa}} = 0.5748\times10^{-3} \quad \text{(b)}$$

where, Young's modulus of the low carbon steel is given as $E = 206$GPa in Table 2.5. Moreover, the elongation λ is derived from the strain as follows.

$$\lambda = l\varepsilon = 1.5\text{m}\times0.5748\times10^{-3} = 0.8622\times10^{-3}\text{m} = 0.8622\text{mm} \quad \text{(c)}$$

The change in the diameter, that is the elongation along the perpendicular to the tensile direction, is given by applying the process "longitudinal strain" $\Rightarrow$ "lateral strain" $\Rightarrow$ "lateral elongation". The strain ε given by Eq. (b) is the longitudinal strain. Using the definition of Poisson's ratio, the lateral strain ε' is obtained as follows.

$$\nu = -\frac{\varepsilon'}{\varepsilon} \Rightarrow \varepsilon' = -\nu\varepsilon = -0.3\times0.5748\times10^{-3} = -0.1724\times10^{-3} \quad \text{(d)}$$

Moreover, the lateral deformation δ, that is the amount of the change in diameter, is given as follows.

$$\delta = d\varepsilon' = 25.4\times10^{-3}\text{m}\times(-0.1724\times10^{-3}) = -4.380\mu\text{m} \quad \text{(e)}$$

[Ans.　$\sigma = 118$MPa,　$\lambda = 0.862$mm,　$\delta = -4.38\mu m$]

【2.8】　ボルトと継手の FBD より，ボルトにはせん断荷重 P が加わる．これより，ボルトの断面に生じるせん断応力は，

$$\tau = \frac{P}{A} = \frac{4P}{\pi d^2} \quad \text{(a)}$$

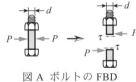

図 A　ボルトの FBD

と表される．安全率が $S = 3$ であるから，このせん断応力が許容せん断応力以下になる条件より，

$$\tau_{allow} = \frac{\tau_Y}{S} \geq \tau \Rightarrow \frac{\tau_Y}{S} \geq \frac{4P}{\pi d^2} \Rightarrow d \geq \sqrt{\frac{4P}{\pi}\frac{S}{\tau_Y}} \quad \text{(b)}$$

数値を代入し，計算を実行すれば，

$$d \geq \sqrt{\frac{4\times10\times10^3\,\text{N}}{\pi}\times\frac{3}{50\times10^6\,\text{Pa}}} = 27.64\times10^{-3}\text{m} = 27.64\text{mm} \quad \text{(c)}$$

となる．これよりボルトの直径は 27.7mm 以上が必要である．

[答　$d = 27.7$mm]

【2.9】　各ボルトに加わるせん断力を F で表せば，軸を中心としたモーメントの釣合いより，

$$T = 4Fr \Rightarrow F = \frac{T}{4r} \quad \text{(a)}$$

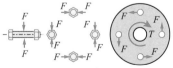

図 A　フランジ継手の FBD

安全に運用するためには，ボルトの断面に生じるせん断応力が

許容せん断応力以下となる必要があるから，トルク T に必要な条件は，

$$\tau \leq \tau_a \Rightarrow \frac{F}{A} \leq \tau_a \Rightarrow \frac{T}{r\pi d^2} \leq \tau_a \Rightarrow T \leq \tau_a r\pi d^2 \quad \text{(b)}$$

となる．A はボルトの断面積である．数値を代入すれば，次式より最大トルクは答となる．

$$T \leq 20\times10^6\,\text{Pa}\times75\times10^{-3}\text{m}\times\pi\times(12\times10^{-3}\text{m})^2 = 678.6\text{Nm} \quad \text{(c)}$$

[答　678Nm]

【2.10】　各々の接合部にはねじりモーメント T により，せん断荷重 F が加わる．このせん断荷重により接合部がせん断破壊してキャップが取れると考えられる．モーメントの釣合いより，せん断荷重 F は次のようになる．

$$T = 8\times F\times\frac{d}{2} = 4Fd \quad \text{(a)}$$

接合部に生じるせん断応力がせん断強さ τ_B になったとき接合部が破壊し，キャップが外れるとする．そのときの接合部のせん断荷重 F は，

$$F = A\tau_B = wt\tau_B \quad \text{(b)}$$

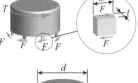

図 A　アルミキャップの FBD

（注：回転によりキャップが持ち上がることにより生じる荷重は無視している．）

式(a)と(b)より，開封に必要なねじりモーメント T は，

$$T = 4dwt\tau_B = 4\times40\times10^{-3}\text{m}\times0.4\times10^{-3}\text{m} \quad \text{(c)}$$
$$\times0.2\times10^{-3}\text{m}\times60\times10^6\text{Pa} = 0.768\text{N}\cdot\text{m}$$

[答　$T = 0.768$N·m]

【2.11】　The shearing force $P/2$ acts on the cross sections A and B of the bolt as shown in Fig. A. The shearing stress of the bolt is derived from the shearing force as follows.

$$\tau = \frac{P}{2A} = \frac{2P}{\pi d^2} \quad \text{(a)}$$

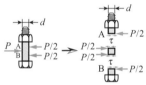

Fig. A　FBD of the bolt.

In this case, the shearing stress in Eq.(a) should be smaller than or equal to the allowable shearing stress, so the following relations can be given.

$$\tau_{allow} = \frac{\tau_S}{S} \geq \tau \Rightarrow \frac{\tau_S}{S} \geq \frac{2P}{\pi d^2} \Rightarrow P \leq \frac{\pi d^2}{2}\frac{\tau_S}{S} \quad \text{(b)}$$

The safety factor is taken to be $S = 2$. Thus, the load P is

$$P \leq \frac{\pi\times(8\times10^{-3}\text{m})^2}{2}\times\frac{50\times10^6\,\text{Pa}}{2} = 2.513\text{kN} \quad \text{(c)}$$

Consequently, the allowable load of this joint is 2.51kN.

[Ans.　2.51kN]

【2.12】　The nipper is divided into the three parts. The FBDs of these parts are shown in Fig. A. Applying the equilibrium of the forces and the moment for the above parts of the nipper, the load R at the point A and the load Q at the point B are given as follows.

$$P - R + Q = 0,\ Pa - Qb = 0$$

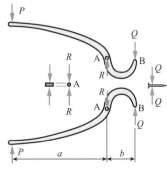

Fig. A　FBD of the nipper.

$$\Rightarrow R = \frac{a+b}{b}P,\quad Q = \frac{a}{b}P \tag{a}$$

The load R acts on the pin at the point A as a shearing force. Therefore, the shearing stress τ in the pin are given as follows.

$$\tau = \frac{R}{A} = \frac{4}{\pi d^2}\frac{a+b}{b}P = \frac{4}{\pi \times (5\text{mm})^2} \times \frac{17\text{cm}}{2\text{cm}} \times 100\text{N} = 43.3\text{MPa} \tag{b}$$

[Ans. 43.3MPa]

【2.13】《方針》図 A に示すように，以下の２つの破断を考慮する必要がある．
(a) 直径 d の棒に作用する垂直荷重による棒の破断．
(b) 円板の直径 D の断面に作用するせん断荷重による円板の破断．

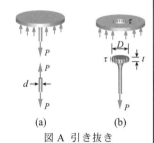

図 A　引き抜き

(a) 直径 d の棒の破断：
断面に生じる垂直応力 σ が許容引張応力 σ_a 以下でなければならないから，

$$\sigma = \frac{P}{A} = \frac{4P}{\pi d^2} \leq \sigma_a \Rightarrow d \geq 2\sqrt{\frac{P}{\pi \sigma_a}} = 2\sqrt{\frac{10 \times 10^3\text{N}}{\pi \times 70\text{MPa}}} = 13.49\text{mm} \tag{a}$$

したがって，直径 d の最小値は 13.5mm となる．

(b) 直径 D の円周部の破断：
せん断応力 τ は，図 A(b)に示すように，円板の直径 D の円周部の断面に生じる．この断面積は，$A = \pi D t$ と表わされるので，せん断応力は，

$$\tau = \frac{P}{A} = \frac{P}{\pi D t} \tag{b}$$

となる．せん断応力が許容せん断応力 τ_a 以下となることから，

$$\tau \leq \tau_a \Rightarrow \frac{P}{\pi D t} \leq \tau_a \Rightarrow t \geq \frac{P}{\pi D \tau_a} = \frac{10 \times 10^3\text{N}}{\pi \times 50\text{mm} \times 30\text{MPa}} = 2.122\text{mm} \tag{c}$$

したがって，必要な厚さ t は 2.13mm である．

[答　$d = 13.5\text{mm},\ t = 2.13\text{mm}$]

第 3 章　引張と圧縮

【3.1】 支点 A において棒は壁に沿って自由に移動出来るから，図 A(b)のような反力 R を受ける．棒は自由に回転出来ることから，棒には図のように軸荷重 Q のみが加わっている．図 A(b)の FBD より，支点 A に加わる水平と垂直方向の力の釣合いより，次式が得られる．

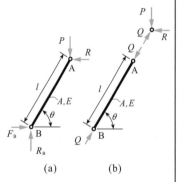

(a)　　　　(b)

$$Q\cos\theta - R = 0$$
$$Q\sin\theta - P = 0 \tag{a}$$

式(a)より，Q は，

$$Q = \frac{P}{\sin\theta} \tag{b}$$

棒の伸びを，『棒に加わる荷重→応力→ひずみ→伸び』の順に求めて行く．棒の断面で切断した図 A(c)より

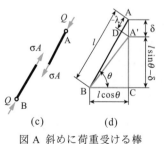

(c)　　　　(d)

図 A　斜めに荷重受ける棒

り，棒 AB の断面に生じる応力 σ は，

$$\sigma A + Q = 0 \Rightarrow \sigma = -\frac{Q}{A} \tag{c}$$

となる．これより，ひずみ ε と伸び λ は以下のように得られる．

$$\varepsilon = \frac{\sigma}{E} = -\frac{Q}{AE} \Rightarrow \lambda = \varepsilon l = -\frac{Ql}{AE} = -\frac{Pl}{AE\sin\theta} \tag{d}$$

なお，負の符号は，棒が縮むことを表わしている．変形を示す図(d)より，点 A の垂直変位 $\delta\,(>0)$ と棒の縮み $-\lambda$ は，三角形 A'BC に対する３平方の定理より以下の関係を満たす．

$$(l+\lambda)^2 = \{l\cos\theta\}^2 + \{l\sin\theta - \delta\}^2 \tag{e}$$

上式を整理すると，

$$2l\lambda + \lambda^2 = -2l\delta\sin\theta + \delta^2 \tag{f}$$

l に比べると，λ と δ は微小であるから，λ^2 と δ^2 の項を省略すれば，δ は以下のようになる．

$$2l\lambda \simeq -2l\delta\sin\theta \Rightarrow \delta \simeq -\frac{\lambda}{\sin\theta} = \frac{Pl}{AE\sin^2\theta} \tag{g}$$

（別解）棒 AB が縮むことにより，図 A(d)のように，点 A は点 D に移動する．この棒は壁に接触しているから，支点 B を回転中心として，点 D は点 A' に移動する．AB に比べ λ と δ は微小であるから，弧 DA' を弦 DA' で近似でき，DA' は AD と直交すると考えてよい．ここで，図 A(d)より，角 DA'A = θ であるから，δ が以下のように得られる．

$$\sin\theta = \frac{AD}{AA'} = \frac{-\lambda}{\delta} \Rightarrow \delta = -\frac{\lambda}{\sin\theta} = \frac{Pl}{AE\sin^2\theta} \tag{h}$$

[答　$Q = \dfrac{P}{\sin\theta},\ \delta = \dfrac{Pl}{AE\sin^2\theta}$]

【3.2】 (a) When the load P is applied to the rod, the stresses in the members AB and BC are shown in Fig. A(a) and given as follows.

$$\sigma_{AB} = \frac{P}{A_{AB}} = \frac{4 \times 18 \times 10^3\text{N}}{\pi \times (20\text{mm})^2} = 57.3\text{MPa}$$
$$\sigma_{BC} = \frac{P}{A_{BC}} = \frac{4 \times 18 \times 10^3\text{N}}{\pi \times (15\text{mm})^2} = 101.9\text{MPa} \tag{a}$$

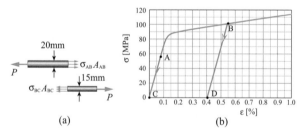

(a)　　　　　　　　(b)

Fig. A　Elongation of a stepped bar.

Now, reading the values of the strains corresponding to the above stresses in the members AB and BC from the stress-strain curve illustrated in Fig. A(b), we have

$$\varepsilon_{AB} = 0.08 \times 10^{-2},\quad \varepsilon_{BC} = 0.55 \times 10^{-2} \tag{b}$$

The elongations of the members AB and BC are given as follows.

$$\lambda_{AB} = l_{AB}\varepsilon_{AB} = 500\text{mm} \times 0.08 \times 10^{-2} = 0.40\text{mm}$$
$$\lambda_{BC} = l_{BC}\varepsilon_{BC} = 300\text{mm} \times 0.55 \times 10^{-2} = 1.65\text{mm} \tag{c}$$

Therefore, the elongation of the rod AC can be obtained.

$$\lambda = \lambda_{AB} + \lambda_{BC} = 2.05\text{mm} \tag{d}$$

(b) If the load is removed, the strains in the member AB and BC decrease from the point A to C and from the point B to D, respectively as shown in Fig. A(b). Thus, the strains in the members AB and BC are expressed by the values of the points C and D.

$$\varepsilon_{AB}' = 0 , \ \varepsilon_{BC}' = 0.40 \times 10^{-2} \quad \text{(e)}$$

The permanent elongation of the members AB and BC is respectivly given as follows.

$$\lambda_{AB}' = l_{AB}\varepsilon_{AB}' = 500\text{mm} \times 0 = 0\text{mm}$$

$$\lambda_{BC}' = l_{BC}\varepsilon_{BC}' = 300\text{mm} \times 0.40 \times 10^{-2} = 1.20\text{mm} \quad \text{(f)}$$

Therefore, the permanent elongation of this rod is obtained as follows.

$$\lambda' = \lambda_{AB}' + \lambda_{BC}' = 1.20\text{mm} \quad \text{(g)}$$

[Ans.　(a) 2.05mm, (b) 1.20mm]

【3.3】 The solving process is as follows:

(1) The tensile forces of the wires are unknown.

(2) Determine the elongations of the wires.

(3) The elongations of the two wires are the same, because the rigid plate is kept horizontal. Applying the condition, the unknown placement of the load P can be obtained.

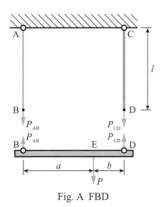

Fig. A FBD

(1) The loads applied to the wires AB and CD are denoted by P_{AB} and P_{CD} as shown in Fig. A. The equilibriums of the forces and the moments around the point E of the rigid bar are given as follows.

$$P_{AB} + P_{CD} = P , \ P_{AB}a = P_{CD}b \quad \text{(a)}$$

The loads, which are applied to the wire, are given as follows.

$$P_{AB} = \frac{b}{a+b}P , \ P_{CD} = \frac{a}{a+b}P \quad \text{(b)}$$

(2) The elongations of the two wires are

$$\lambda_{AB} = \varepsilon_{AB}l = \frac{\sigma_{AB}}{E_{AB}}l = \frac{P_{AB}}{E_{AB}A_{AB}}l = \frac{blP}{(a+b)E_{AB}A_{AB}}$$

$$\lambda_{CD} = \varepsilon_{CD}l = \frac{\sigma_{CD}}{E_{CD}}l = \frac{P_{CD}}{E_{CD}A_{CD}}l = \frac{alP}{(a+b)E_{CD}A_{CD}} \quad \text{(c)}$$

(3) Since the rigid plate is kept horizontal, the elongations given in Eq. (c) should be equal. Then the ratio b/a is obtained as in the answer.

$$\left[\text{Ans.} \quad \frac{b}{a} = \frac{E_{AB}A_{AB}}{E_{CD}A_{CD}}\right]$$

【3.4】 下面から距離 x の断面の直径は，

$$d = d_1 - \frac{d_1 - d_2}{h}x \quad \text{(a)}$$

と表わされる．ここで，$(t \ll d_1 , d_2)$ であることを考慮すると，断面積は次のように近似できる

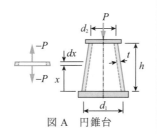

図 A　円錐台

$$A \cong \pi dt = \pi\left(d_1 - \frac{d_1 - d_2}{h}x\right)t \quad \text{(b)}$$

$x \sim x+dx$ の微小部分 dx に生じる伸び $d\lambda$ は，荷重→応力→ひずみ→伸びと求めて行けば，

$$-P \Rightarrow \sigma = -\frac{P}{A} \Rightarrow \varepsilon = \frac{\sigma}{E} = -\frac{P}{AE} \Rightarrow d\lambda = \varepsilon dx = -\frac{P}{AE}dx \quad \text{(c)}$$

となる．負の符号は縮んでいることを表わしている．この円錐

台全体の伸びは，$x = 0 \sim h$ の範囲で積分すると，以下となる．

$$\lambda = \int_0^h d\lambda = -\int_0^h \frac{P}{AE}dx$$

$$= -\frac{P}{\pi Et}\int_0^h \left(d_1 - \frac{d_1 - d_2}{h}x\right)^{-1} dx = -\frac{Ph}{\pi Et(d_1 - d_2)}\ln\left(\frac{d_1}{d_2}\right) \quad \text{(d)}$$

よって，剛体板は縮み，変位は $\delta = -\lambda$ となる．

$$\left[\text{答} \quad \delta = \frac{Ph}{\pi Et(d_1 - d_2)}\ln\left(\frac{d_1}{d_2}\right)\right]$$

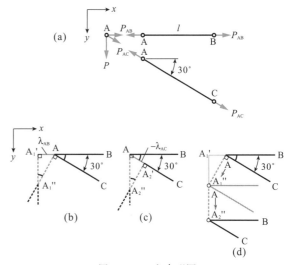

図 A　FBD と変形図

【3.5】 (1) 各々の部材に加わる引張り荷重と応力を求める：図 A(a) の FBD より，点 A に加わる x と y 方向の力の釣合い式より，それぞれの部材に加わる軸荷重は以下のように得られる．

$$P_{AB} + P_{AC}\cos(30°) = 0 \ \Rightarrow \ P_{AB} = \sqrt{3}P , \ P_{AC} = -2P$$
$$P + P_{AC}\sin(30°) = 0 \quad \text{(a)}$$

これより，各々の部材の断面に生じる応力は，

$$\sigma_{AB} = \frac{P_{AB}}{A} = \frac{\sqrt{3}P}{A} , \ \sigma_{AC} = \frac{P_{AC}}{A} = -\frac{2P}{A} \quad \text{(b)}$$

となり，AB の部材は引張り，AC の部材は圧縮の応力が生じる．σ_{AC} の大きさは σ_{AB} より大きいから，σ_{AC} が圧縮の許容応力以下となる条件より，

$$|\sigma_{AC}| \le \sigma_a = \frac{\sigma_B}{S} \ \Rightarrow \ \frac{2P}{A} \le \frac{\sigma_B}{S}$$

$$\Rightarrow P \le \frac{\sigma_B A}{2S} = \frac{500\text{MPa} \times 10\text{mm}^2}{2 \times 3} = 833.3\text{N} \quad \text{(c)}$$

となり．最大荷重は 833N となる．

(2) AB, AC の棒の伸び $\lambda_{AB}, \lambda_{AC}$：各々の部材に生じる軸荷重より，各棒の伸びが求まる．

$$\lambda_{AB} = \frac{P_{AB}l_{AB}}{AE} = \frac{\sqrt{3}Pl}{AE} , \ \lambda_{AC} = \frac{P_{AC}l_{AC}}{AE} = \frac{-4Pl}{\sqrt{3}AE} \ \Leftarrow \ l_{AC} = \frac{2}{\sqrt{3}}l \ \text{(d)}$$

(3) AB の棒の伸びによる変位：図 A(b) のように，棒 AB は伸びにより $A_1'B$ となる．そして，棒 $A_1'B$ は点 B，棒 AC は点 C を支点として回転するから，A 点は，A→A_1'→A_1'' と移動する．ここで，

$$\tan 30° = \frac{\lambda_{AB}}{A_1'A_1''} \ \Rightarrow \ A_1'A_1'' = \frac{\lambda_{AB}}{\tan 30°} \quad \text{(e)}$$

(4) AC の棒の縮みによる変位：図 A(c) のよう，棒 AC の縮みにより棒 $A_2'C$ となる．そして，棒 AB は点 B，棒 $A_2'C$ は点 C を支点として回転するから，点 A は，A→A_2'→A_2'' と移動する．ここで，

$$\sin 30° = \frac{-\lambda_{AC}}{AA_2''} \Rightarrow AA_2'' = \frac{-\lambda_{AC}}{\sin 30°} \qquad (f)$$

(5) 重ね合わせによる変位：以上より，図 A(d)のように点 A は，A→A$_1$"と移動し，A$_1$"から図 A(c)における A→A$_2$"分を移動する．従って，変位は，AB, AC の棒の変形による点 A の変位を重ね合わせ，式(e)と(f)を用いれば，以下のように得られる．

$$u_x = -AA_1' = -\lambda_{AB} = -\frac{\sqrt{3}Pl}{AE} = -0.361\,\text{mm}$$

$$u_y = A_1'A_1'' + AA_2'' = \frac{\lambda_{AB}}{\tan 30°} - \frac{\lambda_{AC}}{\sin 30°} = \left(3 + \frac{8}{\sqrt{3}}\right)\frac{Pl}{AE} = 1.59\,\text{mm} \qquad (g)$$

[答 $P_{allow} = 833\text{N}$, $u_x = -0.361\,\text{mm}$, $u_y = 1.59\,\text{mm}$]

【3.6】 As shown in Fig. A(a), the axial loads of the members CD and AD are denoted by F_1, and the axial load of the member BD is denoted by F_2.

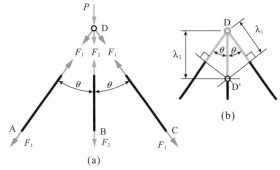

(a)

(b)

Fig. A FBD and the deformation diagram.

The equilibrium of the forces at the point D is as follows.

$$2F_1 \cos\theta + F_2 = -P \qquad (a)$$

The forces F_1 and F_2 can not be determined from this equation only. Thus, the deformation should be considered. The elongations λ_1 of the members CD and AD and the elongation λ_2 of the member BD are given as follows.

$$\lambda_1 = \frac{F_1 l_1}{A_1 E_1}, \lambda_2 = \frac{F_2 l_2}{A_2 E_2} = \frac{F_2 l_1 \cos\theta}{A_2 E_2} \qquad (b)$$

It is seen from Fig. A(b) that the relationship between λ_1 and λ_2 is expressed as

$$\lambda_1 = \lambda_2 \cos\theta \qquad (c)$$

Substituting Eq. (b) into Eq. (c), we get

$$\frac{F_1}{A_1 E_1} = \frac{F_2 \cos^2\theta}{A_2 E_2} \qquad (d)$$

By using Eqs. (d) and (a), the axial forces F_1 and F_2 are obtained as follows.

$$F_1 = -\frac{A_1 E_1 P \cos^2\theta}{2A_1 E_1 \cos^3\theta + A_2 E_2}, F_2 = -\frac{A_2 E_2 P}{2A_1 E_1 \cos^3\theta + A_2 E_2} \qquad (e)$$

The horizontal and vertical displacements of the point D are

$$\delta_h = 0, \delta_v = \lambda_2 = \frac{F_2 l_1 \cos\theta}{A_2 E_2} = -\frac{P l_1 \cos\theta}{2A_1 E_1 \cos^3\theta + A_2 E_2} \qquad (f)$$

Thus, we get the following result.

$$\delta_v = -\frac{P l_1 \cos\theta}{2A_1 E_1 \cos^3\theta + A_2 E_2} = 0.5612 \times 10^{-3}\,\text{m} \qquad (g)$$

[Ans. $\delta_v = 0.561\,\text{mm}$]

【3.7】 正三角形の図心を O とし，それぞれの棒の軸力を Q, 線分 AO の長さを b とする．b は a と l を用いて，以下のよう

に表わせる（図 A(a)参照）．

$$b = \sqrt{l^2 - \overline{OC}^2} = \sqrt{l^2 - \frac{a^2}{3}} \qquad (a)$$

点 A における鉛直方向の力の釣合い式より，荷重 Q は以下となる（図 A(b)参照）．

$$P = 3Q\frac{\text{AO}}{\text{AC}} = 3\frac{b}{l}Q \Rightarrow Q = \frac{l}{3b}P \text{ (b)}$$

各棒の伸び λ は，

$$\lambda = \frac{Ql}{AE} = \frac{l^2 P}{3bAE} \qquad (c)$$

平面 AOC において変形を表わした図 A(c)より，荷重点 A の変位 δ は，

$$\delta \cos(\angle OAC) = \lambda$$

$$\Rightarrow \delta = \frac{\lambda}{\cos(\angle OAC)}$$

$$= \frac{\text{AC}}{\text{AO}}\lambda = \frac{l}{b}\lambda = \frac{l^3 P}{3b^2 AE} \qquad (d)$$

式(a)を用いれば，δ は答のように得られる．

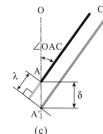

(a)

(b)

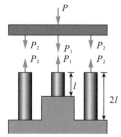

(c)

図 A 立体トラス

[答 $\delta = \dfrac{l^3 P}{(3l^2 - a^2)AE}$]

【3.8】 対称性より，左と右の棒に加わる荷重は等しい．そこで，剛体板から中央の棒に加わる荷重を P_1，左と右の棒に加わる荷重を P_2 とし，引張方向を正とする．剛体板および，棒の FBD は，図 A のようになる．剛体板の力の釣合いより，

$$P + 2P_2 + P_1 = 0 \qquad (a)$$

釣合い式だけからでは，P_1 と P_2 を決定することは出来ない．そこで，柱の変形を考える．それぞれの棒の伸びは，

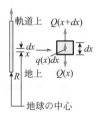

図 A 剛体板と棒の FBD

$$\lambda_1 = \frac{P_1 l}{AE}, \lambda_2 = \frac{2P_2 l}{AE} \qquad (b)$$

柱の上面は剛体板に接しているので，各柱の伸びは等しくなり，

$$\lambda_1 = \lambda_2 \Rightarrow \frac{P_1 l}{AE} = \frac{2P_2 l}{AE} \Rightarrow P_1 = 2P_2 \qquad (c)$$

式(a)と(c)より，P_1 と P_2 は，以下のように得られる．

$$P_1 = -\frac{P}{2}, P_2 = -\frac{P}{4} \qquad (d)$$

従って，柱の断面に生じる応力は以下となる．

$$\sigma_1 = \frac{P_1}{A} = -\frac{P}{2A}, \sigma_2 = \frac{P_2}{A} = -\frac{P}{4A} \qquad (e)$$

[答 $\sigma_1 = -\dfrac{P}{2A}$, $\sigma_2 = -\dfrac{P}{4A}$]

【3.9】ロープの断面積を A とすると．地球の中心から x の位置の微小長さ dx の部分に加わる力 $q(x)dx$ は，

$$q(x)dx = (A\rho dx)x\omega^2 - G\frac{(A\rho dx)M}{x^2} \qquad (a)$$

地上でロープの断面に生じる力が零であるとすると，地球の中心から x の位置におけるロープの断面に生じる内力 Q は，

図 A ロープに加わる内力

$$Q = -\int_R^x q(x)dx = -A\rho\omega^2 \int_R^x x\,dx + A\rho GM \int_R^x \frac{dx}{x^2}$$

$$= -\frac{A\rho\omega^2}{2}(x^2 - R^2) + A\rho GM\left(\frac{1}{R} - \frac{1}{x}\right) \qquad (b)$$

位置 x の断面の応力は以下となる.

$$\sigma = \frac{Q}{A} = -\frac{\rho\omega^2}{2}(x^2 - R^2) + \rho GM\left(\frac{1}{R} - \frac{1}{x}\right) \qquad (x \geq R) \qquad (c)$$

上式の微係数を零とおいて，以下の位置 x において断面の応力 σ は最大となる.

$$\frac{d\sigma}{dx} = \frac{\rho\omega^2}{x^2}\left(\frac{GM}{\omega^2} - x^3\right) = 0 \Rightarrow x = \sqrt[3]{\frac{GM}{\omega^2}} = 42170 \text{km} \qquad (d)$$

したがって，断面に生じる最大応力は，静止衛星の軌道上 $x = 42170$ km において生じる．この位置 x を式(c)に代入して計算すると答となり，この応力がロープに最低必要な引張強さである．

[答 48.7GPa]

【3.10】 頂点から x の位置におけるピラミッドの断面積 $A(x)$ は，

$$A(x) = \left(\frac{x}{h}a\right)^2 = \frac{a^2}{h^2}x^2 \qquad (a)$$

で表される．この面より上の質量 $m(x)$ は，

$$m(x) = \rho A(x)\frac{x}{3} \qquad (b)$$

となる．この質量による重力が断面の応力による力と釣合っているから（図 A(a)），応力は

$$m(x)g + \sigma(x)A(x) = 0$$

$$\Rightarrow \sigma(x) = -\frac{m(x)g}{A(x)} = -\frac{\rho g}{3}x \qquad (c)$$

と得られる．ここで，負の符号より，ピラミッドには圧縮応力が加わっていることが分かる．

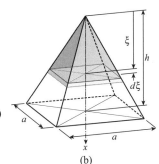

図 A ピラミッド

図 A(b)のように，頂点から ξ の位置にとった微小長さ $d\xi$ の部分の縮み $d\lambda$ は，式(c)で得られた応力を用いて「応力」→「ひずみ」→「縮み」と求めて行けば，以下となる．

$$-d\lambda = \varepsilon d\xi = \frac{\sigma(\xi)}{E}d\xi = -\frac{\rho g}{3E}\xi d\xi \qquad (d)$$

ここで，縮みは負の伸びとして得られるから，λ に負の符号を付けている．この $d\lambda$ を $\xi = 0 \sim x$ まで積分すると，$0 \sim x$ の部分の縮みは次式のように得られる．

$$\lambda(x) = \int_0^x \frac{\rho g}{3E}\xi d\xi = \frac{\rho g}{3E}\left[\frac{1}{2}\xi^2\right]_0^x = \frac{\rho g}{6E}x^2 \qquad (e)$$

$$\left[\text{答 } \sigma(x) = -\frac{\rho g}{3}x, \ \lambda(x) = \frac{\rho g}{6E}x^2\right]$$

【3.11】 円形断面棒と長方形断面棒の断面積はそれぞれ，

$$A_c = \frac{\pi d^2}{4}, \ A_r = d^2 \qquad (a)$$

となる．断面に生じる内力 Q は，すべて $Q = P$ で一定であるから，円形断面棒と正方形断面棒の伸びは，それぞれ

$$\lambda_c = \frac{Pl}{A_c E} = \frac{4Pl}{\pi d^2 E}, \ \lambda_r = \frac{Pl}{A_r E} = \frac{Pl}{d^2 E} \qquad (b)$$

となる．従って，この棒の伸び λ は答の通りとなる.

$$\left[\text{答 } \lambda = \lambda_c + \lambda_r = \left(\frac{4}{\pi} + 1\right)\frac{Pl}{d^2 E}\right]$$

【3.12】 If the wall is removed, the thermal elongation of the rod is given as follows.

$$\lambda_T = \alpha\Delta T\left(l_{AB} + l_{BC}\right)$$
$$= 23 \times 10^{-6} \text{K}^{-1}$$
$$\times 50\text{K} \times (1.0\text{m} + 1.2\text{m})$$
$$= 2.530 \times 10^{-3}\text{m} \qquad (a)$$

Letting the reaction force from the wall be R as shown in Fig. A(b), the elongations of the members AB and BC due to the reaction force are given as follows.

$$\lambda_R = \lambda_{AB} + \lambda_{BC} = \frac{Rl_{AB}}{A_{AB}E} + \frac{Rl_{BC}}{A_{BC}E} = \left(\frac{l_{AB}}{A_{AB}} + \frac{l_{BC}}{A_{BC}}\right)\frac{R}{E} \qquad (b)$$

The total elongation of the rod can be obtained by superposing the elongations given in Eqs. (a) and (b). Since the both sides of the rod is fixed by the rigid walls, the total elongation should be zero.

$$\lambda_T + \lambda_R = 0 \Rightarrow \lambda_T + \left(\frac{l_{AB}}{A_{AB}} + \frac{l_{BC}}{A_{BC}}\right)\frac{R}{E} = 0 \qquad (c)$$

Then, the reaction force is driven from Eq.(c) as follows.

$$R = -\frac{E\lambda_T}{\left(\frac{4l_{AB}}{\pi d_{AB}^2} + \frac{4l_{BC}}{\pi d_{BC}^2}\right)} = -42.80\text{kN} \qquad (d)$$

The stresses in the members AB and BC are given as follows.

$$\sigma_{AB} = \frac{R}{A_{AB}} = \frac{4R}{\pi d_{AB}^2} = \frac{4 \times (-42.80 \times 10^3 \text{N})}{\pi \times (0.020\text{m})^2} = -136.2\text{MPa}$$

$$\sigma_{BC} = \frac{R}{A_{BC}} = \frac{4R}{\pi d_{BC}^2} = \frac{4 \times (-42.80 \times 10^3 \text{N})}{\pi \times (0.040\text{m})^2} = -34.06\text{MPa} \qquad (e)$$

Therefore, the maximum stress is −136MPa in the member AB.

[Ans. −136MPa]

【3.13】 棒の伸びは，温度上昇による伸びと壁からの反力 R による縮みを足し合わせて得られ，この伸びが δ となるから，反力 R は以下のように得られる．

$$\alpha\Delta Tl + \frac{Rl}{AE} = \delta \Rightarrow R = \frac{AE}{l}(\delta - \alpha\Delta Tl) \qquad (a)$$

注）$l \gg \delta$ より棒の長さを l とする．

ここで，棒が壁から受ける荷重 R は引張方向を正としている．この荷重により，棒に生じる応力は，

$$\sigma = \frac{R}{A} \qquad (b)$$

この応力は圧縮，すなわち負で，この大きさが許容圧縮応力以下となることから，

$$\sigma_a \geq -\sigma = -\frac{R}{A} = -(\delta - \alpha\Delta Tl)\frac{E}{l} \qquad (c)$$

これより，δ は次式を満足する必要がある．

$$\delta \geq \alpha\Delta Tl - \frac{\sigma_a l}{E} = 26 \times 10^{-6}[1/\text{K}] \times 80\text{K} \times 2\text{m}$$

$$- \frac{80 \times 10^6 \text{Pa} \times 2\text{m}}{70 \times 10^9 \text{Pa}} = 1.874\text{mm} \qquad (d)$$

従って，$\delta = 1.88$mm 以上のすきまが必要である．

[答 1.88mm]

第 4 章　軸のねじり

【4.1】　By using Eq. (4.9), the polar moment of inertia of area I_p is given as

$$I_p = \frac{\pi d^4}{32} = \frac{\pi \times (0.01\mathrm{m})^4}{32} = 0.9817 \times 10^{-9}\,\mathrm{m}^4 \tag{a}$$

The maximum shear stress $\tau_{\max}$ can be given by Eq. (4.8) as

$$\tau_{\max} = \frac{Td}{2I_p} = \frac{10\mathrm{N \cdot m} \times 0.01\mathrm{m}}{2 \times 0.9817 \times 10^{-9}\,\mathrm{m}^4} = 0.0509 \times 10^9\,\mathrm{N/m}^2 = 50.9\mathrm{MPa} \tag{b}$$

The angle of twist ϕ can be given by Eq.(4.8) , as follows.

$$\phi = \frac{Tl}{GI_p} = \frac{10\mathrm{N \cdot m} \times 0.1\mathrm{m}}{77\mathrm{GPa} \times 0.9817 \times 10^{-9}\,\mathrm{m}^4} = 0.0132\mathrm{rad} = 0.758° \tag{c}$$

[Ans. $\tau_{\max} = 50.9\mathrm{MPa}$, $\phi = 0.0132\mathrm{rad} = 0.758°$]

【4.2】　荷重 P による摩擦力 F は,

$$F = \mu P \tag{a}$$

従って, この摩擦力により, この軸回りに加わるトルク T は,

$$T = F\frac{d}{2} + F\frac{d}{2} = Fd = \mu P d \tag{b}$$

となる. このトルクが軸に加わっていることから, 軸に生じる最大せん断応力 $\tau_{\max}$ は, 式(4.8)より, 次のように得られる.

$$\tau_{\max} = \frac{16T}{\pi d^3} = \frac{16\mu P}{\pi d^2} = \frac{16 \times 0.1 \times 3000\mathrm{N}}{\pi \times (50\mathrm{mm})^2} = 0.611\mathrm{MPa} \tag{c}$$

[答　0.611MPa]

【4.3】　ボルトに加わるねじりモーメントにより, ボルトの断面に生じるせん断応力の最大値がせん断強さになった時に破断すると考える.

スパナに加わる荷重 P とボルトに加わるねじりモーメント T の関係式は,

$$T = Pl \tag{a}$$

ボルトに加わるねじりモーメント T と, ボルト断面の最大せん断応力との関係式(4.8)に式(a)を用いれば, 最大せん断応力 $\tau_{\max}$ は荷重 P を用いて次式で表わされる.

$$\tau_{\max} = \frac{T}{Z_p} = \frac{16T}{\pi d^3} = \frac{16Pl}{\pi d^3} \tag{b}$$

$\tau_{\max}$ が, せん断強さ $\tau_B = 500\mathrm{MPa}$ となったときの荷重を破断荷重 P_B と考えれば, P_B が以下のように得られる.

$$\tau_B = \frac{16 P_B l}{\pi d^3} \Rightarrow P_B = \frac{\pi d^3}{16l}\tau_B = \frac{\pi \times (6\mathrm{mm})^3}{16 \times 100\mathrm{mm}} \times 500\mathrm{MPa} = 212\mathrm{N} \tag{c}$$

[答　212N]

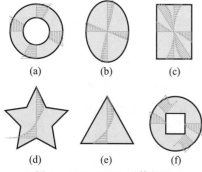

図 A　FEM による計算結果

【4.4】　FEM（有限要素法）による計算結果を図 A に示す. 図 A(d), (f) の断面において, 180 度より大きい角に生じる応力が

大きくなっていることに注意が必要である. 弾性体として計算した場合, この種の角に置ける応力は無限大となる. これを応力の特異性と呼ぶ. 最も危険な角度は 360 度, すなわち『き裂』である. 角近傍の応力は, 角からの距離 r の λ 乗に反比例し, 以下のように表わされる. 最も鋭い角度, すなわち, き裂の場合 $\lambda = 1/2$ である.

$$\sigma \propto r^{-\lambda} \tag{a}$$

[答　図 A]

【4.5】　The maximum shearing stress $\tau_{\max}$ with torque T can be given by using Eq. (4.10) as

$$\tau_{\max} = \frac{16 d_o T}{\pi(d_o{}^4 - d_i{}^4)} \tag{a}$$

This shearing stress should be less equal than the allowable shearing stress τ_a and following relations can be give

$$\tau_a \geq \tau_{\max} = \frac{16 d_o T}{\pi(d_o{}^4 - d_i{}^4)} \Rightarrow T \leq \frac{\pi(d_o{}^4 - d_i{}^4)}{16 d_o}\tau_a$$

$$= \frac{\pi \times \left\{ (20\mathrm{mm})^4 - (16\mathrm{mm})^4 \right\}}{16 \times 20\mathrm{mm}} \times 50\mathrm{MPa} = 46.37\mathrm{N \cdot m} \tag{b}$$

Thus, the maximum torque T is 46.3Nm.

[Ans.　46.3Nm]

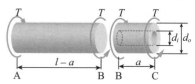

図 A　段部で分割した図

【4.6】　中実部, 中空部それぞれに生じる最大せん断応力は,

$$\tau_{AB} = \frac{16T}{\pi d_o{}^3}, \quad \tau_{BC} = \frac{16 d_o T}{\pi(d_o{}^4 - d_i{}^4)} \tag{a}$$

となる. ここで, $\tau_{BC} > \tau_{AB}$ であるから, この軸に生じる最大せん断応力は,

$$\tau_{\max} = \tau_{BC} = \frac{16 d_o T}{\pi(d_o{}^4 - d_i{}^4)} \tag{b}$$

である. AB, BC 部それぞれのねじれ角は,

$$\phi_{AB} = \frac{T(l-a)}{GI_{pAB}} = \frac{32T(l-a)}{G\pi d_o{}^4}, \quad \phi_{BC} = \frac{Ta}{GI_{pBC}} = \frac{32Ta}{G\pi(d_o{}^4 - d_i{}^4)} \tag{c}$$

したがって, この棒のねじれ角 ϕ_l は, AB, BC 間のねじれ角を加え合わせて, 式(c)より, 以下となる.

$$\phi_l = \phi_{AB} + \phi_{BC} = \frac{32Tl}{G\pi d_o{}^4}\left(1 + \frac{a}{l}\frac{d_i{}^4}{d_o{}^4 - d_i{}^4}\right) \tag{d}$$

[答　式(b), 式(d)]

【4.7】　左端から x の断面に加わるトルク T は,

$$T = \tau_0(l - x) \tag{a}$$

また, この位置の直径 d は,

$$d = d_0 - \frac{d_0 - d_1}{l}x \tag{b}$$

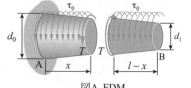

図A FDM

x の断面に生じる最大せん断応力 τ_x は, 式(4.8)に式(a), (b)を用いれば,

$$\tau_x = \frac{16T}{\pi d^3} = \frac{16\tau_0}{\pi}(l - x)\left(d_0 - \frac{d_0 - d_1}{l}x\right)^{-3} \tag{c}$$

と表わされる. τ_x の最大値を求めるために, x で微分すると,

$$\frac{d\tau_x}{dx} = \frac{16\tau_0}{\pi}\left(2d_0 - 3d_1 - 2\frac{d_0 - d_1}{l}x\right)\left(d_0 - \frac{d_0 - d_1}{l}x\right)^{-4} \qquad \text{(d)}$$

上式は，

$d_0 < \dfrac{3}{2}d_1$　のとき　$0 \le x \le l$　で常に負　$\Rightarrow$　$x = 0$　で　τ_x は最大

$d_0 \ge \dfrac{3}{2}d_1$　のとき　$x = \dfrac{2d_0 - 3d_1}{2(d_0 - d_1)}l$　で零　$\Rightarrow$　$x = \dfrac{2d_0 - 3d_1}{2(d_0 - d_1)}l$

で τ_x は最大となる．これより，最大せん断応力 τ_{max} は，次式となる．

$$\tau_{max} = \frac{16\tau_0 l}{\pi d_0^3}\begin{cases} 1 & \left(d_0 < \dfrac{3}{2}d_1\right) \\ \dfrac{4d_0^3}{27d_1^2(d_0 - d_1)} & \left(d_0 \ge \dfrac{3}{2}d_1\right) \end{cases} \qquad \text{(e)}$$

[答　式(e)]

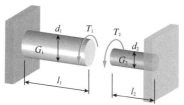

図A　両端が固定された段付き棒

【4.8】　図 A のように，左右の棒に加わるトルクを T_1, T_2 とする．これらのトルクの合計が T であるから，

$$T = T_1 + T_2 \qquad \text{(a)}$$

式(4.8)より，左右の棒のねじれ角は，

$$\phi_1 = \frac{T_1 l_1}{G_1 I_{p1}} = \frac{32 T_1 l_1}{G_1 \pi d_1^4}, \quad \phi_2 = \frac{T_2 l_2}{G_2 I_{p2}} = \frac{32 T_2 l_2}{G_2 \pi d_2^4} \qquad \text{(b)}$$

断部で両棒は接合されているから，これらのねじれ角は等しくなければならないから，

$$\phi_1 = \phi_2 \quad \Rightarrow \quad \frac{T_1 l_1}{G_1 d_1^4} = \frac{T_2 l_2}{G_2 d_2^4} \qquad \text{(c)}$$

式(a), (c) より，左右の棒に加わるトルク T_1, T_2 は以下のように得られる．

$$T_1 = \frac{G_1 d_1^4 l_2}{G_1 d_1^4 l_2 + G_2 d_2^4 l_1}T, \quad T_2 = \frac{G_2 d_2^4 l_1}{G_1 d_1^4 l_2 + G_2 d_2^4 l_1}T \qquad \text{(d)}$$

これより，左右の棒に生じる最大せん断応力は以下となる．

$$\tau_{max1} = \frac{16 T_1}{\pi d_1^3} = \frac{16 G_1 d_1 l_2 T}{\pi(G_1 d_1^4 l_2 + G_2 d_2^4 l_1)} \qquad \text{(e)}$$

$$\tau_{max2} = \frac{16 T_2}{\pi d_2^3} = \frac{16 G_2 d_2 l_1 T}{\pi(G_1 d_1^4 l_2 + G_2 d_2^4 l_1)}$$

[答　$\tau_{max1} = \dfrac{16 G_1 d_1 l_2 T}{\pi(G_1 d_1^4 l_2 + G_2 d_2^4 l_1)}$, $\tau_{max2} = \dfrac{16 G_2 d_2 l_1 T}{\pi(G_1 d_1^4 l_2 + G_2 d_2^4 l_1)}$]

【4.9】　The following torques T_C and T_D are applied at C and D.

$$T_C = 2kN \times 80mm = 160Nm, \quad T_D = 1.2kN \times 50mm = 60Nm \qquad \text{(a)}$$

The unknown torque from the fixed end B is denoted as T_B. This problem can be solved by substituting three simple problems as shown in Fig. A. Thus, the angle of twist of the shaft by the torque T_C, T_D and T_B can be given as

$$\phi_{AB} = \frac{T_C l_{AC}}{GI_p} + \frac{T_D l_{AD}}{GI_p} + \frac{T_B l_{AB}}{GI_p} \qquad \text{(b)}$$

This angle should be zero, since the end B is fixed. Thus, T_B can be given as follows.

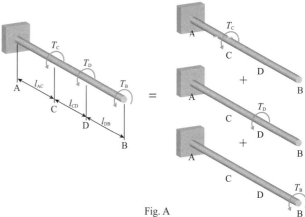

Fig. A

$$\phi_{AB} = 0 \quad \Rightarrow \quad \frac{T_C l_{AC}}{GI_p} + \frac{T_D l_{AD}}{GI_p} + \frac{T_B l_{AB}}{GI_p} = 0$$

$$\Rightarrow \quad T_B = -\frac{T_C l_{AC} + T_D l_{AD}}{l_{AB}} \qquad \text{(c)}$$

$$= -\frac{160Nm \times 0.20m + 60Nm \times 0.38m}{0.58m} = -94.5Nm$$

Then, the torque between AC, CD and DB is given as,

$$T_{AC} = T_C + T_D + T_B = 160Nm + 60Nm - 94.5Nm = 125.5Nm$$
$$T_{CD} = T_D + T_B = 60Nm - 94.5Nm = -34.5Nm \qquad \text{(d)}$$
$$T_{DB} = T_B = -94.5Nm$$

The polar modulus of section Z_p is given as,

$$Z_p = \frac{\pi d^3}{16} = \frac{\pi(30 \times 10^{-3}m)^3}{16} = 5.301 \times 10^{-6}m^3 \qquad \text{(e)}$$

The maximum shear stress in between AC, CD and DB can be calculated as follows.

$$\tau_{AC} = \frac{T_{AC}}{Z_p} = \frac{125.5Nm}{5.301 \times 10^{-6}m^3} = 23.7MPa$$

$$\tau_{CD} = \frac{T_{CD}}{Z_p} = \frac{-34.5Nm}{5.301 \times 10^{-6}m^3} = -6.5MPa \qquad \text{(f)}$$

$$\tau_{DB} = \frac{T_{DB}}{Z_p} = \frac{-94.5Nm}{5.301 \times 10^{-6}m^3} = -17.8MPa$$

[Ans.　$\tau_{AC} = 23.7MPa$, $\tau_{CD} = -6.5MPa$, $\tau_{DB} = -17.8MPa$]

【4.10】　薄肉閉断面棒として考えた場合：この棒の中心線で囲まれた面積は，

$$A = \frac{\pi d^2}{4} \qquad \text{(a)}$$

となるから，式(4.52)より，断面に生じるせん断応力は，

$$\tau = \frac{T}{2At} = \frac{2T}{\pi d^2 t} \qquad \text{(b)}$$

円筒として考えた場合：外径 d_o，内径 d_i は，d, t を用いて以下のように表わされる．

図A　円筒断面

$$d_o = d + t, \quad d_i = d - t \qquad \text{(c)}$$

これより，断面二次極モーメントは，

$$I_p = \frac{\pi}{32}(d_o^4 - d_i^4) = \frac{\pi}{4}td(d^2 + t^2) \qquad \text{(d)}$$

断面に生じるせん断応力は，

$$\tau = \frac{T}{I_p}r = \frac{4T}{\pi td(d^2 + t^2)}r \qquad \left(\frac{d-t}{2} \le r \le \frac{d+t}{2}\right) \qquad \text{(e)}$$

となる．ここで $d \gg t$ とすると，せん断応力は，

$$\tau = \frac{4T}{\pi td(d^2+t^2)}r \cong \frac{4T}{\pi td^3}\frac{d}{2} = \frac{2T}{\pi td^2} \quad (\frac{d-t}{2} \le r \le \frac{d+t}{2}) \quad (f)$$

となり，薄肉閉断面棒の解，式(b)と一致する．したがって，$d \gg t$ のときは，薄肉閉断面棒として最大せん断応力を求めても良い．

$$[答 \quad \tau = \frac{2T}{\pi d^2 t}]$$

【4.11】 The length of the side for the square cross section is denoted by a. The cross sectional area are in same for the two bars. Thus, a can be given by d as follows.

$$\frac{\pi d^2}{4} = a^2 \ \Rightarrow \ a = \frac{\sqrt{\pi}d}{2} \quad (a)$$

The maximum shearing stress for the circular cross section with the diameter d:

$$\tau_{circle} = \frac{16T}{\pi d^3} \quad (b)$$

The maximum shearing stress for the square cross section with the side length a: by using Eq. (4.47)

$$\tau_{square} = \frac{T}{0.2082a^3} = \frac{8T}{0.2082\pi\sqrt{\pi}d^3} = 21.68\frac{T}{\pi d^3} \quad (c)$$

By Eqs. (b) and (c), the ratio of the maximum shearing stress for two cross sections is given as follows.

$$\frac{\tau_{square}}{\tau_{circle}} = 1.36 \quad (d)$$

The maximum shearing stress in the square cross section is grater than the one in the circular cross section with the same cross sectional area.

$$[Ans. \quad \tau_{square}/\tau_{circle} = 1.36]$$

【4.12】 中心線の直径を d，軸の厚さを t，長さを l，トルクを T 表わす．

閉断面棒： 中心線で囲まれる面積 A，中心線の長さ L は，

$$A = \frac{\pi d^2}{4} \ , \ L = \pi d \quad (a)$$

となる．これを用いて，式(4.52)より，せん断応力とねじれ角は以下のようになる．

$$\tau_{close} = \frac{T}{2At} = \frac{2T}{\pi d^2 t} = \frac{2 \times 20 \times 10^3 \text{Nmm}}{\pi(50\text{mm})^2 \times 5\text{mm}} = 1.019\text{MPa}$$

$$\phi_{close} = \frac{TLl}{4tA^2G} = \frac{4Tl}{\pi d^3 tG} \quad (b)$$

$$= \frac{4 \times 20 \times 10^3 \text{Nmm} \times 500\text{mm}}{\pi(50\text{mm})^3 \times 5\text{mm} \times 30 \times 10^3 \text{MPa}} = 0.679 \times 10^{-3}\text{rad}$$

開断面棒： 中心線の長さ a，幅 b は，

$$a = \pi d \ , \ b = t \quad (c)$$

式(4.50)より，せん断応力とねじれ角は以下のようになる．

$$\tau_{open} = \frac{3T}{ab^2} = \frac{3T}{\pi dt^2} = \frac{3 \times 20 \times 10^3 \text{Nmm}}{\pi \times 50\text{mm} \times (5\text{mm})^2} = 15.3\text{MPa}$$

$$\phi_{open} = \frac{3Tl}{ab^3G} = \frac{3Tl}{\pi dt^3G} \quad (d)$$

$$= \frac{3 \times 20 \times 10^3 \text{Nmm} \times 500\text{mm}}{\pi \times 50\text{mm} \times (5\text{mm})^3 \times 30 \times 10^3 \text{MPa}} = 50.9 \times 10^{-3}\text{rad}$$

開断面棒の方が，閉断面棒に比べ最大せん断応力，ねじれ角とも大きくなる．

$$[答 \quad \tau_{close} = 1.019\text{MPa}, \phi_{close} = 0.679 \times 10^{-3}\text{rad},$$
$$\tau_{open} = 15.3\text{MPa}, \phi_{open} = 50.9 \times 10^{-3}\text{rad}]$$

第5章　はりの曲げ

【5.1】 点 A, B の回転自由の支持部で切り離したFBDは図 A(a) のように描ける．点 A，点 B 回りのモーメントの釣合いより，R_A, R_B は以下のように得られる．

$$-Pa-Pa+R_Bl=0 \ \Rightarrow \ R_B = \frac{2a}{l}P$$
$$-Pa-Pa-R_Al=0 \ \Rightarrow \ R_A = -\frac{2a}{l}P \quad (a)$$

AC 間 $(0 \le x < \frac{l}{2})$：図 A(b)の左側部分における力とモーメントの釣合いより，

$$R_A-F=0 \ \Rightarrow \ F=R_A=-\frac{2a}{l}P$$
$$-Fx+M=0 \ \Rightarrow \ M=Fx=-\frac{2a}{l}Px \quad (b)$$

CB 間 $(\frac{l}{2} < x \le l)$：図 A(c)の右側部分における力とモーメントの釣合いより，

$$-F-R_B=0 \ \Rightarrow \ F=-R_B=-\frac{2a}{l}P$$
$$-F(l-x)-M=0 \ \Rightarrow \ M=-F(l-x)=\frac{2a}{l}P(l-x) \quad (c)$$

式(b), (c)より，SFD，BMD は図 A(d), (e)のように描ける．

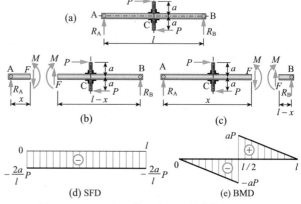

(d) SFD　　　(e) BMD

図 A モーメントが作用する両端支持はりの FBD

（別解） 図 B(a)のように，はりと垂直な棒を切り離して考え，はりに加わる荷重，モーメントを求める．

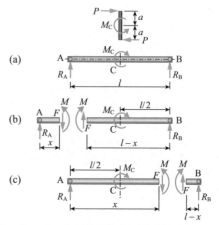

図 B モーメントが作用する両端支持はりの FBD

はりは，垂直の棒よりモーメントを受け，垂直な棒は，はりからモーメントを受けている．このモーメントを M_C とする．垂直な棒のモーメントの釣合い式より，M_C は以下のように得られる．

$$M_C - Pa - Pa = 0 \quad \rightarrow \quad M_C = 2Pa \tag{d}$$

はり全体の点 A, B 各々のモーメントの釣合いより，支持反力 R_A, R_B は以下となる．

$$\text{Point A:} \ R_A \times 0 - M_C + R_B l = 0 \ \Rightarrow \ R_B = \frac{M_C}{l} = \frac{2a}{l}P \tag{e}$$

$$\text{Point B:} \ -R_A l - M_C + R_B \times 0 = 0 \ \Rightarrow \ R_A = -\frac{M_C}{l} = -\frac{2a}{l}P$$

はりを x の位置で切断して断面に生じるせん断力 F とモーメント M は，図 B(b), (c) を参考にすれば，各々の領域に関する力とモーメントの釣合い式より求められ，得られた結果は，式(b), (c) と完全に一致する．

[答　図 A(d) SFD, 図 A(e) BMD]

【5.2】点 C でこのはりを分割したとき，図 A(a)のように，荷重とモーメントが生じる．各々を，R_C, M_C と置く．

AC 部の力，モーメントの釣合いは以下のようなる．

垂直方向の力の釣合い：$-R_C + P = 0 \quad \rightarrow \quad R_C = P$ (a)

点 C 回りのモーメントの釣合い：
$$-M_C - Pa = 0 \quad \rightarrow \quad M_C = -Pa \tag{b}$$

次に，DC, AC 部各々の部分について，断面に生じるせん断力，曲げモーメントを求めて行く．

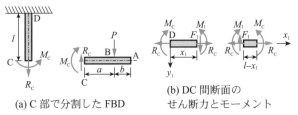

(a) C 部で分割した FBD

(b) DC 間断面のせん断力とモーメント

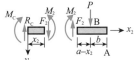

(c) AC 間断面のせん断力とモーメント

図 A　L 字型のフック

DC 間のせん断力とモーメント：図 A(b)に示すように，点 D を原点とした (x_1, y_1) 座標を考え，断面のせん断力と曲げモーメントを F_1, M_1 と表せば，x_1 断面で分割したときの FBD は図 A(b)のようになる．右側部分の釣合い式は以下となる．

y_1 方向の力の釣合い：$-F_1 = 0 \quad \rightarrow \quad F_1 = 0$ (c)

x_1 断面回りのモーメントの釣合い：
$$-M_1 + M_c = 0 \quad \rightarrow \quad M_1 = M_c = -Pa \tag{d}$$

AC 間のせん断力とモーメント：図 A(c)に示すように，点 C を原点とした (x_2, y_2) 座標を考え，断面のせん断力と曲げモーメントを F_2, M_2 と表せば，x_2 断面で分割したときの FBD は図 A(c)のようになる．右側部分の釣合い式は以下となる．

$(0 \leq x_2 < a)$：

y_2 方向の力の釣合い：$-F_2 + P = 0 \quad \rightarrow \quad F_2 = P$ (e)

x_2 断面回りのモーメントの釣合い：
$$-M_2 - P(a - x_2) = 0 \quad \rightarrow \quad M_2 = -P(a - x_2) \tag{f}$$

$(a < x_2 \leq a+b)$：AB 間に外部から力やモーメントは加わっていないため．

$$F_2 = 0 , \ M_2 = 0 \tag{g}$$

式(c), (d), (e), (f), (g) より，SFD, BMD は図 B のように描ける．

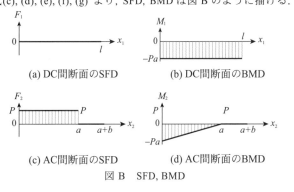

(a) DC間断面のSFD　　　(b) DC間断面のBMD

(c) AC間断面のSFD　　　(d) AC間断面のBMD

図 B　SFD, BMD

[答　図 B]

【5.3】 The section modulus of the rectangular cross-section of width b and height $h/2$ is

$$Z = \frac{bh^2}{24} \tag{a}$$

The relation among b, h and the diameter d of the circular log is

$$d^2 = b^2 + h^2 \tag{b}$$

Substituting h^2 in Eq. (b) into Eq. (a), the corresponding section modulus becomes

$$Z = \frac{b(d^2 - b^2)}{24} \tag{c}$$

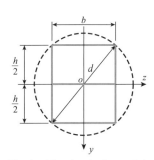

Fig. A　The circular log and the rectangular wood beam.

This section modulus is a maximum for that value of b which makes $dZ/db=0$ as follows.

$$\frac{dZ}{db} = \frac{1}{24}(d - \sqrt{3}\,b)(d + \sqrt{3}\,b) \ \Rightarrow \ b = \frac{d}{\sqrt{3}} \tag{d}$$

By using Eqs. (b) and (d), we find $b = d/\sqrt{3}$ and $h = \sqrt{2}d/\sqrt{3}$. Thus, the ratio b/h is in the answer.

注）丸棒（丸太）から切り出すことができる最強の曲げ強さを持つ角材の縦横比は $1:\sqrt{2}$ となり，この比は白金比と呼ばれている．日本古来の建築手法「木割り」にもこの比が用いられ，「大和比」とも呼ばれているのは興味深い．

[Ans. $\dfrac{b}{h} = \dfrac{1}{\sqrt{2}}$]

【5.4】 図 A に示すように，正方形部分の断面二次モーメントから，円孔に相当する部分の断面二次モーメントを差し引くことにより，穴の開いた正方形板の断面二次モーメントが求まる．

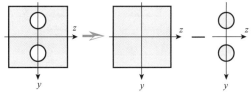

図 A　断面二次モーメントの重ね合わせ．

正方形板に対する断面二次モーメント：

$$I_{z1} = \frac{a^4}{12} \tag{a}$$

1 つの円孔に対する断面二次モーメント：中立軸から $b/2$ の位置が z 軸となるから，平行軸の定理(5.26)を用いて，以下のよ

うに得られる.

$$I_{z2} = \frac{\pi d^4}{64} + A_2\left(\frac{b}{2}\right)^2 = \frac{\pi d^4}{64} + \frac{\pi d^2}{4}\left(\frac{b}{2}\right)^2 \quad (A_2: 円孔の面積) \quad (b)$$

円孔を有する正方形断面の断面二次モーメント I_z は,式(a), (b) より,以下となる.

$$I_z = I_{z1} - 2I_{z2} = \frac{a^4}{12} - \frac{\pi d^4}{32} - \frac{\pi d^2 b^2}{8} \quad (c)$$

さらに,式(c)より,断面係数は,

$$Z_z = \frac{I_z}{a/2} = \frac{a^3}{6} - \frac{\pi d^4}{16a} - \frac{\pi d^2 b^2}{4a} \quad (d)$$

$$[答 \quad I_z = \frac{a^4}{12} - \frac{\pi d^4}{32} - \frac{\pi d^2 b^2}{8}, \quad Z_z = \frac{a^3}{6} - \frac{\pi d^4}{16a} - \frac{\pi d^2 b^2}{4a}]$$

【5.5】 はり全体の FBD は図 A(a)となる.力とモーメントの釣合いより,壁から受ける支持反力 R_A および,モーメント M_A の釣合い式は以下のように得られる.

力の釣合い: $-R_A + ql + P = 0$ (a)

点 A 回りのモーメント: $-M_A - ql \times \frac{l}{2} - Pa = 0$ (b)

両式より,R_A, M_A は以下となる.

$$R_A = ql + P, \quad M_A = -\frac{1}{2}ql^2 - Pa \quad (c)$$

次に,曲げモーメントの分布を得るため,AC, CB 間で分ければ,各々の断面に対する FBD は図 A(b), (c)のように描け,各々の断面に生じる曲げモーメントは,以下のようになる.

AC 間の断面 $(0 \le x \le a)$: $M = -\frac{q}{2}(l-x)^2 - P(a-x)$ (d)

CB 間の断面 $(a \le x \le l)$: $M = -\frac{q}{2}(l-x)^2$ (e)

式(d), (e) より,BMD は図 A(d)のように描ける.従って,q, P が正のとき,曲げモーメントの絶対値は $x = 0$,すなわち固定端で最大となり,

$$M_{max} = -\frac{1}{2}ql^2 - Pa \quad (f)$$

となるから,この位置ではりの断面に生じる曲げ応力が最大となる.また,はりの曲げ応力は式(5.19)より得られる.

$$\sigma = \frac{M}{I_z}y \quad (g)$$

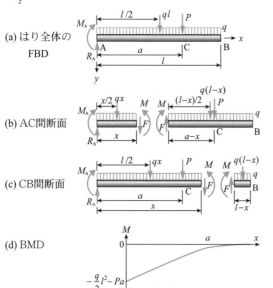

(a) はり全体の FBD

(b) AC間断面

(c) CB間断面

(d) BMD

図 A 等分布荷重と集中荷重が作用する片持はり

(1) 直径 d の円形の場合: $I_z = \frac{\pi d^4}{64}$, $x = 0$, $y = -\frac{d}{2}$ (h)

より,

$$\sigma_{max(1)} = \frac{32}{\pi d^3}\left(\frac{1}{2}ql^2 + Pa\right) \quad (i)$$

最大引張り応力は,固定端上部の断面に生じる.

(2) 一辺 b の正方形の場合: $I_z = \frac{b^4}{12}$, $x = 0$, $y = -\frac{b}{2}$ (j)

より,

$$\sigma_{max(2)} = \frac{6}{b^3}\left(\frac{1}{2}ql^2 + Pa\right) \quad (k)$$

最大引張り応力は,固定端上部の断面に生じる.

(3) 断面積が等しいときの比較:
断面積が等しいから.

$$\frac{\pi d^2}{4} = b^2 \Rightarrow \frac{d^2}{b^2} = \frac{4}{\pi} \Rightarrow \frac{d}{b} = \frac{2}{\sqrt{\pi}} \quad (l)$$

の関係が得られる.式(i), (k) より,最大曲げ応力の比を取り,さらに式(l)を用いれば,

$$\frac{\sigma_{max(2)}}{\sigma_{max(1)}} = \frac{6}{b^3}\frac{\pi d^3}{32} = \frac{3}{2\sqrt{\pi}} = 0.846 \quad (m)$$

となる.従って,面積が等しいとき,円形断面に比べ,正方形断面の方が最大曲げ応力が小さくなる.

[答 円形断面:式(i),正方形断面:式(k),正方形／円形:式(m)]

【5.6】 点 A は固定支持であることから,壁から支持反力 R_A と固定モーメント M_A を受ける.したがって,本問題を上方から眺めたときのはり全体のフリーボディダイアグラムを描くと図 A のようになる.はり全体の力と点 A まわりのモーメントの釣合い式は,図 A より

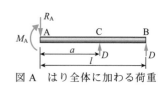

図 A はり全体に加わる荷重

$$-R_A + 2D = 0, \quad -M_A + Da + Dl = 0 \quad (a)$$

したがって,支持反力およびモーメントは次のようになる.

$$R_A = 2D, \quad M_A = D(l+a) \quad (b)$$

図 B のように,点 A から点 C までの間の x の任意の位置で切断し,はりを 2 つに分ける.左側の部分に関する力と点 A まわりのモーメントの釣合い式は,

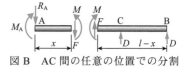

図 B AC 間の任意の位置での分割

$$-R_A - F = 0, \quad -M_A - Fx + M = 0 \quad (c)$$

と表される.これらの式からせん断力と曲げモーメントは,

$$(0 \le x \le a): F = -2D, \quad M = D\{(l+a) - 2x\} \quad (d)$$

次に,図 C のように,点 C から点 B までの間の任意の位置 x で切断し,はりを 2 つに分ける.左側の部分に関する力と点 A まわりのモーメントの釣合い式は,

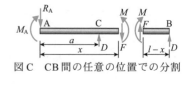

図 C CB 間の任意の位置での分割

$$-R_A + D - F = 0, \quad -M_A + Da - Fx + M = 0 \quad (e)$$

と表される.これらの式からせん断力と曲げモーメントは,

$$(a \le x \le l): F = -D, \quad M = D(l-x) \quad (f)$$

SFD,BMD は図 D のようになる.最大モーメント M_{max} は,

$$M_{max} = D(l+a) \tag{g}$$

与えられたデータから抗力を計算し，最大モーメントの値が次のように求まる．

$$D = \frac{1}{2}C_D \rho U^2 A = \frac{1}{2} \times 1.12 \times 1.2 \times 50^2 \times 0.16 = 268.8\text{N} \tag{h}$$

$$M_{max} = D(l+a) = 268.8 \times (4+2.2) = 1.666 \text{ kN} \cdot \text{m} \tag{i}$$

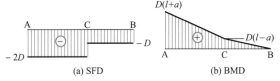

(a) SFD　　　　　　(b) BMD

図D　SFD と BMD

[答　図 D，$M_{max} = 1.67 \text{ kN} \cdot \text{m}$]

【5.7】 The bending moment M at the cross section is given as

$$M = 2\frac{a}{l}P \begin{cases} (-x) & (0 \le x < \frac{l}{2}) \\ (l-x) & (\frac{l}{2} < x \le l) \end{cases} \tag{a}$$

Substituting Eq.(a) into Eq.(5.60), we have

$$\frac{d^2 y}{dx^2} = -\frac{M}{EI} = -\frac{2aP}{lEI} \begin{cases} (-x) & (0 \le x < \frac{l}{2}) \\ (l-x) & (\frac{l}{2} < x \le l) \end{cases} \tag{b}$$

By integrating Eq.(b),

$$\frac{dy}{dx} = -\frac{2aP}{lEI} \begin{cases} \left\{ -\frac{x^2}{2} + c_1 \right\} & (0 \le x < \frac{l}{2}) \\ \left\{ -\frac{(l-x)^2}{2} + c_2 \right\} & (\frac{l}{2} < x \le l) \end{cases} \tag{c}$$

$$y = -\frac{2aP}{lEI} \begin{cases} \left\{ -\frac{x^3}{6} + c_1 x + c_3 \right\} & (0 \le x < \frac{l}{2}) \\ \left\{ \frac{(l-x)^3}{6} - c_2(l-x) + c_4 \right\} & (\frac{l}{2} < x \le l) \end{cases} \tag{d}$$

The boundary conditions at $x = 0$ and l, and the continuous conditions at $x = l/2$ are

$$(y)_{x=0} = 0, \ (y)_{x=l} = 0 \tag{e}$$

$$(y)_{x=\frac{l}{2}-0} = (y)_{x=\frac{l}{2}+0}, \ \left(\frac{dy}{dx}\right)_{x=\frac{l}{2}-0} = \left(\frac{dy}{dx}\right)_{x=\frac{l}{2}+0} \tag{f}$$

Substituting Eqs. (c) and (d) into Eqs. (e) and (f), respectively, we have

$$c_1 = c_2 = \frac{l^2}{24}, \ c_3 = 0, \ c_4 = 0 \tag{g}$$

Substituting Eq. (g) into Eqs. (c) and (d), the equations for the slope and deflection become

$$\frac{dy}{dx} = \frac{aP}{lEI} \begin{cases} \left(x^2 - \frac{l^2}{12} \right) & (0 \le x < \frac{l}{2}) \\ \left((l-x)^2 - \frac{l^2}{12} \right) & (\frac{l}{2} < x \le l) \end{cases} \tag{h}$$

$$y = -\frac{aP}{12lEI} \begin{cases} \{ x(l-2x)(l+2x) \} & (0 \le x < \frac{l}{2}) \\ \{ (l-x)(l-2x)(3l-2x) \} & (\frac{l}{2} < x \le l) \end{cases} \tag{i}$$

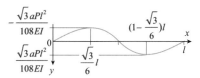

Fig. A　Deflection curve.

[Ans.　Eq.(h), Eq.(i)]

【5.8】 図 A(a)のように$(x_1, y_1), (x_2, y_2)$座標を AC, CD 部のはりに対して考えれば，各々の座標系に対するモーメントの分布は以下のようになる（練習問題 5.2 解答参照）．

CD 部： $M_1 = -Pa$ (a)

AC 部： $M_2 = \begin{cases} -P(a-x_2) & (0 \le x_2 \le a) \\ 0 & (a \le x_2 \le a+b) \end{cases}$ (b)

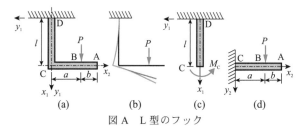

(a)　　　(b)　　　(c)　　　(d)

図A　L 型のフック

CD 部の変形：点 D を固定端として，はり CD の変形を求める．式(a)より，たわみの基礎微分方程式を求め，2 回積分すれば，

$$\frac{d^2 y_1}{dx_1^2} = \frac{Pa}{EI}, \ \frac{dy_1}{dx_1} = \frac{Pa}{EI}(x_1 + c_1), \ y_1 = \frac{Pa}{EI}\left(\frac{x_1^2}{2} + c_1 x_1 + c_2 \right) \tag{c}$$

CD 部の境界条件： $(y_1)_{x_1=0} = 0, \ (\theta_1)_{x_1=0} = \left(\frac{dy_1}{dx_1}\right)_{x_1=0} = 0$ (d)

に，式(c)を適用すれば，c_1, c_2 は以下のように得られる．

$$c_1 = 0, \ c_2 = 0 \tag{e}$$

従って，このはりのたわみ角およびたわみの分布曲線は次のようになる．

$$\theta_1 = \frac{dy_1}{dx_1} = \frac{Pa}{EI}x_1, \quad y_1 = \frac{Pa}{EI}\left(\frac{x_1^2}{2} \right) \tag{f}$$

AC 部の変形：点 C を固定端として，はり AC の変形を求める．たわみの基礎微分方程式は，式(b)より，

$$\frac{d^2 y_2}{dx_2^2} = \frac{P}{EI} \begin{cases} (a-x_2) & (0 \le x_2 \le a) \\ 0 & (a \le x_2 \le a+b) \end{cases} \tag{g}$$

2 回積分をして，

$$\frac{dy_2}{dx_2} = \frac{P}{EI} \begin{cases} \left(c_3 + ax_2 - \frac{x_2^2}{2} \right) & (0 \le x_2 \le a) \\ c_4 & (a \le x_2 \le a+b) \end{cases} \tag{h}$$

$$y_2 = \frac{P}{EI} \begin{cases} \left(c_5 + c_3 x_2 + a\frac{x_2^2}{2} - \frac{x_2^3}{6} \right) & (0 \le x_2 \le a) \\ c_6 + c_4 x_2 & (a \le x_2 \le a+b) \end{cases} \tag{i}$$

点 C で固定の境界条件と点 B における連続条件

$$(y_2)_{x_2=0} = 0, \ (\theta_2)_{x_2=0} = \left(\frac{dy_2}{dx_2}\right)_{x_2=0} = 0 \tag{j}$$

$$(y_2)_{x_2=a+0} = (y_2)_{x_2=a-0}, \ \left(\frac{dy_2}{dx_2}\right)_{x_2=a+0} = \left(\frac{dy_2}{dx_2}\right)_{x_2=a-0} \tag{k}$$

に，式(h), (i)を適用すれば，c_3, c_4, c_5, c_6 は以下のように得られる．

$$c_3 = 0 \ , \ c_4 = \frac{a^2}{2} \ , \ c_5 = 0 \ , \ c_6 = -\frac{a^3}{6} \tag{l}$$

従って，このはりのたわみ角およびたわみの分布曲線は次のようになる．

$$\frac{dy_2}{dx_2} = \frac{P}{EI}\begin{cases} \left(ax_2 - \dfrac{x_2^2}{2} \right) & (0 \le x_2 \le a) \\[2mm] \dfrac{a^2}{2} & (a \le x_2 \le a+b) \end{cases} \tag{m}$$

$$y_2 = \frac{P}{EI}\begin{cases} \left(a\dfrac{x_2^2}{2} - \dfrac{x_2^3}{6} \right) & (0 \le x_2 \le a) \\[2mm] -\dfrac{a^3}{6} + \dfrac{a^2}{2}x_2 & (a \le x_2 \le a+b) \end{cases} \tag{n}$$

図 A(b)の変形図から分かるように，式(m), (n)は点 C を基準にした変形であるが，式(f)より点 C では，CD 部の変形より，以下のように回転と y_1 方向の変位が生じる．

$$(\theta_1)_{x_1=l} = \frac{Pal}{EI} \ , \quad (y_1)_{x_1=l} = \frac{Pal^2}{2EI} \tag{o}$$

従って，AC 部のはりのたわみは，点 C の回転により

$$(\theta_1)_{x_1=l} x_2 = \frac{Pal}{EI} x_2 \tag{p}$$

だけ大きくなる．これより，点 A の垂直方向変位は，次式となる．

$$(y_2)_{x_2=a+b} + \frac{Pal}{EI}(a+b) = \frac{Pa}{EI}\left\{ \frac{a^2}{3} + \frac{ab}{2} + l(a+b) \right\} \tag{q}$$

[答　式(q)]

【5.9】 The bending moment at the middle of the beam induced by the load is

$$M_C = \frac{Pl}{4} \tag{a}$$

Thus the stress at the middle on the lower surface where the strain gage was attached is given by

$$\sigma_C = \frac{M_C}{I_z} \times \frac{h}{2} = \frac{Plh}{8I_z} \tag{b}$$

Substituting the second moment of area of the beam

$$I_z = \frac{bh^3}{12} \tag{c}$$

into Eq.(b), the stress can be expressed as follows using the load P.

$$\sigma_C = \frac{3}{2}\frac{Pl}{bh^2} \tag{d}$$

Table A Stress-strain relationship

stress σ_c [MPa]	strain ε [μ m/m]
0.147	44
0.396	142
0.646	243
0.939	341
1.240	437

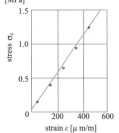

Fig. A Stress-strain diagram

The relationship between the stress and the strain can be obtained as shown in Table A. Figure A shows the stress-strain diagram. By using this diagram, the Young's modulus E can be obtained as follows.

$$E = \frac{\sigma}{\varepsilon} \cong 2.8\text{GPa} \tag{e}$$

[Ans.　Fig. A, 2.8GPa]

【5.10】 ドリルの根元は，先端に比べ太くなっているが，簡単のため一様であると考え，この問題を図 A のように，先端に集

図 A　ドリルのモデル化

中荷重を受ける片持ちはりとしてモデル化を行う．モデルの先端のたわみ δ と，荷重 P の関係は，

$$\delta = \frac{Pl^3}{3EI} \tag{a}$$

と表される．ここで，断面二次モーメント

$$I = \frac{\pi d^4}{64} = \frac{\pi \times (2\text{mm})^4}{64} = 0.7854\text{mm}^4 \tag{b}$$

ドリル先端のたわみの許容値を $\delta_a = 0.1\text{mm}$ で表せば，式(a)より，

$$\delta_a \ge \delta = \frac{Pl^3}{3EI} \tag{c}$$

荷重 P について解いて，計算すれば，

$$P \le 3\frac{EI}{l^3}\delta_a = 3 \times \frac{200\text{GPa} \times 0.7854\text{mm}^4}{(50\text{mm})^3} \times 0.1\text{mm} = 0.377\text{N} \tag{d}$$

となる．従って，最大許容荷重は 0.377N となる．

[答　0.377N]

【5.11】 In this case, we begin directly with Eq.(5.65) and write

$$EI\frac{d^4y}{dx^4} = p_0 \sin\frac{\pi x}{l} \tag{a}$$

Integrating twice, we obtain

$$EI\frac{d^2y}{dx^2} = -p_0\left(\frac{l}{\pi}\right)^2 \sin\frac{\pi x}{l} + c_1 x + c_2 \qquad (= -EI\,M) \tag{b}$$

Performing integration twice again, we obtain

$$EIy = p_0\left(\frac{l}{\pi}\right)^4 \sin\frac{\pi x}{l} + c_1\frac{x^3}{6} + c_2\frac{x^2}{2} + c_3 x + c_4 \tag{c}$$

To find the four constants of integration, we now note that the bending moment, represented by Eq.(b), and the deflection, represented by Eq.(c), both vanish when $x=0$ and $x=l$, as follows.

$$(M)_{x=0} = 0 \ , \ (M)_{x=l} = 0 \ , \ (y)_{x=0} = 0 \ , \ (y)_{x=l} = 0 \tag{d}$$

From these four boundary conditions, we find

$$c_1 = 0, \quad c_2 = 0, \quad c_3 = 0, \quad c_4 = 0 \tag{e}$$

Substituting these values back into Eq. (c), we obtain

$$y = \frac{p_0}{EI}\left(\frac{l}{\pi}\right)^4 \sin\frac{\pi x}{l} \tag{f}$$

The maximum deflection becomes

$$\delta = (y)_{x=l/2} = \frac{p_0}{EI}\left(\frac{l}{\pi}\right)^4 \tag{g}$$

[Ans.　Eq.(f), Eq.(g)]

【5.12】 荷重 $P_a = 10\text{kgf}$ を加えるとして，パイプのどの部分に加えるか考慮する必要がある．安全を考えると，最大応力が最も大きくなる位置に荷重を加え，そのときの最大応力が許容応力となる．パイプの中央に集中荷重を加えるときが，最大曲げモーメントが最も大きくなり，最大応力も最も大きくなる．そのときの最大曲げモーメントは，

$$M_{\max} = \frac{P_a l}{4} \tag{a}$$

これより，許容される最大曲げ応力，すなわち許容応力は，

$$\sigma_a = \frac{M_{\max}}{Z} = \frac{P_a l}{4Z} \tag{b}$$

基準応力を降伏応力とすれば，安全率 S は，

$$S = \frac{\sigma_Y}{\sigma_a} = \frac{4Z}{P_a l}\sigma_Y \tag{c}$$

安全率を求めるには，断面係数 Z を求める必要がある．それには，内径 d_i が必要である．質量が与えられているから，密度 $\rho = 2.79 \times 10^3 \, \text{kg/m}^3$ と置くと，質量 m は

$$m = \frac{\pi}{4}(d^2 - d_i^2)l\rho \tag{d}$$

と表される．これより，内径 d_i は，

$$d_i = \sqrt{d^2 - \frac{4m}{\pi l \rho}} = \sqrt{(18 \times 10^{-3}\,\text{m})^2 - \frac{4 \times 0.35\,\text{kg}}{\pi \times 1.5\,\text{m} \times 2.79 \times 10^3\,\text{kg/m}^3}} \tag{e}$$
$$= 14.75\,\text{mm}$$

したがって，断面係数 Z は，

$$Z = \frac{\pi(d^4 - d_i^4)}{64}\frac{2}{d} = 314.5\,\text{mm}^3 \tag{f}$$

式(c)より，安全率は以下のように得られる．

$$S = \frac{4Z}{P_a l}\sigma_Y = \frac{4 \times 314.5 \times 10^{-9}\,\text{m}^3}{10\,\text{kg} \times 9.81(\text{m/s}^2) \times 1.5\,\text{m}} \times 275 \times 10^6\,\text{Pa} = 2.36 \tag{g}$$

[答　$S = 2.36$]

【5.13】 (a) 飛行中のジェット機の翼：

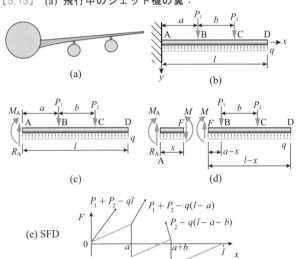

図 A　はり問題へのモデル化

翼の断面図 A(a)を基に，図 A(b)のようにモデル化を行う．ジェットエンジンにより翼に加わる集中荷重を P_1, P_2，揚力により翼に加わる力を等分布荷重 q で表す．

はり全体の FBD（図 A(c)）より，固定端において胴体からはりが受けるモーメント M_A と反力 R_A は以下となる．

$$R_A = P_1 + P_2 - ql \ , \ M_A = -P_1 a - P_2(a+b) + \frac{ql^2}{2} \tag{a}$$

次に，AB 間の断面で分割した FBD（図 A(d)）より，せん断力 F と曲げモーメント M は，
AB 間 $(0 \le x \le a)$：

$$F = P_1 + P_2 - q(l-x)$$
$$M = -P_1(a-x) - P_2(a-x+b) + \frac{q(l-x)^2}{2} \tag{b}$$

となる．同様に，BC，CD 間のせん断力 F と曲げモーメント M は以下となる．

BC 間 $(a \le x \le a+b)$：

$$F = P_2 - q(l-x) \ , \ M = -P_2(a-x+b) + \frac{q(l-x)^2}{2} \tag{c}$$

CD 間 $(a+b \le x \le l)$： $\quad F = -q(l-x) \ , \ M = \frac{q(l-x)^2}{2} \tag{d}$

式(b), (c), (d)より，SFD，BMD は図 A(e), (f)のように描ける．

(b) 貨物列車の台車の車軸：

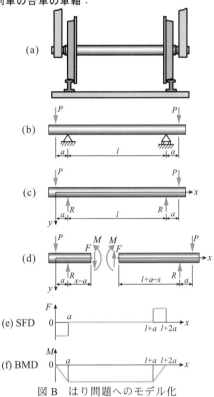

図 B　はり問題へのモデル化

図B(a)に車軸を含む断面図を示す．これより，図B(b)のように 2 点が支持されたはりに集中荷重が加わるはりの問題へとモデル化を行う．

図B(c)は，はり全体の FBD である．対称性を考慮すれば，支持荷重 R は以下となる．

$$R = P \tag{e}$$

図B(c)に示すように，左側の集中荷重が作用する点を x 軸の原点にとる．荷重点に注意し，$(0 \le x < a)$，$(a < x < a+l)$，$(a+l < x \le 2a+l)$ の 3 つの領域の断面に対して，図B(d)のような FBD を描けば，せん断力，モーメントが次のように得られ，SFD，BMD は図B(e), (f)となる．

$$F = \begin{cases} -P & (0 \le x < a) \\ 0 & (a < x < a+l) \\ P & (a+l < x \le 2a+l) \end{cases} \tag{f}$$

$$M = \begin{cases} -Px & (0 \le x < a) \\ -Pa & (a < x < a+l) \\ -P(2a+l-x) & (a+l < x \le 2a+l) \end{cases} \tag{g}$$

(c) 大波を受ける船：

図C(a)に波に浮かぶ船の断面図を示す．これより，図C(b)のように，船をはりと考え，波により 2 ヶ所が支持された問題へとモデル化を行う．

図C(c)は，はり全体のFBDである．力，点A回りのモーメントの釣合い式は，

$$q(a+b+c)-R_\mathrm{B}-R_\mathrm{C}=0$$
$$-\frac{q(a+b+c)^2}{2}+R_\mathrm{B}a+R_\mathrm{C}(a+b)=0 \tag{h}$$

となる．これより，支持荷重 $R_\mathrm{B}, R_\mathrm{C}$ は以下のようになる．

$$R_\mathrm{B}=\frac{q(a+b+c)(a+b-c)}{2b}, \quad R_\mathrm{C}=\frac{q(a+b+c)(-a+b+c)}{2b} \tag{i}$$

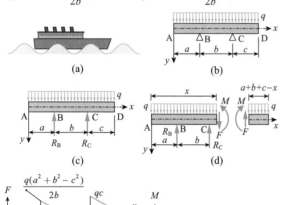

(a)　　　　　　　　　　　　(b)

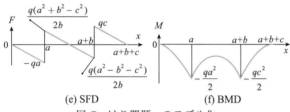

(c)　　　　　　　　　　　　(d)

(e) SFD　　　　　　　　　(f) BMD

図 C　はり問題へのモデル化

図 C(c)に示すように，左端を x 軸の原点にとる．荷重点に注意し，$(0 \leq x < a)$，$(a < x < a+b)$，$(a+b < x \leq a+b+c)$ の 3 つの領域の断面に対して，図 C(d)のような FBD を描けば，せん断力，モーメントが次のように得られ，SFD, BMD は図 C(e), (f) となる．

$$F=\begin{cases} -qx & (0\leq x\leq a) \\ \dfrac{q(a+b+c)(a+b-c)}{2b}-qx & (a\leq x\leq a+b) \\ q(a+b+c)-qx & (a+b\leq x\leq a+b+c) \end{cases} \tag{j}$$

$$M=\begin{cases} -\dfrac{qx^2}{2} & (0\leq x\leq a) \\ \dfrac{q(a+b+c)(a+b-c)}{2b}(x-a)-\dfrac{qx^2}{2} & (a\leq x\leq a+b) \\ \dfrac{q}{2}(a+b+c)(2x-a-b-c)-\dfrac{qx^2}{2} & (a+b\leq x\leq a+b+c) \end{cases} \tag{k}$$

【5.14】 By Ex. 5.6 the bending moment M at the cross section is given by Eq.(5.37) and (5.40) as

$$M=P\begin{cases} (l-a) & (0\leq x<a) \\ (l-x) & (a<x\leq l) \end{cases} \tag{a}$$

Substituting Eq. (a) into Eq.(5.60), we have

$$\frac{d^2y}{dx^2}=-\frac{M}{EI}=-\frac{P}{EI}\begin{cases} (l-a) & (0\leq x<a) \\ (l-x) & (a<x\leq l) \end{cases} \tag{b}$$

By integrating Eq. (b),

$$\frac{dy}{dx}=-\frac{P}{EI}\begin{cases} \{(l-a)x+c_1\} & (0\leq x<a) \\ \left(lx-\dfrac{1}{2}x^2+c_2\right) & (a<x\leq l) \end{cases} \tag{c}$$

$$y=-\frac{P}{EI}\begin{cases} \left\{\dfrac{1}{2}(l-a)x^2+c_1x+c_3\right\} & (0\leq x<a) \\ \left(\dfrac{1}{2}lx^2-\dfrac{1}{6}x^3+c_2x+c_4\right) & (a<x\leq l) \end{cases} \tag{d}$$

By the following boundary conditions, we obtain

$$\frac{dy}{dx}=0 \text{ at } x=0 \;\Rightarrow\; c_1=0$$
$$y=0 \text{ at } x=0 \;\Rightarrow\; c_3=0 \tag{e}$$

By the following continuity conditions at $x=a$, we obtain

$$\left(\frac{dy}{dx}\right)_{x=a-0}=\left(\frac{dy}{dx}\right)_{x=a+0} \;\Rightarrow\; (l-a)a=la-\frac{1}{2}a^2+c_2 \tag{f}$$
$$(y)_{x=a-0}=(y)_{x=a+0} \;\Rightarrow\; \frac{1}{2}(l-a)a^2=\frac{1}{2}la^2-\frac{1}{6}a^3+c_2a+c_4$$

Using Eq. (f), the coefficients C_3 and C_4 can be given as follows.

$$c_2=-\frac{1}{2}a^2, \quad c_4=\frac{1}{6}a^3 \tag{g}$$

Thus, the equations for the slope and the deflection become

$$\theta=\frac{dy}{dx}=-\frac{P}{2EI}\begin{cases} 2(l-a)x & (0\leq x<a) \\ (2lx-x^2-a^2) & (a<x\leq l) \end{cases} \tag{h}$$

$$y=-\frac{P}{6EI}\begin{cases} 3(l-a)x^2 & (0\leq x<a) \\ (3lx^2-x^3-3a^2x+a^3) & (a<x\leq l) \end{cases} \tag{i}$$

[Ans. Eq.(h), Eq(i)]

【5.15】 図 A(b)のように，長さ l の片持ちはりの先端に曲げモーメント M を加えるはり問題としてモデル化する．このとき，はりのどの断面の曲げモーメントも M と等しい．従って，変形後の曲率半径も等しく，これを ρ と置くと，式(5.23)より，次式となる．

$$\frac{1}{\rho}=\frac{M}{EI} \tag{a}$$

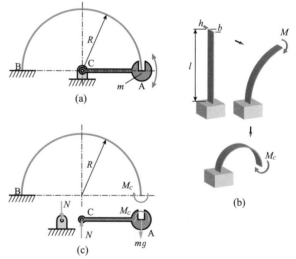

(a)

(c)

(b)

図 A　リーフばね

一方，長さ l のはりが半円になったときの半径を R とすれば，変形後もばねの長さは変わらないから，

$$l=\pi R \tag{b}$$

の関係がある．$M=M_\mathrm{C}$ のとき $\rho=R$ であるから，式(a), (b)より，M_C は，

$$M_\mathrm{C}=\frac{1}{\rho}EI=\frac{1}{R}EI=\frac{\pi}{l}EI \tag{c}$$

断面二次モーメント I は,

$$I = \frac{bh^3}{12} = \frac{10\text{mm} \times (0.5\text{mm})^3}{12} = 0.1042\text{mm}^4 \qquad \text{(d)}$$

式(c)に数値を代入して計算を行えば, M_C は以下のように得られる.

$$M_C = \frac{\pi}{0.150\text{m}} \times 200 \times 10^9\,\text{Pa} \times 0.1042 \times 10^{-12}\,\text{m}^4 = 0.436\text{N}\cdot\text{m} \qquad \text{(e)}$$

ばねと振り子の FBD は図 A(c)のように描ける. ここで, ばねを半径 R の半円にするためには, 先端の曲げモーメント M_C のみを加えることから, ばねと振り子の間には荷重は生じない. 振り子の FBD より, 点 C 回りのモーメントの釣合いは,

$$M_C - mgR = 0 \qquad \text{(f)}$$

したがって, 振り子の質量 m は以下のように得られる.

$$m = \frac{M_C}{Rg} = \frac{\pi M_C}{lg} = \frac{\pi \times 0.436\text{N}\cdot\text{m}}{15 \times 10^{-2}\,\text{m} \times 9.81\text{m/s}^2} = 931\text{g} \qquad \text{(g)}$$

[答　$M_C = 0.436\text{Nm}$, $m = 931\text{g}$]

【5.16】 By Eq.(5.49), the shearing stress τ is given by

$$\tau = \frac{FQ}{bI_z}, \quad Q = \int_y^{e_1} \eta\,dA \quad \text{(a)}$$

From the symmetry, the neutral axis coincides with the symmetric axis, and the width b at the arbitrary level y from the neutral axis is

$$b = b_0 - 2\frac{b_0}{h_0}|y| \qquad \text{(b)}$$

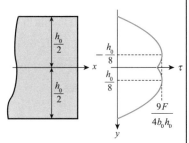

Fig. A　The distribution of the shearing stress on a diamond cross-section.

Thus, the second moment of area I_z becomes

$$I_z = \int_A y^2\,dA = \int_{-\frac{h_0}{2}}^{\frac{h_0}{2}} y^2\left(b_0 - 2\frac{b_0}{h_0}|y|\right)dy = \frac{b_0 h_0^3}{48} \qquad \text{(c)}$$

Q in Eq.(a) can be obtained as follows.

$$Q = \int_y^{\frac{h_0}{2}} \eta\left(b_0 - 2\frac{b_0}{h_0}|\eta|\right)d\eta = \frac{b_0}{24h_0}\left(h_0^3 - 12h_0 y^2 + 16|y|^3\right)$$
$$= \frac{b_0}{24h_0}\left(h_0 - 2|y|\right)^2\left(h_0 + 4|y|\right) \qquad \text{(d)}$$

Substituting Eqs. (b)-(d) into Eq.(a), the shearing stress becomes

$$\tau = \frac{2F}{b_0 h_0^3}\left(h_0 - 2|y|\right)\left(h_0 + 4|y|\right) \qquad \text{(e)}$$

By differentiating Eq.(e), we have

$$\frac{d\tau}{dy} = \frac{4F}{b_0 h_0^3}\begin{cases} h_0 - 8y & (y \geq 0) \\ -h_0 - 8y & (y \leq 0) \end{cases} \qquad \text{(f)}$$

Thus the maximum shearing stress is

$$\tau_{\max} = \frac{9F}{4b_0 h_0} \quad (y = \pm\frac{h_0}{8}) \qquad \text{(g)}$$

The average shearing stress τ_m is

$$\tau_m = \frac{F}{A} = \frac{2F}{b_0 h_0} \qquad \text{(h)}$$

Then the maximum shearing stress and the average shearing stress ratio $\tau_{\max}/\tau_m$ is obtained as follows.

$$\frac{\tau_{\max}}{\tau_m} = \frac{9}{8} = 1.125 \qquad \text{(i)}$$

[Ans. 1.13]

【5.17】 例題 5.4 の解答より, 曲げモーメントの最大値は,

$$M_{\max} = \frac{pl^2}{8} \qquad \text{(a)}$$

となる. 従って, 最大曲げ応力は, 断面係数 $Z = \frac{bh^2}{6}$ より, 次式となる.

$$\sigma_{\max} = \frac{M_{\max}}{Z} = \frac{3pl^2}{4bh^2} \qquad \text{(b)}$$

例題 5.4 の解答より, せん断力分布は,

$$F = \frac{p}{2}(l - 2x) \qquad \text{(c)}$$

これより, せん断力の絶対値は, $x = 0, l$ において最大,

$$F_{\max} = \frac{pl}{2} \qquad \text{(d)}$$

となる. 最大せん断応力は, 式(5.47)と上式より, 以下のように得られる.

$$\tau_{\max} = \frac{3F_{\max}}{2A} = \frac{3pl}{4bh} \qquad \text{(e)}$$

最大せん断応力が最大曲げ応力の 1%以下となる条件は,

$$\frac{\tau_{\max}}{\sigma_{\max}} \leq \frac{1}{100} \Rightarrow \frac{3pl}{4bh} \cdot \frac{4bh^2}{3pl^2} \leq \frac{1}{100} \Rightarrow \frac{l}{h} \geq 100 \qquad \text{(f)}$$

となる. はりの長さ l が高さ h の 100 倍以上あれば, はりに生じる最大せん断応力は最大曲げ応力の 1%以下となる.

[答　$\sigma_{\max} = \frac{3pl^2}{4bh^2}$, $\tau_{\max} = \frac{3pl}{4bh}$, $\frac{l}{h} \geq 100$]

【5.18】 In consideration with Eq.(5.80), the maximum deflections δ_M due to the bending moment is given as follows.

$$\delta_M = \frac{5pl^4}{384EI} = \frac{5pl^4}{32bh^3 E} \Leftarrow I = \frac{bh^3}{12} \quad \text{(a)}$$

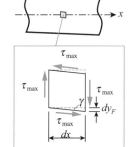

Fig. A　Deformation by shrar stress.

From the solution of Example 5.4, the distribution of the shearing force is given by

$$F = \frac{p}{2}(l - 2x) \qquad \text{(b)}$$

By Eq.(5.47), the maximum shearing stress is

$$\tau_{\max} = \frac{3F}{2A} = \frac{3p}{4bh}(l - 2x) \qquad \text{(c)}$$

Substituting Eq.(c) into Eq.(5.66) and integrating it, we have

$$y_s = \int_0^x \gamma_{\max}\,dx = \frac{3p}{4Gbh}\int_0^x (l - 2x)dx = \frac{3p}{4Gbh}(lx - x^2) \qquad \text{(d)}$$

Then the maximum deflections δ_s due to the shearing stress becomes

$$\delta_s = (y_s)_{x=l/2} = \frac{3pl^2}{16Gbh} \qquad \text{(e)}$$

Using Eqs. (a) and (e), the condition for $\delta_s/\delta_M \leq 0.01$ can be expressed as follows.

$$\frac{\delta_s}{\delta_M} = \frac{6Eh^2}{5Gl^2} \leq \frac{1}{100} \qquad \text{(f)}$$

By Eq.(f), we have

$$\frac{l}{h} \geq \sqrt{\frac{100}{1} \cdot \frac{6E}{5G}} = \sqrt{\frac{100}{1} \cdot \frac{6 \times 200\text{GPa}}{5 \times 80\text{GPa}}} = 17.32 \qquad \text{(g)}$$

This shows that for a span-depth ratio $l/h=17.3$, the maximum deflection due to shearing stress is approximately 1 per cent of that due to bending stress. As the span-depth ratio decreases, the deflection due to shearing stress becomes more important.

[Ans. (a): $\delta_M = \dfrac{5pl^4}{32bh^3E}$, (b): $\delta_F = \dfrac{3pl^2}{16Gbh}$, $\dfrac{l}{h} \geq 17.3$]

【5.19】 長さ l, 高さ h の長方形断面の片持ちはりとして変形を考えることができる. 図 A のように, ものをはさむことにより, 先端に上向きの荷重 P が加わる. この荷重によるはり先端の変形 δ は,

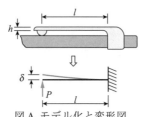

図 A　モデル化と変形図

$$\delta = \frac{Pl^3}{3EI} \qquad \left(I = \frac{bh^3}{12} \right) \qquad \text{(a)}$$

このたわみの最大値が最高厚さ w であるから, 加えられる荷重 P の最大値 P_{max} は,

$$w = \frac{P_{max}l^3}{3EI} \;\Rightarrow\; P_{max} = \frac{3EI}{l^3}w \qquad \text{(b)}$$

安全に使用するには, この最大荷重が加わったときに生じる応力が許容応力以下でなければならない. ここで, はりに生じる曲げモーメントは, 固定端で最大 $M_{max} = Pl$ となるから, 断面に生じる最大垂直応力は, 式(5.21)より,

$$\sigma_{max} = \frac{M_{max}}{I}e = \frac{P_{max}l}{I} \cdot \frac{h}{2} \qquad \text{(c)}$$

と表わされる. 上式に, 式(b)の関係を適用すれば,

$$\sigma_{max} = \frac{3Eh}{2l^2}w \qquad \text{(d)}$$

この応力が許容応力以下となる条件より, 高さ h に対する以下の条件が得られる.

$$\sigma_a \geq \sigma_{max} = \frac{3Eh}{2l^2}w \;\Rightarrow\; h \leq \frac{2l^2}{3Ew}\sigma_a$$
$$= \frac{2 \times (30mm)^2}{3 \times 2000MPa \times 3mm} \times 20MPa = 2.00mm \qquad \text{(e)}$$

[答　2.00mm 以下]

【5.20】 断面には曲げ応力とせん断応力が生じることから, それぞれの応力が許容応力以下となるように設計する必要がある.
曲げ応力が許容応力以下：最大曲げモーメントは根元 ($x = 0$) で生じ M_0 であるから, 最大曲げ応力は,

$$\sigma_{max} = \frac{M_{max}}{Z} = \frac{32M_0}{\pi d^3} \;\Leftarrow\; Z = \frac{\pi d^3}{32} \qquad \text{(a)}$$

最大曲げ応力が許容引張応力以下となることから,

$$\sigma_{max} \leq \sigma_a \;\Rightarrow\; \frac{32M_0}{\pi d^3} \leq \frac{\sigma_S}{S} \;\Rightarrow\; d \geq \left\{ \frac{32SM_0}{\pi\sigma_S} \right\}^{1/3} = 0.7091m \qquad \text{(b)}$$

せん断応力が許容応力以下：せん断力は, 式(5.1)より, 曲げモーメントを微分することにより, 以下のように得られる.

$$F = \frac{dM}{dx} = \begin{cases} -\dfrac{M_0}{l'} & (0 \leq x \leq l') \\ 0 & (l' \leq x \leq l) \end{cases} \qquad \text{(c)}$$

せん断力はブレードに渡り一定である. 根元における最大せん断応力は, 式(5.48)より, 平均せん断応力の 4/3 倍となる. 最大せん断応力が許容せん断応力以下となる条件より.

$$\tau_{max} \leq \tau_a \;\Rightarrow\; \frac{4}{3}\frac{|F|}{A} \leq \frac{\tau_S}{S} \;\Rightarrow\; \frac{4}{3}\frac{4M_0}{\pi d^2 l'} \leq \frac{\tau_S}{S} \;\Rightarrow\; d \geq 4\sqrt{\frac{SM_0}{3\pi\tau_s l'}} = 0.128m \qquad \text{(d)}$$

式(b)と(d)より, 必要な直径の最小値は答のように得られる.

[答　$d = 0.710m$]

第 6 章　はりの複雑な問題

【6.1】　**重ね合わせ法による解法：**
図 A(b), (c)の問題の重ね合わせにより, 図 A(a)の問題の変形が得られる. 図 A(b)の問題の点 C のたわみ：表 6.1 の式より

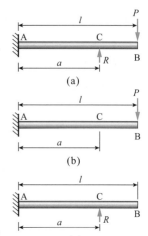

$$y_C^{(b)} = \frac{Pl^3}{6EI}\left(3 - \frac{a}{l}\right)\frac{a^2}{l^2} = \frac{Pa^2}{6EI}\left(3l - a\right) \quad \text{(a)}$$

図 A(c)の問題の点 C のたわみ：表 6.1 の式より, 長さ a のはりと考えれば,

$$y_C^{(c)} = -\frac{Ra^3}{3EI} \qquad \text{(b)}$$

図 A(a)の問題の点 C のたわみは, 式(a)と(b)を加え合わせて得られる. そして, 支持条件より, それが零であることから, 支持反力 R は以下となる.

図 A　支持されている片持ちはり

$$y_C = y_C^{(b)} + y_C^{(c)} = \frac{Pa^2}{6EI}\left(3l - a\right) - \frac{Ra^3}{3EI} = 0 \;\Rightarrow\; R = \frac{P}{2a}\left(3l - a\right) \quad \text{(c)}$$

重複積分法による解法：
AC, CB 間で分けて考えれば, 断面に生じる曲げモーメントは,

$$M = \begin{cases} -P(l-x) + R(a-x) & (0 \leq x \leq a) \\ -P(l-x) & (a \leq x \leq l) \end{cases} \qquad \text{(d)}$$

となる. はりのたわみの基礎式に代入し, 2 回積分すれば,

$$\frac{d^2y}{dx^2} = -\frac{M}{EI} = -\frac{M}{EI}\begin{cases} -P(l-x) + R(a-x) & (0 \leq x \leq a) \\ -P(l-x) & (a \leq x \leq l) \end{cases} \qquad \text{(e)}$$

$$\frac{dy}{dx} = -\frac{M}{EI}\begin{cases} P\dfrac{(l-x)^2}{2} - R\dfrac{(a-x)^2}{2} + c_1 & (0 \leq x \leq a) \\ P\dfrac{(l-x)^2}{2} + c_2 & (a \leq x \leq l) \end{cases} \qquad \text{(f)}$$

$$y = -\frac{M}{EI}\begin{cases} -P\dfrac{(l-x)^3}{6} + R\dfrac{(a-x)^3}{6} + c_1 x + c_3 & (0 \leq x \leq a) \\ -P\dfrac{(l-x)^3}{6} + c_2 x + c_4 & (a \leq x \leq l) \end{cases} \qquad \text{(g)}$$

点 A 固定の条件, 点 C 支持の条件, 点 C で連続の条件は,

$$\left(\frac{dy}{dx}\right)_{x=0} = 0, \; (y)_{x=0} = 0, \; (y)_{x=a} = 0, \; \left(\frac{dy}{dx}\right)_{x=a-0} = \left(\frac{dy}{dx}\right)_{x=a+0} \quad \text{(h)}$$
$$(y)_{x=a-0} = (y)_{x=a+0}$$

式(h)に式(f), (g)を適用して整理すれば, 支持反力 R は答となる.

[答　$R = \dfrac{P}{2a}\left(3l - a\right)$]

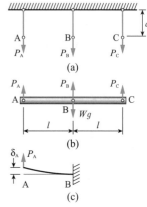

【6.2】 FBD of the wire and the beam are shown as Figs. A(a) and A(b). By the equilibriums of the load and the moment around the point B, the load P_C and P_B can be given by P_A as follows.

$$P_A + P_B + P_C - Wg = 0$$
$$-P_A l + P_C l = 0$$
$$\Rightarrow \quad \begin{array}{l} P_C = P_A \\ P_B = Wg - 2P_A \end{array} \qquad \text{(a)}$$

Fig. A　FBD for each member.

The number of unknown coefficients is three and the number of equations is two. Thus this problem is statically undetermined problem. The deformation of the wires and the beam should be determined in order to obtain P_A.

The elongations of the wires A and B.:

$$\lambda_A = \frac{P_A a}{AE} , \quad \lambda_B = \frac{P_B a}{AE} = \frac{(Wg - 2P_A)a}{AE} , \quad \lambda_C = \lambda_A \tag{b}$$

The deformation of the beam.: In consideration with the symmetry, this problem can be given as the cantilever subjected to the concentrated load P_A as shown in Fig. A(c). Thus the deformation is given as follows.

$$\delta_A = \frac{P_A l^3}{3EI} \tag{c}$$

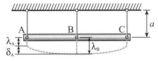

As shown in Fig. B, the difference of the elongation of the wire B and A should be the deformation

Fig. B Deformation.

δ_A in Eq. (c). Then, the following equations can be given and the load P_A is obtained.

$$\lambda_B - \lambda_A = \delta_A \Rightarrow \frac{(Wg - 2P_A)a}{AE} - \frac{P_A a}{AE} = \frac{P_A l^3}{3EI}$$
$$\Rightarrow P_A = \frac{3aI}{Al^3 + 9aI} Wg \tag{d}$$

By substituting Eq. (d) into Eq. (a), the tensile forces can be given as follows.

$$P_A = \frac{3aI}{Al^3 + 9aI} Wg , \quad P_B = \frac{Al^3 + 3aI}{Al^3 + 9aI} Wg , \quad P_C = P_A \tag{e}$$

[Ans.　Eq. (e)]

【6.3】　図 A(a)のように，はりの先端 B 点には，荷重 P とばねからの反力 Q，すなわち P−Q の荷重が鉛直下向きに加わる．ここで，図 A(b)のように先端のたわみを δ とおけば，ばねの反力 Q は，

$$Q = k\delta \tag{a}$$

となる．表 6.1 より，P−Q の荷重が先端に加わったときの先端のたわみは，

$$\delta = \frac{(P - Q)l^3}{3EI} \tag{b}$$

式(a), (b) より Q を消去すれば，先端のたわみは以下のように得られる．

$$\delta = \frac{(P - k\delta)l^3}{3EI} \Rightarrow \delta = \frac{Pl^3}{3EI + kl^3} = 1.89\text{mm} \tag{c}$$

(a) FBD　　　　　(b) 変形図

図 A　先端がばねで支えられたはり

[答　1.89mm]

【6.4】　Solution by using method of superposition: Since the free body diagram can be shown as Fig. A(a), this problem can be solved by superposition of the moment aP and the vertical load R_B at the tip of the cantilever AB as Fig.A(b). Moreover, there is no deflection at the point B. The unknown coefficient R_B can be given by this condition.

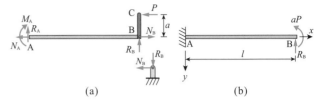

(a)　　　　　　　　　(b)

Fig. A　FBD of the lever.

By using Table 6.1 and method of superposition, the deflection at the tip of the cantilever AB can be given as follows.

$$\delta = -\frac{aPl^2}{2EI} - \frac{R_B l^3}{3EI} , \quad \theta_B = -\frac{aPl}{EI} - \frac{R_B l^2}{2EI} \tag{a}$$

By the condition that the deflection at the point B is zero, the reaction force R_B can be given as follows.

$$\delta = 0 \Rightarrow -\frac{aPl^2}{2EI} - \frac{R_B l^3}{3EI} = 0 \Rightarrow R_B = -\frac{3a}{2l} P \tag{b}$$

Thus, the relationship between the rotation angles at the end of beam θ_B and the load P is obtained as follows.

$$\theta_B = -\frac{aPl}{4EI} \tag{c}$$

Solution by double integration method:

The bending moment M can be given as,

$$M = aP + R_B(l - x) \tag{d}$$

By substituting into the fundamental equation of the beam Eq. (5.60) and integrating twice, we have

$$\frac{d^2 y}{dx^2} = -\frac{M}{EI} = \frac{1}{EI}\left\{-aP - R_B(l - x)\right\}$$
$$\frac{dy}{dx} = \frac{1}{EI}\left\{-aPx + R_B \frac{(l - x)^2}{2} + c_1\right\} \tag{e}$$
$$y = \frac{1}{EI}\left\{-aP\frac{x^2}{2} - R_B \frac{(l - x)^3}{6} + c_1 x + c_2\right\}$$

The point A is a fixed support and the point B is a simple support. Thus the following boundary conditions are given.

$$\left(\frac{dy}{dx}\right)_{x=0} = 0 , \quad (y)_{x=0} = 0 , \quad (y)_{x=l} = 0 \tag{f}$$

By substituting Eq. (e) into these conditions, c_1, c_2 and R_B can be obtained as follows.

$$c_1 = \frac{3alP}{4} , \quad c_2 = -\frac{al^2 P}{4} , \quad R_B = -\frac{3aP}{2l} \tag{g}$$

By Eq. (e), the angel of deflection at B is given and completely same as Eq. (c).

$$\theta_B = \left(\frac{dy}{dx}\right)_{x=l} = \frac{1}{EI}\left(-aPl + \frac{3alP}{4}\right) = -\frac{alP}{4EI} \tag{h}$$

[Ans.　$\theta_B = -\frac{alP}{4EI}$]

【6.5】　安全にアクリルに加えられる最大応力，すなわち許容応力 σ_a は，

$$\sigma_a = \frac{\sigma_B}{S} = \frac{75\text{MPa}}{2} = 37.5\text{MPa} \tag{a}$$

このはりに生じる最大応力が許容応力以下になるように設計する．

図 A(a)に，l の部分を取り出して図を描く．真直なアクリル棒を図 A(a)のように変形させることは，

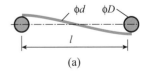

(a)

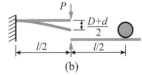

(b)

図 A　アクリル棒による柵

図 A(b)のように，長さ $l/2$ の片持ちはりの先端に荷重を加えることと等しい．そして，荷重 P が得られれば，曲げ応力が得られる．

表 6.1 より，片持ちはりの先端のたわみ δ は，

$$\delta = \frac{P(l/2)^3}{3EI} = \frac{Pl^3}{24EI} \tag{b}$$

図 A(b)より，アクリル棒は，剛体棒に接しているから，

$$\delta = \frac{D+d}{2} \ \Rightarrow \ \frac{D+d}{2} = \frac{Pl^3}{24EI} \ \Rightarrow \ P = 12EI\frac{D+d}{l^3} \tag{c}$$

固定端においてモーメントは最大値をとり，以下となる．

$$M_{max} = P\frac{l}{2} = 6EI\frac{D+d}{l^2} \tag{d}$$

最大曲げ応力は，

$$\sigma_{max} = \frac{M_{max}}{I}\frac{d}{2} = 3E\frac{d(D+d)}{l^2} \tag{e}$$

この応力が式(a)の許容応力以下となる条件より，

$$\sigma_{max} \le \sigma_a \ \Rightarrow \ 3E\frac{d(D+d)}{l^2} \le \sigma_a \ \Rightarrow \ D \le \frac{\sigma_a l^2}{3Ed} - d = 122.2\mathrm{mm} \tag{f}$$

従って D は最大 122mm となる．

[答　122mm]

【6.6】 This problem can be shown as Fig. A(a).

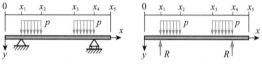

(a) beam problem model　　　(b) FBD

Fig. A　The book shelf.

The uniformly distributed load is denoted as p and given as follows.

$$p = \frac{6\mathrm{kg} \times g}{12\mathrm{cm}} = \frac{6\mathrm{kg} \times 9.81\mathrm{m/s^2}}{0.12\mathrm{m}} = 490.5\mathrm{N/m} \tag{a}$$

By using FBD in Fig. A(b), the reaction force R is obtained as

$$R = p(x_2 - x_1) = 6\mathrm{kg} \times g = 6\mathrm{kg} \times 9.81\mathrm{m/s^2} = 58.86\mathrm{N} \tag{b}$$

By using singularity function, the moment distribution is shown

$$\begin{aligned} M = &R\langle x-x_1\rangle^1 - \frac{p}{2}\langle x-x_1\rangle^2 + \frac{p}{2}\langle x-x_2\rangle^2 \\ &+ R\langle x-x_4\rangle^1 - \frac{p}{2}\langle x-x_3\rangle^2 + \frac{p}{2}\langle x-x_4\rangle^2 \end{aligned} \tag{c}$$

The fundamental differential equation of beam is given

$$\begin{aligned} EI\frac{d^2 y}{dx^2} = &-R\langle x-x_1\rangle^1 + \frac{p}{2}\langle x-x_1\rangle^2 - \frac{p}{2}\langle x-x_2\rangle^2 \\ &- R\langle x-x_4\rangle^1 + \frac{p}{2}\langle x-x_3\rangle^2 - \frac{p}{2}\langle x-x_4\rangle^2 \end{aligned} \tag{d}$$

By integrating twice, we have

$$\begin{aligned} EI\frac{dy}{dx} = &-\frac{R}{2}\langle x-x_1\rangle^2 + \frac{p}{6}\langle x-x_1\rangle^3 - \frac{p}{6}\langle x-x_2\rangle^3 \\ &-\frac{R}{2}\langle x-x_4\rangle^2 + \frac{p}{6}\langle x-x_3\rangle^3 - \frac{p}{6}\langle x-x_4\rangle^3 + c_1 \end{aligned} \tag{e}$$

$$\begin{aligned} EI\cdot y = &-\frac{R}{6}\langle x-x_1\rangle^3 + \frac{p}{24}\langle x-x_1\rangle^4 - \frac{p}{24}\langle x-x_2\rangle^4 \\ &-\frac{R}{6}\langle x-x_4\rangle^3 + \frac{p}{24}\langle x-x_3\rangle^4 - \frac{p}{24}\langle x-x_4\rangle^4 + c_1 x + c_2 \end{aligned} \tag{f}$$

The boundary conditions for support are as follows.

$$(y)_{x=x_1} = 0 \ , \ (y)_{x=x_4} = 0 \tag{g}$$

Introducing Eq. (f) into the above conditions, c_1 and c_2 can be given as follows.

$$c_1 = \frac{R}{6}(x_4 - x_1)^2 - \frac{p}{24}\left\{(x_4 - x_1)^3 - \frac{(x_4 - x_2)^4}{x_4 - x_1} + \frac{(x_4 - x_3)^4}{x_4 - x_1}\right\} \tag{h}$$

$$c_2 = -c_1 x_1$$

where

$$x_1 = 0.10\mathrm{m}, \ x_2 = 0.22\mathrm{m}, \ x_3 = 0.42\mathrm{m}, \ x_4 = 0.54\mathrm{m}, \ x_5 = 0.64\mathrm{m} \tag{i}$$

By using Eqs. (a), (b) and (i), c_1 and c_2 can be obtained as follows.

$$c_1 = 0.6357\mathrm{Nm^2} \ , \ c_2 = -0.06357\mathrm{Nm^3} \tag{j}$$

The flexural rigidity is

$$EI = 9 \times 10^9 \mathrm{Pa} \times \frac{0.28\mathrm{m} \times (0.01\mathrm{m})^3}{12} = 210\mathrm{Nm^2} \tag{k}$$

The deflection at center is given by substituting $x=0.32\mathrm{m}$ into Eq. (f) as follows.

$$(y)_{x=0.32\mathrm{m}} = 0.387 \times 10^{-3}\mathrm{m} = 0.387\mathrm{mm} \tag{l}$$

[Ans.　0.387mm]

【6.7】 ゲージを貼付けた位置での曲げ応力と荷重の関係を求める．応力よりフックの法則からひずみが得られ，ひずみと荷重の関係を求める．

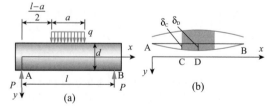

図 A　荷重の計測

図 A(a)のはり全体の FBD より，支持反力 R_A, R_B は以下のように得られる．

$$R_A = \frac{2}{3}P_1 + \frac{1}{3}P_2 \ , \ R_B = \frac{1}{3}P_1 + \frac{2}{3}P_2 \tag{a}$$

荷重点の断面に生じる曲げモーメントをそれぞれ M_1, M_2 とすると．

$$M_1 = R_A l = \frac{2}{3}P_1 l + \frac{1}{3}P_2 l \ , \ M_2 = R_B l = \frac{1}{3}P_1 l + \frac{2}{3}P_2 l \tag{b}$$

となる．これより，荷重点下の表面に生じる応力 σ_1, σ_2 は，応力と曲げモーメントの関係式(5.21)より，

$$\sigma_1 = \frac{M_1}{I}\frac{h}{2} = \frac{6}{bh^2}M_1 \ , \ \sigma_2 = \frac{M_2}{I}\frac{h}{2} = \frac{6}{bh^2}M_2 \tag{c}$$

一方，この応力により生じるひずみは，フックの法則より

$$\varepsilon_1 = \frac{\sigma_1}{E} = \frac{2l}{Ebh^2}(2P_1 + P_2), \varepsilon_2 = \frac{\sigma_2}{E} = \frac{2l}{Ebh^2}(P_1 + 2P_2) \tag{d}$$

となる．P_1, P_2 について解けば，荷重はひずみを用いて答のように表わされる．

$$\left[答 \quad P_1 = \frac{Ebh^2}{6l}(2\varepsilon_1 - \varepsilon_2) \ , \ P_2 = \frac{Ebh^2}{6l}(2\varepsilon_2 - \varepsilon_1)\right]$$

【6.8】 図 A(a)のように，幅 a の部分に等分布荷重 q が加わるはりの問題として考える．

(a)　　　　　(b)

図 A　ロールミル

力の釣合いより，q は，

$$aq = 2P \Rightarrow q = \frac{2P}{a} \tag{a}$$

A 点を原点とし，特異関数を用いれば，モーメントの分布は以下となる．

$$M = P<x>^1 - \frac{q}{2}<x - \frac{l-a}{2}>^2 + \frac{q}{2}<x - \frac{l+a}{2}>^2 \tag{b}$$

$$= P<x>^1 - \frac{P}{a}<x - \frac{l-a}{2}>^2 + \frac{P}{a}<x - \frac{l+a}{2}>^2$$

はりのたわみの微分方程式は，

$$EI\frac{d^2y}{dx^2} = -M = -P<x>^1 + \frac{P}{a}<x - \frac{l-a}{2}>^2 - \frac{P}{a}<x - \frac{l+a}{2}>^2 \tag{c}$$

となる．両辺を 2 回に渡り積分して．

$$EI\frac{dy}{dx} = -\frac{P}{2}<x>^2 + \frac{P}{3a}<x - \frac{l-a}{2}>^3 - \frac{P}{3a}<x - \frac{l+a}{2}>^3 + c_1$$

$$EI \cdot y = -\frac{P}{6}<x>^3 + \frac{P}{12a}<x - \frac{l-a}{2}>^4 \tag{d}$$

$$-\frac{P}{12a}<x - \frac{l+a}{2}>^4 + c_1 x + c_2$$

点 A，B で支持されていると考えれば，その境界条件

$$(y)_{x=0} = 0 \; , \; (y)_{x=l} = 0 \tag{e}$$

に，式(d)を適用すれば．未定係数は，

$$c_1 = \frac{P}{24}(3l^2 - a^2) \; , \; c_2 = 0 \tag{f}$$

従って，はりのたわみ曲線は以下のように得られる．

$$y = \frac{P}{24EI}\left\{ \begin{array}{l} -4<x>^3 + \frac{2}{a}<x - \frac{l-a}{2}>^4 \\ -\frac{2}{a}<x - \frac{l+a}{2}>^4 + (3l^2 - a^2)x \end{array} \right\} \tag{g}$$

圧延後の板材両端と中央の厚さの差 δ は，図 A(b)に示す上下のロールの変形図を考えれば，D 点のたわみ δ_D と C 点のたわみ δ_C の差の 2 倍として以下のように得られる．

$$\delta = 2(\delta_D - \delta_C) = 2\left\{(y)_{x=l/2} - (y)_{x=(l-a)/2}\right\} = \frac{Pa^2}{96EI}(12l - 7a) \tag{h}$$

たわみを修正する工夫：ロールの上下を剛性の大きい別のロールで抑える方法が色々考案されて来た．図 B のペアクロスミルは，ロールを僅かに交差させ，この交差の度合いを板厚の変化に合わせて制御することにより，常に等しい厚さの圧延を実現している．

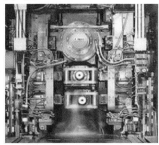

図 B　ペアクロスミル（提供：三菱日立製鉄株式会社）

【6.9】中央部分を固定端と考え，断面形状が変化する片持ちはりの問題として解析を行う．

固定端の支持反力，モーメントは図 A(b)の FBD より，以下となる．

$$R = ql \; , \; M_R = -\frac{ql^2}{2} \tag{a}$$

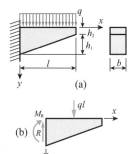

固定端から x の位置の断面におけるせん断力，曲げモーメントは，図 A(c)

より，

$$F = q(l-x) \; , \; M = -\frac{q(l-x)^2}{2} \tag{b}$$

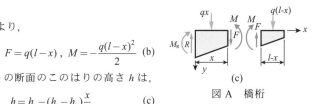

図 A　橋桁

x の断面のこのはりの高さ h は，

$$h = h_1 - (h_1 - h_2)\frac{x}{l} \tag{c}$$

と表される．これより，断面係数，断面積は以下のようになる．

$$Z = \frac{bh^2}{6} = \frac{b}{6}\left\{h_1 - (h_1 - h_2)\frac{x}{l}\right\}^2 \; , \; A = bh = b\left\{h_1 - (h_1 - h_2)\frac{x}{l}\right\} \tag{d}$$

x の断面に生じる最大曲げ応力，平均せん断応力は，式(5.21)，(5.46)より，次のようになる．

$$\sigma = \frac{|M|}{Z} = 3\frac{ql^2(l-x)^2}{b\left\{h_1(l-x) + h_2 x\right\}^2} \; , \; \tau = \frac{F}{A} = \frac{ql(l-x)}{b\left\{h_1(l-x) + h_2 x\right\}} \tag{e}$$

これらの値は，$x = 0$ の断面において次式で表される最大値となる．

$$\sigma_{max} = 3\frac{ql^2}{bh_1^2} \; , \; \tau = \frac{ql}{bh_1} \tag{f}$$

利点：式(e)において，$h_2 \to 0$ のとき，x の値に関係無く式(f)となり，曲げ応力，せん断応力ともにどの断面においても一定値となる．この値は，高さ h_1 と断面形状が一定のはりに生じる最大曲げ応力と最大せん断応力と等しい．従って，台形形状にすることにより，断面形状が一定のはりと同程度の強度を保ちながら，ななめにカットした分の材料を軽減することが出来る．

【6.10】 The diameter of the bar varies linearly along x direction. Thus the moment of inertia of area is shown as follows.

$$I = \frac{\pi d^4}{64} \; , \; d = d_2 - (d_2 - d_1)\frac{x}{l} \Rightarrow I = \frac{\pi}{64}\left\{d_2 - (d_2 - d_1)\frac{x}{l}\right\}^4 \tag{a}$$

The distribution of the bending moment can be given as

$$M = -(l-x)P \tag{b}$$

By substituting Eq.(a) and (b) into the differential equation for bending (Eq.(5.60)), the following differential equation is obtained.

$$\frac{dy^2}{dx^2} = -\frac{M}{EI} = \frac{64P}{\pi E}(l-x)\left\{d_2 - (d_2 - d_1)\frac{x}{l}\right\}^{-4} \tag{c}$$

Integrating twice,

$$\frac{dy}{dx} = \frac{64P}{\pi E}\left\{\frac{3d_2 - 2d_1 - 3cx}{6c^2(d_2 - cx)^3} + c_1\right\}$$

$$y = \frac{64P}{\pi E}\left\{\frac{3d_2 - d_1 - 3cx}{6c^3(d_2 - cx)^2} + c_1 x + c_2\right\} \; , \; c = \frac{d_2 - d_1}{l} \tag{d}$$

The unknown coefficients c_1 and c_2 can be given by the following boundary conditions.

$$(y)_{x=0} = 0 \; , \; (\theta)_{x=0} = \left(\frac{dy}{dx}\right)_{x=0} = 0 \tag{e}$$

Substituting Eq.(d) into the above equations.

$$c_1 = \frac{2d_1 - 3d_2}{6c^2 d_2^3} \; , \; c_2 = \frac{d_1 - 3d_2}{6c^3 d_2^2} \tag{f}$$

Thus, the deflection curve is given as follows.

$$y = \frac{32P}{3\pi Ec^3}\left\{\frac{3d_2 - d_1 - 3cx}{(d_2 - cx)^2} + \frac{2d_1 - 3d_2}{d_2^3}cx + \frac{d_1 - 3d_2}{d_2^2}\right\} \tag{g}$$

$$, \; c = \frac{d_2 - d_1}{l}$$

The maximum deflection can be given at $x = l$ as in the answer.

[Ans. $\quad y_{max} = (y)_{x=l} = \dfrac{64Pl^3}{3\pi Ed_1 d_2{}^3}$]

【6.11】 筒の細い方から順番に
1, 2, 3 の番号を使って表わす.
各々の部材に生じる曲げモーメ
ントは，部材の左端で最大とな
る．図 A のように，この曲げモ
ーメントを M_1, M_2, M_3 とすれば，
モーメントの釣合い式より，

$$M_1 = -Pl, \ M_2 = -2Pl, \qquad \text{(a)}$$
$$M_3 = -3Pl$$

各々の部材の断面二次モーメン
ト I_1, I_2, I_3 は，付表（後1.1）を
参考にすれば，

$$I_1 = \frac{a^4 - (a-2t)^4}{12} = 4.92 \times 10^6 \, \text{mm}^4$$

$$I_2 = \frac{(a+2t)^4 - a^4}{12} = 8.947 \times 10^6 \, \text{mm}^4$$

$$I_3 = \frac{(a+4t)^4 - (a+2t)^4}{12} = 14.73 \times 10^6 \, \text{mm}^4 \qquad \text{(b)}$$

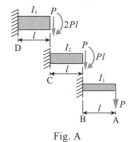

図 A　部材に生じる最大
曲げモーメント

式(5.21)より，それぞれの部材の断面に生じる曲げ応力の最大値
は，

$$\sigma_1 = \frac{|M_1|}{I_1} \frac{a}{2} = \frac{Pal}{2I_1}, \ \sigma_2 = \frac{|M_2|}{I_2} \frac{a+2t}{2} = \frac{P(a+2t)l}{I_2},$$

$$\sigma_3 = \frac{|M_3|}{I_3} \frac{a+4t}{2} = \frac{3P(a+4t)l}{2I_3} \qquad \text{(c)}$$

これらの応力が許容応力を超えないことから，

$$\sigma_a \geq \frac{Pal}{2I_1} \Rightarrow P \leq \frac{2I_1}{al}\sigma_a = 3.94 \, \text{kN}$$

$$\sigma_a \geq \frac{P(a+2t)l}{I_2} \Rightarrow P \leq \frac{I_2}{(a+2t)l}\sigma_a = 2.98 \, \text{kN} \qquad \text{(d)}$$

$$\sigma_a \geq \frac{3P(a+4t)l}{2I_3} \Rightarrow P \leq \frac{2I_3}{3(a+4t)l}\sigma_a = 2.81 \, \text{kN}$$

従って，最大荷重は，上の3つの値の最小値となり，2.81kN で
ある．

[答　2.81kN]

【6.12】 As shown in Fig. A, this
problem is in consideration with
dividing into the three members. The
deformation for each member can be
given as the deformation of the
cantilever subjected to the load and the
moment at the tip. By superposing
these deformations, the deflection at
the point A can be obtained. It is
important that the deformation at the

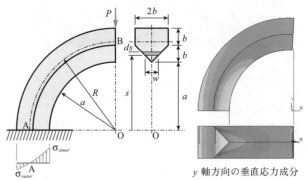

Fig. A

point A from the rotation angel at the point C and B. The deflection
and deflection angle can be given by using Table 6.1.

The deflection and the deflection angle at the point C from the
deformation of the member DC:

$$\delta_C = \frac{Pl^3}{3EI_3} + \frac{(2Pl)l^2}{2EI_3} = \frac{4Pl^3}{3EI_3}, \ \theta_C = \frac{Pl^2}{2EI_3} + \frac{(2Pl)l}{EI_3} = \frac{5Pl^2}{2EI_3} \qquad \text{(a)}$$

The deflection and the deflection angle at the point B from the
deformation of the member CB:

$$\delta_B = \frac{Pl^3}{3EI_2} + \frac{(Pl)l^2}{2EI_2} = \frac{5Pl^3}{6EI_2}, \ \theta_B = \frac{Pl^2}{2EI_2} + \frac{(Pl)l}{EI_2} = \frac{3Pl^2}{2EI_2} \qquad \text{(b)}$$

The deflection and the deflection angle at the point A from the
deformation of the member AB:

$$\delta_A = \frac{Pl^3}{3EI_1}, \ \theta_A = \frac{Pl^2}{2EI_1} \qquad \text{(c)}$$

By superposing Eqs. (a), (b), (c) and the deformation at the point A
from the rotation angel at the point C and B, the deflection δ at the
tip is obtained as follows.

$$\delta = \delta_C + \theta_C(2l) + \delta_B + \theta_B l + \delta_A = \frac{19Pl^3}{3EI_3} + \frac{7Pl^3}{3EI_2} + \frac{Pl^3}{3EI_1} = 948 \, \text{mm} \quad \text{(d)}$$

[Ans.　δ = 948mm]

【6.13】 図 A(a)の断面二次モーメント I は，早材部の縦弾性係
数 E_1 を基準とすれば，図 A(b)のように，晩材部の幅を

$$b' = \frac{E_2}{E_1} b \qquad \text{(a)}$$

として求めることができる．

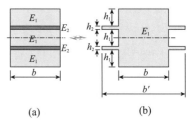

(a)　　　　　　　(b)

図 A　木材から切り出した平板の断面

幅 b, 高さ $3h_1 + 2h_2$ の長方形断面の断面二次モーメントに左
右の突出し部の断面二次モーメントを加えることにより，

$$I = \frac{b(3h_1 + 2h_2)^3}{12} + 2\left\{ \frac{(b'-b)h_2^3}{12} + \left(\frac{h_1+h_2}{2} \right)^2 (b'-b)h_2 \right\} \qquad \text{(b)}$$

式(a), (b) より，曲げ剛性 EI は次のようになる.

$$EI = E_1 \frac{b(3h_1 + 2h_2)^3}{12} + (E_2 - E_1)bh_2 \left\{ \frac{h_2^2}{6} + \frac{(h_1+h_2)^2}{2} \right\} = 25.8 \, \text{Nm}^2$$

(c)

[答　25.8Nm²]

【6.14】 図 A を参考にすれば，この曲がりはりの断面の幅 w
は，s の関数として，

$$w = \begin{cases} 2(s-a) & (a \leq s \leq a+b) \\ 2b & (a+b \leq s \leq a+2b) \end{cases} \qquad \text{(a)}$$

となる．

図 A　曲がりはり

また，断面積 A は，

$$A = 3b^2 \tag{b}$$

これより，曲がりはりの曲率中心 O から，図心までの距離 R は，以下となる．

$$R = \frac{1}{A}\int_A s\,dA = \frac{1}{A}\int_a^{a+2b} sw\,ds \tag{c}$$

$$= \frac{2}{A}\left(\int_a^{a+b} s(s-a)\,ds + \int_{a+b}^{a+2b} sb\,ds\right) = a + \frac{11}{9}b$$

さらに，r は，

$$\int_A \frac{dA}{s} = \int_a^{a+2b}\frac{w}{s}\,ds = 2\left\{\int_a^{a+b}\left(1-\frac{a}{s}\right)ds + \int_{a+b}^{a+2b}\frac{b}{s}\,ds\right\}$$

$$= 2\left\{\left[s - a\ln(s)\right]_a^{a+b} + b\left[\ln(s)\right]_{a+b}^{a+2b}\right\} \tag{d}$$

$$= 2\left\{b - a\ln(\frac{a+b}{a}) + b\ln(\frac{a+2b}{a+b})\right\}$$

より，以下のように得られる．

$$r = \frac{A}{\int_A \frac{dA}{s}} = \frac{3}{2}\frac{b}{1 - \frac{a}{b}\ln(\frac{a+b}{a}) + \ln(\frac{a+2b}{a+b})} \tag{e}$$

断面に生じる曲げ応力分布は，

$$\sigma = \frac{My}{A\bar{y}(r-y)} = \frac{My}{A(R-r)(r-y)} \quad (r-a-2b \leq y \leq r-a) \tag{f}$$

断面のモーメントは，固定端 A で最大，

$$M_A = -PR \tag{g}$$

となり，曲げ応力は断面の外側で引張の最大，内側で圧縮の最大となる．さらに，P による圧縮応力も考慮すれば，外側，内側における最大応力が以下のように得られる．

$$\sigma_{inner} = \left(\frac{M_A y}{A(R-r)(r-y)}\right)_{y=r-a} - \frac{P}{A} = -\frac{P}{3b^2}\left(\frac{R(r-a)}{(R-r)a}+1\right)$$

$$\sigma_{outer} = \left(\frac{M_A y}{A(R-r)(r-y)}\right)_{y=r-a-2b} - \frac{P}{A} \tag{h}$$

$$= \frac{P}{3b^2}\left\{\frac{R(a+2b-r)}{(R-r)(a+2b)}-1\right\}$$

ここで，R と r は，それぞれ式(c)，式(e)より得られる．

[答　式(h)]

【6.15】 図 A(a)のように，スパン $w+d$ の両端支持はりの中央に荷重 P_w が加わったはりの曲げ問題として考える．

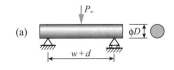

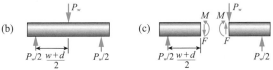

図 A　シャックルのピンの設計

最大曲げモーメントは中央断面に生じ，

$$M_{max} = \frac{P_w(w+d)}{4} \tag{a}$$

となる．これより，最大曲げ応力は，

$$\sigma_{max} = \frac{M_{max}}{Z} = \frac{8P_w(w+d)}{\pi D^3} \Leftarrow Z = \frac{\pi D^3}{32} \tag{b}$$

最大曲げ応力が許容引張応力以下となることから，ピンの直径は次式より得られる．

$$\sigma_{max} \leq \sigma_a \Rightarrow \frac{8P_w(w+d)}{\pi D^3} \leq \sigma_a \Rightarrow D \geq 2\left\{\frac{P_w(w+d)}{\pi \sigma_a}\right\}^{1/3} \tag{c}$$

参考：JIS 規格．規格の番号：JISB2801，名称：シャックル

[答　式(c)]

【6.16】 This problem can be considered with the beam subjected to the uniformly distributed load. The length x is denoted as in Fig. A(a).

Fig. A　The board on rollers.

By Fig. A(c), the bending moment M_1, M_3 and the reaction forces R_{B_0}, R_{A_3} are given as follows.

$$M_1 = -\frac{qx^2}{2}, \quad M_3 = -\frac{q(l-x)^2}{2}, \quad R_{B_0} = qx, \quad R_{A_3} = q(l-x) \tag{a}$$

The reaction force and the deflection angle for the problem as shown in Fig. A(d) are given as follows.

$$R_A = R_B = \frac{ql}{2}, \quad \theta_A = \frac{ql^3}{24EI}, \quad \theta_B = -\frac{ql^3}{24EI} \tag{b}$$

The bending moment at the support of the center member can be given by using Clapeyron's equation of three moments.

$$M_1 l + 2M_2(2l) + M_3 l = 6EI(\theta_B - \theta_A) \Rightarrow M_2 = -\frac{q}{4}x(l-x) \tag{c}$$

Consequently, the reaction forces R_1, R_2 and R_3 at the supports can be obtained as follows.

$$R_1 = R_{B_0} + R_A - \frac{M_1 - M_2}{l} = \frac{q}{4l}(3x^2 + 3lx + 2l^2)$$

$$R_2 = R_B + R_A + \frac{M_1 - M_2}{l} - \frac{M_2 - M_3}{l} = \frac{q}{2l}(-3x^2 + 3lx + l^2) \tag{d}$$

$$R_3 = R_{A_3} + R_B + \frac{M_2 - M_3}{l} = \frac{q}{4l}(3x^2 - 9lx + 8l^2)$$

[Ans.　Eq. (d)]

【6.17】 設計時：長さ l の両端支持はりの中心に，集中荷重 P が加わったときの，両端の支持反力 R_A，R_B およびたわみ角 θ_A，θ_B は，

$$R_A = R_B = \frac{P}{2}, \quad \theta_A = \frac{Pl^2}{16EI}, \quad \theta_B = -\frac{Pl^2}{16EI} \tag{a}$$

図 A　中心に集中荷重を受ける両端支持はり

クラペイロンの定理より

$$(2M_2 + M_3)l + (M_1 + 2M_2)l = 6EI(\theta_{PB_1} - \theta_{PA_2}) \tag{b}$$

上式において，

$$\theta_{PB_1} = \theta_B = -\frac{Pl^2}{16EI}, \quad \theta_{PA_2} = \theta_A = \frac{Pl^2}{16EI}, \quad M_1 = M_3 = 0 \tag{c}$$

であるから，

$$M_2 = -\frac{3}{16}Pl \tag{d}$$

したがって，支持点 1, 2, 3 の支持反力 R_1, R_2, R_3 は，以下のように得られる．

$$R_1 = \frac{P}{2} - \frac{M_1 - M_2}{l} = \frac{5}{16}P$$

$$R_2 = \frac{P}{2} + \frac{P}{2} + \frac{M_1 - M_2}{l} - \frac{M_2 - M_3}{l} = \frac{11}{8}P \qquad (e)$$

$$R_3 = \frac{P}{2} + \frac{M_2 - M_3}{l} = \frac{5}{16}P$$

施工時：1 のスパンに関して，両端の反力，たわみ角は，

$$R_{A_1} = \frac{4}{7}P, \quad R_{B_1} = \frac{3}{7}P, \quad \theta_{PA_1} = \frac{11}{126}\frac{Pl^2}{EI}, \quad \theta_{PB_1} = -\frac{5}{63}\frac{Pl^2}{EI} \qquad (f)$$

2 のスパンに関して，両端の反力，たわみ角は，

$$R_{A_2} = \frac{3}{5}P, \quad R_{B_2} = \frac{2}{5}P, \quad \theta_{PA_2} = \frac{2}{45}\frac{Pl^2}{EI}, \quad \theta_{PB_2} = -\frac{7}{180}\frac{Pl^2}{EI} \qquad (g)$$

クラペイロンの定理より

$$(2M_2 + M_3)\frac{5}{6}l + (M_1 + 2M_2)\frac{7}{6}l = 6EI(\theta_{PB_1} - \theta_{PA_2}) \qquad (h)$$

上式において，両端にはモーメントは加わっていないから $M_1 = M_3 = 0$ より，

$$4M_2 l = 6(-\frac{5}{63} - \frac{2}{45})Pl^2 \quad \Rightarrow \quad M_2 = -\frac{13}{70}Pl \qquad (i)$$

となる．これより，各支持点の支持反力は，

$$R'_1 = \frac{4}{7}P - \frac{M_1 - M_2}{(7/6)l} = \frac{101}{245}P$$

$$R'_2 = \frac{3}{7}P + \frac{3}{5}P + \frac{M_1 - M_2}{(7/6)l} - \frac{M_2 - M_3}{(5/6)l} = \frac{1728}{1225}P \qquad (j)$$

$$R'_3 = \frac{2}{5}P + \frac{M_2 - M_3}{(5/6)l} = \frac{31}{175}P$$

したがって，変更前と後の荷重の比は以下のように得られる．

$$\frac{R'_1}{R_1} = 1.32, \quad \frac{R'_2}{R_2} = 1.03, \quad \frac{R'_3}{R_3} = 0.57 \qquad (k)$$

1，2 の支持体にかかる荷重が増加する．特に，1 の支持点の支持反力は30%以上増加する．安全率がどの程度みてあるかを検討し，設計の修正をする必要も考えられる．

[答 1 の支持体，式(k)]

【6.18】 As shown in Fig. A, the member AB and CD are subjected to the virtical load. The member BC is considered as the fixed supported beam. The deformations of these members are given as follows.

Deformation AB: The shrinkage of AB is given as follows.

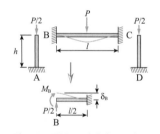

Fig. A FBD and deformation

$$\lambda_{AB} = \frac{R_A h}{AE} = \frac{Ph}{2btE} \qquad (a)$$

Deformation BC: In consideration with the symmetry, the deformation can be given by the cantilever with the length $l/2$ subjected to the moment M_B and the load $P/2$ as shown in Fig. A. The deflection angle θ_B and the deflection δ_B at point B are given as follows by using Table 6.1.

$$\theta_B = -\frac{M_B}{EI}\left(\frac{l}{2}\right) + \frac{1}{2EI}\left(\frac{P}{2}\right)\left(\frac{l}{2}\right)^2, \quad \delta_B = -\frac{M_B}{2EI}\left(\frac{l}{2}\right)^2 + \frac{1}{3EI}\left(\frac{P}{2}\right)\left(\frac{l}{2}\right)^3 \quad (b)$$

The deflection angel at point B should be zero. Then we have

$$0 = -\frac{M_B}{EI}\left(\frac{l}{2}\right) + \frac{1}{2EI}\left(\frac{P}{2}\right)\left(\frac{l}{2}\right)^2 \quad \Rightarrow \quad M_B = \frac{Pl}{8} \qquad (c)$$

The maximum deflection is occurred at the loading point of the member BC. This deflection is same as δ_B in Eq.(b). Thus, the maximum deflection is given as follows by Eqs. (c) and (b).

$$\delta_B = \frac{Pl^3}{192EI} = \frac{Pl^3}{16Ebt^3} \quad \Leftarrow \quad I = \frac{bt^3}{12} \qquad (d)$$

By superposing Eq. (a) and (d), the maximum virtical deformation δ with load P is given as follows.

$$\delta = \lambda_{AB} + \delta_B = \frac{Ph}{2btE} + \frac{Pl^3}{16Ebt^3} = \frac{P}{16bE}\left(8\frac{h}{t} + \frac{l^3}{t^3}\right) \cong \frac{P}{16bE}\left(\frac{l^3}{t^3}\right) \quad (e)$$

By the allowable deformation $\delta_a = 0.5$mm, the following condition should be satisfied and the condition for the thickness of the boad t is given.

$$\delta = \frac{P}{16bE}\left(\frac{l^3}{t^3}\right) \le \delta_a \quad \Rightarrow \quad t \ge \left(\frac{P}{16bE\delta_a}\right)^{1/3} l = 33.2\text{mm} \qquad (f)$$

The minimum thickness of the boad is 34mm.

[Ans. more than 34mm]

注）AB 部には実際には，モーメントや横荷重が複雑に加わるが，それは無視して考えている．そのため，AB, BC 部各々において，B 点に生じる力とモーメントが同一となっていない．

注）式(e)において，無視した AB, CD 部の側板の垂直方向変位は，

$$\lambda_{AB} = \frac{Ph}{2btE} = 0.602 \times 10^{-3}\text{mm} \qquad (g)$$

となり．$\delta_a = 0.5$mm に比べ十分小さい．

第 7 章 柱の座屈

【7.1】 図 A に示す FBD より，力の釣合い式とモーメントの釣合い式は，

$$F_2 - F_1 = 0, \quad mg - N_1 = 0$$
$$-F_2 \frac{l}{2}\sin\theta - F_1 \frac{l}{2}\sin\theta + N_1 \frac{l}{2}\cos\theta = 0 \qquad (a)$$

図 A FBD

上式を解いて，

$$F_1 = F_2 = \frac{mg\cos\theta}{2\sin\theta}, \quad N_1 = mg \qquad (b)$$

ここで，F_1 が最大摩擦力を超えた時滑り出すから，限界の状態においては，

$$F_1 = \mu N_1 \qquad (c)$$

となる．この式に，式(b)を代入すれば，

$$\frac{mg\cos\theta}{2\sin\theta} = \mu mg \quad \Rightarrow \quad \mu = \frac{\cos\theta}{2\sin\theta} = 0.866 \qquad (d)$$

[答 $\mu = 0.866$]

【7.2】 Let the length of the bar be l and the size of the square cross-section be a. Since the bar is fixed at one end and free at the other end, from Eq. (7.4) and Table 7.1, the buckling load of the bar is obtained as

$$P_c = \frac{1}{4}\frac{\pi^2 EI}{l^2} = \frac{\pi^2 Ea^4}{48l^2} \quad \Leftarrow \quad I = \frac{a^4}{12} \qquad (a)$$

The weight P_w applying to the bar is

$$P_w = mg = 200\text{kg} \times 9.81\text{m/s}^2 = 1962\text{N} \qquad (b)$$

The buckling load given by Eq. (a) must be greater than P_w for the bar to be used safely. Considering the factor of safety is 3, one has

$$P_c \geq 3P_w \Rightarrow \frac{\pi^2 E a^4}{48 l^2} \geq 3mg \Rightarrow a \geq \left(3\frac{48 l^2}{\pi^2 E} mg\right)^{1/4} \qquad \text{(c)}$$

$$= \left(3\frac{48 \times (1.2\text{m})^2}{\pi^2 \times 80 \times 10^9 \text{Pa}} \times 1962\text{N}\right)^{1/4} = 26.79 \times 10^{-3}\text{m}$$

Therefore, the minimum size of the square cross-section for the bar to be used safely is 26.8mm.

[Ans. 26.8mm]

【7.3】　座屈および，圧縮による破壊の 2 つの条件を考える必要がある．

圧縮により破壊しない条件：

この棒に加わる圧縮応力 σ は，

$$\sigma = \frac{P}{A} = \frac{4P}{\pi d^2} \qquad \Leftarrow A = \frac{\pi d^2}{4} \qquad \text{(a)}$$

圧縮により降伏せずに安全に運用するための条件より，直径 d に必要な条件は以下となる．

$$\frac{\sigma_Y}{S} \geq \sigma \Rightarrow \frac{\sigma_Y}{S} \geq \frac{4P}{\pi d^2} \Rightarrow d \geq 2\sqrt{\frac{SP}{\pi \sigma_Y}} \qquad \text{(b)}$$

$$= 2 \times \sqrt{\frac{2 \times 15 \times 10^3 \text{N}}{\pi \times 250 \times 10^6 \text{Pa}}} = 12.36 \times 10^{-3}\text{m}$$

座屈しない条件：

座屈に対する端末条件は両端回転自由であるから，式(7.4)と表(7.1)より，座屈荷重は，

$$P_c = \frac{\pi^2 EI}{l^2} = \frac{\pi^3 E d^4}{64 l^2} \qquad \Leftarrow I = \frac{\pi d^4}{64}, L = 1 \qquad \text{(c)}$$

座屈を起こさずに安全に運用するためには，使用荷重は座屈荷重より小さくなければならない．安全率 $S = 2$ を考慮すると，d の条件は以下のように得られる．

$$\frac{P_c}{S} \geq P \Rightarrow \frac{\pi^3 E d^4}{64 l^2 S} \geq P \Rightarrow d \geq \left(\frac{64 l^2 SP}{\pi^3 E}\right)^{1/4} = 33.11 \times 10^{-3}\text{m} \quad \text{(d)}$$

式(b), (d)より，安全に運用するために必要な直径の最小値は 33.2mm である．

[答　$d = 33.2$mm]

【7.4】図 A のように，AC，BC の領域について考える．

a が長い場合，BC 部分は座屈しないと考えられる．従って，AC 部は，下端固定上端自由の条件となり，座屈荷重は，式(7.4)より，以下となる．

$$P_{cr1} = \frac{1}{4}\frac{\pi^2 EI}{a^2} \qquad \text{(a)}$$

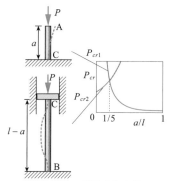
図 A　途中で補強された棒

a が短い場合，CB 部の座屈が先に起こると考えられ，このときの端末条件は，両端固定支持となるから，座屈荷重は，式(7.4)より，以下となる．

$$P_{cr2} = 4\frac{\pi^2 EI}{(l-a)^2} \qquad \text{(b)}$$

式(a), (b)より，P_{cr1} と P_{cr2} の小さい方が座屈荷重となる．したがって，最も座屈荷重が大きくなるのは，AC，BC の座屈荷重が等しくなる位置であり，そのときの a は以下となる（図 A 参照）．

$$P_{cr1} = P_{cr2} \Rightarrow \frac{1}{4}\frac{\pi^2 EI}{a^2} = 4\frac{\pi^2 EI}{(l-a)^2} \Rightarrow a = \frac{l}{5} \quad \text{(c)}$$

そして，最大の座屈荷重は次式で与えられる，

$$P_{cr} = \frac{5^2}{4}\frac{\pi^2 EI}{l^2} = 6.25\frac{\pi^2 EI}{l^2} \qquad \text{(d)}$$

[答　$a = \dfrac{l}{5}$, $P_{cr} = 6.25\dfrac{\pi^2 EI}{l^2}$]

【7.5】　In this problem, one has to know which the column is vulnerable to buckling around y-axis or z-axis. The inertia of moment of area is calculated as

$$I_z = \frac{(a-2t_2)t_1^3 + 2t_2 a^3}{12} = 1.33 \times 10^6 \text{mm}^4 \qquad \text{(a)}$$

around z-axis and as

$$I_y = \frac{t_1 a^3 + (a-t_1)\left\{a^3 - (a-2t_2)^3\right\}}{12} = 3.69 \times 10^6 \text{mm}^4 \quad \text{(b)}$$

around y-axis. Since I_z is less than I_y, the column is considered to be vulnerable to buckling around z-axis from Eq. (7.4). Therefore, the Euler's equation of the column is determined as in the answer.

[Ans. $P_{cr} = 4\dfrac{\pi^2 EI_z}{l^2} = 433$kN]

【7.6】　AD, BE の円柱に加わる圧縮荷重を P_{AD}, P_{BE} と表わす．剛体板 AB に対する力とモーメントの釣合い（点 C 回り）より，これらの圧縮荷重は以下のように得られる．

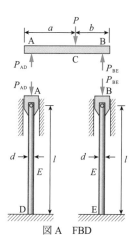
図 A　FBD

$$P_{AD} + P_{BE} = P, \quad -P_{AD}a + P_{BE}b = 0$$

$$\Rightarrow P_{AD} = \frac{b}{a+b}P, \quad P_{BE} = \frac{a}{a+b}P \text{ (a)}$$

$a > b$ であるから，$P_{BE} > P_{AD}$ であり，BE の棒に加わる圧縮荷重 P_{BE} がこの棒の座屈荷重を超えた時座屈が生じる．BE の棒の座屈荷重 $P_{c(BE)}$ は，式(7.4)より，端末係数 $L = 2.046$ として，

$$P_{c(BE)} = L\frac{\pi^2 EI}{l^2} = L\frac{\pi^3 E d^4}{64 l^2} \qquad \Leftarrow I = \frac{\pi d^4}{64} \qquad \text{(b)}$$

従って，式(a), (b) より，座屈が生じるときの P の値を P_c で表わせば，

$$\frac{a}{a+b}P_c = P_{c(BE)} \Rightarrow \frac{a}{a+b}P_c = L\frac{\pi^3 E d^4}{64 l^2} \qquad \text{(c)}$$

$$\Rightarrow P_c = L\frac{a+b}{a}\frac{\pi^3 E d^4}{64 l^2} \quad (L = 2.046)$$

となる．使用荷重 $P = 15$kN であるから，座屈せずに安全に使用するためには，

$$\frac{P_c}{S} \geq P \Rightarrow \frac{1}{S}L\frac{a+b}{a}\frac{\pi^3 E d^4}{64 l^2} \geq P \Rightarrow d \geq \left(\frac{a}{a+b}\frac{64 l^2 SP}{\pi^3 LE}\right)^{1/4} \quad \text{(d)}$$

$$= 27.69 \times 10^{-3}\text{m}$$

となる．従って必要な d の最小値は，27.7mm である．

[答　式(c), $d = 27.7$mm]

【7.7】　部材 AB, BC に作用する軸力を引張方向を正としてそれぞれ Q_{AB}, Q_{BC} と置く．

図 A より，B 点のピンに加わる力の釣合い式は，

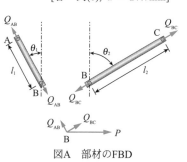
図A　部材のFBD

水平方向：$-Q_{AB}\sin\theta_1 + Q_{BC}\sin\theta_2 + P = 0$ 　　　　(a)

垂直方向：$Q_{AB}\cos\theta_1 + Q_{BC}\cos\theta_2 = 0$ 　　　　(b)

となるから．この式を解いて，　Q_{AB}, Q_{BC} は，次式となる．

$$Q_{AB} = \frac{P\cos\theta_2}{\sin(\theta_1+\theta_2)}, \quad Q_{BC} = -\frac{P\cos\theta_1}{\sin(\theta_1+\theta_2)} \tag{c}$$

上式より，Q_{BC} が負，すなわち，部材 BC に圧縮力が作用し，$|Q_{BC}|$ がオイラーの座屈荷重となったときに座屈が起こる．端末条件は両端回転支持であるから，座屈しない条件は，

$$|Q_{BC}| < P_c \Rightarrow \frac{P\cos\theta_1}{\sin(\theta_1+\theta_2)} < \frac{\pi^2 EI}{l_2^2} = \frac{\pi^3 Ed^4}{64 l_2^2} \tag{d}$$

これより，トラスが座屈しないための荷重 P の条件は，

$$P < \frac{\pi^3 Ed^4}{64 l_2^2}\frac{\sin(\theta_1+\theta_2)}{\cos\theta_1} \quad (\equiv P_c) \tag{e}$$

次に許容荷重に対する直径を求める．AB，BC 各々の部材の降伏に加え，BC の部材の座屈の 3 つ全てについて考える必要がある．

AB の棒が引張により降伏しない条件より，

$$\frac{4Q_{AB}}{\pi d^2} \le \frac{\sigma_Y}{S} \Rightarrow \frac{4}{\pi d^2}\frac{P_{allow}\cos\theta_2}{\sin(\theta_1+\theta_2)} \le \frac{\sigma_Y}{S}$$
$$\Rightarrow d \ge \sqrt{\frac{4}{\pi}\frac{P_{allow}\cos\theta_2}{\sin(\theta_1+\theta_2)}\frac{S}{\sigma_Y}} = 10.7\text{mm} \tag{f}$$

BC の棒が圧縮により降伏しない条件より，

$$\frac{4|Q_{BC}|}{\pi d^2} \le \frac{\sigma_Y}{S} \Rightarrow \frac{4}{\pi d^2}\frac{P_{allow}\cos\theta_1}{\sin(\theta_1+\theta_2)} \le \frac{\sigma_Y}{S}$$
$$\Rightarrow d \ge \sqrt{\frac{4}{\pi}\frac{P_{allow}\cos\theta_1}{\sin(\theta_1+\theta_2)}\frac{S}{\sigma_Y}} = 14.1\text{mm} \tag{g}$$

BC の棒が圧縮により座屈しない条件より，

$$\frac{P_c}{S} \ge P_{allow} \Rightarrow \frac{1}{S}\frac{\pi^3 Ed^4}{64 l_2^2}\frac{\sin(\theta_1+\theta_2)}{\cos\theta_1} \ge P_{allow}$$
$$\Rightarrow d \ge \sqrt[4]{\frac{64 l_2^2}{\pi^3 E}\frac{\cos\theta_1}{\sin(\theta_1+\theta_2)}SP_{allow}} = 46.5\text{mm} \tag{h}$$

式(f), (g), (h) 全ての条件を満足する直径の最小値，すなわち安全に運用するために必要な直径は 46.5mm である．

$$[答 \quad P < \frac{\pi^3 Ed^4}{64 l_2^2}\frac{\sin(\theta_1+\theta_2)}{\cos\theta_1}, \ d=46.5\text{mm}]$$

【7.8】 Let the axial forces in members AB and BC be Q_{AB} and Q_{BC} respectively, where the tensile forces are considered to be positive.

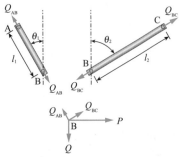

Fig. A　FBD for each column.

The equilibrium of forces applying to node B gives

　　Horizontal direction：$-Q_{AB}\sin\theta_1 + Q_{BC}\sin\theta_2 + P = 0$ 　　(a)

　　Vertical direction：$Q_{AB}\cos\theta_1 + Q_{BC}\cos\theta_2 - Q = 0$ 　　(b)

By solving Eqs. (a) and (b), one has

$$Q_{AB} = \frac{P\cos\theta_2 + Q\sin\theta_2}{\sin(\theta_1+\theta_2)}, \quad Q_{BC} = -\frac{P\cos\theta_1 - Q\sin\theta_1}{\sin(\theta_1+\theta_2)} \tag{c}$$

From Eq. (c), it is found that Q_{AB} is positive regardless of P and that member AB does not buckle. On the other hand, Q_{BC} are found to be negative when

$$P\cos\theta_1 - Q\sin\theta_1 > 0 \Rightarrow Q < \frac{P}{\tan\theta_1} \tag{d}$$

Under this condition, the truss buckles when $|Q_{BC}|$ reaches to the Euler's equation. Considering that member BC is pinned at both ends, the condition for the truss not to buckle is given by

$$|Q_{BC}| < P_c \Rightarrow \frac{P\cos\theta_1 - Q\sin\theta_1}{\sin(\theta_1+\theta_2)} < \frac{\pi^2 EI}{l_2^2} = \frac{\pi^3 Ed^4}{64 l_2^2} \tag{e}$$

which leads to the condition regarding P as in the answer.

$$[\text{Ans.} \quad P < \frac{\pi^3 Ed^4}{64 l_2^2}\frac{\sin(\theta_1+\theta_2)}{\cos\theta_1} + Q\tan\theta_1]$$

【7.9】 円柱が壁から受ける荷重を引張りを正として P，温度上昇を $\Delta T\,(>0)$ とすれば，円柱の伸びは，熱膨張による伸びと荷重による伸びを足し合わせて，次のように得られる．

$$\lambda = \alpha\Delta T l + \frac{Pl}{AE} \quad (A：棒の断面積) \tag{a}$$

両端が固定されているから，伸び $\lambda = 0$ より，荷重 P は，

$$P = -\alpha AE\Delta T < 0 \tag{b}$$

となり，円柱は圧縮荷重を受ける．この円柱の両端は固定されているので，表 7.1 より端末係数 $L = 4$ であり，式(7.4)よりオイラーの座屈荷重 P_c は

$$P_c = 4\frac{\pi^2 EI}{l^2} \tag{c}$$

式(b)の $|P|$ がこの座屈荷重となったとき座屈が開始すると考えれば，円柱が座屈する温度上昇 ΔT_c は，次のように得られる．

$$|P| = P_c \Rightarrow \alpha AE\Delta T_c = 4\frac{\pi^2 EI}{l^2} \Rightarrow \Delta T_c = 4\frac{\pi^2 I}{\alpha A l^2} \tag{d}$$

断面積 A，断面二次モーメント I を直径 d で表せば，座屈温度上昇は答となる．

$$[答 \quad \Delta T_c = \frac{\pi^2 d^2}{4\alpha l^2}]$$

【7.10】 Since the rails are aligned infinitely, each rail can be modeled as a rail placed between two rigid walls with gap $l+\delta$, as shown in Fig. A. Consider that the rail is elongated due to the temperature rise and is subjected to axial compressive force P due to contact with the walls. Since the sum of the elongation due to the temperature rise and the force is δ, one has

Fig. A　Analytical model.

$$\alpha\Delta T l - \frac{Pl}{AE} = \delta \quad (\text{cross sectional area of the rail: } A = bh) \tag{a}$$

From Eq. (a), the compressive axial load acting on the rail is obtained as

$$P = \frac{bhE}{l}(\alpha\Delta T l - \delta) \tag{b}$$

Meanwhile, from Eq. (7.4) and Table 7.1, the buckling load for the bar fixed at both ends is given by

$$P_c = \frac{4\pi^2 EI}{l^2} \tag{c}$$

where the inertial of moment of area should be chosen as

$$I = \frac{hb^3}{12} \tag{d}$$

in order to evaluate the minimum buckling load. For the rail not to buckle, one has

$$\frac{P_c}{S} \geq P \Rightarrow \frac{1}{S}\frac{4\pi^2 EI}{l^2} \geq \frac{bhE}{l}(\alpha\Delta Tl - \delta) \Rightarrow \delta \geq \alpha\Delta Tl - \frac{\pi^2 b^2}{3Sl}$$

$$= 11.2\times10^{-6}[1/°C]\times50°C\times5m - \frac{\pi^2\times(40\times10^{-3}m)^2}{3\times3\times5m} \tag{e}$$

$$= 2.449\times10^{-3}m$$

Therefore, the minimum value of δ should be 2.45mm.

[Ans. 2.45mm]

【7.11】 コンロッドの座屈を考える場合，端末条件が曲げが起こる軸によって異なる．z 軸回りに曲がる場合，両端はピン接合されているため，回転自由の条件，すなわち端末条件 $L = 1$ である．一方 y 軸回りに曲がる場合，両端は回転出来ない，すなわち両端固定の条件となり，$L = 4$ である．

z, y 軸回りの断面 2 次モーメントをそれぞれ I_z, I_y とすると，

$$I_z = \frac{bh^3 - (b-t_2)(h-2t_1)^3}{12} = 15.1\times10^3 mm^4 \tag{a}$$

$$I_y = \frac{2t_1 b^3 + (h-2t_1)t_2^3}{12} = 2.74\times10^3 mm^4 \tag{b}$$

それぞれの軸に対する座屈荷重は以下のようになる，

$$z 軸回り： P_{cr,z} = \frac{\pi^2 EI_z}{l^2} = 123kN \tag{c}$$

$$y 軸回り： P_{cr,y} = 4\frac{\pi^2 EI_y}{l^2} = 89.1kN \tag{d}$$

y 軸回りの座屈荷重が小さいことから，座屈荷重は 89.1kN と考えられる．

[答 89.1kN]

【7.12】 Since the cylinder is fixed at one end and free at the other end, the coefficient of fixity is given by $L = 1/4$ from Table 7.1. Consequently, the effective slenderness ratio in Eq. (7.5), λ_0 is obtained as

$$\lambda_0 = \frac{l}{k\sqrt{L}} \tag{a}$$

The radius of gyration of area k, inertia of moment of area I, cross sectional area A, and inner diameter d_i are obtained respectively as

$$k = \sqrt{\frac{I}{A}}, I = \frac{\pi(d_o^4 - d_i^4)}{64}, A = \frac{\pi(d_o^2 - d_i^2)}{4}, \tag{b}$$
$$d_i = d_o - 2t$$

By substituting Eq. (b) into Eq. (a), the effective slenderness ratio λ_0 is calculated as

$$\lambda_0 = \frac{4l}{\sqrt{\{d_o^2 + (d_o - 2t)^2\}L}} = 91.2 \tag{c}$$

Based on the Johnson's equation (7.42), the buckling stress σ_{ex} is calculated as

$$\sigma_{ex} = \sigma_Y - \frac{\sigma_Y^2 \lambda_0^2}{4\pi^2 E} = 209MPa \quad (152MPa < \sigma_{ex} < 304MPa) \tag{d}$$

Therefore, the buckling load is calculated as

$$P_c = A\sigma_{ex} = \pi(d_o t - t^2)\sigma_{ex} = 81.4kN \tag{e}$$

Consequently, the mass for the cylinder to buckle is determined as

$$m_c = \frac{P_c}{g} = \frac{81.4\times10^3 N}{9.81m/s^2} = 8300kg \tag{f}$$

[Ans. 8300kg]

第 8 章　複雑な応力

【8.1】 The section inclined θ, A' is obtained as

$$A' = \frac{A}{\cos\theta} \tag{a}$$

Let us denote Q, F_l, and F_s be the forces in x_n, x_l, and x_s-directions in Fig. A, respectively, on the section. The equilibrium in x, y, and z-directions give

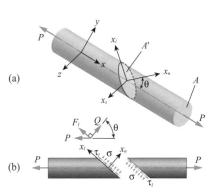
(a)
(b)

Fig. A　Section inclined toward longitudinal axis.

$$\begin{matrix} -P + Q\cos\theta - F_l\sin\theta = 0, \\ Q\sin\theta + F_l\cos\theta = 0, \\ F_s = 0 \end{matrix} \Rightarrow \begin{matrix} Q = P\cos\theta, \\ F_l = -P\sin\theta, \\ F_s = 0 \end{matrix} \tag{b}$$

From Eqs. (a) and (b), the normal and shearing stresses on the section is determined as

$$\sigma = \frac{Q}{A'} = \frac{P}{A}\cos^2\theta, \tau_l = \frac{F_l}{A'} = -\frac{P}{A}\sin\theta\cos\theta, \tau_s = \frac{F_s}{A'} = 0 \tag{c}$$

[Ans. Eq. (c)]

【8.2】 図 A(a)のように，このモールの応力円の中心は σ, τ 軸の原点となっている．

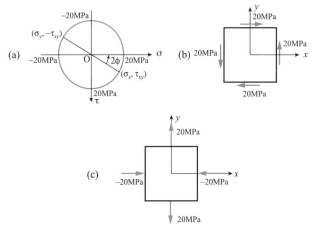

図 A　モールの応力円と応力状態

例 1：σ 軸を基準として，図 A(a)の角度 $2\phi = \pi/2$ の応力状態は，

$$\sigma_x = \sigma_y = 0, \tau_{xy} = 20MPa \tag{a}$$

であるから，図 A(b)となる．このような応力状態は，純粋せん断，あるいは，単純せん断と呼ばれている．円筒断面の棒にねじりモーメントを与えた場合，この応力状態となる．

例 2：σ 軸を基準として，図 A(a)の角度 $2\phi = \pi$ の応力状態は次式となり，図 A(c)のようになる．

$$\sigma_x = -20MPa, \sigma_y = 20MPa, \tau_{xy} = 0 \tag{b}$$

【8.3】 The origin and radius of the Mohr's stress circle are given respectively by

$$\left(\frac{\sigma_x+\sigma_y}{2}\ ,\ 0\right)=(20\text{MPa},0),\quad r=\left\{\frac{1}{4}(\sigma_x-\sigma_y)^2+\tau_{xy}^2\right\}^{1/2}=0\ \text{(a)}$$

Therefore, the Mohr's stress circle is drawn as shown in Fig. A, where the circle degenerates into a point. Therefore, the normal and shearing stresses are 20MPa and 0MPa on any section. Thus, the principal stresses are determined as

$$\sigma_1=20\text{MPa}\ ,\ \sigma_2=20\text{MPa}\qquad\text{(b)}$$

For example, the thin spherical shell subjected to inner pressure brings about the stress state.

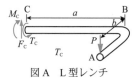

Fig. A   Mohr's stress circle.

[Ans. $\sigma_1=20\text{MPa}$, $\sigma_2=20\text{MPa}$]

【8.4】 図 A に示す FBD のように，C 点に生じるトルク，曲げモーメント，せん断力をそれぞれ T_C, M_C, F_C とすれば，力とモーメントの釣合いより，

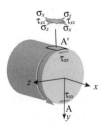

図 A　L 型レンチ

$$\begin{aligned}
F_C-P&=0 & F_C&=P\\
M_C+Pa&=0\ \Rightarrow\ & M_C&=-Pa\quad\text{(a)}\\
T_C+Pb&=0 & T_C&=-Pb
\end{aligned}$$

となる．せん断力により CB 部の断面に生じるせん断応力は，トルクや曲げモーメントにより生じるせん断応力に比べ小さいことから無視して考える．式(8.30)より，相当ねじりモーメントは，

$$T_e=\sqrt{M_C^2+T_C^2}=P\sqrt{a^2+b^2}\qquad\text{(b)}$$

これより，最大せん断応力は，次式となる．

$$\tau_{\max}=\frac{T_e}{Z_p}=\frac{16P\sqrt{a^2+b^2}}{\pi d^3}\qquad\text{(c)}$$

安全に運用するには，最大応力は許容応力以下でなければならない．

$$\tau_{\max}\le\tau_a\ \Rightarrow\ \frac{16P\sqrt{a^2+b^2}}{\pi d^3}\le\tau_a\qquad\text{(d)}$$

上式より，レンチの直径 d の最小値は次のように得られる．

$$\begin{aligned}
d&=\left(\frac{16P\sqrt{a^2+b^2}}{\pi\tau_a}\right)^{1/3}\\
&=\left(\frac{16\times500\text{N}\times\sqrt{(0.3\text{m})^2+(0.2\text{m})^2}}{\pi\times50\times10^6\text{Pa}}\right)^{1/3}=26.4\text{mm}
\end{aligned}\qquad\text{(e)}$$

このとき，F_C により断面に生じる平均せん断応力は

$$\tau_F=\frac{4F_C}{\pi d^2}=\frac{4\times500\text{N}}{\pi\times(26.4\text{mm})^2}=0.913\text{MPa}\qquad\text{(f)}$$

$\tau_{\max}=\tau_a=50\text{MPa}$ に比べ小さい．

[答　26.4mm]

【8.5】 Portion AA' is subjected to axial compressive load N, torsional moment T, bending moment $M=Pl$, and shearing force $F=P$. Assuming that the shearing stress due to F is negligible compared with that due to T or M, each of N, T, and M produces the stress on the surface of portion AA' as follows.

Fig. A   Stresses on the drill.

Axial compressive load N: $\sigma_x=-\dfrac{N}{A}=-\dfrac{4N}{\pi d^2}\ \Leftarrow A=\dfrac{\pi d^2}{4}$ (a)

Torsional moment T at: $\tau_{xz}=\dfrac{T}{Z_p}=\dfrac{16T}{\pi d^3}\ \Leftarrow Z_p=\dfrac{\pi d^3}{16}$ (b)

Bending moment: $\sigma_x=\pm\dfrac{Pl}{Z}=\pm\dfrac{32Pl}{\pi d^3}\ \Leftarrow Z=\dfrac{\pi d^3}{32}$ (c)

The stresses produced by simultaneous application of these loads are obtained by superposing stresses given by Eqs. (a)-(c), and determined as

$$\sigma_x=-\frac{4N}{\pi d^2}\pm\frac{32Pl}{\pi d^3}\ ,\quad \tau_{xz}=\frac{16T}{\pi d^3},\quad \sigma_z=0\qquad\text{(d)}$$

By substituting Eq. (d) into Eq. (8.19) in consideration with the z axis as the y axis, the principal stresses are determined as in the answer.

$$\left[\text{Ans.}\quad \left.\begin{array}{c}\sigma_1\\\sigma_2\end{array}\right\}=\frac{2}{\pi d^3}\left\{(-Nd\pm8Pl)\pm\sqrt{(-Nd\pm8Pl)^2+(8T)^2}\right\}\right]$$

【8.6】 この容器の表面に生じる応力 σ_t, σ_z は，式(8.41), (8.42) より，

$$\sigma_t=\frac{pd}{2t}\ ,\quad \sigma_z=\frac{pd}{4t}\qquad\text{(a)}$$

と表される．2 軸方向に応力が生じているから，円周方向のひずみ ε_t は，

$$\varepsilon_t=\frac{\sigma_t}{E}-\nu\frac{\sigma_z}{E}=\frac{1}{E}\left(\frac{pd}{2t}-\nu\frac{pd}{4t}\right)=\frac{pd}{4Et}(2-\nu)\qquad\text{(b)}$$

となる．この式を内圧 p について解き，数値を代入して計算すると，以下のようになる．

$$p=\frac{4Et}{d(2-\nu)}\varepsilon_t=4.00\times10^3\text{Pa}=4\text{kPa}\qquad\text{(c)}$$

[答　$p=4.00\text{kPa}$]

【8.7】 From Eqs. (8.41) and (8.42), the stresses produced on the surface of the vessel is obtained as

$$\sigma_t=\frac{pd}{2t}\ ,\quad \sigma_z=\frac{pd}{4t}\qquad\text{(a)}$$

From Eq. (8.17), the normal stresses on the section inclined α toward z-axis and the section perpendicular to the former are obtained respectively as

$$\begin{aligned}
\sigma_\alpha&=\frac{1}{2}(\sigma_z+\sigma_t)+\frac{1}{2}(\sigma_z-\sigma_t)\cos2\alpha=\frac{pd}{8t}(3-\cos2\alpha)\\
\sigma_\beta&=\frac{1}{2}(\sigma_z+\sigma_t)+\frac{1}{2}(\sigma_z-\sigma_t)\cos2\left(\alpha+\frac{\pi}{2}\right)=\frac{pd}{8t}(3+\cos2\alpha)
\end{aligned}\qquad\text{(b)}$$

From Eq. (b), the normal strain ε_α in α-direction is obtained as

$$\varepsilon_\alpha=\frac{\sigma_\alpha}{E}-\nu\frac{\sigma_\beta}{E}=\frac{pd}{8Et}\{3(1-\nu)-(1+\nu)\cos2\alpha\}\qquad\text{(c)}$$

which gives p as

$$p=\frac{8Et}{d\{3(1-\nu)-(1+\nu)\cos2\alpha\}}\varepsilon_\alpha=15.5\text{kPa}\qquad\text{(d)}$$

[Ans. $p=15.5\text{kPa}$]

【8.8】 安全率 $S=3$ であるから，基準応力を降伏応力とすれば，許容応力 σ_a は，

$$\sigma_a=\frac{\sigma_Y}{S}=100\text{MPa}\qquad\text{(a)}$$

である．一方，図 A のように，内圧を p，平均直径を d，外径を d_o，

図 A　内圧を受ける配管

肉厚を t とおけば，この配管に生じる最大応力は，式(8.41)より，以下となる．

$$\sigma_t = \frac{pd}{2t} = \frac{p(d_o - t)}{2t} \tag{b}$$

この応力が許容応力以下となる条件より，肉厚 t に関する条件は，

$$\sigma_a \geq \sigma_t \ \Rightarrow \ \sigma_a \geq \frac{p(d_o - t)}{2t} \tag{c}$$

$$\Rightarrow \ t \geq \frac{pd_o}{2\sigma_a + p} = \frac{2\text{MPa} \times 508.0\text{mm}}{2 \times 100\text{MPa} + 2\text{MPa}} = 5.03\text{mm}$$

となる．肉厚が $t = 9.5$mm から 5.03mm まで減ったとき取り替える必要があるから，それまでの年限は以下のように得られる．

$$\frac{9.5\text{mm} - 5.03\text{mm}}{0.2\text{mm/year}} = 22.4\text{year} \tag{d}$$

[答　22 年後]

【8.9】　半球部の応力は，円筒と半球の接合部を含む断面に生じる応力と考えれば，

$$\sigma_{ts} = \frac{pd}{4t} \tag{a}$$

一方，円周部の中央付近の応力は，円周，軸方向で異なり，

$$\sigma_{tc} = \frac{pd}{2t}, \ \sigma_{zc} = \frac{pd}{4t} \tag{b}$$

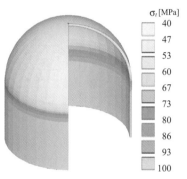

図 A　カプセル型容器に生じる円周方向応力

となる．従って，円筒部に生じる円周方向応力が最も大きくなる．よって，この応力を許容応力以下にする条件より，

$$\sigma_a \geq \sigma_{tc} \ \Rightarrow \ \frac{\sigma_Y}{S} \geq \frac{pd}{2t} \ \Rightarrow \ p \leq \frac{2t}{d}\frac{\sigma_Y}{S} \tag{c}$$

等号が成立するときに内圧 p は最大，すなわち許容内圧 p_a となり，

$$p_a = \frac{2t}{d}\frac{\sigma_Y}{S} = \frac{2 \times 2\text{mm}}{100\text{mm}}\frac{300\text{MPa}}{3} = 4.00\text{MPa} \tag{d}$$

となる．断面に生じる応力は，円筒部から半球部の継ぎ目付近で段階的に変化して行く．図 A は，内圧 $p = 4$MPa を与えたときの z 軸に平行な断面に生じる円周方向応力の分布を有限要素法を用いて解析した結果である．円筒部 100MPa から，半球部に行くに従い，半分の応力値へと減少して行くことが分かる．

[答　4.00MPa]

【8.10】　容器の断面に生じる応力 σ_t は，図 A を参考にすれば，以下のように表される．

$$\sigma_t = \frac{pd}{4t} = \frac{5\text{MPa} \times 100\text{mm}}{4 \times 2\text{mm}} \tag{a}$$
$$= 62.5\text{MPa}$$

容器表面では，2 軸方向に等しくこの応力が生じている．従って，容器に生じるひずみは，

$$\varepsilon = \frac{\sigma_t}{E} - \nu\frac{\sigma_t}{E} = \frac{1-\nu}{E}\sigma_t = \frac{1-\nu}{E}\frac{pd}{4t} \tag{b}$$

円周の長さを l とすると，変化前の円周 l と変化後の円周 l' は，

$$l = \pi d, \ l' = \pi(d + \Delta d) \tag{c}$$

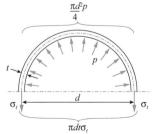

図A　内圧を受ける球殻の断面

と表される．ここで，ひずみの定義より，

$$\varepsilon = \frac{l'-l}{l} = \frac{\Delta d}{d} \tag{d}$$

式(b)と式(d)より，直径の変化は，次式のように得られる．

$$\Delta d = \varepsilon d = \frac{1-\nu}{E}\frac{pd^2}{4t} = 21.2\mu\text{m} \tag{e}$$

[答　62.5MPa, 21.2μm]

【8.11】　内圧 p_i，外圧 p_o を受ける球形容器の断面に生じる応力は，

$$\sigma = \frac{(p_i - p_o)d}{4t} \tag{a}$$

真空中：内圧 $p_i = 101.3$kPa，外圧 $p_o = 0$

$$\sigma = \frac{(p_i - p_o)d}{4t} = \frac{101.3 \times 10^3\text{Pa} \times 0.3\text{m}}{4 \times 2 \times 10^{-3}\text{m}} = 3.80\text{MPa} \tag{b}$$

水深 10m 中：内圧 $p_i = 101.3$kPa，外圧 $p_o = p_i + \rho Vg/A = p_i + \rho lg = p_i + 1000\text{kg/m}^3 \times 10\text{m} \times 9.81\text{m/s}^2 = p_i + 98.1 \times 10^3\text{Pa}$ （ρ: 水の密度）

$$\sigma = \frac{(p_i - p_o)d}{4t} = \frac{(-98.1 \times 10^3\text{Pa}) \times 0.3\text{m}}{4 \times 2 \times 10^{-3}\text{m}} = -3.68\text{MPa} \tag{c}$$

[答　真空中：3.80MPa, 水中：−3.68MPa]

【8.12】　Simulated results by FEM are shown in the following figures. Stresses on the each part are described below.

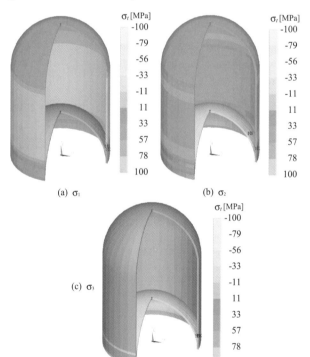

Fig. A　Simulated results. The colors show the stress distributions of the principal stresses σ_1, σ_2 and σ_3.

(a) The upper semi-sphere:

By considering the portion to be the sphere subjected to the inner pressure p, one has

$$\sigma_{us} = \frac{pd}{4t} \tag{a}$$

(b) The middle cylinder:

By considering the portion to be the cylinder subjected to the inner pressure p, the stresses in hoop and axial directions are obtained respectively as

$$\sigma_{ct} = \frac{pd}{2t} , \quad \sigma_{cz} = \frac{pd}{4t} \tag{b}$$

(c) The lower semi-sphere:

By considering the portion to be the sphere subjected to the outer pressure p, one has

$$\sigma_{ls} = -\frac{pd}{4t} \tag{c}$$

[Ans.   Eqs. (a)-(c)]

【8.13】 図A(a)のように，円筒の外周は剛体壁から圧力 p を受けている．この円筒の軸を通る断面で分割した図A(b)より，力の釣合いを考えれば，σ_t は p を用いて，以下のように表わされる．

$$2\sigma_t tb + pdb = 0 \Rightarrow \sigma_t = -\frac{pd}{2t} \tag{a}$$

ここで，b は円筒の軸方向の長さである．この応力により，円筒には円周方向のひずみ ε_t

$$\varepsilon_t = \frac{\sigma_t}{E} \tag{b}$$

が生じる．一方，円周 $(d+\delta)\pi$ の円筒が，円周 $d\pi$ となったことから，円周方向のひずみは，

$$\varepsilon_t = \frac{d\pi - (d+\delta)\pi}{(d+\delta)\pi} = \frac{-\delta}{d+\delta} \tag{c}$$

式(b)と(c)は同一であるから，

$$\frac{\sigma_t}{E} = \frac{-\delta}{d+\delta} \Rightarrow \sigma_t = \frac{-\delta}{d+\delta}E \cong -\frac{\delta}{d}E \tag{d}$$

[答 $-\dfrac{\delta}{d}E$]

図A　円筒のはめ込み

【8.14】 From Eq. (8.55), the strains in the body are calculated as

$$\varepsilon_x = \frac{1}{E}\left\{\sigma_x - \nu(\sigma_y + \sigma_z)\right\} = -0.725 \times 10^{-3}$$
$$\varepsilon_y = \frac{1}{E}\left\{\sigma_y - \nu(\sigma_z + \sigma_x)\right\} = -0.725 \times 10^{-3} \tag{a}$$
$$\varepsilon_z = \frac{1}{E}\left\{\sigma_z - \nu(\sigma_x + \sigma_y)\right\} = 1.13 \times 10^{-3}$$

which gives the change in the volume as

$$\Delta V = \varepsilon_V V = (\varepsilon_x + \varepsilon_y + \varepsilon_z)V \tag{b}$$
$$= -0.32 \times 10^{-3} \times (1\text{m})^3 = -0.32 \times 10^{-3}\text{m}^3$$

[Ans. $-0.32 \times 10^{-3}\text{m}^3$]

【8.15】 応力状態は，

$$\sigma_x = -p , \quad \sigma_y = p \tag{a}$$

平面応力状態の場合：式(a)を式(8.63)に代入すれば，

$$-p = \frac{E}{1-\nu^2}(\varepsilon_x + \nu\varepsilon_y), \quad p = \frac{E}{1-\nu^2}(\varepsilon_y + \nu\varepsilon_x) \tag{b}$$

ひずみは次のように得られる．

$$\varepsilon_x = -\frac{1+\nu}{E}p , \quad \varepsilon_y = \frac{1+\nu}{E}p \tag{c}$$

よって，x, y 方向の伸びは，それぞれ，

$$\lambda_x = \varepsilon_x a = -\frac{1+\nu}{E}pa , \quad \lambda_y = \varepsilon_y a = \frac{1+\nu}{E}pa \tag{d}$$

平面ひずみ状態の場合：式(a)を式(8.66)に代入すれば，

$$-p = \frac{E}{(1+\nu)(1-2\nu)}\left\{(1-\nu)\varepsilon_x + \nu\varepsilon_y\right\}$$
$$p = \frac{E}{(1+\nu)(1-2\nu)}\left\{(1-\nu)\varepsilon_y + \nu\varepsilon_x\right\} \tag{e}$$

ひずみは次のように得られる．

$$\varepsilon_x = -\frac{1+\nu}{E}p , \quad \varepsilon_y = \frac{1+\nu}{E}p \tag{f}$$

よって，x, y 方向の伸びは，それぞれ，

$$\lambda_x = \varepsilon_x a = -\frac{1+\nu}{E}pa , \quad \lambda_y = \varepsilon_y a = \frac{1+\nu}{E}pa \tag{g}$$

注）この応力状態は純粋せん断の応力状態に相当する．そのため，平面応力と平面ひずみの変形が等しくなる．

（別解）平面応力と平面ひずみ間の変換式(8.69)を用いて，式(d)の E, ν を置き換えることにより，式(g)が得られる．

[答　式(d), (g)]

第9章　エネルギー原理

【9.1】 図Aのように，はりの dx の微小部分を考え，この両端に生じるモーメントを M と荷重を P とする．この断面に生じる垂直応力は，曲げモーメントによる応力

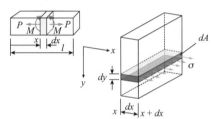

図A 曲げモーメントと軸荷重を受けるはりの微小部分

と垂直荷重による応力の合計として，次式のように表される．

$$\sigma = \frac{M}{I}y + \frac{P}{A} \quad \left(I = \int_A y^2 dA , \ 0 = \int_A y dA\right) \tag{a}$$

したがって，dx の微小部分に貯えられるひずみエネルギーは，式(a)を考慮すれば，

$$dU = \int_A \frac{\sigma\varepsilon}{2}dAdx = \int_A \frac{\sigma^2}{2E}dAdx = \int_A \frac{1}{2E}\left(\frac{M}{I}y + \frac{P}{A}\right)^2 dAdx$$
$$= \frac{M^2}{2EI^2}\int_A y^2 dAdx + \frac{MP}{EIA}\int_A y dAdx + \frac{P^2}{2EA^2}\int_A dAdx \tag{b}$$
$$= \frac{M^2}{2EI}dx + \frac{P^2}{2EA}dx$$

式(b)の2段目の式で，第2項は中立軸の定義より零となる．従って，モーメント M のみが加わっているひずみエネルギーと荷重のみが加わっている場合のひずみエネルギーの足し合わせにより求めることができる．

【9.2】 図Aに，各部材および支点に対する FBD を示す．この図より，点Bと点Aにおける力の釣合い式は，

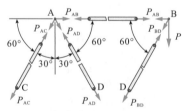

図A　荷重を受けるトラス

点B：
$$-P_{AB} - P_{BD}\cos(60°) = 0$$
$$P + P_{BD}\sin(60°) = 0 \tag{a}$$

点A：
$$P_{AB} - P_{AC}\cos(60°) + P_{AD}\cos(60°) = 0$$
$$P_{AC}\sin(60°) + P_{AD}\sin(60°) = 0 \tag{b}$$

これらの式を解いて，各部材に加わる荷重は，以下のように得られる．

$$P_{AB} = \frac{P}{\sqrt{3}} \ , \ P_{AC} = \frac{P}{\sqrt{3}} \ , \ P_{AD} = -\frac{P}{\sqrt{3}} \ , \ P_{BD} = -\frac{2P}{\sqrt{3}} \quad \text{(c)}$$

式(9.9)を用いて各々の棒に蓄えられる弾性ひずみエネルギーを求め，それらを合計すれば，このトラス全体に蓄えられるひずみエネルギーは，

$$U_P = \frac{P_{AB}{}^2 l}{2AE} + \frac{P_{AC}{}^2 l}{2AE} + \frac{P_{AD}{}^2 l}{2AE} + \frac{P_{BD}{}^2 l}{2AE} = \frac{7P^2 l}{6AE} \quad \text{(d)}$$

一方，点 B の荷重方向変位を δ とすれば，荷重 P によりなされた仕事，

$$W = \frac{P\delta}{2} \quad \text{(e)}$$

がトラスに蓄えられるから，式(e)と(d)を等しくおけば，δ は以下となる．

$$\frac{P\delta}{2} = \frac{7P^2 l}{6AE} \ \Rightarrow \ \delta = \frac{7Pl}{3AE} \quad \text{(f)}$$

（別解）カスチリアノの定理，式(9.47)を用いて，式(d)を荷重 P で偏微分することにより，以下のように答が得られる．

$$\delta = \frac{\partial U_P}{\partial P} = \frac{7Pl}{3AE} \quad \text{(g)}$$

$$[答 \ \ \delta = \frac{7Pl}{3AE}]$$

【9.3】 The polar moment of inertia of area at the x from the wall is given as follows by the diameter d.

$$d = d_0 - (d_0 - d_1)\frac{x}{l} \ \Rightarrow \ I_p = \frac{\pi d^4}{32} = \frac{\pi}{32}\left\{ d_0 - (d_0 - d_1)\frac{x}{l} \right\}^4 \quad \text{(a)}$$

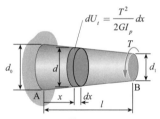

Fig. A

Refering Fig. A, the elastic strain energy can be obtained as follows by Eq. (9.14).

$$U_t = \frac{1}{2}\int_0^l \frac{T^2}{GI_p} dx = \frac{16}{\pi G} T^2 \int_0^l \left\{ d_0 - (d_0 - d_1)\frac{x}{l} \right\}^{-4} dx$$
$$= \frac{16 l (d_0{}^2 + d_0 d_1 + d_1{}^2)}{3\pi G d_0{}^3 d_1{}^3} T^2 \quad \text{(b)}$$

This energy can be shown by the torque T and the rotation angle ϕ as follows by Eq. (9.16).

$$U_t = \frac{T\phi}{2} \quad \text{(c)}$$

By equating Eq. (b) and (c), the rotation angle ϕ is determined as in the answer.

（別解）カスチリアノの定理，式(9.48)より，式(b)の U_t をトルク T で偏微分することにより，ねじれ角 ϕ が以下のように得られる．

$$\phi = \frac{\partial U_t}{\partial T} = \frac{32 l (d_0{}^2 + d_0 d_1 + d_1{}^2)}{3\pi G d_0{}^3 d_1{}^3} T \quad \text{(d)}$$

$$[\text{Ans.} \quad \phi = \frac{32(d_0{}^2 + d_0 d_1 + d_1{}^2)}{3\pi G d_0{}^3 d_1{}^3} Tl]$$

【9.4】 The mass is impacted to the bar and stop at once. When the mass stopped, the load applied to the tip of the bar is denoted the impact force as P. The elastic strain energy in the region from x through $x + dx$ from the fixed end is given as

$$dU_P = \frac{P^2}{2AE} dx \quad \text{(a)}$$

The cross sectional area A can be given with respect to x as follows.

$$d = d_0 - (d_0 - d_1)\frac{x}{l} \ \Rightarrow \ A = \frac{\pi d^2}{4} = \frac{\pi}{4}\left\{ d_0 - (d_0 - d_1)\frac{x}{l} \right\}^2 \quad \text{(b)}$$

By Eqs. (a) and (b), the total strain energy is obtained as follows.

$$U_P = \int_0^l \frac{P^2}{2AE} dx = \frac{2P^2}{\pi E}\int_0^l \left\{ d_0 - (d_0 - d_1)\frac{x}{l} \right\}^{-2} dx = \frac{2P^2 l}{\pi d_0 d_1 E} \quad \text{(c)}$$

Since this energy is given by the kinetic energy of the mass m, the impact force P is given as follows.

$$\frac{1}{2}mv^2 = \frac{2P^2 l}{\pi d_0 d_1 E} \ \Rightarrow \ P = \frac{1}{2}\sqrt{\frac{\pi d_0 d_1 E m v^2}{l}} \quad \text{(d)}$$

If d_0 is grater than d_1, the maximum stress is occurred at the tip and given as follows by using Eq. (d).

$$\sigma_{max} = \frac{P}{(A)_{x=l}} = \frac{2}{d_1}\sqrt{\frac{d_0 E m v^2}{\pi d_1 l}} \quad \text{(e)}$$

On the other hand, the strain energy is given as follows by the deformation λ and the impact force P.

$$U_P = \frac{P\lambda}{2} \quad \text{(f)}$$

By equating Eq. (c) and (f), the deformation λ at the tip is obtained as

$$\lambda = \frac{4Pl}{\pi d_0 d_1 E} = 2\sqrt{\frac{l m v^2}{\pi d_0 d_1 E}} \quad \text{(g)}$$

（別解）カスチリアノの定理，式(9.47)を用いて，式(c)を荷重 P で偏微分することにより，以下のように λ が得られる．

$$\lambda = \frac{\partial U_P}{\partial P} = \frac{4Pl}{\pi d_0 d_1 E} = 2\sqrt{\frac{l m v^2}{\pi d_0 d_1 E}} \quad \text{(h)}$$

$$[\text{Ans.} \quad \sigma_{max} = \frac{2}{d_1}\sqrt{\frac{d_0 E m v^2}{\pi d_1 l}} \ , \ \lambda = 2\sqrt{\frac{l m v^2}{\pi d_0 d_1 E}}]$$

【9.5】 AB, BC, CD 各々の断面の，断面二次モーメント I_1, I_2, I_3，断面係数 Z_1, Z_2, Z_3 は以下のように得られる．

$$I_1 = \frac{\pi\left\{ d_1{}^4 - (d_1 - 2t)^4 \right\}}{64} = 4637\text{mm}^4 \ , \ I_2 = 2199\text{mm}^4 \ ,$$

$$I_3 = 816.8\text{mm}^4 \ , \ Z_1 = \frac{\pi\left\{ d_1{}^4 - (d_1 - 2t)^4 \right\}}{32 d_1} = 463.7\text{mm}^3 \ , \quad \text{(a)}$$

$$Z_2 = 274.9\text{mm}^3 \ , \ Z_3 = 136.1\text{mm}^3$$

最大衝撃荷重を P とすると，P によりこのパイプの断面に生じる曲げモーメントは，A 点を原点，AD 方向を x 軸とすれば，

$$M = -(3l - x)P \quad \text{(b)}$$

このとき，パイプ全体に蓄えられる弾性ひずみエネルギーは，式(9.17)より，

$$U_b = \int_0^{3l} \frac{M^2}{2EI} dx = \int_0^l \frac{M^2}{2EI_1} dx + \int_l^{2l} \frac{M^2}{2EI_2} dx + \int_{2l}^{3l} \frac{M^2}{2EI_3} dx$$
$$= \frac{P^2 l^3}{6EI_0}\left(\frac{1}{I_0} = \frac{19}{I_1} + \frac{7}{I_2} + \frac{1}{I_3} \right) \quad \text{(c)}$$

ここで，式(a)より，I_0 は以下となる．

$$I_0 = 117.6\,\text{mm}^4 \tag{d}$$

最大衝撃荷重が生じるとき，重りは棒の先端に衝突し静止した状態，すなわち重りの持っていた運動エネルギーが式(c)で表わされる弾性ひずみエネルギーとなるから，

$$U_b = \frac{1}{2}mv^2 \Rightarrow \frac{P^2 l^3}{6EI_0} = \frac{1}{2}mv^2 \Rightarrow P = \sqrt{\frac{3EI_0\, mv^2}{l^3}} \tag{e}$$

カスチリアノの定理より，荷重点のたわみ δ は，式(c)を P で偏微分して，式(e)を用いれば，以下のように得られる．

$$\delta = \frac{\partial U_b}{\partial P} = \frac{Pl^3}{3EI_0} = \sqrt{\frac{l^3 mv^2}{3EI_0}}$$
$$= \sqrt{\frac{(0.5\text{m})^3 \times 0.1\text{kg} \times (5\text{m/s}^2)^2}{3 \times 200 \times 10^9\,\text{Pa} \times 117.6 \times 10^{-12}\,\text{m}^4}} = 66.55\,\text{mm} \tag{f}$$

AB, BC, CD 部の断面に生じる最大曲げ応力は，それぞれ，点 A, B, C の断面で曲げモーメントの絶対値が最大となることから，σ_A, σ_B, σ_C と表わせば，式(a)の断面係数を用いて，次式より得られる．

$$\sigma_\text{A} = \frac{3Pl}{Z_1},\ \sigma_\text{B} = \frac{2Pl}{Z_2},\ \sigma_\text{C} = \frac{Pl}{Z_3} \tag{g}$$

ここで，式(e)より，

$$Pl = \sqrt{\frac{3EI_0\, mv^2}{l}} = 18.78\,\text{Nm} \tag{h}$$

となるから，式(g), (a)を用いて，それぞれのパイプに生じる最大曲げ応力は，

$$\sigma_\text{A} = 121.5\,\text{MPa},\ \sigma_\text{B} = 136.6\,\text{MPa},\ \sigma_\text{C} = 138.0\,\text{MPa} \tag{i}$$

となる．したがって，最大曲げ応力は，点 C の断面に生じ，138MPa となる．

[答　138MPa]

【9.6】『飛び込み板の先端が荷重 P を受けて変形したときのひずみエネルギー』＝『人の位置エネルギーの減少』より，板先端に人から加わる衝撃力 P を求める．

飛び込み板のひずみエネルギー：人が飛び板の上で一瞬静止する時，飛び板の先端に作用する衝撃力 P により飛び板に生じる曲げモーメント M は

$$M = -P(l - x) \tag{a}$$

となる．式(9.17)より飛び板に蓄えられる曲げによるひずみエネルギー U_b は

$$U_b = \int_0^l \frac{M^2}{2EI}\,dx = \frac{2P^2 l^3}{Ebt^3} \tag{b}$$

となる．ここで，先端のたわみ δ は，カスチリアノの定理，式(9.47)より，式(b)を荷重 P で偏微分することにより，次のように得られる．

$$\delta = \frac{\partial U_b}{\partial P} = \frac{4Pl^3}{Ebt^3} \tag{c}$$

人の位置エネルギー：はり先端のたわみを δ とすると，人が $h + \delta$ だけ落下したことによる位置エネルギーの減少 U_h は，

$$U_h = W(h + \delta) \tag{d}$$

エネルギー保存則を用いれば，$U_b = U_h$ より，式(b)と(d)を等値し，式(c)を代入すれば，衝撃荷重 P に関する以下の2次方程式が得られる．

$$\frac{2P^2 l^3}{Ebt^3} = W(h + \delta) \Rightarrow 2\frac{l^3}{Ebt^3}P^2 - 4\frac{Wl^3}{Ebt^3}P - Wh = 0 \tag{e}$$

上式を P について解き，P の値が正であることを考慮すれば，衝撃力 P は

$$P = W\left(1 + \sqrt{1 + \frac{Ebht^3}{2Wl^3}}\right) \tag{f}$$

となる．さらに，式(c)より，たわみ δ は以下のようになる．

$$\delta = 4\frac{Wl^3}{Ebt^3}\left(1 + \sqrt{1 + \frac{Ebht^3}{2Wl^3}}\right) \tag{g}$$

式(a)より，固定端 $x = 0$ で曲げモーメントの絶対値は最大 $M_\text{max} = -Pl$ となり，最大曲げ応力 σ_max は次式で与えられる．

$$\sigma_\text{max} = \frac{|M_\text{max}|}{Z} = \frac{6Pl}{bt^2} = 6\frac{Wl}{bt^2}\left(1 + \sqrt{1 + \frac{Ebht^3}{2Wl^3}}\right) \tag{h}$$

式(e)～(h)より，人が飛び板から受ける衝撃力 P，飛び板の変位 δ および最大曲げ応力 σ_max は $P = 1554\text{N}$，$\delta = 311\text{mm}$，$\sigma_\text{max} = 77.7\text{MPa}$ となる．　（注：体重 W の単位[kgf]を[N]に変換する．）

[答　$P = 1.55\text{kN}$，$\delta = 311\text{mm}$，$\sigma_\text{max} = 77.7\text{MPa}$]

【9.7】固定面から x の位置の断面に生じる曲げモーメント M は，

$$M = -(l - x)P \tag{a}$$

x の断面の断面二次モーメント I は，

$$I = \frac{bh^3}{12} = \frac{bh_0^3}{12}\left(\frac{l - x}{l}\right)^{3/2} \tag{b}$$

式(9.17)より，このはりに蓄えられる弾性ひずみエネルギーは，

$$U_b = \int_0^l \frac{M^2}{2EI}\,dx = \frac{6P^2 l^{3/2}}{Ebh_0^3}\int_0^l (l - x)^{1/2}\,dx = \frac{4P^2 l^3}{Ebh_0^3} \tag{c}$$

となる．従って，荷重点のたわみ δ は，カスチリアノの定理より，以下のように得られる．

$$\delta = \frac{\partial U_b}{\partial P} = \frac{8Pl^3}{Ebh_0^3} \tag{d}$$

[答　$\dfrac{8Pl^3}{Ebh_0^3}$]

【9.8】AB, BC 部にそれぞれ，図 A のような座標を考える．AB, BC 部の断面に生じる曲げモーメントおよびトルクは，以下のようになる．

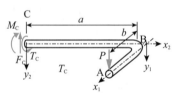

図 A　レンチの FBD

AB 部：

$$M_1 = -(b - x_1)P,\quad T_1 = 0 \tag{a}$$

BC 部：$M_2 = -(a - x_2)P,\quad T_2 = -Pb \tag{b}$

このレンチに蓄えられているひずみエネルギーは，式(9.17), (9.14)より，

$$U = \int_0^b \frac{M_1^2}{2EI}\,dx_1 + \int_0^a \frac{M_2^2}{2EI}\,dx_2 + \frac{1}{2}\int_0^a \frac{T_2^2}{GI_p}\,dx_2 \tag{c}$$

A 点の垂直方向変位 δ は，カスチリアノの定理より，以下のように得られる．

$$\delta = \frac{\partial U}{\partial P} = \int_0^b \frac{M_1}{EI}\frac{\partial M_1}{\partial P}\,dx_1 + \int_0^a \frac{M_2}{EI}\frac{\partial M_2}{\partial P}\,dx_2 + \int_0^a \frac{T_2}{GI_p}\frac{\partial T_2}{\partial P}\,dx_2$$
$$= \frac{P}{EI}\int_0^b (b - x_1)^2\,dx_1 + \frac{P}{EI}\int_0^a (a - x_2)^2\,dx_2 + \frac{P}{GI_p}\int_0^a b^2\,dx_2 \tag{d}$$
$$= \frac{P}{3EI}(a^3 + b^3) + \frac{Pab^2}{GI_p}$$

$$[答 \quad \frac{P}{3EI}(a^3+b^3)+\frac{Pab^2}{GI_p}]$$

【9.9】　点 A, B の変位を u_A, u_B とすると，各々の棒に蓄えられる内部エネルギー U_1, U_2 は，変位を用いて表すと，

$$U_1 = \frac{P_A^2 l_1}{2A_1E_1} = \frac{A_1E_1}{2l_1}(u_A-u_B)^2 \tag{a}$$

$$U_2 = \frac{(P_A+P_B)^2 l_2}{2A_2E_2} = \frac{A_2E_2}{2l_2}u_B^2$$

一方，外部仕事 W は，

$$W = P_A u_A + P_B u_B \tag{b}$$

従って，ポテンシャルエネルギーは，式(a), (b)より，以下のようになる．

$$\Pi = U_1 + U_2 - W$$
$$= \frac{A_1E_1}{2l_1}(u_A-u_B)^2 + \frac{A_2E_2}{2l_2}u_B^2 - P_A u_A - P_B u_B \tag{c}$$

最小ポテンシャルエネルギーの原理より，式(c)を最小にする u_A, u_B は，

$$\frac{\partial \Pi}{\partial u_A} = 0 \quad \Rightarrow \quad \frac{A_1E_1}{l_1}(u_A-u_B) - P_A = 0$$

$$\frac{\partial \Pi}{\partial u_B} = 0 \quad \quad -\frac{A_1E_1}{l_1}(u_A-u_B) + \frac{A_2E_2}{l_2}u_B - P_B = 0 \tag{d}$$

上式を解いて，u_A, u_B は答のように得られる．

$$[答 \quad u_A = \frac{P_A l_1}{A_1E_1} + \frac{(P_A+P_B)l_2}{A_2E_2}, \quad u_B = \frac{(P_A+P_B)l_2}{A_2E_2}]$$

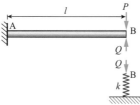

図 A　引張荷重を受ける段付き棒の変位

【9.10】　The load subjected to the spring from the tip of the beam is denoted by Q. Thus, the load $P-Q$ is subjected to the beam and the strain energy U_b of the beam is given as follows.

$$U_b = \int_0^l \frac{M^2}{2EI}dx = \frac{(P-Q)^2}{2EI}\int_0^l (l-x)^2 dx = \frac{(P-Q)^2 l^3}{6EI} \tag{a}$$

The elastic energy U_k of the spring, which is deformed by load Q, is given as

$$U_k = \frac{Q^2}{2k} \tag{b}$$

On the other hand, the external work by the load P is given as

$$W = P\delta \tag{c}$$

where δ is the deformation at the point B. The potential energy is given by Eqs. (a), (b) and (c) as follows.

$$\Pi = U_b + U_k - W = \frac{(P-Q)^2 l^3}{6EI} + \frac{Q^2}{2k} - P\delta \tag{d}$$

Consequently, by the principal of minimum potential energy, δ can be obtained as follows.

$$\frac{\partial \Pi}{\partial P} = 0 \quad \quad \frac{(P-Q)l^3}{3EI} - \delta = 0$$

$$\frac{\partial \Pi}{\partial Q} = 0 \quad \Rightarrow \quad -\frac{(P-Q)l^3}{3EI} + \frac{Q}{k} = 0 \quad \Rightarrow \quad \delta = \frac{Pl^3}{3EI+kl^3} \tag{e}$$

$$[Ans. \quad \frac{Pl^3}{3EI+kl^3}]$$

Fig. A　The loads subjected to the beam and the spring.

【9.11】　瞬間的に加わる荷重を P とし，図 A のように x_1, x_2 座標を考えれば，この荷重 P によりアーム断面に生じる曲げモーメントは，

$$M_1 = -P(l_2+l_1\cos\theta-x_1\cos\theta) \quad (0 \le x_1 \le l_1)$$
$$M_2 = -P(l_2-x_2) \quad (0 \le x_2 \le l_2) \tag{a}$$

となる．これより，式(9.17)を用いれば，ロボットアームに蓄えられる弾性ひずみエネルギーは，

$$U = \int_0^{l_1} \frac{M_1^2}{2EI}dx_1 + \int_0^{l_2} \frac{M_2^2}{2EI}dx_2$$
$$= \frac{P^2}{2EI}\left\{\int_0^{l_1}(l_2+l_1\cos\theta-x_1\cos\theta)^2 dx_1 + \int_0^{l_2}(l_2-x_2)^2 dx_2\right\} \tag{b}$$
$$= \frac{P^2}{6EI\cos\theta}\left\{(l_2+l_1\cos\theta)^3 - l_2^3(1-\cos\theta)\right\}$$

となる．このエネルギーは，瞬間的に載せた重りにより，アーム先端が δ 下がることによる位置エネルギーの変化により与えられるから，

$$U = mg\delta \tag{c}$$

また，荷重 P により，先端が δ 変形することから，

$$U = \frac{1}{2}P\delta \tag{d}$$

式(c), (d)より，

$$P = 2mg \tag{e}$$

さらに，式(e), (c), (b) より，δ は答のように得られる．

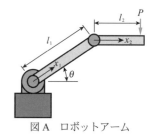

図 A　ロボットアーム

$$[答 \quad \delta = \frac{2mg}{3EI\cos\theta}\left\{(l_2+l_1\cos\theta)^3-l_2^3(1-\cos\theta)\right\}]$$

【9.12】　The virtual loads F_H, F_V along horizontal and vertical direction is applied at the point A as in Fig. A. The axial loads for each member are denoted as N_1 and N_2. The equilibrium of the load along the horizontal and vertical directions are given as follows.

Fig. A　FBD of the truss.

horizontal direction: $-N_1\cos\theta_1 - N_2\cos\theta_2 + F_H + P\cos\alpha = 0$ (a)

vertical direction: $N_1\sin\theta_1 + N_2\sin\theta_2 - F_V - P\sin\alpha = 0$ (b)

By Eqs. (a) and (b), N_1, N_2 are given as follows.

$$N_1 = -F_H\frac{\sin\theta_2}{\sin(\theta_1-\theta_2)} + F_V\frac{\cos\theta_2}{\sin(\theta_1-\theta_2)} - P\frac{\sin(\theta_2-\alpha)}{\sin(\theta_1-\theta_2)} \tag{c}$$

$$N_2 = F_H\frac{\sin\theta_1}{\sin(\theta_1-\theta_2)} - F_V\frac{\cos\theta_1}{\sin(\theta_1-\theta_2)} + P\frac{\sin(\theta_1-\alpha)}{\sin(\theta_1-\theta_2)} \tag{d}$$

The total strain energy U_e of these members is obtained as

$$U_e = \frac{1}{2EA}(l_1 N_1^2 + l_2 N_2^2) \tag{e}$$

By using Castigliano's theorem, the horizontal and the vertical displacement δ_H, δ_V are given as follows.

$$\delta_H = \lim_{F_H \to 0}\frac{\partial U_e}{\partial F_H}\Big|_{F_V=0} = \frac{1}{EA}\lim_{F_H \to 0}\left(l_1 N_1\frac{\partial N_1}{\partial F_H}\Big|_{F_V=0} + l_2 N_2\frac{\partial N_2}{\partial F_H}\Big|_{F_V=0}\right) \tag{f}$$

$$\delta_V = \lim_{F_V \to 0}\frac{\partial U_e}{\partial F_V}\Big|_{F_H=0} = \frac{1}{EA}\lim_{F_V \to 0}\left(l_1 N_1\frac{\partial N_1}{\partial F_V}\Big|_{F_H=0} + l_2 N_2\frac{\partial N_2}{\partial F_V}\Big|_{F_H=0}\right) \tag{g}$$

By substituting Eqs. (c) and (d) into Eqs. (f) and (g), the horizontal and the vertical displacement δ_H, δ_V are obtained as follows.

$$\delta_H = \frac{P\{l_1\sin(\theta_2-\alpha)\sin\theta_2 + l_2\sin(\theta_1-\alpha)\sin\theta_1\}}{EA\sin^2(\theta_1-\theta_2)} \tag{h}$$

$$\delta_V = \frac{-P\{l_1\sin(\theta_2-\alpha)\cos\theta_2 + l_2\sin(\theta_1-\alpha)\cos\theta_1\}}{EA\sin^2(\theta_1-\theta_2)} \tag{i}$$

[Ans. Eq.(h), Eq.(i)]

【9.13】 振り子，ばね各々に対するFBDは図Aに示すようになる．

振り子の点Cにおけるモーメントの釣合いより，トルク T は，ばね先端の点Aと振り子の間に生じる力 P とモーメント M_0 を用いて以下のように表される．

$$T = Pr + M_0 \qquad (a)$$

ばねの θ の位置に生じる曲げモーメントは，

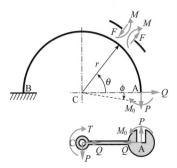

図A リーフばねによる振り子

$$M = -Pr(1-\cos\theta) + Qr\sin\theta - M_0 \qquad (b)$$

となる．これより，ばねに蓄えられる弾性ひずみエネルギーは，

$$U = \frac{1}{2EI}\int_0^\pi M^2 r d\theta \qquad (c)$$

と表される．カスチリアノの定理を用いれば，点Aの P 方向変位 δ_P は，次式より得られる．

$$
\begin{aligned}
\delta_P &= \frac{\partial U}{\partial P} = \frac{1}{EI}\int_0^\pi M\frac{\partial M}{\partial P}r d\theta \\
&= \frac{1}{EI}\int_0^\pi \{-Pr(1-\cos\theta)+Qr\sin\theta-M_0\}\{-r(1-\cos\theta)\}r d\theta \\
&= \frac{r^3}{EI}\left\{\frac{3}{2}\pi P - 2Q + \pi\frac{M_0}{r}\right\}
\end{aligned} \qquad (d)
$$

同様に，点Aの Q 方向変位 δ_Q は，次式より得られる．

$$
\begin{aligned}
\delta_Q &= \frac{\partial U}{\partial Q} = \frac{1}{EI}\int_0^\pi M\frac{\partial M}{\partial Q}r d\theta \\
&= \frac{1}{EI}\int_0^\pi \{-Pr(1-\cos\theta)+Qr\sin\theta-M_0\}\{r\sin\theta\}r d\theta \\
&= \frac{r^3}{EI}\left\{-2P + \frac{\pi}{2}Q - 2\frac{M_0}{r}\right\}
\end{aligned} \qquad (e)
$$

さらに，点Aの M_0 方向の回転角 δ_ϕ は，次式より得られる．

$$
\begin{aligned}
\delta_\phi &= \frac{\partial U}{\partial M_0} = \frac{1}{EI}\int_0^\pi M\frac{\partial M}{\partial M_0}r d\theta \\
&= \frac{1}{EI}\int_0^\pi \{-Pr(1-\cos\theta)+Qr\sin\theta-M_0\}\{-1\}r d\theta \\
&= \frac{r^2}{EI}\left\{\pi P - 2Q + \pi\frac{M_0}{r}\right\}
\end{aligned} \qquad (f)
$$

式(d), (f) より，

$$P = \frac{2EI}{\pi r^3}\left(\delta_P - r\delta_\phi\right) \qquad (g)$$

式(e), (f) より，

$$Q = \frac{2}{\pi^2-8}\cdot\frac{EI}{r^3}(2r\delta_\phi + \pi\delta_Q) \qquad (h)$$

式(f)より，以下となる．

$$\frac{M_0}{r} = \frac{EI}{\pi r^2}\delta_\phi - P + \frac{2}{\pi}Q \qquad (i)$$

ここで，点Aの変位および回転角と ϕ, r は以下の関係がある．

$$\delta_\phi = \phi, \quad \delta_Q = 0, \quad \delta_P = \phi r \qquad (j)$$

この関係を，式(g), (h), (i) に適用すれば，

$$P = 0, \quad Q = \frac{4}{\pi^2-8}\cdot\frac{EI}{r^2}\phi, \quad \frac{M_0}{r} = \left(\frac{\pi}{\pi^2-8}\right)\frac{EI}{r^2}\phi \qquad (k)$$

これを，式(a)に代入すれば，トルク T と回転角 ϕ の関係が答の

ように得られる．

$$\left[答 \quad T = \left(\frac{\pi}{\pi^2-8}\right)\frac{EI}{r}\phi\right]$$

【9.14】 先端に加わる荷重を P とし，信号機の各長さおよび座標 x_1, θ, x_2 を図Aのように定義する．AB, BC, CD 間の断面に生じる曲げモーメントは，

$$
\begin{aligned}
M_{AB} &= -Px_1 \\
M_{BC} &= -P(a+R\sin\theta) \\
M_{CD} &= -P(a+R)
\end{aligned} \qquad (a)
$$

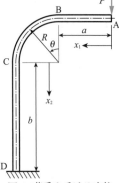

図A 荷重を受ける支柱

となる．これより，この棒に蓄えられるひずみエネルギー U は，

$$
U = \frac{1}{2EI}\int_0^a M_{AB}{}^2 dx_1 + \frac{1}{2EI}\int_0^{\pi/2} M_{BC}{}^2 R d\theta + \frac{1}{2EI}\int_0^b M_{CD}{}^2 dx_2 \qquad (b)
$$

カスチリアノの定理より，荷重点の垂直方向変位は，

$$
\begin{aligned}
\delta &= \frac{\partial U}{\partial P} = \frac{1}{EI}\int_0^a M_{AB}\frac{\partial M_{AB}}{\partial P}dx_1 + \frac{1}{EI}\int_0^{\pi/2} M_{BC}\frac{\partial M_{BC}}{\partial P}R d\theta \\
&\quad + \frac{1}{EI}\int_0^b M_{CD}\frac{\partial M_{CD}}{\partial P}dx_2 \\
&= \frac{1}{EI}\int_0^a Px_1{}^2 dx_1 + \frac{1}{EI}\int_0^{\pi/2} P(a+R\sin\theta)^2 R d\theta \\
&\quad + \frac{1}{EI}\int_0^b P(a+R)^2 dx_2 \\
&= \frac{P}{EI}\left\{\frac{a^3}{3} + \frac{\pi}{2}a^2 R + 2aR^2 + \frac{\pi}{4}R^3 + (a+R)^2 b\right\}
\end{aligned} \qquad (c)
$$

ここで，断面二次モーメントは，

$$I = \frac{\pi D^4}{64} - \frac{\pi(D-2t)^4}{64} = 14.57\times10^{-6}\,\mathrm{m}^4 \qquad (d)$$

となるから，式(c)に数値を代入して計算すれば，垂直方向変位は答となる．

$$[答 \quad \delta = 7.35\mathrm{mm}]$$

第 10 章　骨組構造とシミュレーション

【10.1】 The number of the axial load m, the reaction force at support r, the joint j and the kind of the truss are listed in Table A.

Table A

	m	r	j	$m+r$	$>$ $=$ $<$	$2j$	kind of the truss
(a)	7	3	5	10	$=$	10	statically determinate
(b)	7	4	5	11	$>$	10	statically indeterminate
(c)	6	4	5	10	$=$	10	statically determinate
(d)	9	3	6	12	$=$	12	statically determinate
(e)	8	3	6	11	$<$	12	unstable
(f)	8	4	6	12	$=$	12	statically determinate

【10.2】 部材 AC, BC に加わる軸力を Q_{AC}, Q_{BC} と表わす．図Aに，点Cに加わる荷重を示す．力の釣合い式より，それぞれのトラスに対する軸力が以下のように得られる．

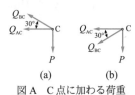

図A C点に加わる荷重

トラス(a)

$-Q_{BC}\cos30° - Q_{AC} = 0$
$Q_{BC}\sin30° - P = 0$　$\Rightarrow$　$Q_{AC} = -\sqrt{3}P$, $Q_{BC} = 2P$ 　(a)

トラス(b)

$-Q_{AC} - Q_{BC}\cos30° = 0$
$-Q_{BC}\sin30° - P = 0$　$\Rightarrow$　$Q_{AC} = \sqrt{3}P$, $Q_{BC} = -2P$ 　(b)

以上より，トラス(a)と(b)の各部材に生じる軸力の絶対値については，斜めの部材 BC の配置によって変化しない．トラス(a)では斜めの部材 BC の軸力は引張，トラス(b)では圧縮になる．

【10.3】 FBD of the truss is shown in Fig. A(a). In consideration with the symmetry, the vertical load $P/2$ is applied to the node ④ and ⑥.

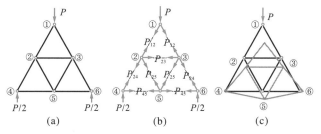

(a)　　　　　　　(b)　　　　　　　(c)

Fig. A　FBD and the load subjected to the nodes of the truss.

The loads for each node are shown in Fig. A(b). The positive direction of the axial load is denoted as the extension and shown as P_{12} by using the node number. By the symmetry, the following relations can be given.

$$P_{13} = P_{12} , P_{36} = P_{24} , P_{25} = P_{35} , P_{56} = P_{45} \tag{a}$$

The equilibrium equations for nodes ①, ②, ④ and ⑤ are given as follows.

node ① : $P + 2P_{12}\cos30° = 0$ 　(b)

node ② : $P_{12}\cos60° + P_{23} + P_{25}\cos60° - P_{24}\cos60° = 0$
　　　　　$-P_{12}\sin60° + P_{25}\sin60° + P_{24}\sin60° = 0$ 　(c)

node ④ : $P_{24}\cos60° + P_{45} = 0$, $-P_{24}\sin60° - \dfrac{P}{2} = 0$ 　(d)

node ⑤ : $-2P_{25}\sin60° = 0$ 　(e)

Thus, the axial load for each member obtained as follows.

$$P_{12} = -\frac{P}{\sqrt{3}} , P_{24} = -\frac{P}{\sqrt{3}} , P_{45} = \frac{P}{2\sqrt{3}} , P_{23} = 0 , P_{25} = 0 \tag{f}$$

The total strain energy U is given as follows.

$$U = 2\frac{P_{12}^{2}l}{2AE} + 2\frac{P_{24}^{2}l}{2AE} + 2\frac{P_{45}^{2}l}{2AE} + 2\frac{P_{25}^{2}l}{2AE} + \frac{P_{23}^{2}l}{2AE} = \frac{3P^{2}l}{4AE} \tag{g}$$

By using Castigliano's theorem, the vertical displacement at node ① is given as follows.

$$\delta_{v} = \frac{\partial U}{\partial P} = \frac{3Pl}{2AE} = \frac{3\times100\times10^{3}\,\text{N}\times1\text{m}}{2\times10\times10^{-3}\text{m}\times10\times10^{-3}\text{m}\times200\times10^{9}\,\text{Pa}} = 7.50\text{mm} \tag{h}$$

注) 側面の部材は等しい圧縮荷重，底面の部材はその 1/2 の引張荷重，中央の 3 角形は無荷重のため変化しないことが分かる．従って，図 A(c)のように変形すると考えられる．この変形を個々の部材の変形を重ね合わせて求めることは複雑となるので，荷重点の変位を 9 章で行ったカスチリアノの定理を用いて求めている．

[Ans. 7.50mm]

【10.4】 軸荷重による伸びは，曲げによる変形に比べ小さいた

め，図 A(a)の破線のように変形すると考えられる．点 D の支持部からこのラーメンには，垂直方向荷重のみが加わるから，この垂直荷重を R と置き，図 A(b)の問題として考える．支持反力 R は，点 D の垂直方向変位が零の条件より決定する．

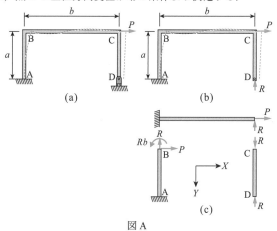

(a)　　　　　　　(b)

(c)

図 A

点 D の垂直方向変位変位を求めるために，図 A(c)のようにはりを 3 つの部分に分解する．各々のはりの変形は，以下のように片持ちはりの変形として得られる．

AB 部:

点 B の X 方向変位: $u_{BX} = \dfrac{Pa^{3}}{3EI} - \dfrac{Rba^{2}}{2EI}$ 　(a)

点 B のたわみ角: $\theta_{B} = \dfrac{Pa^{2}}{2EI} - \dfrac{Rba}{EI}$ 　(b)

BC 部 (点 B の回転および変位による変形成分を含む):

点 C の X 方向変位: $u_{CX} = u_{BX} = \dfrac{Pa^{3}}{3EI} - \dfrac{Rba^{2}}{2EI}$ 　(c)

点 C の Y 方向変位: $u_{CY} = -\dfrac{Rb^{3}}{3EI} + \theta_{B}b = -\dfrac{Rb^{3}}{3EI} + \dfrac{Pa^{2}b}{2EI} - \dfrac{Rb^{2}a}{EI}$ 　(d)

点 C のたわみ角: $\theta_{C} = -\dfrac{Rb^{2}}{2EI} + \theta_{B} = -\dfrac{Rb^{2}}{2EI} + \dfrac{Pa^{2}}{2EI} - \dfrac{Rba}{EI}$ 　(e)

CD 部 (点 C の回転および変位による変形成分を含む):

点 D の X 方向変位:

$$u_{DX} = u_{CX} - \theta_{C}a = \frac{Pa^{3}}{3EI} - \frac{Rba^{2}}{2EI} + \frac{Rab^{2}}{2EI} - \frac{Pa^{3}}{2EI} + \frac{Rba}{EI} \tag{f}$$
$$= -\frac{Pa^{3}}{6EI} + \frac{Rba^{2}}{2EI} + \frac{Rab^{2}}{2EI}$$

点 D の Y 方向変位: $u_{DY} = u_{CY} = -\dfrac{Rb^{3}}{3EI} + \dfrac{Pa^{2}b}{2EI} - \dfrac{Rb^{2}a}{EI}$ 　(g)

点 D の垂直方向変位が零の条件を式(g)に適用すれば，R は以下のように得られる．

$$u_{DY} = 0 \Rightarrow -\frac{Rb^{3}}{3EI} + \frac{Pa^{2}b}{2EI} - \frac{Rb^{2}a}{EI} = 0 \Rightarrow R = \frac{3a^{2}P}{2(3a+b)b} \tag{h}$$

求める点 C の水平方向変位は，式(c)に式(h)を代入し，答となる．

$$[\text{答}\quad \delta = u_{CX} = \frac{a^{3}(3a+4b)}{12EI(3a+b)}P]$$

【10.5】 対称性より，図 A(a)のように 1/4 の部分の変形を考える．ここで，点 C には，荷重 P の半分の水平方向荷重と，下の部材からの曲げモーメント M_{C} が加わる．未知の曲げモーメント M_{C} は，C 点の回転角が零となる条件より得られる．変形を求めるために，図 A(b)のように，AB, BC 部に分割すれば，片持ちはりの問題を組み合わせて変形を得ることができる．

AB 部の点 B の変位とたわみ角：

$$u_{BY} = -\frac{l^2}{2EI}\left(M_C - \frac{Pl}{2}\right), \quad \theta_B = \frac{l}{EI}\left(M_C - \frac{Pl}{2}\right) \tag{a}$$

BC 部の点 C の変位とたわみ角（点 B の回転も考慮）：

$$u_{CX} = \frac{l^3}{3EI}\left(\frac{P}{2}\right) - \frac{M_C l^2}{2EI} - \theta_B l = \frac{2Pl^3}{3EI} - \frac{3M_C l^2}{2EI} \tag{b}$$

$$\theta_C = -\frac{l^2}{2EI}\left(\frac{P}{2}\right) + \frac{M_C l}{EI} + \theta_B = -\frac{3Pl^2}{4EI} + \frac{2M_C l}{EI}$$

点 C の回転角が零の条件を式(b)の第 2 式に適用すれば，M_C は，

$$\theta_C = 0 \Rightarrow -\frac{3Pl^2}{4EI} + \frac{2M_C l}{EI} = 0 \Rightarrow M_C = \frac{3}{8}Pl \tag{c}$$

となる．幅の縮み δ は，図 A(a)の C 点の X 方向変位の 2 倍として，以下のように得られる．

$$\delta = 2u_{CX} = \frac{4Pl^3}{3EI} - \frac{3M_C l^2}{EI} = \frac{5Pl^3}{24EI} \tag{d}$$

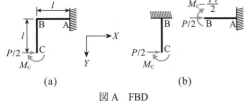

図 A　FBD

注）断面 C（荷重点）の軸方向の荷重は無い．上下に半分に切って力の釣合いより零となる．

$$\left[答\quad \frac{5Pl^3}{24EI}\right]$$

【10.6】　剛性方程式は式(10.26)と同様に以下となる．

$$\begin{bmatrix} fx_1 \\ fx_2 \\ fx_3 \end{bmatrix} = \begin{bmatrix} k_1 & -k_1 & 0 \\ -k_1 & k_1+k_2 & -k_2 \\ 0 & -k_2 & k_2 \end{bmatrix} \begin{bmatrix} u_1 \\ u_2 \\ u_3 \end{bmatrix} \qquad k_1 = \frac{A_1 E}{l_1}, \; k_2 = \frac{A_2 E}{l_2} \tag{a}$$

境界条件は，

節点①で固定：$u_1 = 0$ (b)

節点②は無荷重：$fx_2 = 0$ (c)

節点③の変位 δ：$u_3 = \delta$ (d)

これらの条件を式(a)に適用すれば，

$$\begin{bmatrix} fx_1 \\ 0 \\ fx_3 \end{bmatrix} = \begin{bmatrix} k_1 & -k_1 & 0 \\ -k_1 & k_1+k_2 & -k_2 \\ 0 & -k_2 & k_2 \end{bmatrix} \begin{bmatrix} 0 \\ u_2 \\ \delta \end{bmatrix} \tag{e}$$

上式を解いて，未知変位と未知節点荷重は以下のように得られる．

$$u_2 = \frac{k_2 \delta}{k_1+k_2} = \frac{A_2 l_1 \delta}{A_1 l_2 + A_2 l_1}, \quad fx_1 = -k_1 u_2 = -\frac{k_1 k_2 \delta}{k_1+k_2} = -\frac{A_1 A_2 E \delta}{A_1 l_2 + A_2 l_1},$$

$$fx_3 = -k_2 u_2 + k_2 \delta = \frac{k_1 k_2 \delta}{k_1+k_2} = \frac{A_1 A_2 E \delta}{A_1 l_2 + A_2 l_1} \tag{f}$$

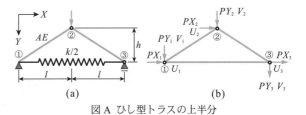

図 A　2 つの部材に加わる軸方向荷重と変位

注）変位の境界条件は，以下のように，対応するマトリックスの列を変更することで与えることもできる．

$$\begin{bmatrix} 0 \\ 0 \\ \delta \end{bmatrix} = \begin{bmatrix} 1 & 0 & 0 \\ -k_1 & k_1+k_2 & -k_2 \\ 0 & 0 & 1 \end{bmatrix} \begin{bmatrix} u_1 \\ u_2 \\ u_3 \end{bmatrix} \tag{g}$$

$$\left[答\quad 荷重：\frac{A_1 A_2 E\delta}{A_1 l_2 + A_2 l_1}, \; 節点②の変位：\frac{A_2 l_1 \delta}{A_1 l_2 + A_2 l_1}\right]$$

【10.7】　式(10.27)より，各部材の要素剛性方程式を求める．ここで，次式で表わされるトラスの部材の長さを L と置く．

$$L = \sqrt{l^2 + h^2} \tag{a}$$

対称性より，図 A(a)に示すように上半分の部分のみ考える．

図 A　ひし型トラスの上半分

ここで，節点①，③は Y 方向の変位のみ拘束し，X 方向に自由に動けるようにする．さらに，全体の移動を拘束するために，節点①の X 方向変位を零とする．また，要素①-③の上半分の寄与のみを考慮するには，ばね定数を半分の $k/2$ とすればよい．各部材の要素剛性方程式は以下のようになる．

要素①-②：$\sin\theta = -\dfrac{h}{L}, \cos\theta = \dfrac{l}{L}$

$$\begin{bmatrix} FX_1 \\ FY_1 \\ FX_2 \\ FY_2 \end{bmatrix} = \frac{AE}{L^3} \begin{bmatrix} l^2 & -hl & -l^2 & hl \\ -hl & h^2 & hl & -h^2 \\ -l^2 & hl & l^2 & -hl \\ hl & -h^2 & -hl & h^2 \end{bmatrix} \begin{bmatrix} U_1 \\ V_1 \\ U_2 \\ V_2 \end{bmatrix} \tag{b}$$

要素②-③：$\sin\theta = \dfrac{h}{L}, \cos\theta = \dfrac{l}{L}$

$$\begin{bmatrix} FX_2' \\ FY_2' \\ FX_3 \\ FY_3 \end{bmatrix} = \frac{AE}{L^3} \begin{bmatrix} l^2 & hl & -l^2 & -hl \\ hl & h^2 & -hl & -h^2 \\ -l^2 & -hl & l^2 & hl \\ -hl & -h^2 & hl & h^2 \end{bmatrix} \begin{bmatrix} U_2 \\ V_2 \\ U_3 \\ V_3 \end{bmatrix} \tag{c}$$

要素①-③：$\sin\theta = 0, \cos\theta = 1$

$$\begin{bmatrix} FX_1' \\ FY_1' \\ FX_3' \\ FY_3' \end{bmatrix} = \frac{k}{2} \begin{bmatrix} 1 & 0 & -1 & 0 \\ 0 & 0 & 0 & 0 \\ -1 & 0 & 1 & 0 \\ 0 & 0 & 0 & 0 \end{bmatrix} \begin{bmatrix} U_1 \\ V_1 \\ U_3 \\ V_3 \end{bmatrix} \tag{d}$$

節点に作用する荷重は部材の荷重の和に等しい．すなわち

$$PX_1 = FX_1 + FX_1', \quad PY_1 = FY_1 + FY_1'$$
$$PX_2 = FX_2 + FX_2', \quad PY_2 = FY_2 + FY_2' \tag{e}$$
$$PX_3 = FX_3 + FX_3', \quad PY_3 = FY_3 + FY_3'$$

式(e)に式(b)～(d)を代入し，マトリックス表示すれば，以下の全体剛性方程式が得られる．

$$\begin{bmatrix} PX_1 \\ PY_1 \\ PX_2 \\ PY_2 \\ PX_3 \\ PY_3 \end{bmatrix} = \frac{AE}{L^3} \begin{bmatrix} l^2+c & -hl & -l^2 & hl & -c & 0 \\ -hl & h^2 & hl & -h^2 & 0 & 0 \\ -l^2 & hl & 2l^2 & 0 & -l^2 & -hl \\ hl & -h^2 & 0 & 2h^2 & -hl & -h^2 \\ -c & 0 & -l^2 & -hl & l^2+c & hl \\ 0 & 0 & -hl & -h^2 & hl & h^2 \end{bmatrix} \begin{bmatrix} U_1 \\ V_1 \\ U_2 \\ V_2 \\ U_3 \\ V_3 \end{bmatrix}$$

$$\left(c = \frac{kL^3}{2AE}\right) \tag{f}$$

各節点の境界条件は,
$$PX_2 = 0 \text{ , } PY_2 = P \text{ , } PX_3 = 0$$
$$U_1 = 0 \text{ , } V_1 = 0 \text{ , } V_3 = 0 \tag{g}$$

これを, 式(f)に代入すると.

$$\begin{Bmatrix} PX_1 \\ PY_1 \\ 0 \\ P \\ 0 \\ PY_3 \end{Bmatrix} = \frac{AE}{L^3} \begin{bmatrix} l^2+c & -hl & -l^2 & hl & -c & 0 \\ -hl & h^2 & hl & -h^2 & 0 & 0 \\ -l^2 & hl & 2l^2 & 0 & -l^2 & -hl \\ hl & -h^2 & 0 & 2h^2 & -hl & -h^2 \\ -c & 0 & -l^2 & -hl & l^2+c & hl \\ 0 & 0 & -hl & -h^2 & hl & h^2 \end{bmatrix} \begin{Bmatrix} 0 \\ 0 \\ U_2 \\ V_2 \\ U_3 \\ 0 \end{Bmatrix} \tag{h}$$

3, 4, 5 行目のみ取り出して整理すると.

$$\begin{Bmatrix} 0 \\ P \\ 0 \end{Bmatrix} = \frac{AE}{L^3} \begin{bmatrix} 2l^2 & 0 & -l^2 \\ 0 & 2h^2 & -hl \\ -l^2 & -hl & l^2+c \end{bmatrix} \begin{Bmatrix} U_2 \\ V_2 \\ U_3 \end{Bmatrix} \tag{i}$$

上式を解いて

$$\begin{Bmatrix} U_2 \\ V_2 \\ U_3 \end{Bmatrix} = \frac{L^3 P}{4 AE ch^2} \begin{Bmatrix} hl \\ l^2+2c \\ 2hl \end{Bmatrix} \tag{j}$$

②−④の間隔は, $2V_2$ 狭まるから, 以下のように得られる.

$$2V_2 = \frac{L^3(l^2+2c)P}{2 AE ch^2} \tag{k}$$
$$= \frac{L^3 P}{AE h^2} + \frac{l^2 P}{h^2 k} = \frac{(l^2+h^2)^{3/2} P}{AE h^2} + \frac{l^2 P}{h^2 k}$$

$$\left[\text{答} \quad \frac{(l^2+h^2)^{3/2} P}{AE h^2} + \frac{l^2 P}{h^2 k} \right]$$

【10.8】 Since the configuration and the load is symmetry, these six triangle should shrink as the equilateral triangle. Thus the shrinkage of all member is same as shown in Fig. A(a). Then, the same compression is subjected to all member. And, the shrinkage δ can be given by the compressive load Q as follow.

$$\delta = \frac{Ql}{AE} \tag{a}$$

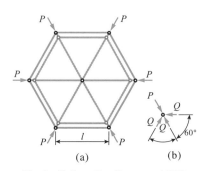

Fig. A　Deformation diagram and FBD.

(a)　　　　(b)

By the FBD as shown in Fig. A(b) and the equilibrium of the load, compressive load Q can be given as follows.

$$P = 2Q\cos 60° + Q \quad \Rightarrow \quad Q = \frac{P}{2} \tag{b}$$

Consequently, the compression of each member can be obtained as in the answer.

$$\left[\text{Ans.} \quad \delta = \frac{Pl}{2AE} \right]$$

【10.9】 The stiffness equations for each nodes are given as follows.

Element ①−② :
$$\sin\theta = -\frac{\sqrt{3}}{2}$$
$$\cos\theta = \frac{1}{2}$$
$$\begin{Bmatrix} FX_1 \\ FY_1 \\ FX_2 \\ FY_2 \end{Bmatrix} = \frac{AE}{4l} \begin{bmatrix} 1 & -\sqrt{3} & -1 & \sqrt{3} \\ -\sqrt{3} & 3 & \sqrt{3} & -3 \\ -1 & \sqrt{3} & 1 & -\sqrt{3} \\ \sqrt{3} & -3 & -\sqrt{3} & 3 \end{bmatrix} \begin{Bmatrix} U_1 \\ V_1 \\ U_2 \\ V_2 \end{Bmatrix} \tag{a}$$

Element ②−③ :
$$\sin\theta = \frac{\sqrt{3}}{2}$$
$$\cos\theta = \frac{1}{2}$$
$$\begin{Bmatrix} FX_2' \\ FY_2' \\ FX_3 \\ FY_3 \end{Bmatrix} = \frac{AE}{4l} \begin{bmatrix} 1 & \sqrt{3} & -1 & -\sqrt{3} \\ \sqrt{3} & 3 & -\sqrt{3} & -3 \\ -1 & -\sqrt{3} & 1 & \sqrt{3} \\ -\sqrt{3} & -3 & \sqrt{3} & 3 \end{bmatrix} \begin{Bmatrix} U_2 \\ V_2 \\ U_3 \\ V_3 \end{Bmatrix} \tag{b}$$

Element ②−④ :
$$\sin\theta = 0$$
$$\cos\theta = 1$$
$$\begin{Bmatrix} FX_2'' \\ FY_2'' \\ FX_4 \\ FY_4 \end{Bmatrix} = \frac{AE}{4l} \begin{bmatrix} 4 & 0 & -4 & 0 \\ 0 & 0 & 0 & 0 \\ -4 & 0 & 4 & 0 \\ 0 & 0 & 0 & 0 \end{bmatrix} \begin{Bmatrix} U_2 \\ V_2 \\ U_4 \\ V_4 \end{Bmatrix} \tag{c}$$

Element ③−④ :
$$\sin\theta = -\frac{\sqrt{3}}{2}$$
$$\cos\theta = \frac{1}{2}$$
$$\begin{Bmatrix} FX_3' \\ FY_3' \\ FX_4' \\ FY_4' \end{Bmatrix} = \frac{AE}{4l} \begin{bmatrix} 1 & -\sqrt{3} & -1 & \sqrt{3} \\ -\sqrt{3} & 3 & \sqrt{3} & -3 \\ -1 & \sqrt{3} & 1 & -\sqrt{3} \\ \sqrt{3} & -3 & -\sqrt{3} & 3 \end{bmatrix} \begin{Bmatrix} U_3 \\ V_3 \\ U_4 \\ V_4 \end{Bmatrix} \tag{d}$$

The load subjected to the node can be given by collecting all loads of the each member in Eqs. (a) to (d) as follows.

$$PX_1 = FX_1 \text{ , } PY_1 = FY_1$$
$$PX_2 = FX_2 + FX_2' + FX_2'' \text{ , } PY_2 = FY_2 + FY_2' + FY_2''$$
$$PX_3 = FX_3 + FX_3' \text{ , } PY_3 = FY_3 + FY_3' \tag{e}$$
$$PX_4 = FX_4 + FX_4' \text{ , } PY_4 = FY_4 + FY_4'$$

By substituting Eqs. (a)-(d) into Eq. (e), the following stiffness equation can be given.

$$\begin{Bmatrix} PX_1 \\ PY_1 \\ PX_2 \\ PY_2 \\ PX_3 \\ PY_3 \\ PX_4 \\ PY_4 \end{Bmatrix} = \frac{AE}{4l} \begin{bmatrix} 1 & -\sqrt{3} & -1 & \sqrt{3} & 0 & 0 & 0 & 0 \\ -\sqrt{3} & 3 & \sqrt{3} & -3 & 0 & 0 & 0 & 0 \\ -1 & \sqrt{3} & 6 & 0 & -1 & -\sqrt{3} & -4 & 0 \\ \sqrt{3} & -3 & 0 & 6 & -\sqrt{3} & -3 & 0 & 0 \\ 0 & 0 & -1 & -\sqrt{3} & 2 & 0 & -1 & \sqrt{3} \\ 0 & 0 & -\sqrt{3} & -3 & 0 & 6 & \sqrt{3} & -3 \\ 0 & 0 & -4 & 0 & -1 & \sqrt{3} & 5 & -\sqrt{3} \\ 0 & 0 & 0 & 0 & \sqrt{3} & -3 & -\sqrt{3} & 3 \end{bmatrix} \begin{Bmatrix} U_1 \\ V_1 \\ U_2 \\ V_2 \\ U_3 \\ V_3 \\ U_4 \\ V_4 \end{Bmatrix} \tag{f}$$

[Ans. Eq.(f)]

【10.10】 各節点の境界条件は,
$$PX_2 = 0 \text{ , } PY_2 = 0 \text{ , } PX_4 = P \text{ , } PY_4 = 0$$
$$U_1 = 0 \text{ , } V_1 = 0 \text{ , } U_3 = 0 \text{ , } V_3 = 0 \tag{a}$$

これを, 前問の式(f)に代入すると.

$$\begin{Bmatrix} PX_1 \\ PY_1 \\ 0 \\ 0 \\ PX_3 \\ PY_3 \\ P \\ 0 \end{Bmatrix} = \frac{AE}{4l} \begin{bmatrix} 1 & -\sqrt{3} & -1 & \sqrt{3} & 0 & 0 & 0 & 0 \\ -\sqrt{3} & 3 & \sqrt{3} & -3 & 0 & 0 & 0 & 0 \\ -1 & \sqrt{3} & 6 & 0 & -1 & -\sqrt{3} & -4 & 0 \\ \sqrt{3} & -3 & 0 & 6 & -\sqrt{3} & -3 & 0 & 0 \\ 0 & 0 & -1 & -\sqrt{3} & 2 & 0 & -1 & \sqrt{3} \\ 0 & 0 & -\sqrt{3} & -3 & 0 & 6 & \sqrt{3} & -3 \\ 0 & 0 & -4 & 0 & -1 & \sqrt{3} & 5 & -\sqrt{3} \\ 0 & 0 & 0 & 0 & \sqrt{3} & -3 & -\sqrt{3} & 3 \end{bmatrix} \begin{Bmatrix} 0 \\ 0 \\ U_2 \\ V_2 \\ 0 \\ 0 \\ U_4 \\ V_4 \end{Bmatrix} \tag{b}$$

3, 4 行目と 7, 8 行目の式を抜き出して,

$$\begin{Bmatrix} 0 \\ 0 \\ P \\ 0 \end{Bmatrix} = \frac{AE}{4l} \begin{bmatrix} 6 & 0 & -4 & 0 \\ 0 & 6 & 0 & 0 \\ -4 & 0 & 5 & -\sqrt{3} \\ 0 & 0 & -\sqrt{3} & 3 \end{bmatrix} \begin{Bmatrix} U_2 \\ V_2 \\ U_4 \\ V_4 \end{Bmatrix} \tag{c}$$

これを解いて,

$$U_2 = \frac{2Pl}{AE} \text{ , } V_2 = 0 \text{ , } U_4 = \frac{3Pl}{AE} \text{ , } V_4 = \frac{\sqrt{3}Pl}{AE} \tag{d}$$

数値を代入して, 荷重点, すなわち節点④の変位は以下となる.

$$U_4 = \frac{3 \times 100 \times 10^3 \text{N} \times 5\text{m}}{10 \times 10^{-4} \text{m}^2 \times 206 \times 10^9 \text{Pa}} = 7.28\text{mm} \tag{e}$$

$$V_4 = \frac{\sqrt{3}Pl}{AE} = 4.20\text{mm}$$

[答　水平：7.28mm, 垂直：4.20mm]

【10.11】　図 A(a)のように，対称性より 1/4 の部分を考え，図 A(b)のように，2 つの要素に分割し要素番号，節点番号を付ける．各々の要素の座標，B マトリックスは，表 A のようになる．

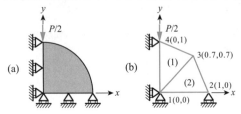

図 A　1/4 の部分の要素分割

表 A　各要素の座標と B マトリックス

e	i j k	(x_i, y_i) (x_j, y_j) (x_k, y_k) [m]	$S^{(e)}$[m²]	$2\Delta[B^{(e)}]$ [1/m]
1	1 3 4	(0, 0) (0.7, 0.7) (0, 1)	0.35	$\begin{bmatrix} -0.3 & 0 & 1 & 0 & -0.7 & 0 \\ 0 & -0.7 & 0 & 0 & 0 & 0.7 \\ -0.7 & -0.3 & 0 & 1 & 0.7 & -0.7 \end{bmatrix}$
2	1 2 3	(0, 0) (1, 0) (0.7, 0.7)	0.35	$\begin{bmatrix} -0.7 & 0 & 0.7 & 0 & 0 & 0 \\ 0 & -0.3 & 0 & -0.7 & 0 & 1 \\ -0.3 & -0.7 & -0.7 & 0.7 & 1 & 0 \end{bmatrix}$

各々の要素の要素剛性方程式は以下のように得られる．
要素 (1)

$$200\,[\text{GPa}] \times \begin{bmatrix} 0.2053 & 0.1071 & -0.2355 & -0.1923 & 0.0302 & 0.0852 \\ 0.1071 & 0.4093 & -0.1648 & -0.0824 & 0.0577 & -0.3269 \\ -0.2355 & -0.1648 & 0.7849 & 0 & -0.5495 & 0.1648 \\ -0.1923 & -0.0824 & 0 & 0.2747 & 0.1923 & -0.1923 \\ 0.0302 & 0.0577 & -0.5495 & 0.1923 & 0.5192 & -0.2500 \\ 0.0852 & -0.3269 & 0.1648 & -0.1923 & -0.2500 & 0.5192 \end{bmatrix} \begin{Bmatrix} u_1 \\ v_1 \\ u_3 \\ v_3 \\ u_4 \\ v_4 \end{Bmatrix} = \begin{Bmatrix} f_1^{(1)} \\ g_1^{(1)} \\ f_3^{(1)} \\ g_3^{(1)} \\ f_4^{(1)} \\ g_4^{(1)} \end{Bmatrix}$$

要素 (2)

$$200\,[\text{GPa}] \times \begin{bmatrix} 0.4093 & 0.1071 & -0.3269 & 0.0577 & -0.0824 & -0.1648 \\ 0.1071 & 0.2053 & 0.0852 & 0.0302 & -0.1923 & -0.2355 \\ -0.3269 & 0.0852 & 0.5192 & -0.2500 & -0.1923 & 0.1648 \\ 0.0577 & 0.0302 & -0.2500 & 0.5192 & 0.1923 & -0.5495 \\ -0.0824 & -0.1923 & -0.1923 & 0.1923 & 0.2747 & 0 \\ -0.1648 & -0.2355 & 0.1648 & -0.5495 & 0 & 0.7849 \end{bmatrix} \begin{Bmatrix} u_1 \\ v_1 \\ u_2 \\ v_2 \\ u_3 \\ v_3 \end{Bmatrix} = \begin{Bmatrix} f_1^{(2)} \\ g_1^{(2)} \\ f_2^{(2)} \\ g_2^{(2)} \\ f_3^{(2)} \\ g_3^{(2)} \end{Bmatrix}$$

全体の要素剛性方程式は，

$$200\,[\text{GPa}] \times \begin{bmatrix} 0.6146 & 0.2143 & -0.3269 & 0.0577 & -0.3179 & -0.3571 & 0.0302 & 0.0852 \\ 0.2143 & 0.6146 & 0.0852 & 0.0302 & -0.3571 & -0.3179 & 0.0577 & -0.3269 \\ -0.3269 & 0.0852 & 0.5192 & -0.2500 & -0.1923 & 0.1648 & 0 & 0 \\ 0.0577 & 0.0302 & -0.2500 & 0.5192 & 0.1923 & -0.5495 & 0 & 0 \\ -0.3179 & -0.3571 & -0.1923 & 0.1923 & 1.0597 & 0 & -0.5495 & 0.1648 \\ -0.3571 & -0.3179 & 0.1648 & -0.5495 & 0 & 1.0597 & 0.1923 & -0.1923 \\ 0.0302 & 0.0577 & 0 & 0 & -0.5495 & 0.1923 & 0.5192 & -0.2500 \\ 0.0852 & -0.3269 & 0 & 0 & 0.1648 & -0.1923 & -0.2500 & 0.5192 \end{bmatrix} \begin{Bmatrix} u_1 \\ v_1 \\ u_2 \\ v_2 \\ u_3 \\ v_3 \\ u_4 \\ v_4 \end{Bmatrix} = \begin{Bmatrix} f_1^{(1)}+f_1^{(2)} \\ g_1^{(1)}+g_1^{(2)} \\ f_2^{(2)} \\ g_2^{(2)} \\ f_3^{(1)}+f_3^{(2)} \\ g_3^{(1)}+g_3^{(2)} \\ f_4^{(1)} \\ g_4^{(1)} \end{Bmatrix}$$

境界条件は

$$u_1 = 0,\ v_1 = 0,\ FX_2 = 0,\ v_2 = 0, \tag{a}$$
$$FX_3 = 0,\ FY_3 = 0,\ u_4 = 0,\ FY_4 = -2\text{GN}$$

剛性方程式は，

$$200\,[\text{GPa}] \times \begin{bmatrix} 0.6146 & 0.2143 & -0.3269 & 0.0577 & -0.3179 & -0.3571 & 0.0302 & 0.0852 \\ 0.2143 & 0.6146 & 0.0852 & 0.0302 & -0.3571 & -0.3179 & 0.0577 & -0.3269 \\ -0.3269 & 0.0852 & 0.5192 & -0.2500 & -0.1923 & 0.1648 & 0 & 0 \\ 0.0577 & 0.0302 & -0.2500 & 0.5192 & 0.1923 & -0.5495 & 0 & 0 \\ -0.3179 & -0.3571 & -0.1923 & 0.1923 & 1.0597 & 0 & -0.5495 & 0.1648 \\ -0.3571 & -0.3179 & 0.1648 & -0.5495 & 0 & 1.0597 & 0.1923 & -0.1923 \\ 0.0302 & 0.0577 & 0 & 0 & -0.5495 & 0.1923 & 0.5192 & -0.2500 \\ 0.0852 & -0.3269 & 0 & 0 & 0.1648 & -0.1923 & -0.2500 & 0.5192 \end{bmatrix} \begin{Bmatrix} 0 \\ 0 \\ u_2 \\ 0 \\ u_3 \\ v_3 \\ 0 \\ v_4 \end{Bmatrix} = \begin{Bmatrix} f_1^{(1)}+f_1^{(2)} \\ g_1^{(1)}+g_1^{(2)} \\ 0 \\ g_2^{(2)} \\ 0 \\ 0 \\ f_4^{(1)} \\ 2[\text{GN}] \end{Bmatrix}$$

これを解いて，未知節点変位は以下となる．

$$u_2 = 0.0029,\ u_3 = 0.0040,\ v_3 = -0.0045,\ v_4 = -0.0222\ [\text{m}] \tag{b}$$

これより，図 B のように変形する．また，この円板は $\delta = -2v_4 =$

44.4mm 縮む．図 C に分割数を大きくした結果を示す．荷重点間の縮みは若干大きくなっている．さらに細分割した結果を図 D に示す．荷重点を細分割することにより，荷重点付近は大きく変形し，荷重点間の縮みも 90mm と大きくなる．弾性論により厳密に解析すると，集中力を与えた点の変位は無限大となることから，FEM による解析では，要素分割を細かくすればするほど変位が大きくなる．このような点を特異点と呼ぶ．他に，角部，き裂，弾性係数が不連続に変化する表面は特異点となり，変位は有限であるが，応力が無限大となる．このような特異点を有する問題を FEM で解析する場合は，特異点近傍の応力や変位に十分注意する必要がある．

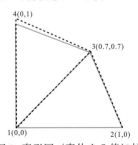

図 B　変形図（変位を 2 倍に拡大），要素数 2，$\delta = 44.4$mm

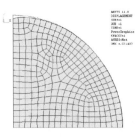

図 C　分割数を大きくした結果，4 辺形要素を使用，要素数 307，$\delta = 62.8$mm

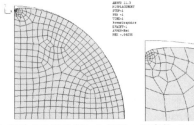

図 D　荷重点を細分割した結果，要素数 344，$\delta = 90.2$mm

【10.12】　要素毎の剛性マトリックスや全体の剛性マトリックスは練習問題 10.11 と全く同一に得られる．異なるのは，境界条件，すなわち各節点毎に与える変位や荷重の条件である．1/4 の部分に加わる圧力による力の合計

$$P = \frac{\pi}{4}\frac{d}{2}p = 157\text{MN/m} \tag{a}$$

が，図 A の節点 2, 3 に等しく円板の中心に向かって加わると考えれば，各節点の境界条件は，次のようになる．

$$u_1 = 0,\ v_1 = 0,\ FX_2 = -\frac{P}{2} = -78.5\text{MN/m},\ v_2 = 0,$$
$$FX_3 = -\frac{1}{\sqrt{2}} \times \frac{P}{2} = -55.5\text{MN/m}, \tag{b}$$
$$FY_3 = -\frac{1}{\sqrt{2}} \times \frac{P}{2} = -55.5\text{MN/m},\ u_4 = 0,\ FY_4 = 0$$

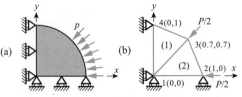

図 A　1/4 の部分の要素分割

練習問題 10.11 より，全体の剛性マトリックスは，式(b)の境界条件を代入して，次のように得られる．

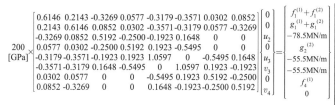

$$200 \atop [GPa]\times \begin{bmatrix} 0.6146 & 0.2143 & -0.3269 & 0.0577 & -0.3179 & -0.3571 & 0.0302 & 0.0852 \\ 0.2143 & 0.6146 & 0.0852 & 0.0302 & -0.3571 & -0.3179 & 0.0577 & -0.3269 \\ -0.3269 & 0.0852 & 0.5192 & -0.2500 & -0.1923 & 0.1648 & 0 & 0 \\ 0.0577 & 0.0302 & -0.2500 & 0.5192 & 0.1923 & -0.5495 & 0 & 0 \\ -0.3179 & -0.3571 & -0.1923 & 0.1923 & 1.0597 & 0 & -0.5495 & 0.1648 \\ -0.3571 & -0.3179 & 0.1648 & -0.5495 & 0 & 1.0597 & 0.1923 & -0.1923 \\ 0.0302 & 0.0577 & 0 & 0 & -0.5495 & 0.1923 & 0.5192 & -0.2500 \\ 0.0852 & -0.3269 & 0 & 0.1648 & -0.1923 & -0.2500 & 0.5192 \end{bmatrix} \begin{bmatrix} 0 \\ 0 \\ u_2 \\ 0 \\ u_3 \\ v_3 \\ 0 \\ v_4 \end{bmatrix} = \begin{bmatrix} f_1^{(1)}+f_1^{(2)} \\ g_1^{(1)}+g_1^{(2)} \\ -78.5\text{MN/m} \\ g_2^{(2)} \\ -55.5\text{MN/m} \\ -55.5\text{MN/m} \\ f_4^{(1)} \\ 0 \end{bmatrix}$$

これを解いて，未知節点変位は次のように求まる．

$$u_2 = -0.8848,\ u_3 = -0.4382,\ v_3 = -0.1063,\ v_4 = 0.0997 \text{ [mm]}\quad (c)$$

したがって，圧縮による両端の最大縮み δ は，以下となる．

$$\delta = -2 \times u_2 = 1.770\text{mm [mm]}\quad (d)$$

表 A に要素数を増やしたときの δ を，図 B に変形図を示す．

表 A　要素数と最大縮み δ との関係

要素数	δ [mm]	誤差 [%]
2	1.770	12.25
8	1.780	10.83
32	1.899	4.93
128	1.964	1.65
512	1.987	0.49
2048	1.994	0.14
8192	1.996	0.04
18432	1.997	0.02
厳密解	1.997	–

ここで，厳密解とは弾性論の解析により得られた値であり，要素数の増加にしたがって，数値解は厳密解に近づいて行くことがわかる．また，表面に分布荷重を加えているため，練習問題 10.11 のような特異点は生じない．要素数 32 程度で誤差 4.93% となり，ほぼ厳密解と一致している．

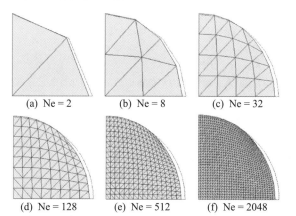

(a) Ne = 2　　(b) Ne = 8　　(c) Ne = 32

(d) Ne = 128　　(e) Ne = 512　　(f) Ne = 2048

図 B　種々の要素分割数に対する変形図（変形は 50 倍に拡大）

第 11 章　強度と設計

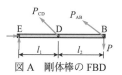

図 A　剛体棒の FBD

【11.1】図 A の FBD を参考にすれば，剛体棒 EB に加わる，E 点回りのモーメントの釣合い式は，

$$-P(l_1+l_2) + P_{AB}\frac{AE}{AB}(l_1+l_2) + P_{CD}\frac{CE}{CD}l_1 = 0 \quad (a)$$

ここで，

$$AB = \sqrt{(l_1+l_2)^2 + (h_1+h_2)^2},\quad AE = h_1+h_2$$
$$CD = \sqrt{l_1^2 + h_1^2},\quad CE = h_1 \quad (b)$$

2 本のロープがどちらも降伏点に達したときが極限荷重である．このとき，式(a)において，ロープに加わる引張り荷重は，

$$P_{AB} = P_{CD} = \frac{\pi d^2}{4}\sigma_Y \quad (c)$$

である．式(c)を式(a)に代入し，$P=P_L$ として，P_L について解けば，極限荷重が以下のように得られる．

$$P_L = \frac{\pi d^2 \sigma_Y}{4(l_1+l_2)}\left\{ \frac{(h_1+h_2)(l_1+l_2)}{\sqrt{(l_1+l_2)^2 + (h_1+h_2)^2}} + \frac{h_1 l_1}{\sqrt{l_1^2 + h_1^2}} \right\} = 21.18\text{kN} \quad (d)$$

[答　21.2kN]

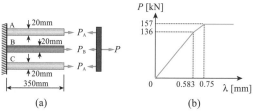

(a)　　　　　　　　(b)

図 A　FBD と荷重と変位の関係

【11.2】各々の棒が弾性域か塑性域かを考慮して解析を行う必要がある．図 A(a)の FBD を参考にすれば，剛体板に加わる力の釣合い式より，

$$P - 2P_A - P_B = 0 \quad \Rightarrow \quad P_B = P - 2P_A \quad (a)$$

全ての棒が弾性領域の場合：

各々の棒の伸びは，棒の断面積を A，長さを l とおけば，

$$\lambda_A = \lambda_C = \frac{P_A l}{AE_A},\quad \lambda_B = \frac{P_B l}{AE_B} \quad (b)$$

ここで，剛体板に固定されているため，棒の伸びは等しいから，

$$\frac{P_A l}{AE_A} = \frac{P_B l}{AE_B} \quad (c)$$

式(a)と(c)より，各棒に加わる引張荷重は，

$$P_A = \frac{E_A P}{2E_A + E_B},\quad P_B = \frac{E_B P}{2E_A + E_B} \quad (d)$$

これより，応力は，

$$\sigma_A = \frac{P_A}{A} = \frac{E_A}{2E_A + E_B}\frac{P}{A},\quad \sigma_B = \frac{P_B}{A} = \frac{E_B}{2E_A + E_B}\frac{P}{A} \quad (e)$$

荷重と変位 λ の関係は，式(b), (d)より，

$$\lambda = \frac{Pl}{A(2E_A + E_B)} \quad \Rightarrow \quad P = \frac{A(2E_A + E_B)}{l}\lambda \quad (f)$$

1 つの棒が塑性域となった場合：

棒 A と B どちらが先に塑性域となるか調べるために, 棒 A と B がそれぞれ降伏点に達するときの荷重 P を P_{LA} と P_{LB} とする. これらの荷重は, 式(e)より以下のように得られる.

$$P_{LA} = \frac{2E_A + E_B}{E_A} A\sigma_{YA} = 175.0\text{kN} \tag{g}$$

$$P_{LB} = \frac{2E_A + E_B}{E_B} A\sigma_{YB} = 136.1\text{kN}$$

このときの棒 A と B の伸び, λ_{YA}, λ_{YB} は, 式(f)より次のようになる.

$$\lambda_{YA} = \frac{\sigma_{YA}}{E_A} l = 0.7500\text{mm} , \quad \lambda_{YB} = \frac{\sigma_{YB}}{E_B} l = 0.5833\text{mm} \tag{h}$$

従って, B の棒が降伏点に先に達し, その後この棒に加わる荷重は $P_B = A\sigma_{YB}$ で一定であるから, 式(a)より, P_A は,

$$P_A = \frac{P - P_B}{2} = \frac{P - A\sigma_{YB}}{2} \tag{i}$$

よって, 荷重と変位 λ の関係は, 式(b)と(i)より以下のようになる.

$$\lambda = \frac{P - A\sigma_{YB}}{2} \frac{l}{AE_A} \Rightarrow P = \frac{2AE_A}{l}\lambda + A\sigma_{YB} \tag{j}$$

全ての棒が塑性域:

このときの荷重 P, すなわち極限荷重 P_L は,

$$P_L = 2A\sigma_{YA} + A\sigma_{YB} = 157.1\text{kN} \tag{k}$$

式(f)と(j)より, 荷重と変位の関係は図 A(b)のようになる.

(別解) 棒 A と B が初めて降伏点に達したときの伸び λ_{YA} と λ_{YB} は,

$$\lambda_{YA} = \frac{\sigma_{YA}}{E_A} l = 0.750\text{mm} , \quad \lambda_{YB} = \frac{\sigma_{YB}}{E_B} l = 0.583\text{mm} \tag{l}$$

$\lambda_{YA} > \lambda_{YB}$ であるから, 剛体板の変位が λ_{YB} になった所で棒 B の応力が降伏点となる. 従って, このときの荷重は,

$$P_{LB} = 2\frac{\lambda_{YB}}{l}E_A A + \sigma_{YB}A = 2\frac{E_A}{E_B}\sigma_{YB}A + \sigma_{YB}A = 136.1\text{kN} \tag{m}$$

その後, 棒 A と C の応力が降伏点に達する. このときの変位は, 式(l)の λ_{YA} である. よって, 荷重, すなわち極限荷重は,

$$P_L = 2\sigma_{YA}A + \sigma_{YB}A = 157.1\text{kN} \tag{n}$$

となる. 荷重−伸び線図は, 式(m)と(n)で表わされる 2 点を通るから, 図 A(b)のように描かれる.

[答 $P_L = 157\text{kN}$, 図 A(b)]

【11.3】 When the stresses in the all members are reached to the yielding stress, the loading point deformed without the increasing of the load. This load is denoted as the ultimate load P_L. The axial load Q of each member at yielding is given as

Fig. A The loads applied at the loading point.

$$Q = \sigma_Y A \tag{a}$$

By the vertical equilibrium at the loading point as shown in Fig. A, the following equation can be given.

$$Q + 2Q\cos 30° + 2Q\cos 60° = P_L \tag{b}$$

Therefore, the ultimate load P_L is obtained as in the answr by using Eqs. (b) and (a).

[Ans. $P_L = \left(2 + \sqrt{3}\right)\sigma_Y A$]

【11.4】 The FBD of each member are shown in Fig. A.

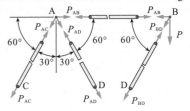

Fig. A FBD of each member.

By using this FBD, the equilibriums of forces at the point B and A are given as follows.

Point B: $-P_{AB} - P_{BD}\cos 60° = 0$, $P + P_{BD}\sin 60° = 0$ \quad (a)

Point A: $\begin{aligned} &P_{AB} - P_{AC}\cos 60° + P_{AD}\cos 60° = 0 \\ &P_{AC}\sin 60° + P_{AD}\sin 60° = 0 \end{aligned}$ \quad (b)

By using these equations, the axial loads of each member are given as follows.

$$P_{AB} = \frac{P}{\sqrt{3}} , \quad P_{AC} = \frac{P}{\sqrt{3}} , \quad P_{AD} = -\frac{P}{\sqrt{3}} , \quad P_{BD} = -\frac{2P}{\sqrt{3}} \tag{c}$$

The absolute values of each axial loads are in order as follows.

$$|P_{BD}| > |P_{AB}| = |P_{AC}| = |P_{AD}| \tag{d}$$

Thus, when the stress in the member BD is reached to the yielding stress, this truss will be collapsed. Therefore, the collapse load P_L is given as follows.

$$|P_{BD}| = A\sigma_Y \Rightarrow \frac{2P_L}{\sqrt{3}} = a^2\sigma_Y \tag{e}$$

$$\Rightarrow P_L = \frac{\sqrt{3}a^2\sigma_Y}{2} = \frac{\sqrt{3} \times (10\text{mm})^2 \times 200\text{MPa}}{2} = 17.32\text{kN}$$

[Ans. 17.3kN]

【11.5】 式(11.3)より, 上側の軸に加わるトルク T_1 は,

$$T_1 = \frac{30H}{\pi n_1} \tag{a}$$

軸に生じる最大せん断応力が許容応力以下となることから,

$$\tau_{1max} = \frac{16T_1}{\pi d_1^3} = \frac{16 \times 30H}{\pi^2 n_1 d_1^3} \leq \tau_a$$

$$\Rightarrow d_1 \geq \sqrt[3]{\frac{480H}{\pi^2 n_1 \tau_a}} = \sqrt[3]{\frac{480 \times 300\text{PS} \times 735.5\text{W/Ps}}{\pi^2 \times 200\text{rpm} \times 25 \times 10^6\text{Pa}}} = 0.1290\text{m} \tag{b}$$

軸 2 の回転数は,

$$n_2 = \frac{Z_1}{Z_2} n_1 \tag{c}$$

従って, 軸 2 の直径は,

$$d_2 \geq \sqrt[3]{\frac{480H}{\pi^2 n_2 \tau_a}} = \sqrt[3]{\frac{480Z_2 H}{\pi^2 n_1 Z_1 \tau_a}} \tag{d}$$

$$= \sqrt[3]{\frac{480 \times 12 \times 300\text{PS} \times 735.5\text{W/Ps}}{\pi^2 \times 200\text{rpm} \times 24 \times 25 \times 10^6\text{Pa}}} = 0.1024\text{m}$$

[答 $d_1 = 129\text{mm}$, $d_2 = 103\text{mm}$]

【11.6】 The section modulus of the region AB and BC are denoted as Z_{pAB} and Z_{pBC}, and given as follows.

$$Z_{pAB} = \frac{\pi(d_o^4 - d_i^4)}{16d_o} , \quad Z_{pBC} = \frac{\pi d_o^3}{16} \tag{a}$$

The sections of the region AB and BC are subjected to the torque T. The maximum stresses τ_{maxAB} and τ_{maxBC} in the each section are given as follows.

$$\tau_{\max AB} = \frac{T}{Z_{pAB}} = \frac{16 d_o T}{\pi \left(d_o^4 - d_i^4 \right)} \ , \ \ \tau_{\max BC} = \frac{T}{Z_{pBC}} = \frac{16T}{\pi d_o^3} \tag{b}$$

By the above equation, the following relation between $\tau_{\max AB}$ and $\tau_{\max BC}$ is given.

$$\tau_{\max AB} = \frac{16T}{\pi \left(d_o^3 - \dfrac{d_i^4}{d_o} \right)} > \frac{16T}{\pi d_o^3} = \tau_{\max BC} \tag{c}$$

The maximum shearing stress in this shaft is $\tau_{\max AB}$. This stress should be littler equal than the allowable shearing stress τ_a. Thus, the diameter d_i is given as follows.

$$\frac{16 d_o T}{\pi \left(d_o^4 - d_i^4 \right)} \leq \tau_a \ \Rightarrow \ d_i \leq \sqrt[4]{d_o^4 - \frac{16 d_o T}{\pi \tau_a}} = 26.65 \text{mm} \tag{d}$$

On the other hand, the rotation angle at the tip of the shaft is given as follows by sum of the angles of twist in the region AB and BC.

$$\phi = \frac{Th}{GI_{pAB}} + \frac{T(l-h)}{GI_{pBC}} = \frac{32T}{\pi G} \left(\frac{h}{d_o^4 - d_i^4} + \frac{l-h}{d_o^4} \right) \tag{e}$$

This rotation angle should be littler equal than the allowable rotation angle ϕ_a. Thus the depth of the hole h is given as follows.

$$\phi \leq \phi_a \ \Rightarrow \ \frac{32T}{\pi G} \left(\frac{h}{d_o^4 - d_i^4} + \frac{l-h}{d_o^4} \right) \leq \phi_a$$
$$\Rightarrow \ h \leq \left(\frac{\pi G \phi_a d_o^4}{32T} - l \right) \frac{d_o^4 - d_i^4}{d_i^4} = 191.7 \text{mm} \tag{f}$$

By Eqs. (d) and (f), the diameter and depth of the hole, which minimize the wait of the shaft, is determined in the answer.

[Ans.　$d_i = 26.6$mm, $h = 191$mm]

【11.7】　伝達トルク T は

$$T = \frac{H}{2\pi N / 60} = \frac{60 \times 50 \times 10^3}{2\pi \times 200} = 2390 \text{Nm} \tag{a}$$

ボルトに生じるせん断力 F とトルク T との関係より，せん断応力 τ は，

$$nF \times \frac{D}{2} = T \ \Rightarrow \ \tau = \frac{F}{A} = \frac{2T}{DAn} = \frac{8T}{D\pi d^2 n} \tag{b}$$

これが τ_{allow} 以下であればよいから

$$d \geq \sqrt{\frac{8T}{D\pi n \tau_{allow}}} = \sqrt{\frac{8 \times 2390}{0.16 \times \pi \times 4 \times 40 \times 10^6}} = 15.42 \text{mm} \tag{c}$$

したがって，ボルト直径は $d = 15.5$mm 以上あればよい．

[答　$d = 15.5$mm]

【11.8】　平板の厚さ t は，引張強さを σ_B，安全率を S とすると

$$\sigma = \frac{P}{A} = \frac{P}{ht} \leq \frac{\sigma_B}{S} \tag{a}$$

より，

$$t \geq \frac{PS}{\sigma_B h} = \frac{200 \times 10^3 \text{N} \times 4}{350 \times 10^6 \text{MPa} \times 0.5\text{m}} = 4.571 \times 10^{-3} \text{m} \tag{b}$$

式(11.53)より，リベットの直径 d は

$$d = \frac{4t\sigma_{pc}}{\pi \tau_a} = 11.71 \times 10^{-3} \text{m} \tag{c}$$

さらに，式(11.52)より，リベットのピッチ p は

$$p = d + \frac{\pi d^2 \tau_a}{4t\sigma_{pc}} = 0.02839 \text{m} \tag{d}$$

従って，リベットの本数 n は

$$n = \frac{h}{p} = \frac{0.5\text{m}}{0.02839\text{m}} = 17.61 \ \Rightarrow \ n = 18 \text{ 本} \tag{e}$$

[答　$t = 4.58$mm, $d = 11.8$mm, $n = 18$ 本]

【11.9】　最大せん断応力が許容応力以下となる条件より，式(11.11)を用いれば，

$$\tau_a \geq \tau_{\max} \cong \frac{16PR}{\pi d^3} \ \Rightarrow \ R \leq \frac{\pi d^3 \tau_a}{16P} = 3.927 \text{mm} \tag{a}$$

したがって，$R = 3.92$mm とする．ばね定数 k が与えられているから，式(11.13)より，巻数の条件が以下のように得られる．

$$n_e \geq \frac{Gd^4}{64kR^3} = \frac{80 \times 10^9 \text{Pa} \times (1 \times 10^{-3} \text{m})^4}{64 \times 400[\text{N/m}] \times (3.92 \times 10^{-3} \text{m})^3} = 51.8 \tag{b}$$

したがって，巻数は $n_e = 52$ となる．

[答　$n_e = 52$]

【11.10】　When the maximum bending moment $M_{\max}$ is reached to the totally plastic bending moment, this section is the plastic hinge and the load is the ultimate load P_L.

The totally plastic bending moment M_p is given as follows by using Eq. (11.56).

$$M_p = \sigma_Y \frac{d^3}{6} = 250 \times 10^6 \text{Pa} \times \frac{(30 \times 10^{-3} \text{m})^3}{6} = 1125 \text{Nm} \tag{a}$$

The maximum bending moment is occurred at the center of the beam and is given as follows.

$$M_{\max} = \frac{Pl}{4} \tag{b}$$

Thus, the ultimate load P_L is as follows.

$$P_L = 4 \frac{M_p}{l} = 4 \times \frac{1125 \text{Nm}}{2\text{m}} = 2250 \text{N} \tag{c}$$

[Ans.　$P_L = 2250$N]

【11.11】　(a) 円柱：$A = \pi r^2, \ y_1 = y_2 = \dfrac{4r}{3\pi}$ (a)

より，式(11.54)を用いて，

$$M_p = \sigma_Y A \frac{y_1 + y_2}{2} = \sigma_Y \frac{4}{3} r^3 = \sigma_Y \frac{d^3}{6} \tag{b}$$

(b) 円筒

$$A = \pi \left\{ r^2 - (r-t)^2 \right\} = \pi t (2r - t), \ y_1 = y_2 = \frac{4}{3\pi} \frac{3r^2 - 3rt + t^2}{2r - t} \tag{c}$$

より，式(11.54)を用いて，

$$M_p = \sigma_Y A \frac{y_1 + y_2}{2} = \sigma_Y \frac{4}{3} t (3r^2 - 3rt + t^2) \tag{d}$$

(c) 中空四角柱

$$A = 2t(b + h - 2t), \ y_1 = y_2 = \frac{h^2 + 2(b-2t)(h-t)}{4(b + h - 2t)} \tag{e}$$

より，式(11.54)を用いて，

$$M_p = \sigma_Y A \frac{y_1 + y_2}{2} = \sigma_Y \frac{t}{2} \left\{ h^2 + 2(b-2t)(h-t) \right\} \tag{f}$$

[答　式(b), (d), (f)]

【11.12】　板に加わる最大モーメント $M_{\max}$ と荷重 P の関係は，

$$M_{\max} = \frac{Pl}{4} \tag{a}$$

このモーメントが全塑性曲げモーメント M_p に達すると，それ以上荷重を増加させることはできず，このときの荷重が極限荷重 P_L である．さらに押し込み量を増加させると，図 A(b), (c)のように，塑性曲げが生じた断面近傍のみが変形した状態となる．式(11.55)の長方形断面はりの全塑性モーメントと降伏応力との関係に式(a)を用いれば，降伏応力は極限荷重 P_L より

$$M_p = \sigma_Y \left(\frac{bh^2}{4} \right) \ \Rightarrow \ \sigma_Y = M_p \frac{4}{bh^2} = \frac{P_L l}{bh^2} \tag{b}$$

となる．グラフより，極限荷重 $P_L = 30\mathrm{N}$ であるから，式(b)に数値を代入して計算すれば，

$$\sigma_Y = \frac{P_L l}{bh^3} = \frac{30\mathrm{N} \times 70\mathrm{mm}}{20\mathrm{mm} \times (0.84\mathrm{mm})^2} = 148.8\mathrm{MPa} \tag{c}$$

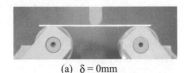
(a) $\delta = 0\mathrm{mm}$

(b) $\delta = 5\mathrm{mm}$

(c) $\delta = 10\mathrm{mm}$

図 A 塑性曲げが生じたアルミ板試験片

[答 149MPa]

【11.13】 図 A に有限要素法により計算した x 軸方向応力 σ_x の分布を示す．ここで，σ^* は帯板の両端に与えた単位面積あたりの力，すなわち応力である．表 A に，応力集中係数より算出した最大応力 σ_{max}/σ^* と，有限要素法により求めた値を示す．

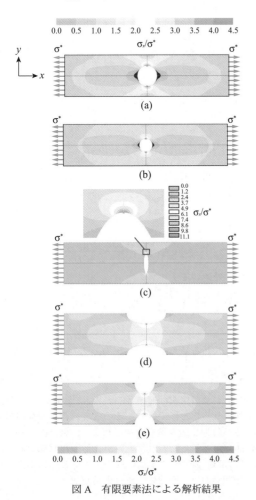

図 A 有限要素法による解析結果

表 A 最大応力の比較

	応力集中係数			有限要素法
	a/b	α	σ_{max}/σ^*	σ_{max}/σ^*
(a)	0.5	2.05	4.1	4.4
(b)	0.333	2.33	3.5	3.5
(c)			(a)より大	11
(d)			(e)より小	2.3
(e)	0.5	1.65	3.3	3.2

表より，両端を同一荷重で引張ったとき，最大応力が大きい順に並べ替えると，以下のようになる．

$$(c) > (a) > (b) > (e) > (d) \tag{a}$$

注）(c)の部材は，(a)の円孔を潰した形状の孔をもっている．応力集中部の形状の変化が急激になることにより，最大応力が大きくなることから，(a)より大きな応力が生じると予想できる．

(d)の部材は，逆に，(e)の切欠きを横に広げた形状となり，応力集中部の形状の変化がなめらかである．そのため，(e)より最大応力は小さくなると予想される．

応力集中係数による最大応力と有限要素法による最大応力は完全には一致していない．有限要素法による結果は，要素分割の違いにより大きく影響を受ける．応力集中部のように急激に応力が変動する場所の影響は特に大きくなる．また，有限要素法で計算する場合，図 A のように，長手方向に有限の大きさにモデル化して計算をしている．一方，応力集中係数による方法では，無限の長さを持った帯板を考えている．厳密に考えると両者は異なった問題であることから，結果が異なる可能性がある．有限要素法で解析を行う場合，モデル化や要素分割の違いにより結果が異なることを常に念頭において置かないと，思わぬ誤りをしてしまう危険がある．

Subject Index

索　引

JSMEテキストシリーズ一覧

JSMEテキストシリーズ　JSME Textbook Series
演習　材料力学　Problems in Mechanics of Materials

2010年10月20日　初　版　発　行
2021年4月23日　初版第5刷発行
2023年7月18日　第2版第1刷発行

著作兼発行者　一般社団法人　日本機械学会
（代表理事会長　伊藤　宏幸）

印刷者　柳　瀬　充　孝
昭和情報プロセス株式会社
東京都港区三田5-14-3

発行所　東京都新宿区新小川町4番1号
KDX飯田橋スクエア2階
郵便振替口座　00130-1-19018番
電話（03）4335-7610　FAX（03）4335-7618　https://www.jsme.or.jp
一般社団法人　日本機械学会

発売所　東京都千代田区神田神保町2-17
神田神保町ビル
電話（03）3512-3256　FAX（03）3512-3270
丸善出版株式会社

ISBN 978-4-88898-351-8　C 3353

本書の内容でお気づきの点は　textseries@jsme.or.jp　へお知らせください。出版後に判明した誤植等は http://shop.jsme.or.jp/html/page5.html　に掲載いたします。

付表（後 1.1）　代表的な断面形状と断面積，断面二次モーメント，断面係数

No.	断面形状		断面積 A	断面二次モーメント I_z	断面係数 Z_z
1	円形		$\dfrac{\pi d^2}{4}$	$I_z = I_y = \dfrac{\pi d^4}{64}$	$Z_1 = Z_2 = \dfrac{\pi d^3}{32}$
2	円筒		$\dfrac{\pi(d_o{}^2 - d_i{}^2)}{4}$	$I_z = I_y = \dfrac{\pi(d_o{}^4 - d_i{}^4)}{64}$	$Z_1 = Z_2 = \dfrac{\pi(d_o{}^4 - d_i{}^4)}{32d_0}$
3	正方形		a^2	$I_z = I_y = \dfrac{a^4}{12}$	$Z_1 = Z_2 = \dfrac{a^3}{6}$
4	長方形		bh	$I_z = \dfrac{bh^3}{12}$ $I_y = \dfrac{hb^3}{12}$	$Z_1 = Z_2 = \dfrac{bh^2}{6}$ $Z_1 = Z_2 = \dfrac{hb^2}{6}$
5	三角形		$\dfrac{bh}{2}$	$\dfrac{bh^3}{36}$	$e_1 = \dfrac{2}{3}h, \quad e_2 = \dfrac{1}{3}h$ $Z_1 = \dfrac{I}{e_1} = \dfrac{bh^2}{24}, \ Z_2 = \dfrac{I}{e_2} = \dfrac{bh^2}{12}$
6	台形		$\dfrac{(b_1 + b_2)h}{2}$	$\dfrac{h^3(b_1{}^2 + 4b_1 b_2 + b_2{}^2)}{36(b_1 + b_2)}$	$e_1 = \dfrac{h(b_1 + 2b_2)}{3(b_1 + b_2)}, \ e_2 = \dfrac{h(2b_1 + b_2)}{3(b_1 + b_2)}$ $Z_1 = \dfrac{h^2(b_1{}^2 + 4b_1 b_2 + b_2{}^2)}{12(b_1 + 2b_2)}$ $Z_2 = \dfrac{h^2(b_1{}^2 + 4b_1 b_2 + b_2{}^2)}{12(2b_1 + b_2)}$
7	I 型		$2b_1 h_1 + b_2 h_2$	$\dfrac{b_2 h_2{}^3 + 2b_1 h_1(h^2 + hh_2 + h_2{}^2)}{12}$	$e_1 = e_2 = \dfrac{h}{2}$ $Z_1 = Z_2$ $= \dfrac{b_2 h_2{}^3 + 2b_1 h_1(h^2 + hh_2 + h_2{}^2)}{6h}$
8	凸 型		$b_1 h_1 + b_2 h_2$	$\dfrac{b_1 h_1{}^3 + b_2 h_2{}^3}{3}$ $- \dfrac{(b_1 h_1{}^2 - b_2 h_2{}^2)^2}{4(b_1 h_1 + b_2 h_2)}$	$e_1 = \dfrac{b_1 h_1{}^2 + 2b_2 h_1 h_2 + b_2 h_2{}^2}{2(b_1 h_1 + b_2 h_2)}$ $e_2 = h_1 + h_2 - e_1$

付表（後 1.2） 代表的な断面形状と断面積，断面二次モーメント，断面係数

No.	断面形状		断面積 A	断面二次モーメント I_z	断面係数 Z_z
9	正方形		$4t(a-t)$	$I_z = I_y = \dfrac{a^4-(a-2t)^4}{12}$	$Z_1 = Z_2 = \dfrac{a^4-(a-2t)^4}{6a}$
10	長方形		$2t(b+h)-4t^2$	$I_z = \dfrac{bh^3-(b-2t)(h-2t)^3}{12}$ $I_y = \dfrac{hb^3-(h-2t)(b-2t)^3}{12}$	$Z_1 = Z_2 = \dfrac{bh^3-(b-2t)(h-2t)^3}{6h}$ $Z_1 = Z_2 = \dfrac{hb^3-(h-2t)(b-2t)^3}{6h}$
11	半円		$\dfrac{\pi d^2}{8}$	$\left(\dfrac{\pi}{32}-\dfrac{1}{18\pi}\right)d^4$	$e_1 = \dfrac{2}{3\pi}d,\quad e_2 = \left(\dfrac{1}{2}-\dfrac{2}{3\pi}\right)d$ $Z_1 = \dfrac{I}{e_1} = \left(\dfrac{3\pi^2}{64}-\dfrac{1}{12}\right)d^3 = 0.3793d^3,$ $Z_2 = \dfrac{I}{e_2} = \dfrac{3\pi+4}{48}d^3 = 0.2797d^3$
12	H 型		$bh - b_1(h-h_1)$	$\dfrac{(b-b_1)h^3 + b_1 h_1^3}{12}$	$Z_1 = Z_2 = \dfrac{(b-b_1)h^3 + b_1 h_1^3}{6h}$
13	六角型		$\dfrac{3\sqrt{3}}{2}a^2$	$I_z = \dfrac{5\sqrt{3}}{16}a^4$ $I_y = \dfrac{5\sqrt{3}}{8}a^4$	$Z_1 = Z_2 = \dfrac{5}{8}a^3$ $Z_1 = Z_2 = \dfrac{5\sqrt{3}}{8}a^3$
14	円弧		$\dfrac{\pi}{2}t(d-t)$	$\dfrac{\pi}{32}\left\{d^4-(d-2t)^4\right\} - Ae_1^2$	$Z_1 = \dfrac{I_z}{e_1},\quad Z_2 = \dfrac{I_z}{e_2}$ $e_1 = \dfrac{3d^2-6td+4t^2}{3\pi(d-t)},\quad e_2 = \dfrac{d}{2}-e_1$
15	六角形 （中空）		$2t(3a-\sqrt{3}t)$	$I_z = \dfrac{5\sqrt{3}}{16}\left\{a^4-\left(a-\dfrac{2}{\sqrt{3}}t\right)^4\right\}$ $I_y = \dfrac{5\sqrt{3}}{8}\left\{a^4-\left(a-\dfrac{2}{\sqrt{3}}t\right)^4\right\}$	$Z_1 = Z_2 = \dfrac{5}{8a}\left\{a^4-\left(a-\dfrac{2}{\sqrt{3}}t\right)^4\right\}$ $Z_1 = Z_2 = \dfrac{5\sqrt{3}}{8a}\left\{a^4-\left(a-\dfrac{2}{\sqrt{3}}t\right)^4\right\}$
16	コ型		$bt + 2t(h-t)$	$\dfrac{t}{3}\left\{2h^3+(b-2t)t^2\right\} - Ae_2^2$	$Z_1 = \dfrac{I_z}{e_1},\quad Z_2 = \dfrac{I_z}{e_2},\quad e_2 = h-e_1$ $e_1 = \dfrac{2h^2+(b-2t)(2h-t)}{2(2h+b-2t)}$

付表（後2.1）　はりのせん断力，曲げモーメント，たわみ曲線，たわみ角

No.	はり SFD, BMD	F：せん断力 M：曲げモーメント	y：たわみ θ：たわみ角
1		$F = P$ $M = -P(l-x)$	$y = \dfrac{Pl^3}{6EI}\left(3 - \dfrac{x}{l}\right)\dfrac{x^2}{l^2}$; $y_{\max} = y_{x=l} = \dfrac{Pl^3}{3EI}$ $\theta = \dfrac{Pl^3}{2EI}\left(2 - \dfrac{x}{l}\right)\dfrac{x}{l}$; $\theta_{\max} = \theta_{x=l} = \dfrac{Pl^2}{2EI}$
2		$F = 0$ $M = -M_0$	$y = \dfrac{M_0}{2EI}x^2$; $y_{\max} = y_{x=l} = \dfrac{M_0 l^2}{2EI}$ $\theta = \dfrac{M_0}{EI}x$; $\theta_{\max} = \theta_{x=l} = \dfrac{M_0 l}{EI}$
3		$F = q(l-x)$ $M = -\dfrac{q}{2}(l-x)^2$	$y = \dfrac{ql^2}{24EI}x^2\left(6 - 4\dfrac{x}{l} + \dfrac{x^2}{l^2}\right)$; $y_{\max} = y_{x=l} = \dfrac{ql^4}{8EI}$ $\theta = \dfrac{ql^2}{6EI}x\left(3 - 3\dfrac{x}{l} + \dfrac{x^2}{l^2}\right)$; $\theta_{\max} = \theta_{x=l} = \dfrac{ql^3}{6EI}$
4		$F = q\left(\dfrac{l}{2} - x\right)$ $M = \dfrac{1}{2}qx(l-x)$	$y = \dfrac{ql^4}{24EI}\dfrac{x}{l}\left(1 - 2\dfrac{x^2}{l^2} + \dfrac{x^3}{l^3}\right)$; $y_{\max} = y_{x=\frac{l}{2}} = \dfrac{5ql^4}{384EI}$ $\theta = \dfrac{ql^3}{24EI}\left(1 - 6\dfrac{x^2}{l^2} + 4\dfrac{x^3}{l^3}\right)$; $\theta_{\max} = \theta_{x=0} = \dfrac{ql^3}{24EI}$
5		$F = \begin{cases} \dfrac{P}{2} & \left(0 \le x \le \dfrac{l}{2}\right) \\[2mm] -\dfrac{P}{2} & \left(\dfrac{l}{2} \le x \le l\right) \end{cases}$ $M = \begin{cases} \dfrac{P}{2}x & \left(0 \le x \le \dfrac{l}{2}\right) \\[2mm] \dfrac{P}{2}(l-x) & \left(\dfrac{l}{2} \le x \le l\right) \end{cases}$	$y = \begin{cases} \dfrac{P}{12EI}\left(-x^2 + \dfrac{3}{4}l^2\right)x & \left(0 \le x \le \dfrac{l}{2}\right) \\[2mm] \dfrac{P}{12EI}\left\{-(l-x)^2 + \dfrac{3}{4}l^2\right\}(l-x) & \left(\dfrac{l}{2} \le x \le l\right) \end{cases}$ $\theta = \begin{cases} \dfrac{P}{12EI}\left(-3x^2 + \dfrac{3}{4}l^2\right) & \left(0 \le x \le \dfrac{l}{2}\right) \\[2mm] \dfrac{P}{12EI}\left\{3(l-x)^2 - \dfrac{3}{4}l^2\right\} & \left(\dfrac{l}{2} \le x \le l\right) \end{cases}$ $y_{\max} = y_{x=\frac{l}{2}} = \dfrac{Pl^3}{48EI}$, $\theta_{\max} = \theta_{x=0} = \dfrac{Pl^2}{16EI} = -\theta_{x=l}$
6		$F = -\dfrac{M_0}{l}$ $M = \begin{cases} -\dfrac{M_0}{l}x & \left(0 \le x \le \dfrac{l}{2}\right) \\[2mm] -\dfrac{M_0}{l}(x-l) & \left(\dfrac{l}{2} \le x \le l\right) \end{cases}$	$y = \begin{cases} \dfrac{M_0 l^2}{6EI}\left(\dfrac{x^2}{l^2} - \dfrac{1}{4}\right)\dfrac{x}{l} & \left(0 \le x \le \dfrac{l}{2}\right) \\[2mm] \dfrac{M_0 l^2}{6EI}\left\{\left(1 - \dfrac{x}{l}\right)^2 - \dfrac{1}{4}\right\}\left(1 - \dfrac{x}{l}\right) & \left(\dfrac{l}{2} \le x \le l\right) \end{cases}$ $\theta = \begin{cases} \dfrac{M_0}{6EI}\dfrac{1}{l}\left(3x^2 - \dfrac{l^2}{4}\right) & \left(0 \le x \le \dfrac{l}{2}\right) \\[2mm] \dfrac{M_0}{6EI}\dfrac{1}{l}\left\{3(l-x)^2 - \dfrac{l^2}{4}\right\} & \left(\dfrac{l}{2} \le x \le l\right) \end{cases}$ $y_{\max} = -y_{x=\frac{l}{2\sqrt{3}}} = y_{x=l(1-\frac{1}{2\sqrt{3}})} = \dfrac{M_0 l^2}{72\sqrt{3}EI}$, $\theta_{\max} = \theta_{x=\frac{l}{2}} = \dfrac{M_0 l}{12EI}$